B.C.Info

EV Theory and Practice

전기자동차 하이브리드 이론과 실무

이찬수·오용석·이전섭 공저

머·리·말

전기자동차(Electric Vehicle : EV) 시장은 최근 몇 년 간 급격한 성장세를 보이고 있는데, 이는 국가 및 지역별로 규제 촉진 및 인센티브 제도가 확대되고, 전기자동차 기술의 발전 및 가격 경쟁력 개선, 소비자의 환경 보호 의식 등이 큰 영향을 미쳤기 때문이다. 이러한 요인들은 전기자동차의 인기 상승과 더불어 시장 점유율의 확대로 이어지고 있다. 현재 전 세계 전기자동차 시장은 테슬라가 선두에서 주도하는 가운데 기존의 자동차 메이커들이 전기자동차를 출시하는 양상으로 그 시장을 뜨겁게 달구고 있다.

미래 전망을 살펴보면, 전기자동차 시장 점유율이 꾸준히 증가하고 있으며 이는 곧 전 세계적으로 규제 확대와 인센티브 제도의 강화, 전기자동차 기술 개발 및 가격 경쟁력 개선, 소비자들의 환경 보호 의식 등이 지속될 것으로 보인다. 또한 자율주행 기술과 전기자동차의 기술 융합이 더욱 확대될 것으로 예상되는데, 이는 더욱 환경 친화적인 전기자동차 기술과 함께 인공지능 기술의 발전이 이어지면서 미래적인 자동차 시장의 방향성을 제시할 것이므로 전기자동차 시장은 지금보다 더 성장할 것으로 예상된다.

한편 우리나라의 전기자동차 시장은 국내 제조사들과 해외 제조사들이 경쟁하고 있으며 국내에서는 현대자동차그룹과 기아자동차(주)가 선두에 있다. 전기자동차 등록대수는 2020년 기준으로 11만여 대로 전체 자동차 등록대수 중 약 5% 정도를 차지하였으나, 2023년 6월 기준으로 누적등록대수는 하이브리드 1,346,821대, 전기차 464,928대, 수소차 32,484대로 급속하게 증가하였다.

또한 우리나라 정부는 전기자동차 보급을 적극적으로 추진하고 2030년까지 전기자동차 대수를 1,400만대로 늘리는 것을 목표로 하고 있는데, 이를 위해 국내 완충식 충전소를 20만 개 이상 확충하는 계획이 있으며 수소 전기자동차 등 친환경자동차 촉진 정책 또한 병행하고 있다.

여기에 더해 전기자동차 기술과 Infra 개발 분야에서 국내 기업들이 선도적인 역할을 수행하고 있다. LG 화학은 전기자동차 배터리 산업에서 선두 역할을 수행하고 있으며, 삼성 SDI, SK 이노베이션, 포스코 등 다양한 기업들도 전기자동차 배터리 및 부품 개발에 적극적으로 참여하고 있다.

우리나라의 전기자동차 시장은 국내에서의 적극적인 인프라 구축과 기업의 기술 개발 노력, 그리고 정부의 지원 정책 등을 바탕으로 더욱 성장할 것으로 예상되고 있다. 이는 Fast-Follower가 아닌 First-Mover가 되어 민첩하고 유연한 자세로 산업 변화를 이끌어 가기 위한 전환 전략이라고 할 수 있다.

전기자동차 기술의 발전은 운전자의 안전성과 편의성을 높여주며, 더욱 혁신적인 Mobility 시장(MECA : Mobility Electrification Connectivity Autonomous)을 만들어

낼 것으로 예측된다. 이에 따라 마주하게 될 에너지 전환/저탄소 기후 변화 저감에 따른 청정 모빌리티 전환/빠른 수요 증가 등에 발맞추어 세상의 빛을 공유하고픈 마음 역시 크게 들었다.

그렇기에 늦게나마 전기자동차를 공부하는 학생들과, 전기자동차에 관심을 두고 있는 많은 일반인들에게 나날이 달라지고 있는 전기자동차의 기본 정보를 제공하여 앞으로의 기술진보에 능동적으로 대처할 수 있도록 하는 것이 매우 중요하다고 생각하였고, 이에 따라 이 ≪전기자동차 | 하이브리드 이론과 실무≫를 집필하게 되었다.

이 책의 구성은 다음과 같다.

01장 전기자동차의 개요 및 특징
02장 기초 전기
03장 기초 전자
04장 고전압 배터리 시스템
05장 모터 및 모터 컨트롤 시스템
06장 전력 변환 시스템
07장 제어 시스템
08장 하이브리드 전기자동차 시스템
09장 난·냉방 및 섀시 시스템
10장 에어백 시스템
11장 Body 전장 시스템
12장 최신 전기전자 기술 및 자율주행 시스템

이 책으로 독자 여러분들이 자동차 기술을 습득하는 데 많은 도움을 받기를 바란다. 또한 자동차 분야에 야망과 꿈을 걸고 배움에 도전하려는 자동차공학도와 정비사 그리고 관련자 모두가 First-Mover가 되어 성공하는 데 밑거름이 되기를 기대한다.

마지막으로, 이 책을 집필하면서 현대기아 전기자동차 및 하이브리드 정비지침서와 정비교육교재 등을 참고자료로 이용하였음을 밝힌다. 현대기아자동차 관계자들께 고맙고 감사한 마음을 글로서 대신 전한다.

2023. 09. 01.
부산 금정산을 바라보면서
저자 씀

목 · 차

CHAPTER 01 전기자동차의 개요 및 특징

CHAPTER 02 기초 전기

CHAPTER 03

기초 전자

CHAPTER 04 고전압 배터리 시스템

CHAPTER 05 모터 및 모터 컨트롤 시스템

CHAPTER 06 전력 변환 시스템

CHAPTER 07 제어 시스템

CHAPTER 08

하이브리드 전기자동차 시스템

CHAPTER 09

난·냉방 및 섀시 시스템

CHAPTER 10

에어백 시스템

CHAPTER 11

Body 전장 시스템

CHAPTER 12

최신 전기전자 기술 및 자율주행 시스템

CHAPTER 01

전기자동차의 개요 및 특징

1.1 개요

내연기관(Internal combustion engine)은 [그림 1.1]과 같이 화석연료의 폭발 열에너지를 운동에너지로 전환하여 변속기와 구동축을 회전시켜 바퀴에 전달하여 자동차가 움직이는 System으로 되어 있다.

또한 내연기관에서는 Piston이 연소압력을 받아 이 Piston이 수직으로 움직이는 직선운동 에너지를 만들어 강제로 Crankshaft를 돌려 기계적인 회전운동으로 전환시키는 구조를 가지고 있다. 그러다 보니 Crankshaft에서 발생하고 있는 에너지의 손실 양도 Motor에 비하면 효율이 떨어지게 된다.

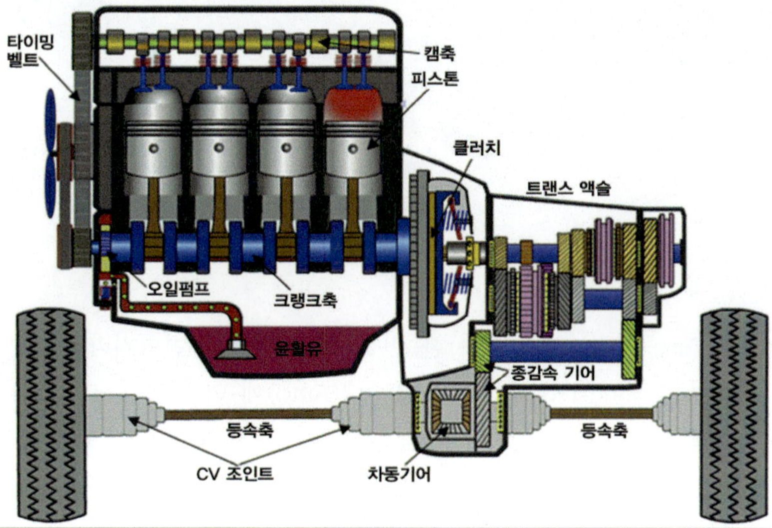

[그림 1.1] 내연기관 자동차

전기자동차(Electric Vehicle : EV)는 [그림 1.2]와 같이 전기자동차 전용 Platform과 같이 Battery이라는 고밀도 에너지 축적장치에서 에너지를 끌어다가 Motor를 구동시킨다. 이 모터는 0 ~ 18,000 [rpm]의 고속회전 속도를 발생시키므로 감속기를 장착하여 속도를 줄여 구동축에 전달하여 바퀴를 회전시키려는 Torque를 이용해서 자동차를 움직이게 하는 System으로 되어 있다.

전기라는 동력을 기반으로 해서 전자를 이용하는 여러 전기장치의 최첨단 Smart System의 기능들이 Setting되고 있다. Smart Electronics Mobility 시대가 지금 우리 곁으로 다가왔으며, 자동차 전체 산업과 자동차를 이용하는 우리 문화가 바뀌고 있다. 그 경계의 시대에 우리가 살고 있는 것이다.

자동차 산업은 이제 더 이상 금속기계 산업이 아니며, 전자, 반도체 분야의 산업으로 변화하고 있다. 새로운 시장은 전자 장비, Semiconductor, Battery 등 새로운 분야에서의 경쟁력을 바탕으로 만들어진다. 지금까지의 폐쇄적인 자동차 제조 협력체제로는 접근하기 어려워지며, 즉 자동차는 전기와 제어기술만 남게 된다.

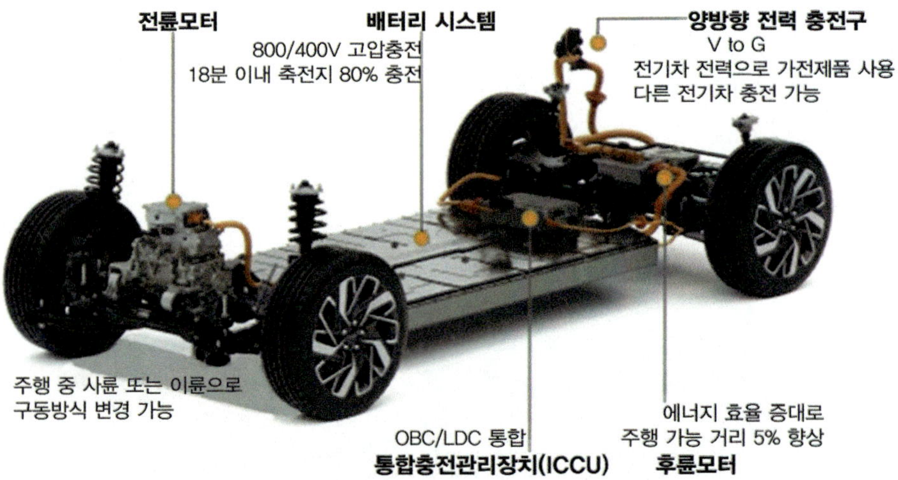

[그림 1.2] 전기자동차 전용 플랫폼 E-GMP

앞으로 다가올 Case 시대는 100년에 한 번 있을까 말까한 변혁기라 할 수 있는데, 이는 사물인터넷이 결합된 Connected 기술과 자율주행(Auto)에 더해 공유서비스(Sharing)와 전기자동차 기술이 접목된 차량의 Smart Device화가 본격적으로 이뤄지고 있다.

우리나라의 현대자동차도 자율주행 Mobility Service 시연 행사를 여는 등 상용화 준비에 박차를 가하고 있다. 현재 자율주행 기능은 미국자동차기술학회가 구분해 놓은 여섯 단계 가운데 완벽한 자율주행의 전 단계인 Level 4 수준의 단계로 진입했으며 차량의 실제 서비스 제공은 운전 보조 기술인 Level 3까지 제공되고 있다.

[그림 1.3] 자율주행 자동차

전기자동차의 확산과 자율주행 자동차 상용화를 앞두고 자동차 산업이 급격한 변화를 겪고 있다. 전기자동차의 활성화는 기존 자동차 산업의 협력사 체계를 파괴하며, 기술경쟁력 분야를 엔진에서 전자부품과 Battery로 바뀌어 나가도록 만들고 있다.

이러한 기술이 앞으로 대중화되면 생체인증으로 문을 여는 것뿐만 아니라 자동차 시트 또한 Driver의 신체조건에 맞춰 자동으로 위치가 조정되는 것에 더해 음성 입력으로 목적지를 말하면 자동차가 알아서 최적의 Route로 안내하게 될 것이다. 또한 Driver가 주행 중에 졸면 자동차가 가까운 휴게소를 안내해주고, 만약 비상상황이 발생하면 유관기관에 긴급알림을 자동으로 통보하는 기능까지 선보이게 되었다.

[그림 1.4] Utility mode

현대기아자동차는 2019년부터 지문 인증을 통한 차량 잠금 해제와, 시트 및 미러 위치 자동 조정은 물론, 자동 오디오 설정 System을 세계 최초로 출시하는 저력을 과시했다. 또 얼굴인식 System을 구현하겠다는 계획까지 밝힌 지 몇 년이 지났다. Case 시대에 절대강자로 자리매김하겠다는 것이다.

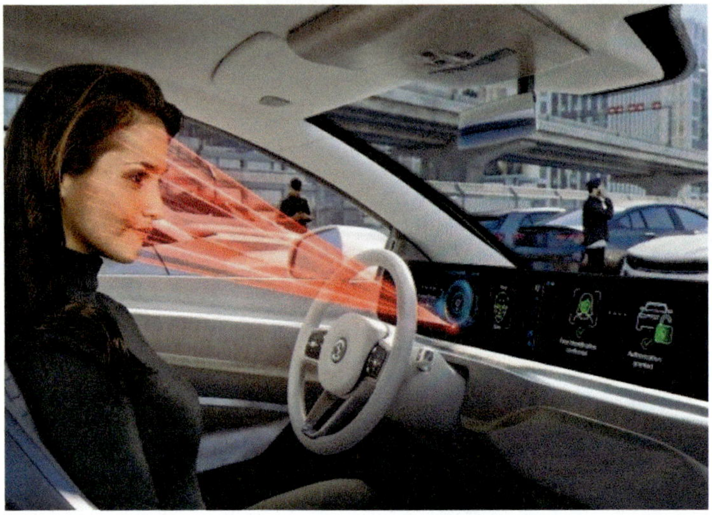

[그림 1.5] 생체인증 시스템

따라서 자동차가 전자화 · 첨단화될수록 기능이 다양해지고 성능이 좋아지지만, 반대로 고장이 증가하고 문제가 생기면 말썽을 더 많이 피운다는 것을 참고해야 할 것이다. 하지만 기능이 단순하냐 아니냐에 따라 고장여부가 달라진다는 것보다는 신기술 발전을 얼마나 이해하느냐 아니냐에 따라 고장을 줄이거나 수리가 용이해진다고 생각한다.

1.2 EV의 과거, 현재, 미래

Electric Vehicle 자체는 의외로 Internal combustion engine 자동차보다 일찍 개발되었다. 1828년에는 헝가리의 사제 아니오스 예들리크(Ányos Jedlik)가 최초로 소형 전기차 모형을 만들었고, 1834년에는 스코틀랜드의 발명가 로버트 앤더슨(Robert Anderson)이 최초로 사람이 탈 수 있는 일회용 전기차를 만들었다. 그러나 전기 충전 기술이 없었기 때문에 실제로 이용 가능한 Electric Vehicle는 납산 축전지가 발명된 1859년 이후에야 만들어지게 되었다.

[그림 1.6]은 1881년 프랑스의 귀스타브 트루베(Gustave Trouvé, 1839~1902)가 최초로 영구 사용 가능한 충전식 Electric Vehicle를 시연하는 모습이다. 심지어 100 [km/h]를 처음 돌파한 것도 Internal combustion engine 자동차가 아닌 Electric Vehicle이었다.

[그림 1.7]은 영국의 토머스 파커(Thomas Parker, 1843~1915)가 양산형 전기차를, [그림

1.8]은 토머스 에디슨(Thomas A. Edison, 1847~1931)이 Electric Vehicle를 발명하여 선보이는 모습이고, [그림 1.9]는 영국의 월터 버시(Walter C. Bersey, 1847~1950)가 발명한 Taxi이다.

[그림 1.6]

[그림 1.7]

[그림 1.8]

[그림 1.9]

그러나 당시 Electric Vehicle는 기술적인 한계로 인해 성능 향상이 지지부진했고 현재와 비슷한 문제점이기도 한 비싼 가격, 심하게 무거운 Battery, 너무 긴 충전 시간, 짧은 주행거리 등 심각한 문제가 많았던 반면, Internal combustion engine 자동차는 대량생산체제로써 가격을 낮추고 지속적으로 자동차를 개량하여 우수한 성능과 항속거리를 갖추게 되었다. 이에 가까운 거리는 Electric Vehicle로, 먼 거리는 열차로 이동하였으나, 차를 타고 먼 거리로 이동하고 싶은 욕구가 점점 늘어나고 또한 텍사스에서 석유가 나오면서 경제성이 생기게 됐다. 이 석유라는 압도적인 성능의 연료를 등에 업고 빠르게 향상되는 Internal combustion engine을 쫓아가기에는 아직 전기전자공학이 충분히 성숙하지 못했던 탓에 결국 Electric Vehicle는 경쟁력을 잃고 시장에서 사라졌다가 1990년 이후 Internal combustion engine 차량의 환경 문제가 대두될 때쯤이 되어서야 다시 주목 받게 되었다. 여담으로 1960년 이전의 대한민국의 운전면허 규정에는 전동기를 장착한 차량에 대한 규정이 존재한다.

현대적인 의미의 Electric Vehicle는 2005년 이후부터 본격적으로 개발이 이루어지기 시작했는데, 21세기의 눈부시게 향상된 전력전자 기술과 우수한 반도체 등의 첨단 기술에 힘입어 Internal combustion engine 차량이 100년에 걸쳐 쌓아올린 Internal combustion engine의 성능을 고작 10년도 안 돼서 쫓아오는 데 성공했다.

Electric Vehicle는 더 이상 시기상조의 영역에 있지 않으며, 이에 따라 세계 Electric Vehicle 시장이 급격히 성장하고 있고 Electric Vehicle를 위한 전력 Infra가 구축되고 있다. Electric Vehicle가 단 10년 만에 급격한 성장을 이룬 데에는 2012년 출시된 Tesla Model S의 대성공이 크다. 당시 Electric Vehicle이 있기는 하였으나 주행거리가 100 [km]를 겨우 넘기는 소형 Electric Vehicle밖에 없는 상황이었기에 발표 당시만 해도 비웃음거리였으나, 뚜껑을 열어보니 내연기관차보다 더 빠른 무시무시한 성능을 갖고 있음이 밝혀지며 그야말로 자동차 시장의 판도를 완전히 뒤바꿔버렸다. 이로 인해 Model S는 자동차 역사를 바꾼 몇 안 되는 자동차 중 하나로 인정받아 여러 매체에서 최고의 자동차 중 하나로 선정되었다. 기존의 Electric Vehicle는 90년대부터 본격적으로 연구되었다고 하지만 어디까지나 실험용, 연구용이라는 딱지를 떼지는 못했고, 판매하는 차종도 주류는 아니었다.

[그림 1.10] 테슬라 모델 S

기존의 Electric Vehicle는 시장 경쟁력을 가지지 못했으며, 제조사들의 관심 대상도 아니었다. 이는 Tesla 이전과 이후의 Electric Vehicle Design을 보더라도 알 수 있다. Tesla 이전에는 기존 차체를 재이용하거나 새로 만들더라도 Design 감각이 떨어지는 물건들이 다수였으나, Tesla 이후엔 본격적으로 세련된 자동차들이 나오기 시작하며 기존 Maker들도 진지하게 판매용으로 만든 차량들을 제조하기 시작했다. 이후 Tesla는 단순히 Electric Vehicle 시대를 개막한 것에 그치지 않고 꾸준히 차를 개선하며 판매량은 물론 현재 자동차 중에서도 세 손가락 안에 꼽히는 최고의 성능을 자랑하는 자동차로 여전히 군림하고 있다.

기술 발전뿐만 아니라, 각 국가의 정책 역시 Electric Vehicle 시대를 불러오고 있다. 미국 캘리포니아와 유럽의 각 국가들도 2025~2040년 안에 Internal combustion engine을 퇴출한다고 선언했다. 물론 실제로 퇴출이 가능할지 회의적인 의견도 있으나, 이러한 선언이 나온다는 것 자체가 앞으로 국가가 나서서 Internal combustion engine에 규제 등 압박을 가할 가능성이 크기 때문에 기존 Internal combustion engine 자동차 회사들도 Electric Vehicle 양산 계획을 가지고 있다.

1.3 전기자동차의 특징

(1) 전기 에너지 사용

가장 큰 특징으로서, Electric Vehicle는 전기가 동력원이며 내연기관 대신 전동기로 구동력을 발생시킨다. 전기는 동력으로 변환되는 과정에서 오염물질이 배출되지 않아 공해가 없고 동력변환 효율이 매우 우수하며 회생제동, 전기댐퍼 등을 이용해 버려지는 에너지를 회수하기도 용이하다. 또한 전기 시스템은 부피가 무척 작고 동력 배분이 자유로워서 Power train 계통의 단순화로 엄청난 공간 창출과 무보수화를 쉽게 현실화할 수 있으며, 모터는 공회전이 없기 때문에 차량이 서 있을 때의 비효율을 제거할 수 있다.

Electric Vehicle는 전기를 동력원으로 써서 Electric Vehicle라고 하므로 사용할 전기를 얻는 방법은 매우 다양하게 구현될 수 있다. 예컨대 Battery(외부 충전), 연료전지뿐만 아니라 가스터빈과 내연기관을 이용한 발전기 구동을 통해 전원을 생산하여 전동기를 구동한다면 이들도 Electric Vehicle이기는 하다. 단, 우리가 흔히 알고 있는 Electric Vehicle가 친환경과 고효율에 해당되는가에 관해서는 이견의 여지가 있는데, 다만 이 부분에 대해서는 동력원에 관한 이해가 필요하다. 왜냐하면 에너지의 환경성과 효율성은 소비와 더불어 생산도 고려해야 하기 때문이다.

(2) 쉽게 얻을 수 있는 뛰어난 제어 성능

현대에 개발되는 전동기들은 Motor Drive라는 전용회로의 전자제어를 받으므로 내연기관에 비해 제어가 쉽고 반응이 신속하며 출력 예측도 손쉽게 가능하여 모터의 성능을 어떤 조건에서든 일관성 있게 보장할 수 있다. Motor Drive는 아예 설계부터 Motor의 특성을 고려하여 최적의 성능을 내도록 제작되며 내부적으로도 여러 가지 제어변수를 1초에 수만 번씩 실시간으로 Feedback을 받아 계산하고 제어하므로 외란에도 강하다. 그래서 차량의 속도 및 토크제어와 회생제동이 대단히 쉽고 빠르며 매우 정확해서 말도 안 되는 수준의 Traction Control도 무리없이 구현할 수 있다. 또한 Motor Drive에 올라가는 Firmware도 On-line으로 Update가 가능하므로 사후관리 또한 편리하다는 장점도 있어서 Update로 차량 성능이 향상되는 사례도 있다.

이 특성은 차량을 Digital Network와 쉽게 연결할 수 있게 하고 전자운행을 수월하게 하므로 Google을 필두로 한 Software 기업들까지 자율주행에 참여할 수 있게 한 원동력이기도 하다.

내연기관 차량의 경우 아무래도 인위적인 조작으로 System을 제어해야 하는데 이러한 구동

부분의 제작도 힘들고 Tuning과 성능을 최선으로 맞추기 어려운 데다 기계적인 응답도 느려서 자동차 제조사 외에는 이를 Software로 수행하는 것이 상당히 어렵다.

(3) 적은 소음

전동기는 내연기관에 비해 기계적인 구조가 매우 단순하고 폭발이 발생하지 않아서 비교적 적은 소음으로 주행할 수 있다. 전기로 운행하는 지하철과 경유 기관차의 소음이 얼마나 차이가 나는지 비교해 보면 좋을 것이다. 너무 소음이 없다 보니 주변에서 차량이 접근하더라도 보행자가 눈치 채기 어려워 사고의 위험성이 높아질 정도이다. 그래서 일부 차량은 스피커를 달아서 저속에서 가상 주행음을 내기도 한다. 공상과학 영화에서 나올 법한 특이한 가상 주행음을 가진 Electric Vehicle도 있는데, 만일 궁금하다면 '전기차 가상 엔진 사운드 시스템'을 찾아 참고하길 바란다.

고속에서는 아무래도 실내방음이 잘 된 내연기관 차량도 많고 바람이나 노면소음이 워낙 크다 보니 큰 차이를 못 느끼기도 하는데 차이를 못 느껴도 이상한 건 아니다. Electric Vehicle도 엔진만 전동기로 바꾼 것이지 결국 바퀴 달린 자동차이므로 이런 차량 외적인 소음을 억제하는 것은 Electric Vehicle에도 똑같이 주어지는 숙제이다.

(4) 뛰어난 유지보수성

내연기관 차량은 연료공급, 동력변환, 매연배출까지 복잡한 화학반응 제어와 동력변환을 위해 필요한 부속이 매우 많다. 대충 훑어봐도 Fuel tank, Fuel pump, Fuel filter, Air filter, Turbocharge, Timing shaft, Timing belt, Cooling, Engine, Transmission, Spark plug, Inject, Exhaust pipe, Muffler, DPF, Starting motor, Alternator 등등 말만 들어도 두통을 유발할 것 같은 부속들이 산더미처럼 들어가며, 이러한 기계 System을 원활하게 작동시키기 위해서 Engine oil, Transmission oil 등등 각종 윤활유와 많은 정비 작업이 필요하다. 그리고 이렇게 산더미 같은 부속들을 정비하는 데 필요한 시간과 비용은 전부 운전자가 책임져야 하며 이때 발생하는 폐오일로 인한 공해량도 만만치 않다.

하지만 Electric Vehicle는 일단 동력계통의 구성이 Motor, Motor drive, 전원으로 매우 단순하고 그마저도 구성 전체에 소모성 부속이나 잦은 고장을 일으킬 만한 부분이 없어서 유지보수성이 뛰어나다. Power Train이나 Steering, Suspension 등의 부속 설계는 차량을 만드는 이상 전기자동차도 당연히 필요하지만 내연기관 자동차의 기계설계 난이도와는 감히 비교할 수 없다.

[그림 1.11] 단순한 파워트레인

✍ Handy hint

▣ **전기자동차와 내연기관 자동차의 차이점**

구 분	내연기관 자동차	전기자동차	연료전지 자동차
동력발생장치	엔진본체	배터리	연료전지 스택
	윤활장치	없음	없음
	연료장치	전기 에너지	수소탱크
	냉각장치	냉각장치	냉각장치
	흡 · 배기장치	없음	공기 공급, 배출장치
	시동 · 점화 · 충전장치	없음	운전 및 충전장치
동력전달장치	클러치	모터	모터
	변속기	감속기	감속기
	추진축	차동장치	차동장치
	종감속 및 차동장치		
	차축		
조향 · 현가 · 제동장치 프레임, 휠 및 타이어	동 일		

(5) 용이한 차량 설계

내연기관에 관해 각국 정부의 환경규제가 점점 강화되고 있는데 차를 팔기 위해서는 소비자의 기대치를 충족시킬 만한 연비와 성능은 달성해야 하므로 내연기관의 구조가 점점 복잡해지고 있다. 이로 인해 아무리 엔진설계와 제조기술이 뛰어나다 해도 Engine room의 크기가 커지는 것은 어쩔 수 없어서 점점 합리적인 설계가 어려워지고 있고 친환경 압박으로 인해 DPF나 요소수 등의 유지보수 비용도 점점 추가되는 추세다.

반면에 Electric Vehicle는 환경규제에서 자유롭고 동력변환 효율이 우수하며 공간은 훨씬 적게 쓸 수 있으므로 설계가 매우 자유로운 편이다. 제조사에 따라서는 아예 Engine에 들어가던 Hood에 Trunk마냥 수납공간을 추가하거나 안전장치, 혹은 차체 강성의 추가 확보 등등 기존 내연기관 자동차와 비교하면 파격적인 설계를 내놓고 있다.

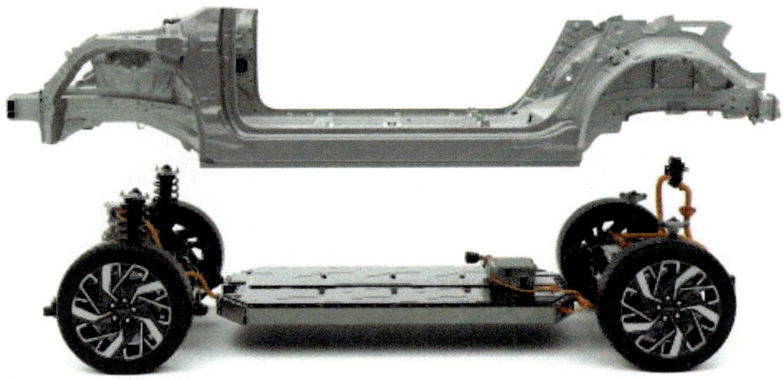

[그림 1.12] 전기차 전용 플랫폼(E-GMP)

저상버스처럼 설계 난이도가 높은 차량의 경우에도 Engine room과 각종 동력전달 부품이 생략되어 더 나은 설계를 할 수 있을 것이다. 또한 전동기의 운전범위가 넓어서 변속기를 아예 생략해버리고 구동축에 직접 박아서 기계 손실마저 최소화할 수 있고 전동기를 2개 이상 넣는 경우도 흔하다. 또는 아예 바퀴 한쪽에 Motor 하나씩 리비안 Motor 4개를 달아서 Tank turn이 가능한 차량을 구현하기도 한다.

Electric Vehicle는 고효율이라는 특성 덕분에 많은 냉각이 필요하지 않으므로 내연기관에 필수적인 Radiator grill을 가질 필요가 없다. 이는 Tesla 차량들의 Design에도 반영되어 있다.

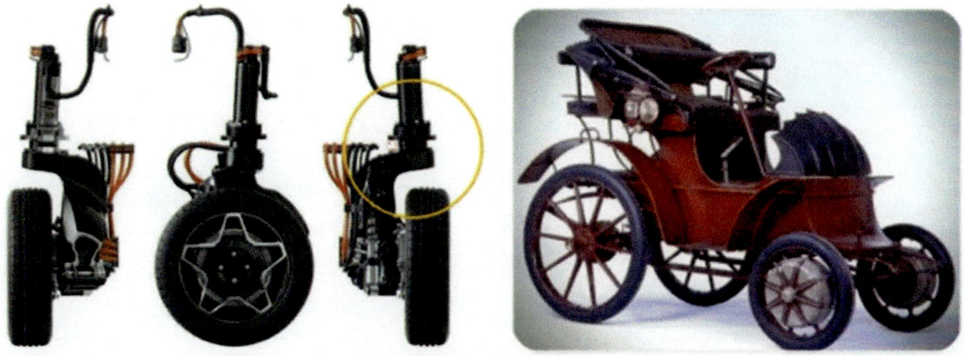

1898년 전륜 In Wheel Motor

[그림 1.13] In wheel Motor

(6) 주행 외 Battery 활용

현대 코나 일렉트릭과 기아 니로EV의 Utility mode, Tesla 차량의 Camping mode와 애견 모드가 이를 대표한다. 내연기관 자동차는 애당초 자동차 Battery 자체가 시동 및 내부 전자장비 외의 전원으로 쓰기에는 적합한 사양이 아니며 그마저도 지속 공급을 전제로 하지 않았다. 따라서 생각 외로 용량이 작으므로 Engine을 켜지 않으면 순식간에 방전되기 쉽다. 고작 2~3마력(2 [kW])짜리 Alternator를 돌리겠다고 그 큰 엔진의 공회전을 하루 종일 돌리기에는 매연과 소음을 감당할 수 없으니 이 역시도 쉽지 않다.

반면 Electric Vehicle는 애초에 대용량 Battery를 기본으로 들고 있고 Battery들의 출력전압이 대부분 상용전원보다 높다 보니 공회전과 매연 걱정 없이 대형 가전제품도 돌릴 수 있을 만큼 넉넉한 220 [V] 60 [Hz]를 손쉽게 구현할 수 있다. 덕분에 Electric Vehicle들은 큰 어려움 없이 거대한 Sub-battery(ESS)의 역할을 수행할 수 있다.

ICCU(Integrated Charging Control Unit)는 차량에 있는 고전압 축전지와 보조축전지 모두 충전이 가능하도록 새롭게 개발된 현대차그룹의 통합 충전 시스템이다. 그동안 전기자동차는 단방향 충전만 가능한 OBC와 LDC가 적용되었지만, ICCU가 이를 통합하면서 관심을 모은 기술이다. ICCU는 전기자동차의 전기를 220 [V] 가정용 전기로 변환해 뽑아 쓰도록 하는 기술인 'VtoL'을 구현할 때도 VCMS(Vehicle Charge Management System)과 함께 중요한 역할을 한다.

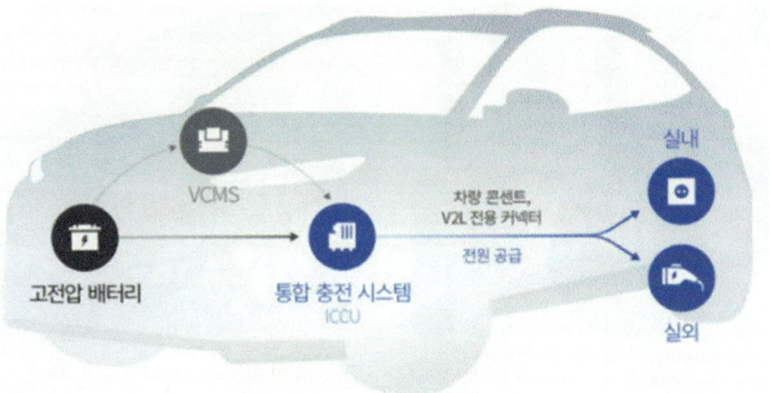

[그림 1.14] 통합 충전관리 시스템(E-GMP)

✍ Handy hint

▣ Electric Vehicle의 개발 목적

① 환경문제 해결
② 유한한 화석연료
③ 지구 온난화 대책(EU. 2021부터 자동차 1대당 CO_2 배출 허용치 95.1g/1km)

▣ VCMS(Vehicle Charging Management System)의 역할

① 충전기 제어
- 완속 교류 충전(AC)과 급속 직류 충전(DC)으로 국제 표준에 대응하는 충전 통신 기능을 제공

② 차량 측 제어
- 충전기와 차량 간 양방향 전력선 통신을 수행
- 국내부터 일본, 중국까지 다양한 충전 표준을 지원
- 전기자동차를 충전할 때 인증과 결제를 자동으로 진행하는 충전 기술 PNC(Plug and Charge)를 제공하며 보안 인증서를 관리
- 통신 해킹을 방지하기 위해 데이터의 암호화 및 복호화 진행
- 자동차에서 전력망으로 전기를 양방향 이동시키는 V2G(Vehicle to Grid) 시스템 지원
- 전기자동차에 탑재된 배터리 전력을 외부에서 사용할 수 있는 V2L(Vehicle to Load) 시스템 지원

1.4 전기자동차의 주행 모드

(1) 출발 및 가속

시동키를 ON 후 운전자가 가속 페달을 밟으면 전기자동차는 고전압 배터리에 저장된 전기에너지를 이용하여 구동 모터로 주행한다. 차속을 올리기 위해 가속 페달을 더 밟으면 모터는 더 빠르게 회전하여 차속이 높아진다. 큰 구동력을 요구하는 출발 시와 언덕길 주행 시는 모터의 회전 속도는 낮아지고, 구동 토크를 높여 언덕길을 주행할 때에도 변속기 없이 순수 모터의 회전력을 조절하여 주행한다.

(2) 감속

차량 속도가 운전자가 요구하는 속도보다 높아 가속 페달을 작게 밟거나, 브레이크를 작동할 때 전기 모터의 구동력은 필요하지 않다. 이때 차량 바퀴의 주행 관성 운동 에너지를 구동 모터가 발전기의 역할을 하여 전기 에너지로 만들어 낸다. 구동 모터에서 만들어진 전기 에너지는 고전압 배터리에 저장한다. 감속 시 발생하는 운동 에너지를 버리지 않고 구동 모터를 발전기로 사용하여 배터리에 재충전하는 것을 회생제동이라고 한다.

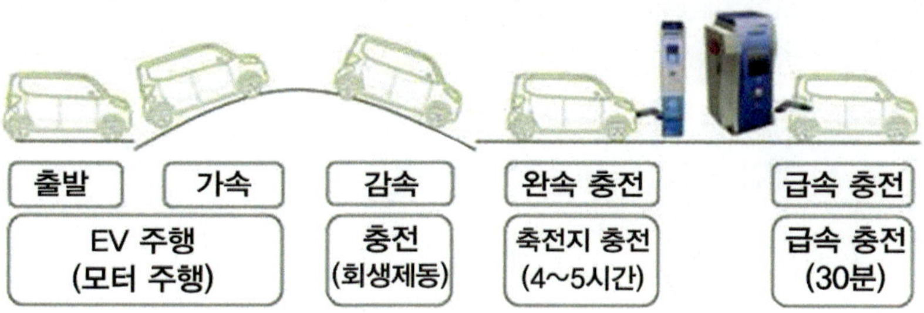

[그림 1.15] EV 주행모드

(3) 완속 충전

전기자동차는 고전압 배터리에 저장된 전기에너지를 모두 사용하면 더 이상 주행할 수 없게 되는데, 이때 고전압 배터리에 전기에너지를 다시 충전하여 사용해야 한다.

충전 방법으로는 완속 충전과 급속 충전이 있는데, 완속 충전은 AC 100 [V] / 220 [V]의 전압을 이용하여 고전압 배터리를 충전하는 방법이다. 완속 충전 시에는 표준화된 충전기를 사용하여 차량의 앞쪽 또는 뒤쪽에 설치된 완속 충전기 Inlet(주입구)을 통해 충전하여야 한다.

급속 충전보다 더 많은 시간이 필요하지만, 급속 충전보다 충전 효율이 높아 배터리 용량의 90 [%]까지 충전할 수 있다.

(4) 급속 충전

급속 충전은 외부에 별도로 설치된 급속 충전기를 사용하여 DC 380 [V]의 고전압으로 고전압 배터리를 빠르게 충전하는 방법이다. 기존 차량의 연료 주입구 안쪽에 설치된 급속 충전 Inlet Port에 급속 충전기 Outlet을 연결하여 충전하며, 충전 효율은 축전지 용량의 80 [%]까지 충전할 수 있다.

1.5 전기자동차의 충전 종류

(1) 완속 충전

천천히 충전하며, 3~14 [kW]로 고전압 배터리를 충전한다.

(2) 급속 충전

빠르게 충전하며, 50~350 [kW]로 고전압 배터리를 충전한다.

(3) 회생제동

감속 및 제동 시 모터가 발전기가 되어 고전압 배터리를 충전하는 기능으로, 일종의 내연기관 차량의 엔진 브레이크 기능이다.

1.5.1 완속 충전기와 급속 충전기 구별법

(1) 충전기의 크기

일반적으로 완속 충전기는 AC 220 [V]를 그대로 차량에 공급하고, OBC가 DC로 전력 변환 및 약 400 [V]의 고전압으로 승압하기 때문에 충전기의 크기가 작다.

하지만 급속 충전기는 우리가 일반적으로 사용하는 AC 220 [V]를 약 400 [V]의 고전압 DC로 변환하여 차량에 공급한다. 그래서 충전기 내부에는 전력 변환 및 승압 시스템을 포함해야 하기 때문에 충전기의 크기가 크다.

(2) 충전 케이블의 굵기

완속 충전기는 케이블 연결 정보 및 AC 220 [V]만 차량에 공급하면 되기 때문에 케이블의 굵기가 가늘며, 대략 성인 남자의 엄지손가락 정도의 굵기 정도이다.

하지만 급속 충전기는 케이블 연결 정보 및 DC 400 [V]의 고전압을 차량에 공급해야 하기 때문에 충전 케이블의 굵기가 500원짜리 동전 정도로 완속 충전기보다 두껍다.

(3) 충전 케이블의 모양

차량에 연결되는 충전 케이블 끝단부의 모양을 보면 완속 충전 케이블은 완전한 동그라미 모양이지만, 급속 충전 케이블은 동그라미 하단에 타원형의 고전압 단자를 포함하고 있다.

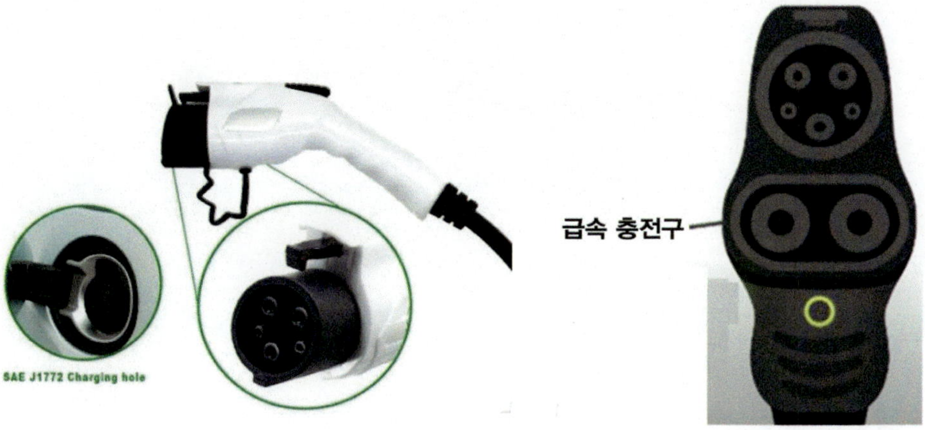

(a) 완속 충전 케이블 (b) 급속 충전 케이블

[그림 1.16] 완/급속 충전 케이블의 모양

1.5.2 완속 충전기의 종류

(1) 스탠드형

7 [kW]급 충전기이며, 주로 아파트 · 관공서 등에 공용으로 설치하거나 개인 주택에 비공용으로 설치한다.

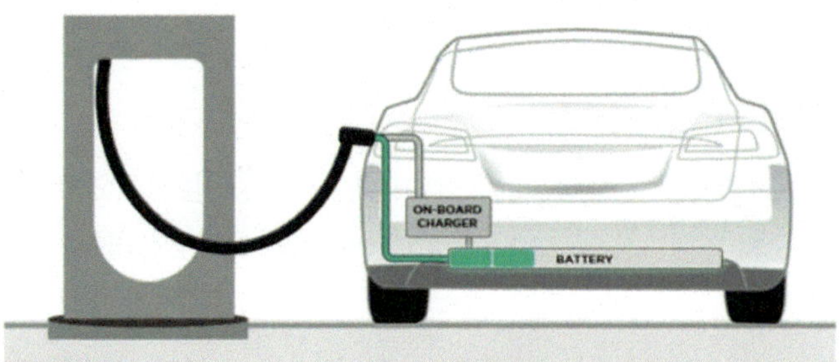

[그림 1.17] 스탠드형 충전기

(2) 벽부형

충전기 사업자에 따라 3~7 [kW]급 충전기로 구분되고, 벽걸이 선풍기처럼 벽에 부착하는 방식이다. 스탠드형과 마찬가지로 고정형이다.

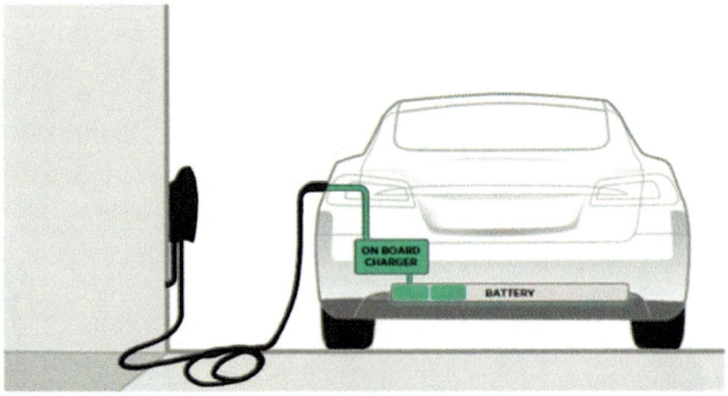

[그림 1.18] 벽부형 충전기

(3) 무선 충전 방식

무선 충전 방식은 가장 편리한 충전 방법으로, 아직은 충전 속도가 느리기 때문에 일반화 되지는 않았지만 향후 꼭 필요한 충전 방식이다.

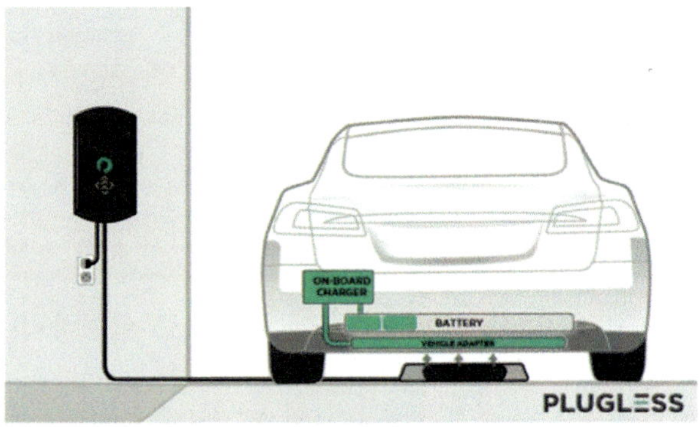

[그림 1.19] Wireless charging

(4) 휴대용 충전 케이블(ICCB)

이동 가능한 충전기로 별도의 인정 절차 없이 휴대폰 충전처럼 220 [V] 콘센트에 연결하여 사용한다. 임의적으로 사용할 경우 도전(盜電) 행위로 법적 처벌을 받을 수 있다.

ICCB를 220 [V] 콘센트에만 연결한 후 컨트롤 박스 후면의 스위치를 눌러 사용자의 환경에 맞는 전류 3단계(12A-10A-8A)로 설정할 수 있으며, 이는 AVN 충전 관리-충전 전류에서도 가능하다. 충전 전류가 낮으면 충전 속도도 낮아진다. 그리고 충전 중 후면의 스위치를 누르면 충전은 중지하도록 되어 있다.

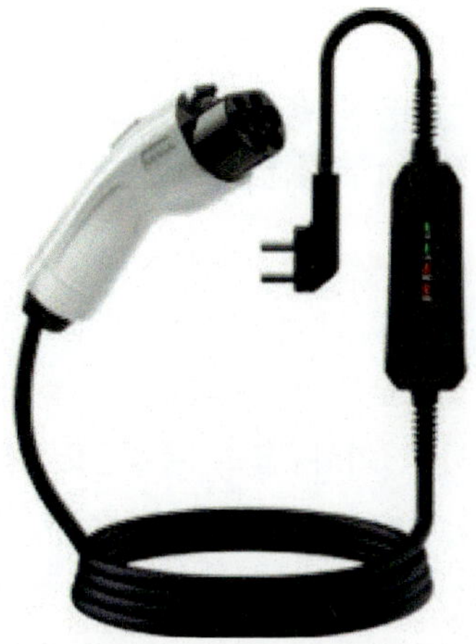

[그림 1.20] 휴대용 충전 케이블

1.5.3 급속 충전기의 종류

(1) 차데모(CHAdeMO)

차지(Charge)와 무브(Move)의 합성어로, 일본에서 개발한 급속 충전 규격이다. 기아자동차의 레이 및 쏘울(PS) EV에 적용되었다.

(a) 차데모 (b) AC 3상 (c) 콤보 I

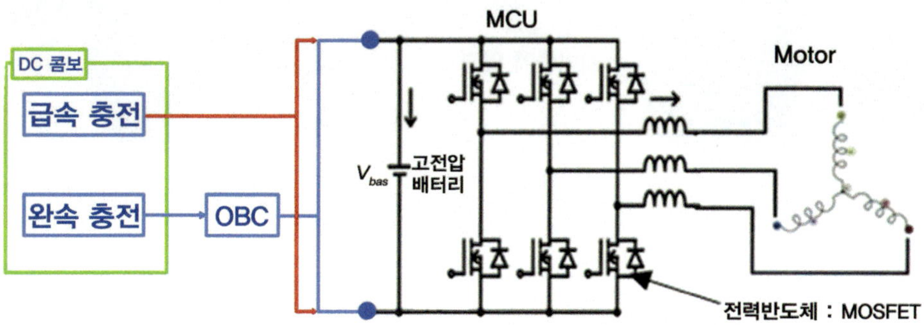

(d) 충전회로

[그림 1.21] 급속 충전 케이블 종류 및 회로

(2) AC 3상 타입

완/급속 공용 타입으로 AC를 이용한 충전 방식이며 유럽에서 주로 사용하는 방식이다. 국내 기준으로 르노 삼성 SM3 EV에 적용되었다.

(3) 콤보 I 타입

완/급속 충전구를 일원화한 것으로, 충전 시간이 단축되고 용량이 크다는 장점이 있다. 2018년 이후 국가기술표준원에서 전기차 급속 충전 방식을 콤보 I 타입으로 통일하였다.

콤보 타입은 SOC 20 [%] 이하, 80 [%] 이상에서는 완속 충전을 하고, 20 [%] 이상, 80 [%] 이하에서는 급속 충전을 할 수 있는 충전기이다. 이는 온도 상승으로 인한 배터리 폭발을 방지하기 위함이다.

현대, 기아자동차뿐만 아니라 BMW, 쉐보레 등 많은 자동차 회사에서 사용 중이다.

(4) 테슬라 전용 충전기

테슬라는 테슬라만의 전용 충전 방식(완/급속 공용 타입)을 사용한다. 그래서 급속 충전인 슈퍼 차저, 완속 충전인 더스티네이션(Destination) 전용 충전기에서만 충전이 가능하다.

만약 전용 충전기가 없다면 급속 또는 완속 어댑터(Adaptor)를 별도로 구입한 후 급속은 차데모, 완속은 5핀 타입의 충전 케이블에 연결하여 사용해야 한다.

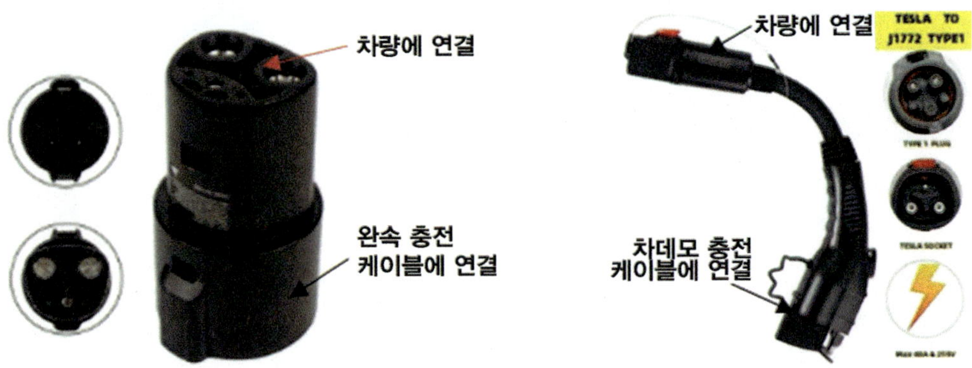

(a) 완속 충전 시　　　(b) 급속 충전 시

[그림 1.22] 완/급속 충전기 어댑터

1.5.4 충전 시 차량의 3가지 조건

① 안전을 위해서 P단에서만 충전 가능

② 안전을 위해서 시동이 걸리지 않은 상태-Not READY에서만 가능

③ 충전 도어는 Door un-lock 상태에서만 열림

기본적으로 전기자동차 충전을 위해서 차량의 상태는 위의 3가지 조건을 만족해야 한다. 하지만 이 부분은 크게 생각하지 않아도 되는 이유는 충전 중 안전을 위해 N-레인지에서 충전 케이블을 연결하면 P-레인지로 자동 변경되며, READY에서 충전 케이블을 연결하면 Key ON(IG3) 상태로 자동 변경되기 때문이다. 즉, 충전 케이블이 연결되면 안전을 위해 READY가 되지 않는다.

1.5.5 급속 충전이 빠른 이유

급속 충전이 빠른 이유는 충전기가 출력하는 전력량이 완속 충전에 대비하여 크기 때문이다. 현재의 완속 충전기 출력은 7 [kW]급이 최대인 반면, 급속은 최소 50 [kW], 최대 350 [kW]급까지 매우 높은 전력을 출력한다.

이렇게 충전기를 통해 출력된 전력은 별도의 전력 변환 장치(OBC)를 거치지 않고 바로 고전압 배터리를 충전한다. 100 [kW]급 급속 충전기에 연결해도 안전 문제 때문에 실제 출력은 최대 70 ± 5 [kW] 정도 출력된다. 50 [kW]급 급속 충전기는 최대 40 ± 5 [kW] 정도 출력되는데, 이는 완속 충전기도 마찬가지이다.

1.5.6 전비 표시

내연기관 차량의 경우 '1리터의 연료를 사용하여 몇 km를 주행했다'라는 의미로 '□ □. □ km/ℓ'로 표현하지만 전기자동차의 경우 사용되는 연료가 액체가 아니기 때문에 리터[ℓ]로 표현할 수 없다. 따라서 전기자동차에 사용되는 연료는 전기, 즉 '1kWh의 전력으로 몇 km를 주행했다'는 의미로 '□ □. □ km/kWh'로 표현한다.

그리고 넓은 의미로 전기나 휘발유, 경유 등 모두 자동차를 구동하는 연료에 해당되어 연비라고 표현해도 무방하지만, 전기자동차의 경우 전력을 사용한다는 의미로 전비라고 표현하기도 한다.

1.5.7 주행 가능 거리

DTE(Distance To Empty : 주행 가능 거리)는 배터리(SOC), 공조 설정(FATC), 운전자의 과거 주행 스타일 Date, 내비게이션(경로) 등 Date들이 합산되어 VCU(date 연산, 예측 전비)를 통해 계기판(DTE)에 표시된다.

DTE는 경로와 주행에 따라 변하므로 예상 경로에 고속도로나 오르막길 또는 내리막길 등의 구간은 배터리 소모량이 다르기 때문에, 그만큼 예상치를 반영하고 또한 주행할 때 배터리를 사용하고 회생제동을 통해 충전도 하기 때문에 DTE는 항상 변할 수 있는 값이다.

차량 자체적으로 ECO 운전을 할 수 있도록 유도하고, 계기판 ECO 표시등 옆에는 회생제동을 통한 DTE 이득 거리를 알려주어 운전자가 회생제동을 사용하도록 유도한다.

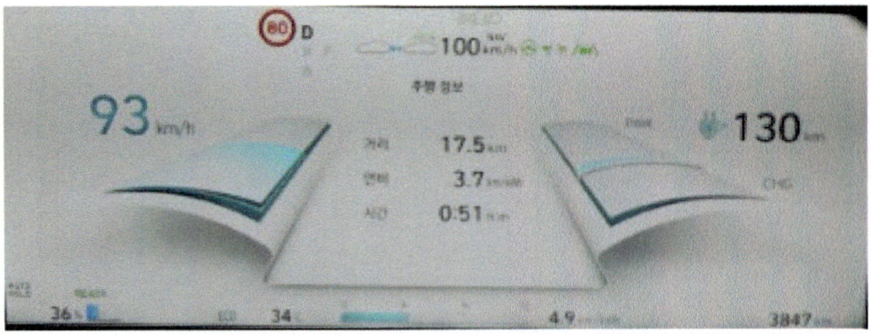

[그림 1.23] 아이오닉5 계기판

1.6 전기자동차의 주요 구성

1.6.1 고전압 Battery

리튬 이온 폴리머 배터리(Li-ion Polymer Battery)는 리튬 이온 배터리의 성능을 그대로 유지하면서, 폭발 위험이 있는 액체 전해질 대신 화학적으로 가장 안정적인 폴리머(고체 또는 젤 형태의 고분자 중합체) 상태의 전해질을 사용하는 배터리를 말한다.

DC 360 [V] 정격의 리튬 이온 폴리머(Li-Pb) 배터리는 DC 3.75 [V]의 축전지 셀 총 96개가 직렬로 연결되어 있고, 모듈은 총 8개로 구성되어 있다.

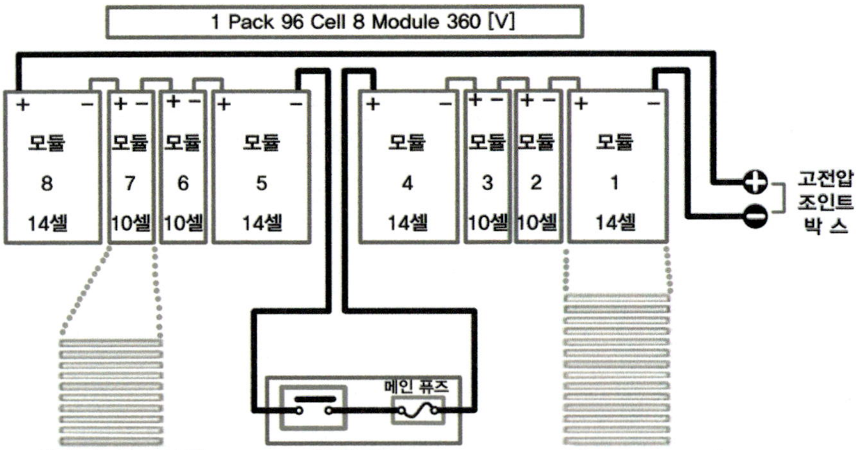

[그림 1.24] 고전압 Battery 구성(기아 쏘울)

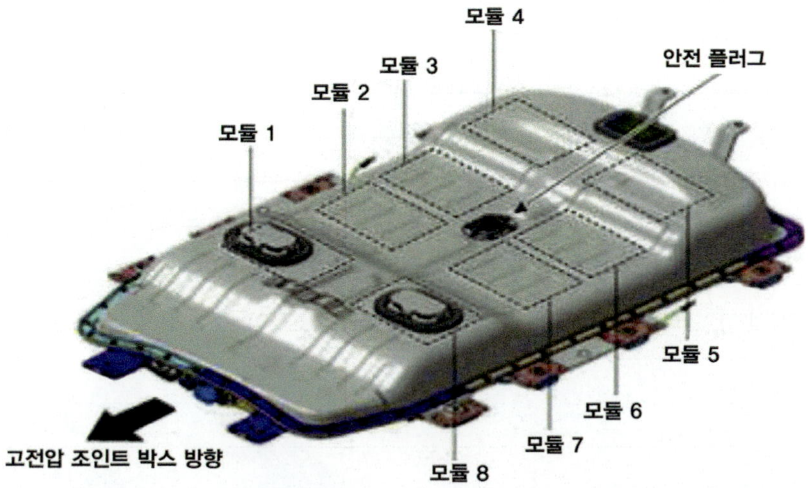

[그림 1.25] 모듈 방향(기아 쏘울)

1.6.2 전력제어 장치

전기자동차는 차량 하부에 배터리 팩을 놓고 360 [V], 27 [kWh]의 고전압을 이용해 모터를 구동한다. 모터의 속도를 이용해 차량 속도를 제어할 수 있기 때문에 변속기는 필요 없으며, 대신 토크를 증대하기 위한 감속기가 설치된다. 고전압을 PTC 히터, 전동 컴프레서에 공급하기 위한 고전압 정션 박스가 PE룸(내연기관의 엔진룸)에 있고 그 아래로 완속 충전기(OBC), 통합 전력제어 장치(EPCU)가 놓인다. EPCU는 VCU, 인버터(MCU), LDC가 통합된 형태를 가리킨다.

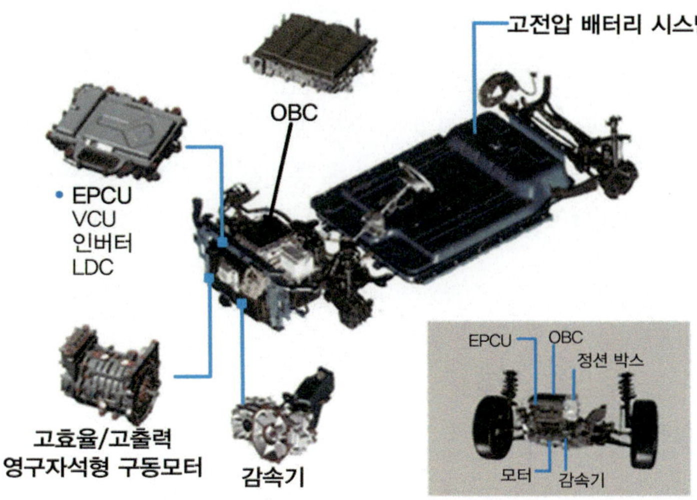

[그림 1.26] 전기자동차의 구성(코나)

1.6.3 PE 시스템

PE 시스템(Power Electric System)은 내연기관 자동차의 파워 트레인을 대체하는 전기자동차 구동 장치다.

아이오닉5의 근간이 되는 E-GMP의 PE 시스템은 ① 구동에 필요한 모터, ② 동력을 차량에 필요한 토크와 속도로 변환하여 전달하는 감속기, ③ 전력을 변환하여 모터의 토크를 제어하는 인버터가 일체화된 것이 특징이다. 이로 인해 E-GMP의 PE 시스템은 크기와 무게가 기존 시스템에 대비하여 크게 줄었다.

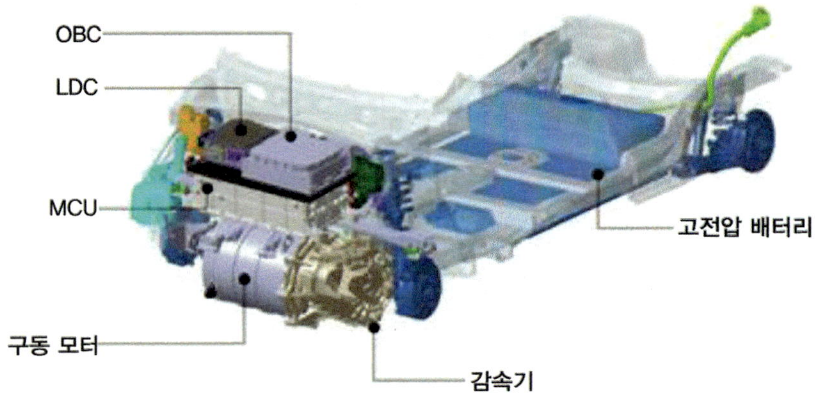

[그림 1.27] PE 시스템(쏘울)

(1) 모터(Motor)

구동 모터는 전기자동차에서 동력을 발생하는 장치로 높은 구동력과 출력으로 가속과 등판 및 고속 운전에 필요한 동력을 제공하는 기능을 한다.

MCU는 직류(DC)를 교류(AC)로 변환하여 구동 모터를 제어하는 기능과 감속 시에는 구동 모터를 발전기로 전환시켜 탑재된 고전압 배터리를 충전하는 기능을 담당한다. 모터에서 발생한 동력은 회전자 축과 연결되어 있는 감속기와 드라이브 샤프트를 통하여 구동 바퀴에 전달된다.

Handy hint

▣ **kWh**

고전압 배터리의 에너지양을 말한다. 예를 들어 64 [kWh]이면 가정에서 쓰는 헤어 드라이기의 소비 전력이 1 [kW]일 때 이를 64시간 동안 쓸 수 있다는 뜻이다.

▣ **kW**

구동 모터의 출력을 말한다. 내연기관의 경우 마력으로 표현하는데 구동 모터는 kW로 표현한다. 예를 들어 150 [kW]를 마력으로 바꾸면 1 [kW] = 1.36 [PS], 150 × 1.36 = 204 [마력]이 된다.

▣ **교류(AC)와 직류(DC)의 차이**

구 분	교류	직류
주요 인물	Nikola Tesla	Thomas Edison
저장	불가능	가능
발전(회생제동)	용이함	구조가 복잡함
전압 변동	가능	어려움
송전	원거리 송전 (전력 손실 큼)	단거리 송전 (전력 손실 작음)
DC ↔ AC	쉬움	보통
운동 에너지 전환	용이(정밀제어 가능)	보통
내구성	좋음	다소 불리함
전자제품 손상	높음	일정 전압 유지 가능

(2) 감속기

전기자동차용 감속기는 일반 가솔린 차량의 변속기와 같은 역할을 하지만, 여러 단이 있는 변속기와는 달리 일정한 감속비로 모터에서 입력되는 동력을 자동차 차축으로 전달하는 역할을 한다. 따라서 변속기 대신 감속기라고 불린다.

감속기의 역할은 모터의 고회전, 저토크 입력을 받아 적절한 감속비로 속도를 줄이고 그만큼 토크를 증대시키는 역할을 한다. 감속기 내부에는 파킹기어를 포함하여 5개의 기어가 있으며 수동 변속기 오일이 들어 있는데 오일은 무교환식이다.

주요 기능으로는 모터의 동력을 받아 기어비만큼 감속하여 출력 축(바퀴)으로 동력을 전달하는 토크 증대 기능, 차량 선회 시 양 휠에 회전 속도를 조절하는 차동 기능, 차량 정지 상태에서 기계적으로 구동계 동력 전달을 단속하는 파킹 기능 등이 있다.

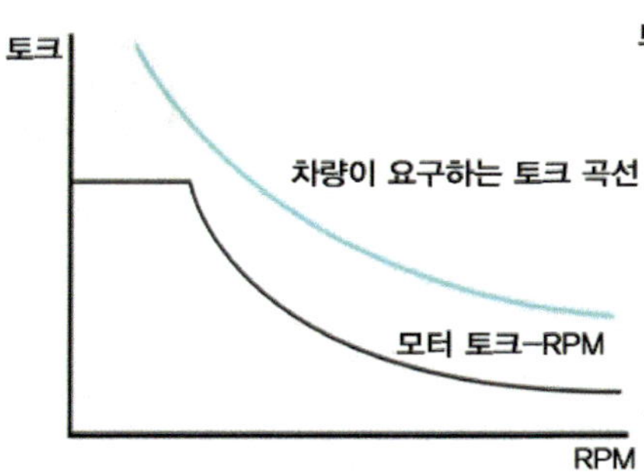

(a) 감속기 장착 전 그래프

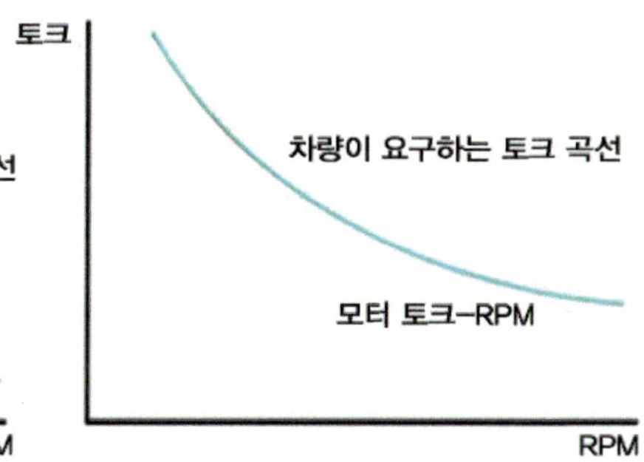

(b) 감속기 장착 후 그래프

(c) 구동 모터 및 감속기

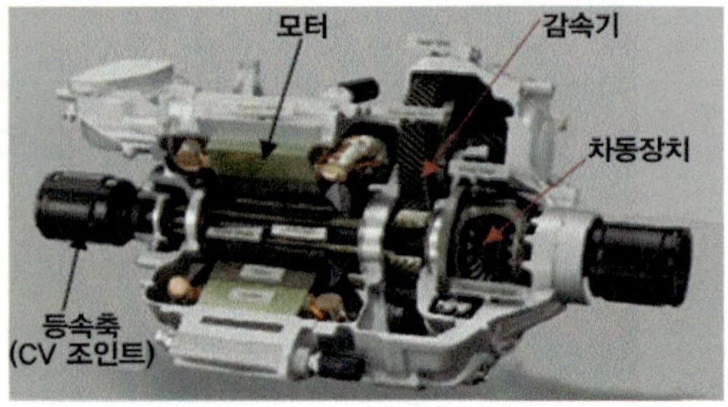

(d) 구동계통

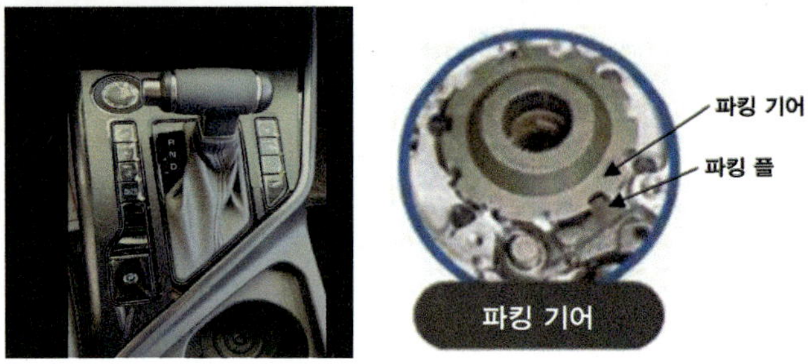

(e) 파킹기구(SBC)

[그림 1.28] 감속기의 특성 및 구성

니로 및 쏘울 부스터 EV에는 다이얼 방식의 SBW(Shift by Wire : 전기 신호로 변속) 시스템이 적용되며 이는 실내 디자인 자유도 향상 및 자율주행 자동차 대응을 위해 적용된다.

SBW 시스템을 구현하기 위해서 SBW 제어기인 SCU, 운전자가 조작하는 E-시프트 및 감속기 또는 변속기 상단의 액츄에이터가 작동한다. 그리고 E-시프트는 자동차 제조사에 따라 레버, 컬럼, 버튼 및 다이얼 타입 등 다양한 방식이 적용된다.

SBW 시스템의 작동은 운전자가 조작한 E-시프트의 신호를 SCU가 입력 받아 액츄에이터를 제어하도록 되어 있다. P-R-N-D 각 단으로 변환해야 하는 내연기관과 다르게 EV 액츄에이터는 P와 Not P단으로 감속기를 제어한다.

[그림 1.29] (d)는 보통 핸들 부근에 좌우로 하나씩 사슴뿔처럼 장착되어 있는데 왼쪽이 (-)로 다운 시프트, 오른쪽은 (+)로 업 시프트이다.

다른 변속기는 핸들(스티어링 휠)에서 한 손을 떼야 변속 레버를 조작할 수 있는데, 패들 시프트는 핸들을 쥔 상태로도 조작할 수 있어 더 안정감 있는 핸들링을 할 수 있다. 컬럼식 변속 레버조차 손을 핸들에서 떼야 하는 점은 마찬가지이기에 고속주행을 해야 할 때 핸들에서 손을 뗄 필요가 없는 패들 쉬프트의 장점은 크다.

자동 차량을 수동으로 조작하며 일반 승용차에서는 보통 실용영역 이상의 고회전에서 변속을 하기 위해 쓰기 때문에 비교적 연비가 낮다.

(a) Button type

(b) Dial type

(c) Lever type

(d) Paddle Shift

[그림 1.29] E-Shift

Handy hint

▣ 패들 쉬프트의 용도

내연기관의 자동변속기에서 패들 쉬프트는 변속 단을 수동으로 조절하는 기능을 하지만 전기자동차에서는 회생제동의 단계를 조절한다. 참고로 회생제동의 단계 조절(0~3단계) 및 회생제동 작동은 D-레인지에서만 가능하다.

왼쪽 쉬프트를 당기면 회생제동량이 증가하고, 오른쪽 쉬프트를 당기면 회생제동량이 감소한다. 또한 회생제동은 좌/우를 동시 조작하거나 풋 브레이크를 사용한 제동 시, SCC 사용 중에는 조절할 수 없으며, 0.5초 이상 당기고 있으면 최대 또는 최소 값으로 즉시 변경된다.

1.6.4 고전압 회로

고전압 결선도를 살펴보면 고전압 배터리, PRA1, 2, 전동식 에어컨 컴프레서, LDC, PTC 히터, OBC, 인버터, 구동 모터가 고전압으로 연결되어 있다.

배터리 팩 안에는 고전압 배터리와 PRA1, 2가 방수 TYPE으로 밀봉되어 장착되어 있다. 또한 고전압을 차단할 수 있는 안전 플러그가 장착되어 있다.

PRA1은 구동용 전원을 차단 및 연결하기 위해 작동하고, PRA2는 급속 충전기에 연결될 때 BMS의 신호를 받아 고전압 배터리가 충전될 수 있도록 전원을 연결하는 기능을 한다.

전동식 에어컨 컴프레서, PTC 히터, LDC, OBC에 공급되는 고전압은 정션 박스를 통해 전원을 공급받는다. MCU(Motor Control Unit)는 직류 360 [V] 단상 고전압을 PRA1과 정션 박스를 거쳐 공급받아 교류 360 [V] 3상으로 변환하여 구동 모터에 고전압을 공급하고 운전자의 요구에 맞게 모터를 제어한다.

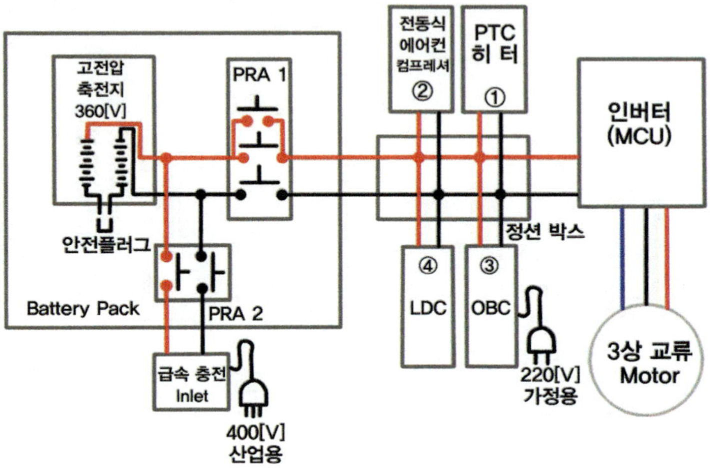

[그림 1.30] 고전압 회로

1.7 고전압 시스템 안전 진단

전기자동차는 고전압 배터리를 포함하고 있어서 시스템이나 차량을 잘못 건드릴 경우 심각한 누전이나 감전 등의 사고로 이어질 수 있다. 그러므로 고전압 시스템 작업 전에는 반드시 안전 진단을 해야 한다.

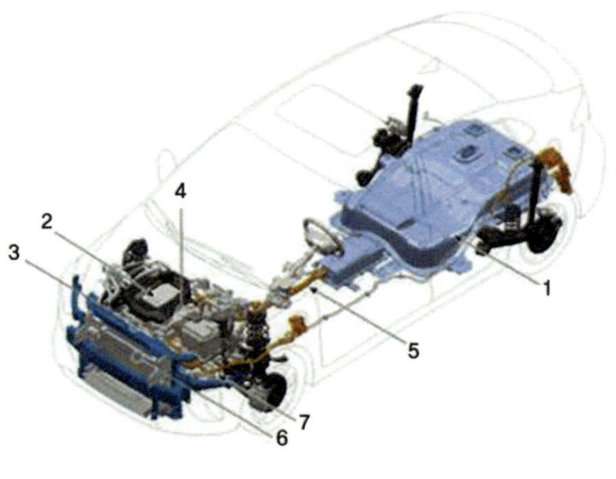

1. 고전압 배터리 어셈블리 시스템
2. EPCU(VCU+인버터+LDC 일체형)
3. 차량 탑재형 충전기(OBC)
4. 고전압 조인트 박스
5. 고전압 케이블
6. 모터 어셈블리
7. 감속기

[그림 1.31] 고전압 부품 차량 구성도(아이오닉)

1.7.1 작업 전 보호 장구 착용

금속성 물질(시계, 반지, 기타 금속성 제품 등)은 고전압 단락을 유발하여 인명과 차량을 손상시킬 수 있으므로 작업 전에는 반드시 몸에서 제거해야 하며, 고전압 시스템 관련 작업 전에는 안전사고 예방을 위해 개인 보호 장비를 착용해야 한다.

[표 1.1] 개인 보호 장비

명칭	형상	용도
절연장갑 및 tools		고전압 부품 점검 및 관련 작업 시 착용 절연 성능 : 1,000 [V] / 300 [A] 이상
절연화		고전압 부품 점검 및 관련 작업 시 착용
절연복	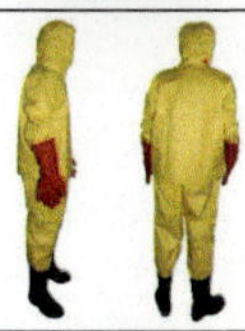	
절연 안전모		
보호 안경		아래의 경우에 착용 • 스파크가 발생할 수 있는 고전압 배터리 단자나 와이어링을 탈 · 장착 또는 점검 • 고전압 배터리 팩 어셈블리 작업
안면 보호대		
절연 매트		탈거한 고전압 부품에 의한 감전 사고를 예방하기 위해 절연 매트 위에 정리하여 보관
절연 덮개	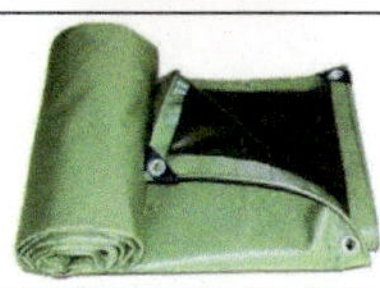	보호 장비 미착용자의 안전사고를 예방하기 위해 고전압 부품을 절연 덮개로 차단

1.7.2 고전압 위험 표시

고전압계 부품 작업 시 '고전압 위험 차량' 표시를 하여 타인에게 고전압 위험을 주지시킨다.

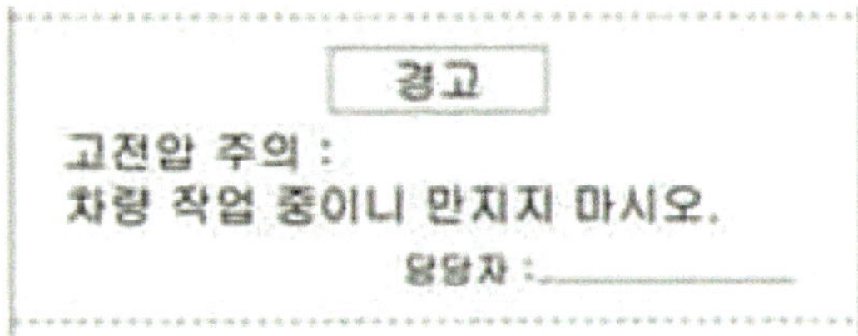

[그림 1.32] 위험 표시

1.7.3 절연장갑 착용

① 절연장갑을 접는다.

② 공기 배출을 방지하기 위해 3~4번 더 접는다.

③ 찢어지거나 손상된 곳이 있는지 확인한다.

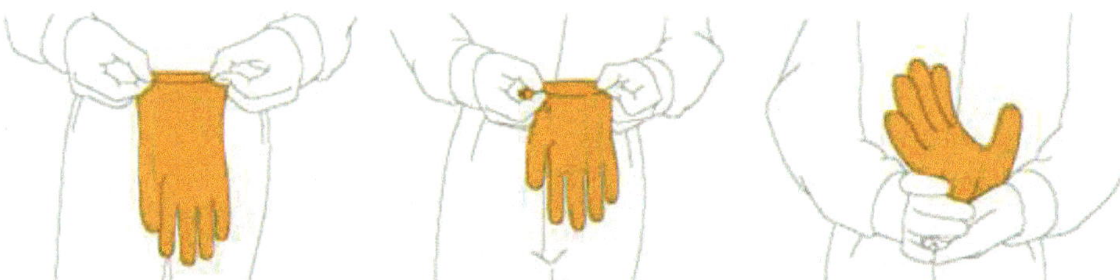

[그림 1.33] 절연장갑 착용 시 주의사항

1.7.4 전기가 인체에 미치는 영향

[표 1.2] 감전의 영향과 전류의 상관관계

감전의 영향과 전류의 상관관계				
감전의 영향	직류(A)		교류(A)	
	–		60 [Hz]	
	남자	여자	남자	여자
느낄 수 있음(최소 감지 전류)	0.0052	0.0035	0.0011	0.0007
고통이 없는 쇼크, 근육은 자유로움	0.009	0.006	0.0018	0.0012
고통이 있는 쇼크, 근육은 자유로움(가수 전류)	0.062	0.041	0.009	0.006
고통이 있는 쇼크, 이탈한계(불수 전류)	0.074	0.05	0.016	0.0105
고통이 격렬한 쇼크, 근육경직, 호흡곤란	0.09	0.06	0.023	0.015
심실 세동의 가능성(통전시간 0.03초)	1.3	1.3	1.0	1.0

※ 가수 전류 : 통전 전류에 의해 고통을 느끼게 되지만 고통을 참을 수 있으며, 생명에 위험이 없는 한계 전류
※ 불수 전류 : 통전 경로의 근육이 경련을 일으키며, 신경이 마비되어 스스로 전원에서 이탈할 수 없는 상황
※ 심실 세동 : 심장이 제대로 수축하지 못해 혈액을 전신으로 보내지 못하는 현상

[그림 1.34] 전기자동차 정비복장

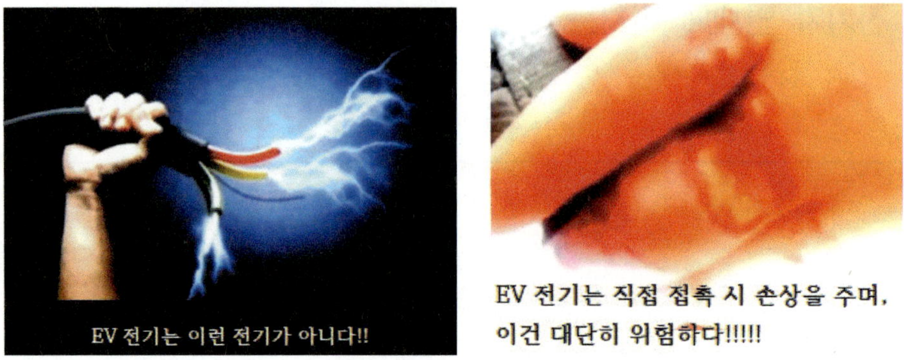

[그림 1.35] 감전 상식

1.7.5 고전압 차단 조치

① 고전압 시스템을 점검하거나 정비하기 전에, 반드시 안전 플러그를 분리하여 고전압을 차단하도록 한다.

② 점화스위치를 OFF하고, 보조 배터리(12 [V])의 (-) 케이블을 분리한다.

③ 플로어 카펫 뒷좌석 가운데 측 커버(A)를 탈거한다.

④ 안전 플러그를 탈거한다([그림 1.36] 참조).

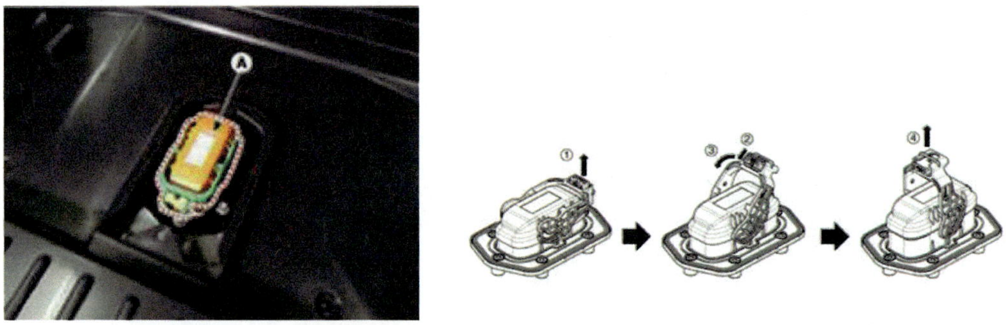

[그림 1.36] 안전 플러그 탈거(아이오닉)

1.7.6 잔존 전압 점검

① 인버터 커패시터 방전을 확인하기 위하여 인버터 단자 간 전압을 측정한다.

② 인버터의 (+) 단자와 (-) 단자 사이의 전압값을 측정한다.

③ 30 [V] 이하는 고전압 회로가 정상이지만 30 [V] 초과는 고전압 회로 이상으로 점검해야 한다.

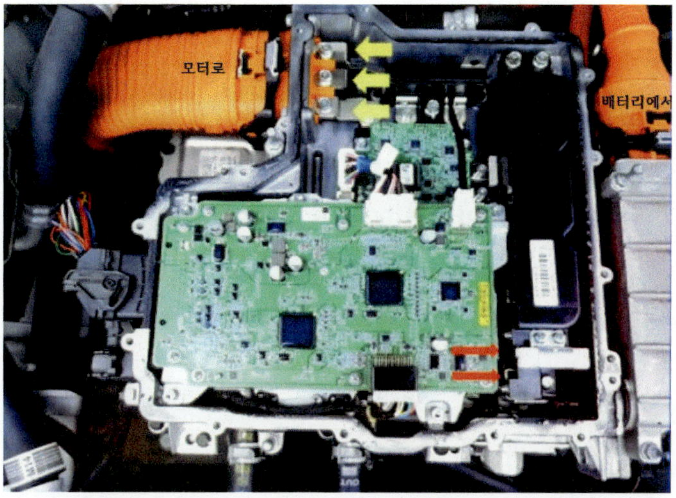

[그림 1.37] 인버터 내부 구조(아이오닉5)

[그림 1.38] 인버터 잔존 전압 점검(아이오닉)

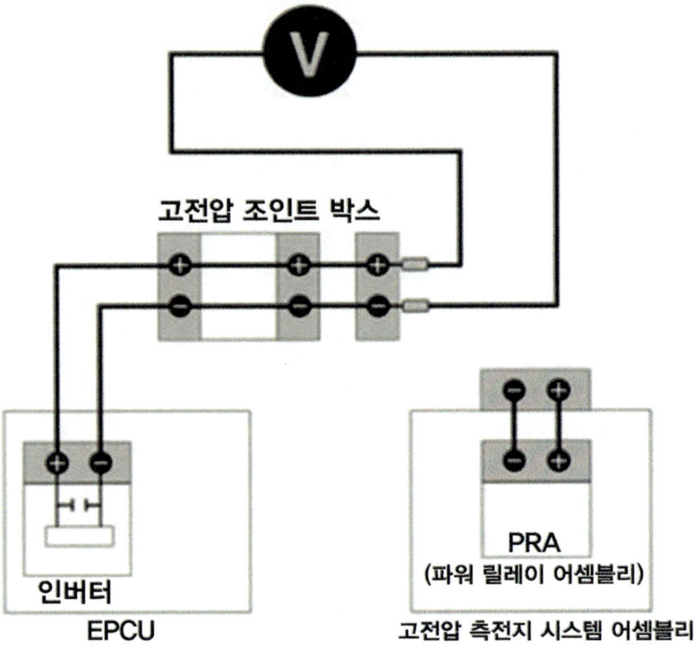

[그림 1.39] 인버터 잔존 전압 측정 구성회로

모든 고전압계 와이어링과 커넥터는 오렌지색으로 구분되어 있고, 고전압계 부품에는 '고전압 경고' 라벨이 부착되어 있다.

고전압계 부품은 고전압 배터리, 구동 모터, 파워 케이블, EPCU, BMS, 인버터(MCU), 저전압 직류 변환 장치(LDC), 파워 릴레이 어셈블리, 프리차지 릴레이, 프리차지 레지스터, 배터리 전류 센서, 메인 퓨즈, 배터리 온도 센서, 부스바, 전동식 컴프레서 등이 있다.

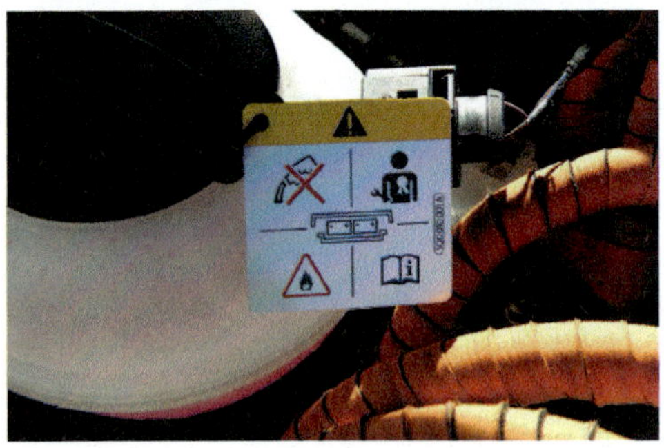

[그림 1.40] 경고 라벨

1.8 전기자동차 감전 또는 방전 문제

(1) 전기자동차 운행 중 사고 발생 시 감전 문제가 있지 않는가?

전기자동차에는 고전압 배터리가 탑재되어 있어 감전되지 않을지 걱정하는 사람이 많다. 그러나 차량 양산 이전에 이미 갖가지 안전 시험을 거쳤으므로 감전 사고가 발생할 확률은 제로에 가깝다고 보면 된다.

또한 차량의 두뇌에 해당하는 메인 제어기와 각 단품에 따른 제어기들이 항상 전력 문제를 주시하고 있으며, 충돌 시에는 에어백 시스템과의 연계로 수초 만에 전원이 꺼지는 시스템을 갖추고 있다.

(2) 전기자동차가 물에 빠지면 감전되지 않는가?

전기자동차가 물과 접촉했을 때 감전 여부를 걱정하는 사람들이 많다. 그러나 전기자동차의 고전압 배터리는 물과 닿으면 전력이 순식간에 낮아짐으로써 감전 문제를 원천적으로 봉쇄한다. 이는 저항이 높은 곳에서 낮은 곳으로 흐르는 전기 저항의 원리에 기인한다.

전기자동차의 고전압 배터리는 공기 중에 있을 시에는 단자가 직렬 구조로 되어 있지만, 물과 닿는 순간 직·병렬 회로로 바뀌게 된다.

(3) 전기자동차의 고전압 배터리가 자체 방전되지 않는가?

일반적으로 배터리는 가만히 두어도 에너지를 소모하는 자기 방전의 특징을 갖고 있으며 특히 납산 전지는 이 문제가 심각하다. 그러나 리튬 이온 폴리머 배터리는 납산 전지에 비해 자기 방전률이 1/20 수준으로 현저히 낮으며, 60일 이상 방치했을 경우에도 자체 방전률이 2 [%] 정도로 그 효과가 미미하다고 할 수 있다.

여름철 외부 환경에서 배터리의 성능이 저하하는 것을 걱정하는 사람들도 많은데, 리튬 이온 폴리머 배터리는 65 [℃] 이상에서도 사용이 가능하여 고온에도 강하다는 장점이 있다.

(4) 전기자동차의 전자파가 운전자나 승객에게 안전한가?

현대기아자동차 전기자동차의 실내 자기장 분포는 국제기구의 권고치에 대비하면 매우 낮은 수준으로 평가되었으며, 최근 조사된 전자담배의 전자파(1~3 [μT(마이크로 테슬라)])와 유사한 수준이다. 참고로 국제기구의 권고치 및 정부의 인체 보호 기준치는 83.3 [μT]이다.

CHAPTER 02

기초 전기

2.1 전기의 본질

모든 물질은 분자로 구성되어 있고, 분자는 원자(Atom)의 집합체로 되어 있다. 전자론에 의하면 원자는 다시 양전기(+)를 띤 원자핵과 음전기를 띤 전자로 구성되어 있다. 그리고 원자는 [그림 2.1]과 같이 가운데에 양전기를 띤 원자핵이 있고, 그 둘레를 음전기를 띤 전자(Electron)가 마치 태양의 주위를 지구나 유성이 돌고 있는 것처럼 특정 궤도를 빠른 속도로 돌고 있다고 생각되고 있다.

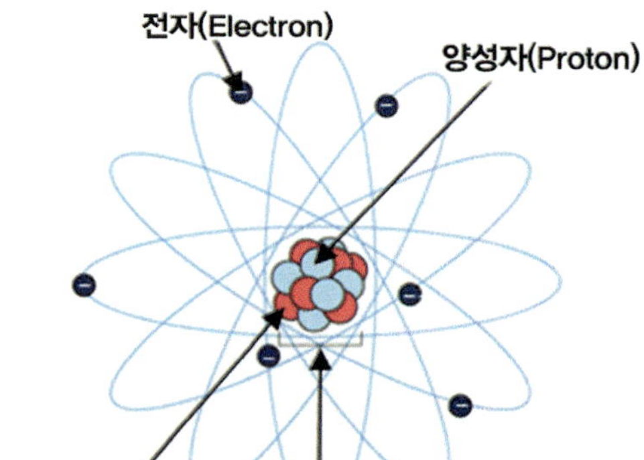

[그림 2.1] 원자의 구조

그러나 보통의 물질은 원자핵이 가진 양전기와 전자가 가진 음전기의 양이 같기 때문에 상쇄되어 전기의 성질을 나타내지 않고 중성 상태로 되어 있다.

이와 같이 보통의 원자는 중성이지만 원자 내의 전자와 원자핵의 평형이 이루어지지 않으면 전기의 성질을 나타내게 된다. 예를 들면 중성의 물질에서 전자가 튀어 나오면 양전기가 (+)전기를 띠고, 반대로 전자가 튀어 들어가면 음전기가 많아져 (-)전기를 띠게 된다.

앞에서 설명한 것과 같이 중성 상태에서 전자는 원자핵의 주위를 움직일 때 일정한 궤도를 형성하며 움직인다. 이 궤도는 전자의 수에 따라 여러 개가 되기도 하는데 가장 안쪽 궤도부터 K, L, M, N, …이라고 명명한다. 각각의 궤도에는 일정한 양의 전자가 움직이고, 각 궤도에는 $2n^2$의 수만큼 전자가 존재할 수 있다. 이때 n은 궤도 수를 나타낸다.

원자의 가장 바깥쪽 궤도에는 8개의 전자만 들어가게 되고, 8개의 전자가 있을 때는 가장 안정된 상태로 전기적 성질을 갖지 않는 특성이 있다. 그러므로 원자는 자유전자가 8개가 되지 않으면 근처의 원자와 결합하여 8개를 맞춰 안정된 상태를 유지하려는 성질이 있는데, 이를 옥텟 규칙(Octet rule) 또는 팔우설(Octet Theory)이라 한다.

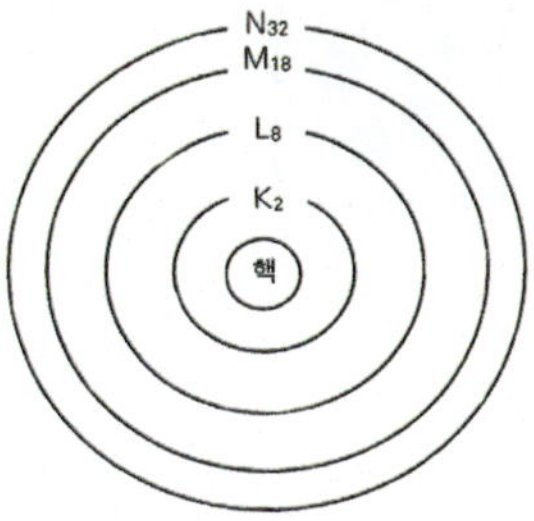

[그림 2.2] 전자의 궤도명과 전자의 수

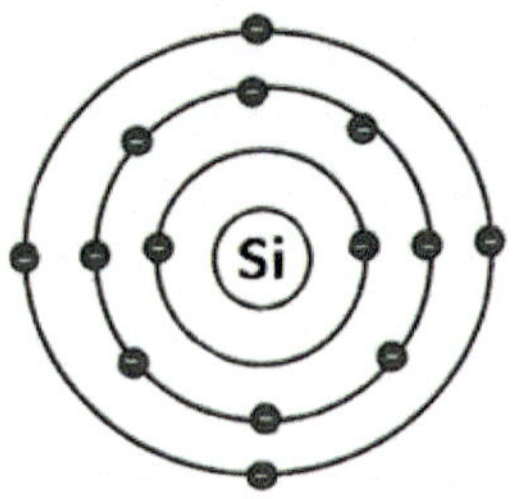

[그림 2.3] 실리콘의 전자배열

2.2 자유전자

원자를 형성하고 있는 전자 중에서 가장 바깥쪽의 궤도를 돌고 있는 전자는 원자핵에서 가장 멀기 때문에 핵으로부터의 구속력도 약하므로 궤도에서 벗어나기 쉽고 점차 다른 궤도로 이동할 수 있다. 이와 같은 전자를 자유전자(free electron)라 하며, 전기에서의 여러 가지 현상은 이 자유전자가 외부에서의 자극(刺戟)에 의해 이동하기 때문에 발생하는 것이다.

이와 같이 어느 곳에서나 존재하는 전자가 전기의 본질이며, 질서정연한 자유전자의 이동이 전류가 된다.

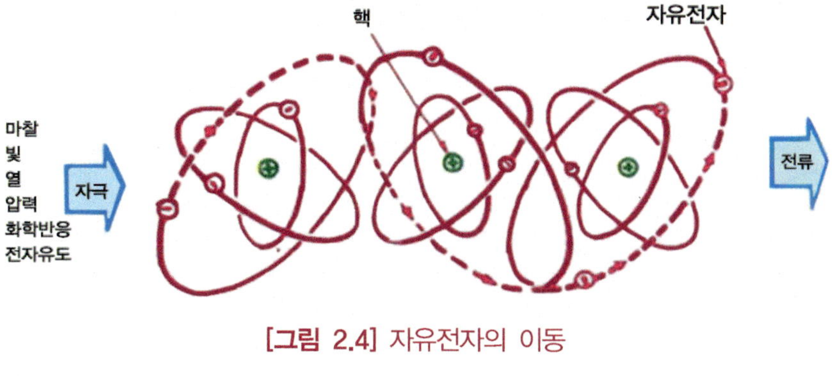

[그림 2.4] 자유전자의 이동

[그림 2.5]와 같이 전자 (-)의 성질을 가진 물질 Ⓑ와 양자 (+)의 성질을 가진 물질 Ⓐ 사이에 도체 Ⓒ를 연결하면 도체는 자유전자를 이동하는 통로가 된다. 여기에서 전류는 전자의 이동방향과 반대로 흐르게 된다.

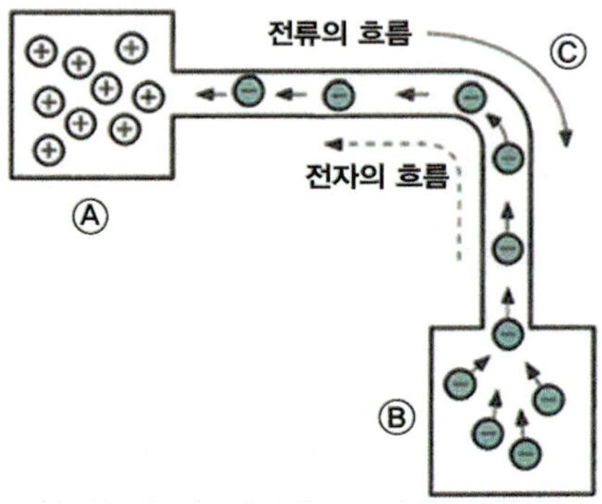

[그림 2.5] 전류의 흐름

2.3 전기의 발생

전기는 실험에서만 존재하는 에너지의 형태이므로 여러 가지 실험 등으로 전기의 정체를 알 수 있다.

일반적으로 전기나 전자를 어렵게 생각하는 이유는 전기를 발생시키는 전자(-)의 작용을 충분히 이해하지 못했기 때문이다. 따라서 전기 또는 전자를 쉽게 이해하기 위해서는 물질의 구조와 이러한 물질에 일정한 형태의 에너지, 즉 [그림 2.6]과 같이 열, 전자유도, 마찰, 화학반응, 빛, 압력 등이 가해질 때 생기는 전자의 작용을 충분히 이해해야 한다. 특히 기계자동차를 배우는 학생들에게 전기 공학의 기초 지식은 매우 필요하다.

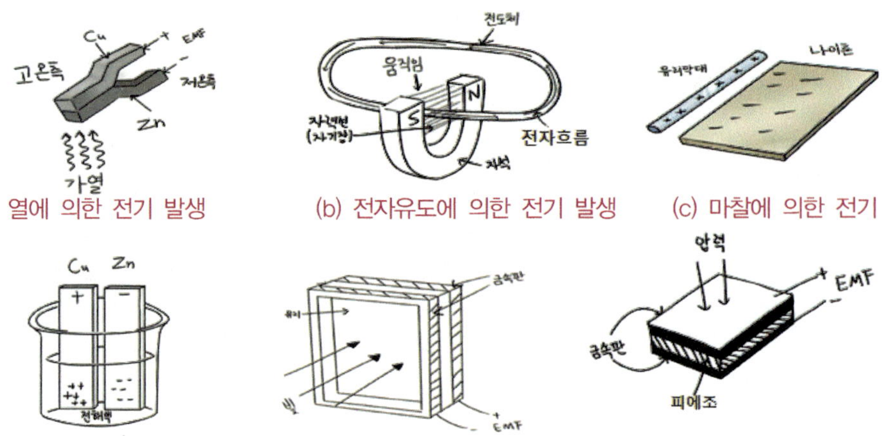

(a) 열에 의한 전기 발생 (b) 전자유도에 의한 전기 발생 (c) 마찰에 의한 전기 발생

(d) 화학반응에 의한 전기 발생 (e) 빛에 의한 전기 발생 (f) 압력에 의한 전기 발생

[그림 2.6] 전기의 발생

2.4 축전기(Condenser)

[그림 2.7]과 같이 절연체를 사이에 두고 두 장의 편평한 금속판(A), (B)를 아주 가까운 거리에서 마주보게 한 다음 각각의 전원의 (+), (-)를 연결하고 전압을 가하면 두 장의 금속판으로 전원에서 (+), (-)의 전하가 이동하여 (A)판의 (+)전하와 (B)판의 (-)전하가 서로 잡아당기기 때문에 전기를 저장해둘 수 있다. 이와 같이 전압을 가하면 전하가 저장되는 것을 축전기(Condenser) 또는 캐패시터(Capacitor)라 한다.

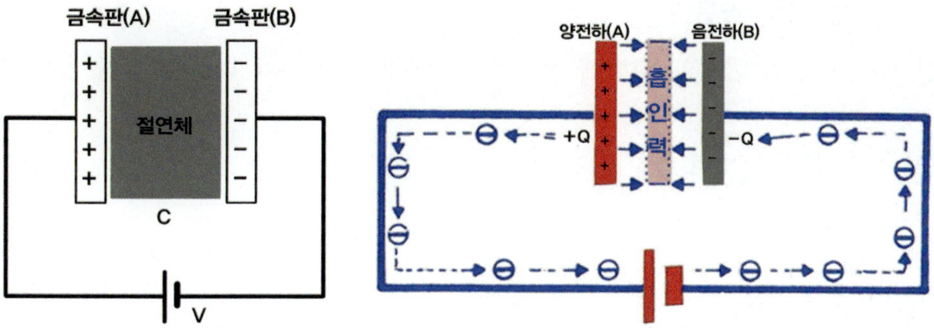

[그림 2.7] 콘덴서

콘덴서에서 저장되는 전기량(전하의 양) Q는 가해지는 전압 [V]에 비례하고, 이들의 관계를 식으로 나타내면 $Q = CE[coulomb]$가 된다. 여기서, C는 비례 정수이다.

두 장의 금속판에 단위 전압을 가했을 때 저장되는 전하의 크기로 저장되는 능력을 나타내는데, 이것을 정전용량이라 한다. 정전용량(C)은 다음과 같은 조건에 따라 증감된다.

① 가해진 전압에 정비례한다.

② 금속판의 면적에 정비례한다.

③ 절연체의 절연도에 정비례한다.

④ 금속판 거리에 반비례한다.

즉, $C = \epsilon \frac{A}{d}[F]$이다. 여기서, ϵ : 절연 능력을 표시하는 유전율, d : 극판 사이의 거리, A : 극판의 면적이다.

2.4.1 정전용량의 단위

정전용량의 단위는 패럿(farad : 기호 F)를 사용하며 1 [F]이란 1 [V]의 전압을 가하였을 때 1쿨롬의 전기가 저장되는 용량을 말한다. 따라서 [V]볼트의 전압을 가하여 [Q]쿨롬의 전기가 저장되면 그 정전용량 [C]는 $C = \frac{Q}{E}(F)$가 된다.

패럿의 단위는 실용상 너무 크기 때문에 그 100만분의 1의 단위를 사용하는데, 이것을 마이크로 패럿(μF)이라고 부른다. 또 이것의 100만분의 1의 작은 단위를 마이크로·마이크로 패럿($\mu\mu F$) 또는 피코 패럿(pF)이라 한다.

$$1[\mu F] = \frac{1}{1,000,000}[F] = 10^{-6}[F]$$

$$1[\mu\mu F] = \frac{1}{1,000,000}[\mu F] = 10^{-6}[\mu F] = 10^{-12}[F]$$

2.4.2 축전기의 종류

축전기는 두 장의 금속판 사이에 들어가는 절연체의 종류에 따라 다음과 같이 나뉜다.

① 공기 축전기
② 종이 축전기([그림 1.8] 참고)
③ 운모(雲母) 축전기
④ 유리 축전기
⑤ 전해(電解) 축전기
⑥ 유입(油入) 축전기
⑦ 티탄 축전기

자동차 전기장치에 사용되고 있는 축전기에는 종이 축전기와 전해 축전기가 있다.

종 류	사용장소	용 량
종이 축전기	점화장치	$0.2 \sim 0.4[\mu F]$
전해 축전기	방향지시기 유닛	약 $500 \sim 1,000[\mu F]$

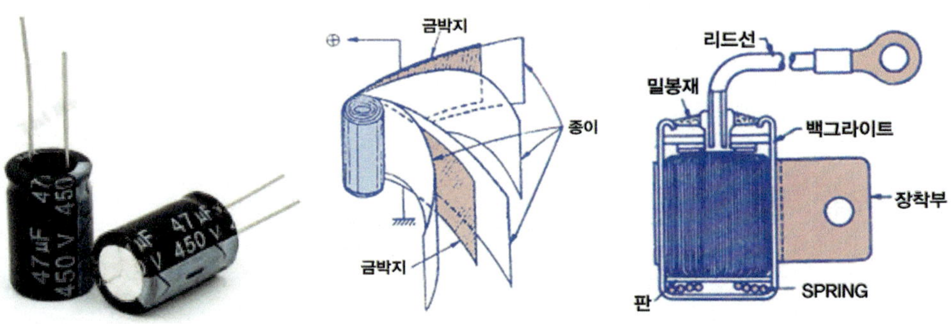

[그림 2.8] 종이 축전기

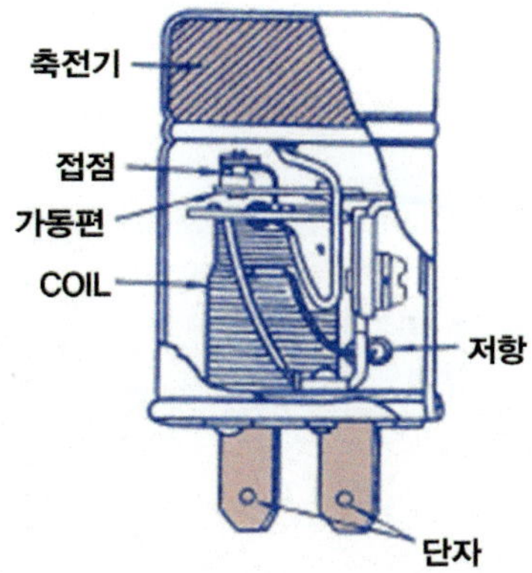

[그림 2.9] 전해 축전기

전해 축전기는 금속의 산화물로서 일반적으로 절연성이 있다. 특히 알루미늄의 산화 피막은 경도, 절연성, 내열성이 우수하므로 얇은 띠 모양의 알루미늄 판을 전극으로 하여 적당한 전해액 속에서 전해하면 전극 표면에 극히 얇은 산화 피막이 생겨서 단위 면적당의 정전 용량이 큰 축전기가 된다. 이와 같이 만든 것을 전해 축전기라고 한다.

2.4.3 축전기를 이용한 자동차 회로

[그림 2.10]과 같이 축전기를 이용한 회로에서 스위치를 [ON]하면 전구는 점등되고 동시에 저항을 거쳐 축전기에는 전하가 저장된다. 스위치를 [OFF]하면 축전기에 저장된 전하가 방전되어 일정 시간동안 전구는 점등되고 곧 소등된다. 즉, 축전기는 타이머(지연)회로, 노이즈 방지 회로 등에 이용되고, 전기회로에 병렬로 연결하여 사용된다.

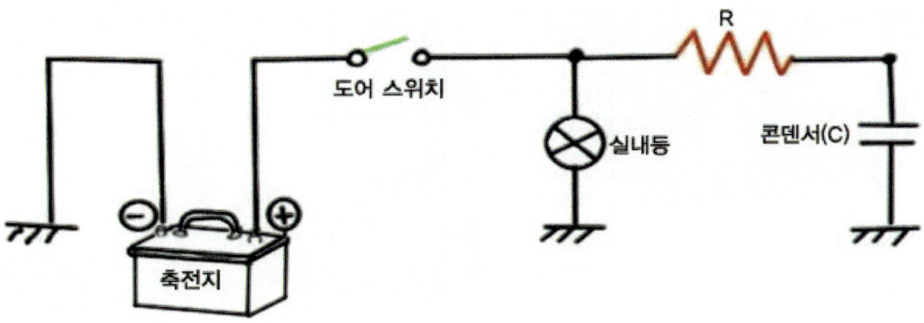

[그림 2.10] 축전기를 이용한 회로

2.4.4 축전기의 시정수

시정수란 [그림 2.11]처럼 축전기의 충전시간을 나타내는 척도로서, 축전기가 인가전압의 약 63 [%]로 충전될 때까지의 소요시간을 의미한다.

축전기의 충 · 방전 시간은 축전기의 용량과 저항에 의해 결정되는데, 일반적으로 100 [%]

충전은 시정수의 5[배]의 시간이 걸린다. 따라서 시정수(τ) = $R(\Omega)$ + $C(F)$[sec]가 된다.

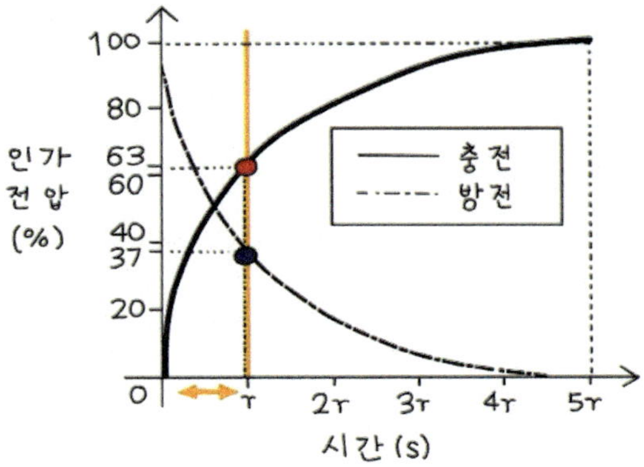

[그림 2.11] 전압변화

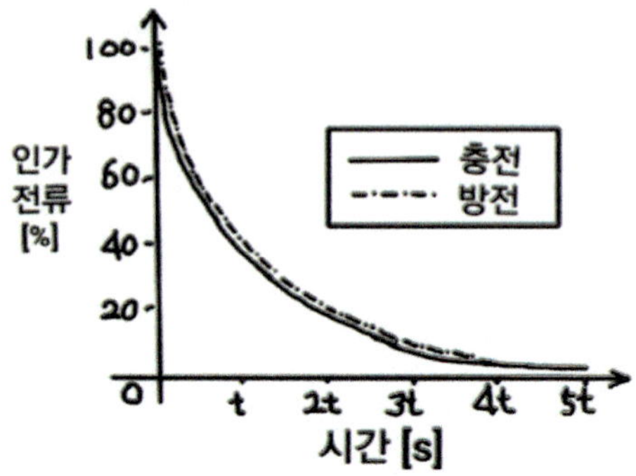

[그림 2.12] 전류변화

2.4.5 축전기의 병렬연결 합성 정전용량(C)

축전기는 직류(DC)는 통하지 않으나 교류(AC)는 통한다. 또한 축전기 병렬접속 시 합성 정전용량은 각각의 정전용량의 합과 같다.

$$Q = Q_1 + Q_2 + \cdots\cdots + Q_n \qquad CE = E(C_1 + C_2 + \cdots\cdots + C_n)$$

$$CE = C_1E + C_2E + \cdots\cdots + C_nE \qquad \therefore\ C = C_1 + C_2 + C_3 + \cdots\cdots + C_n$$

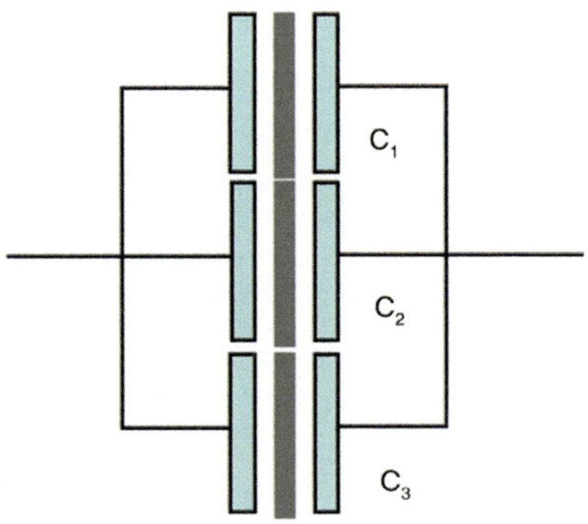

[그림 2.13] 축전기 병렬연결

2.4.6 축전기의 직렬연결 합성 정전용량(C)

$$E_1 = \frac{Q}{C_1},\ E_2 = \frac{Q}{C_2}, \cdots\cdots\ E_n = \frac{Q}{C_n}$$

$$E = E_1 + E_2 + \cdots\cdots + E_n$$

$$\frac{Q}{C} = Q\left(\frac{1}{C_1} + \frac{1}{C_2} + \cdots\cdots + \frac{1}{C_n}\right)$$

$$\frac{1}{C} = \frac{1}{C_1} + \frac{1}{C_2} + \cdots\cdots + \frac{1}{C_n}$$

$$\therefore\ C = \frac{1}{\frac{1}{C_1} + \frac{1}{C_2} + \frac{1}{C_3} + \cdots + \frac{1}{C_n}}$$

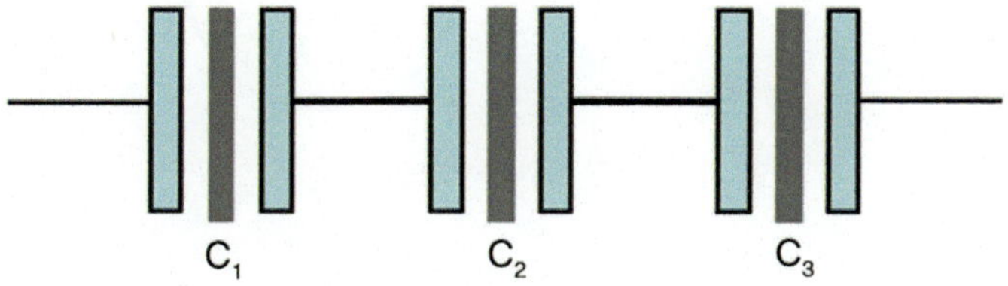

[그림 2.14] 축전기 직렬연결

2.5 전류 · 전압 · 저항

2.5.1 전류

[그림 2.15]와 같이 양(+)전하를 가진 물체 Ⓐ와 음(-)전하를 가진 물체 Ⓑ를 도체 Ⓒ로 연결하면 양 전하 사이의 흡입력에 의해 Ⓑ의 자유전자는 Ⓒ를 통하여 Ⓐ쪽으로 이동하여 섞여 각각의 성질을 잃거나 중간의 성질을 띠게 된다. 즉, Ⓑ에서 Ⓐ의 방향으로 전자의 흐름이 생긴다. 이때 도체에 전류가 흘렀다고 한다.

이와 같이 전류는 자유전자가 이동하여 발생하는데 옛날에는 전기의 성질을 잘 알지 못하였기 때문에 (+)전하가 이동하는 것으로 편의상 정하고 있었으므로 지금도 관례상 (+)에서 (-)의 방향으로 전류가 흐른다고 그 방향을 정하고 있다.

전류의 기호는 [I], 측정에는 암페어(Ampere : [A]) 단위를 사용하며, 1 [A]란 도체 내의 임의의 한 점을 매초 1 [쿨롬]의 전하(6.26×10^{18} 개)가 이동하고 있을 때의 전류의 크기이고, 전류의 3대 작용은 발열작용, 화학작용, 자기작용이다.

1암페어 [A] = 1,000밀리암페어 [mA]이고, 1밀리암페어 [mA] = 1,000마이크로암페어 [μA]이다.

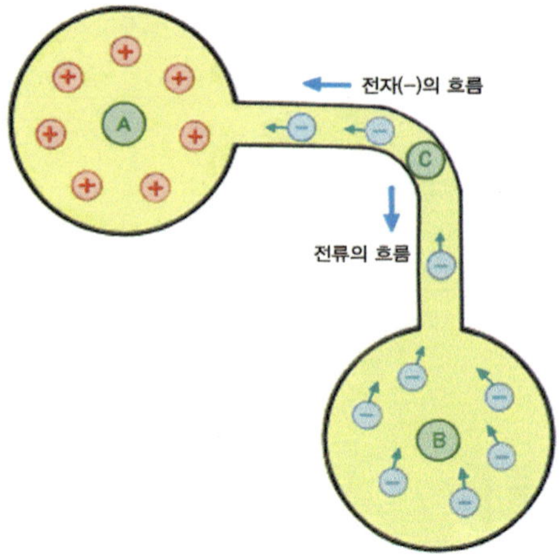

[그림 2.15] 전하의 이동

2.5.2 전류의 3대 작용

정전기를 방전할 때 흐르는 순간적인 것이므로 에너지원으로 사용할 수 없으나 배터리나 발전기는 항상 전류를 흐르게 하는 힘을 갖고 있기 때문에 연속적으로 전류를 흐르게 할 수 있다.

전류의 3대 작용에는 발열작용, 화학작용, 자기작용이 있다.

(1) 발열작용(發熱作用)

도체에는 저항이 있으므로 전류가 흐를 경우 열이 발생되는데, 저항 값이 크고 전류가 증가할수록 증가한다. 자동차에서는 예열 플러그, 공기 히터, 시가라이터, 성에 제거 열선, 플래셔 유닛, 전구 등에 이용된다.

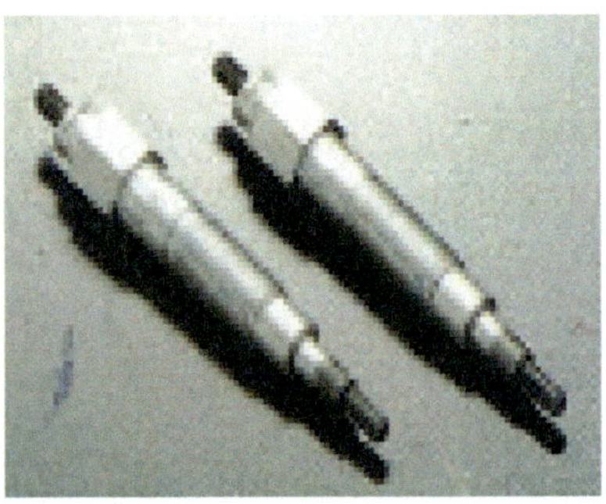

[그림 2.16] 예열 플러그

[그림 2.17] 공기 히터

(2) 화학작용(化學作用)

전류가 도체 속을 흐를 때 화학반응이나 전기분해 작용이 발생한다. 자동차에서는 축전지(battery)에 이용되고, 전기도금, 전해연마 등에도 이용된다.

[그림 2.18] 축전지

[그림 2.19] 기동전동기

(3) 자기작용(磁氣作用)

전선이나 코일에 전류가 흐르면 그 주위의 공간에는 자기현상이 나타난다. 자동차에서는 발전기, 기동전동기, 릴레이, 솔레노이드(solenoid : 전자석), 경음기 등에 이용된다.

2.5.3 전압

[그림 2.15]에서 설명한 바와 같이 두 개의 물체 Ⓐ, Ⓑ를 금속선 Ⓒ로 연결하면 전류가 Ⓐ에서 Ⓑ로 흐른다. 이는 금속선에 전류를 흐르게 하기 위한 일종의 전기적 압력이 Ⓐ에서 Ⓑ쪽으로 가해지기 때문이다.

이 전기적 압력을 전압 또는 전위차(전위차)가 있다고 한다. 이 경우 Ⓐ의 전위는 Ⓑ의 전위보다 높다고 한다. 이와 같이 전위가 다른 전하를 도체로 연결하면 전위차에 의해 높은 전위에서 낮은 전위로 향하여 전류가 흘러 전구를 점등하거나 전동기를 회전시켜서 여러 가지 일을 하게 한다. 즉, 전압이란 전류가 흐르도록 하는 전기적인 압력을 말하며 기호는 E, 측정 단위는 볼트(V : Voltage)이다. 전압의 차이가 클수록 큰 전류가 흐르며, 1 [V]란 저항 1 [Ω]의 도체에 1 [A]의 전류를 흐르게 하는 전기적인 압력을 1 [V]라 한다.

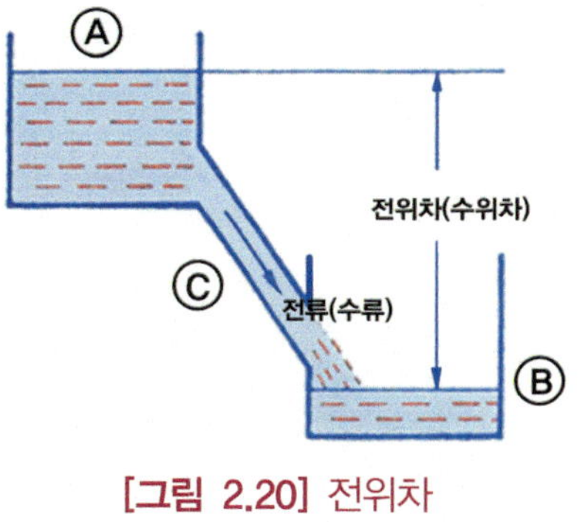

[그림 2.20] 전위차

전기적 작용을 물에 비유하면 쉽게 알 수 있다. [그림 2.20]과 같이 물탱크 Ⓐ를 파이프로 연결하면 수면이 높은 Ⓐ의 물은 수면이 낮은 Ⓑ쪽으로 흐른다. 여기에서 수면의 높이에 상당하는 것을 전위차 또는 전압이라 하는데, 전류를 물의 흐름, 즉 전자의 이동이라 할 수 있다. 이때 저항은 파이프의 굵기라 할 수 있으며 파이프의 굵기에 따라 전류의 흐름은 달라진다.

2.5.4 전원과 기전력

[그림 2.21] (a)와 같이 양(+)전하를 가진 물체 Ⓐ와 이것과 같은 양의 음(-)전하를 가진 물체 Ⓑ를 전선으로 연결하면 Ⓐ의 전위는 Ⓑ의 전위보다 높기 때문에 부하 Ⓒ에 전류가 흘러 양 전하의 중화가 이루어진다.

즉, Ⓐ의 전위는 저하되고 반대로 Ⓑ의 전위는 상승하여 전하(電荷)가 완전히 중화 소멸되면 Ⓐ와 Ⓑ는 같은 전위가 되어 전류가 흐르지 않게 된다. 그러나 이 경우에는 [그림 2.21] (b)와 같이 Ⓐ, Ⓑ 사이에 축전지를 연결하면 Ⓒ에 연속적으로 전류를 흐르게 할 수 있다. 이것은 축전지의 작용으로 Ⓒ를 통하여 중화 감소된 만큼의 전하가 계속해서 Ⓐ와 Ⓑ에 공급되어 Ⓐ, Ⓑ 사이의 전위차가 일정하게 유지되기 때문이다. 이와 같이 전하를 이동시켜 계속해서 전위차를 발생시키는 힘을 기전력(起電力 : electro motive force)이라 하며, 기전력을 발생시켜 전류원이 되는 것을 전원이라고 한다. 기전력은 일반적으로 기호를 [E], 단위를 [V]로 표시한다.

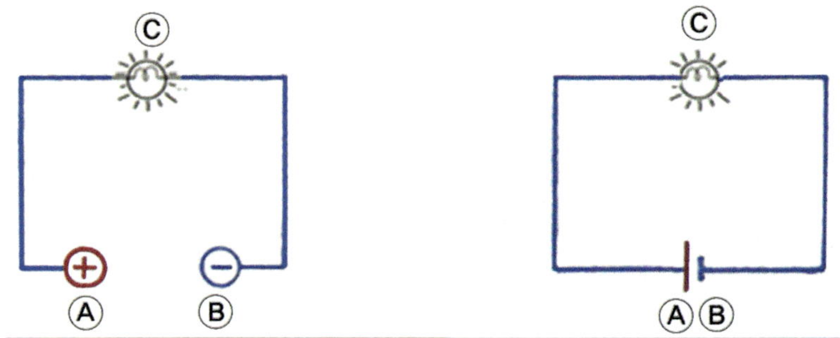

(a) (b)

[그림 1.21] 기전력의 설명

2.5.5 전기 저항

전자(電子)가 물질 내(內)를 이동할 때 전자는 물질 내의 원자와 충돌하여 저항(抵抗)을 받는다. 그리고 이 저항은 물질이 가지고 있는 자유전자의 수나 원자핵의 구조, 물질의 형상(形相) 또는 온도에 따라 변화된다.

이와 같이 물질에 전류가 흐르기 쉬운가 또는 어려운가의 정도를 표시하는 것을 전기 저항(resistance : 기호 R)이라 한다. 전기 저항의 크기를 나타내는 단위에는 옴(ohm : Ω)을 사용한다. 1 [Ω]이란 1 [A]의 전류를 흐르게 하는데 1 [V]의 전압을 필요로 하는 도체의 저항이다.

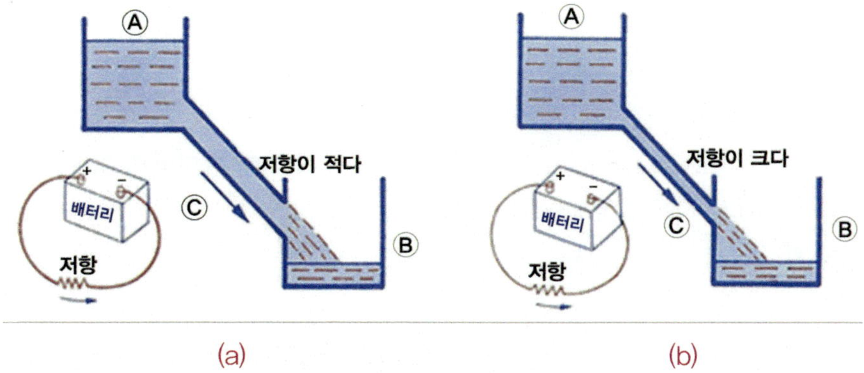

[그림 2.22] 전기 저항의 설명

전기 저항은 [그림 2.22]와 같은 파이프의 안지름이 각각 다른 물의 흐름으로 비유할 수 있다. 파이프의 굵기가 물의 흐름에 영향을 주므로 파이프의 안지름이 큰 (a)는 저항이 적고 안지름이 적은 (b)는 저항이 크게 된다. 저항에는 물질의 고유저항, 형상에 의한 저항, 절연저항, 접촉저항 등이 있다.

(1) 물질의 고유저항

물질의 저항은 재질, 형상, 온도에 따라 변화하며, 형상 및 온도를 일정하게 하면 재질에 따라 저항값이 달라진다.

일반적으로 고유저항(specific resistance)은 단위 길이, 단위 단면적당 물질의 전기 저항을 말하고, 여러 가지 물체의 저항을 비교할 때의 기준으로 사용한다. 고유저항의 기호는 로우[ρ]를 쓰며 단위는 옴미터[Ωm]로 표시한다. 금속 도체처럼 고유저항이 작은 경우에는 10^{-6}[Ωcm] 또는 [$\mu\Omega$cm]를 사용한다.

[표 2.2] 주요 물질의 고유저항

명 칭	고유저항 ($\mu\Omega$cm/20℃)	명 칭	고유저항 ($\mu\Omega$cm/20℃)
은(Ag)	1.62	황동(Cu+Zn)	5.7
구리(Cu)	1.69	순철(Fe)	10.0
금(Au)	2.40	탄소강	20.6
알루미늄(Al)	2.62	주철(cast)	57~114
니켈(Ni)	6.9	니켈-크롬(Ni-Cr)	100~110

(2) 물질의 형상에 따른 저항

도체 내에서 전자가 이동할 때 전류가 흐르는 방향과 수직되는 단면적이 커지면 전자는 넓은 통로를 쉽게 흐르게 되므로 저항은 작아지고, 전류가 흐르는 거리가 증가되면 그만큼 도중의 원자 사이를 뚫고 나가야 하므로 저항은 커진다. 즉, 도체의 저항은 그 길이에 비례하고 단면적에 반비례한다. 따라서 단면적이 커지면 저항이 작아져서 전류가 잘 흐르고, 길이가 길면 저항이 증가해서 전류 흐름이 좋지 못하다.

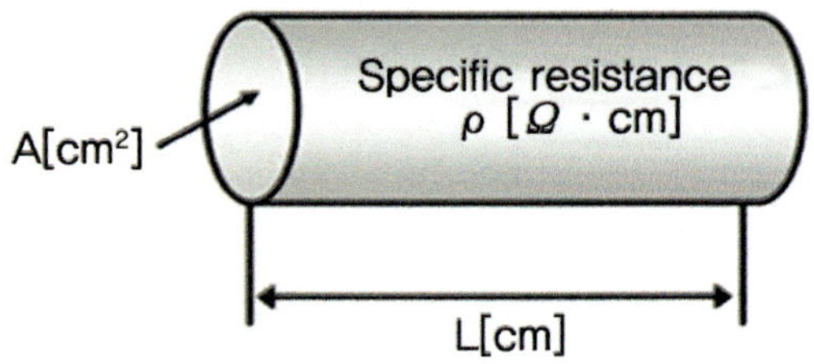

[그림 2.23] 도체의 형상

도체의 저항$(R) = \rho \times \dfrac{L}{A}[\Omega]$의 관계가 있으며, 도체와 그 형상이 정해지면 저항값을 구할 수 있다.

여기서,

R: 도체의 저항(Ω), ρ : 도체의 고유저항$(\Omega \cdot \mathrm{cm})$, L: 도체의 길이(cm),

A : 도체의 단면적(cm^2)

(3) 절연 저항

절연체(insulator)의 전기 저항은 양도체의 저항에 비하여 대단히 크기 때문에 실용단위는 메가옴(MΩ]을 사용하며, 절연 저항(insulator resistance)이라 부른다. 절연 저항은 [그림 1.24]와 같이 절연체를 사이에 두고 높은 전압을 가하면 절연체의 절연 저항 정도에 따라 극히 적은 양이기는 하지만 화살표와 같이 전류가 흐르게 되므로 이 전류를 전류계로 측정하여 다음 식에 의해 구한다.

$$\mathrm{R}[\mathrm{M}\Omega] = \frac{\text{가한전압}[\mathrm{V}]}{\text{측정전류}[\mathrm{I}]} \times \frac{1}{1{,}000{,}000}$$

이때 흐르는 전류를 누설 전류(leakage current)라고 한다.

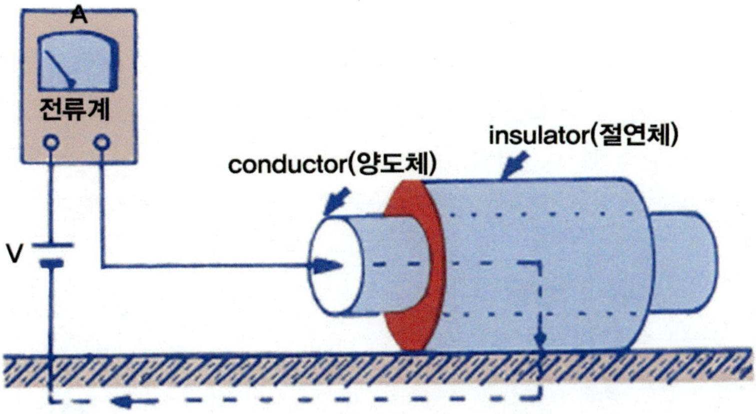

[그림 2.24] 절연 저항의 측정

(4) 온도와 저항과의 관계

물질의 저항은 재질과 형상이 정해져도 온도에 따라 변화되며, 물질의 종류에 따라 온도가 상승하면 저항이 증가되는 것과 역으로 감소되는 것이 있다.

일반적으로 금속은 온도가 상승하면 저항이 증가되고 탄소, 반도체, 절연체 등에서는 온도가 상승하면 반대로 감소된다. 예를 들면 구리의 저항은 온도가 1 [℃] 상승할 때마다 약 0.004 [배]씩 증가되므로 20 [℃]일 때 1 [Ω]의 저항이 45 [℃]가 되면 그 저항은 1Ω[1 + (45 - 20) × 0.004] = 1.1 [Ω]으로 되며 저항이 10 [%] 증가하게 된다.

(가) 정(+)특성 서미스터(PTC)

PTC(Positive Temperature Coefficient)는 온도가 내려오면 저항 값이 감소하고, 온도가 올라가면 저항 값이 증가하여 전류 흐름을 제한하는 회로에 이용된다.

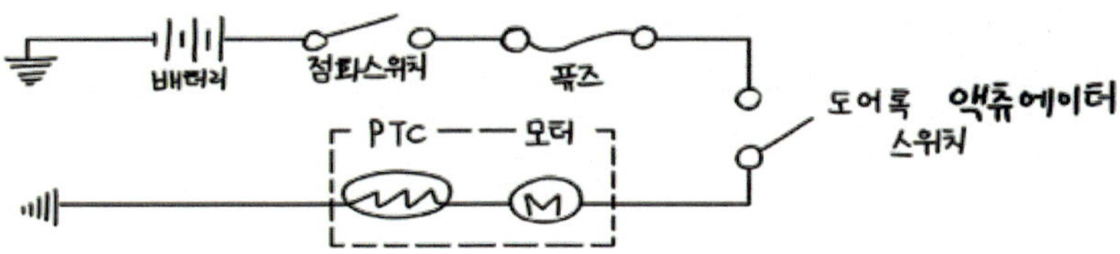

[그림 2.25] 정특성 서미스터 사용 예

PTC 사용 예를 보면 도어 록(lock) 스위치가 작동되어 한도 이상의 전류가 흐르면 서미스터가 발열하고 온도가 상승하여 저항이 증가된다. 저항이 증가되면 전류를 제한하여 모터를 보호하는 과열 보호 장치 또는 과전류 보호 장치(서킷 브레이크), 화재경보기 등에 사용된다.

(나) 부(-)특성 서미스터(NTC)

NTC(Negative Temperature Coefficient)는 온도가 올라가면 저항이 점점 줄어들고, 반대로 온도가 내려가면 저항이 증가되는 성질이 있다. 주로 자동차 온도 센서, 연료센서 등에 널리 사용되고 있다. 특히 연료 센서는 트립 컴퓨터를 장착한 차량에서 연료잔량 경고등이 점등되면 남은 연료로 주행가능 거리를 정확하게 알려주는 트립(trip) 정보 시스템에 이용되기도 한다.

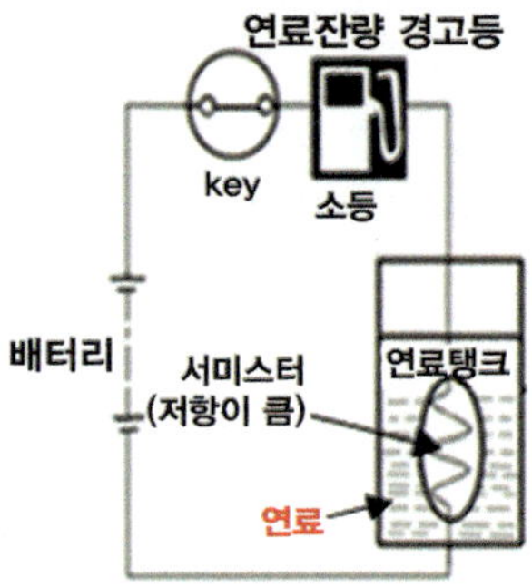

[그림 2.26] 서미스터가 연료 속에 잠길 때

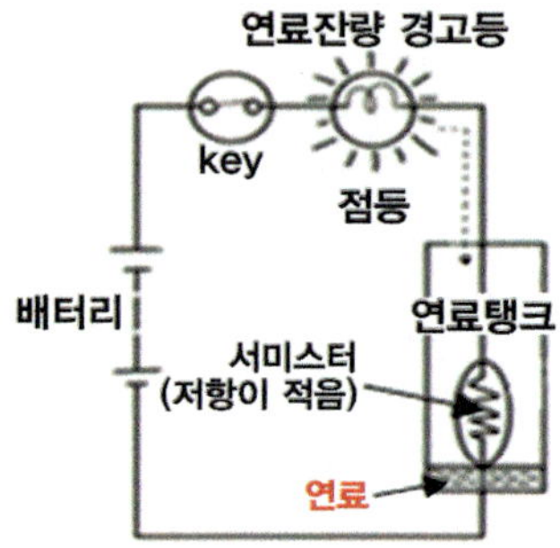

[그림 2.27] 서미스터가 연료 밖에 있을 때

(다) CTR 서미스터

CTR(Critical Temperature Resistor)는 특정한(어떤) 온도에 있어서 전기저항이 급격히 변화하는 서미스터이다.

> **Handy hint**
>
> **▣ 트립(trip) 정보 시스템이란?**
>
> 트립 컴퓨터를 장착한 차량은 현재 남아있는 연료로 주행가능 거리를 정확하게 알 수 있다. 또한 출발 시점부터 현재 시점까지 주행 적산거리와 평균속도, 주행시간, 평균외기온도 등을 알 수 있다. 그 밖에 업다운 스위치를 이용해 한계속도를 설정해 놓으면 주행 한계속도를 넘었을 때 경보음을 울리는 등 다양한 부대장치가 마련되어 있다.

(5) 접촉저항

도체와 도체를 연결할 때 헐겁게 연결하거나 또는 녹이나 도장을 제거하지 않고 전선을 연결하면 그 접촉면 사이에 저항이 생겨 전류의 흐름을 방해한다. 이와 같이 접촉면에 생기는 저항을 접촉저항이라 한다.

접촉저항이 있는 부분에 전류가 흐르면 열이 발생되고 접촉면이 산화되어 점점 전류의 흐름이 좋지 않게 된다. 따라서 접촉저항은 접촉 면적과 압력의 증가와 함께 감소된다. 접촉 부분을 납땜하거나 단자 조임 부분의 와셔 이용, 단자의 도금, 전기 접점의 청소 등은 모두 전기 저항을 감소시키기 위한 방법이다.

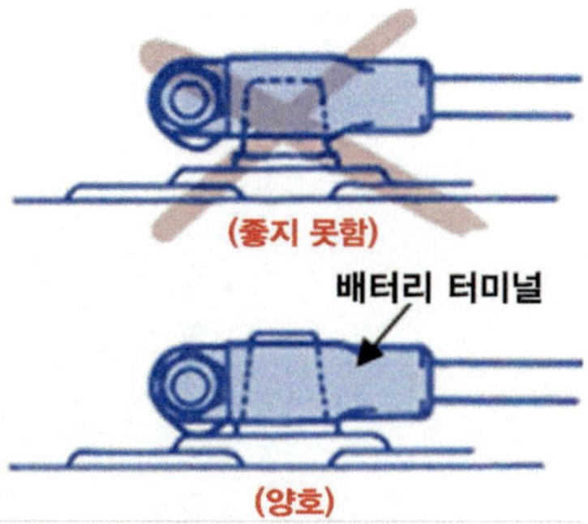

[그림 2.28] 배터리 터미널 부식　[그림 2.29] 터미널 연결 상태

2.6 전기배선회로

2.6.1 단순 전기회로

전기회로(circuit)란 [그림 2.30]과 같이 전류가 흐를 수 있도록 전지(배터리), 전선(와이어링, 하니스), 부하 등을 연결해 놓은 전기적 통로를 말한다. 따라서 전기회로는 전류의 순환회로를 의미하며, 단순히 '회로'라고도 한다. 이외에도 전기회로는 회로를 보호하기 위한 퓨즈와 스위치, 각 구성품을 연결하는 터미널, 커넥터로 구성된다.

전류는 (+)극 → 전선 → 전구 → 전선 → (-)극 → 배터리 → (+)극의 순으로 흐른다.

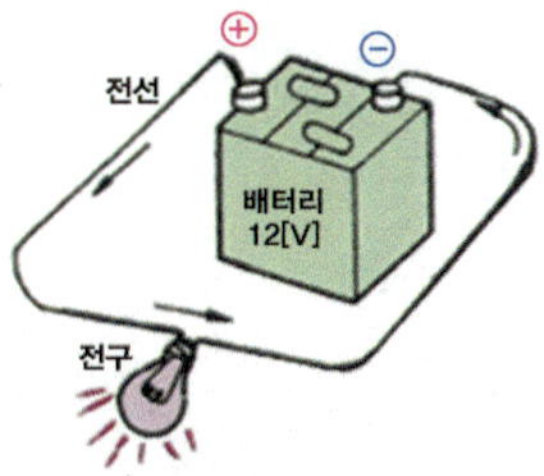

[그림 2.30] 전기회로

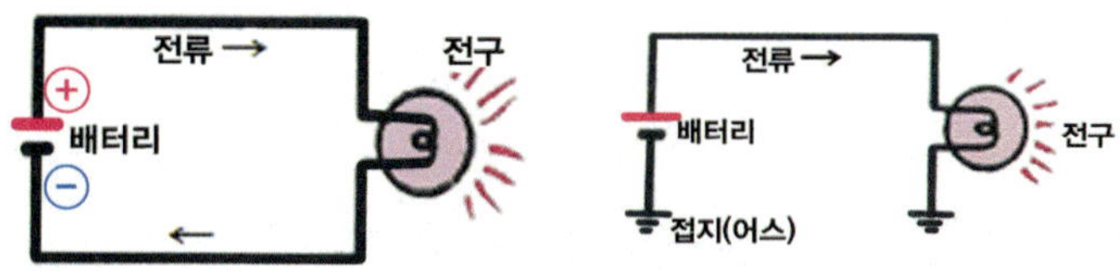

[그림 2.31] 배선회로도상의 표시

2.6.2 릴레이가 적용된 전기회로

[그림 2.32]와 같이 릴레이(relay)가 적용된 회로에서 단자 30은 상시전원, 87은 부하전원, 86은 코일 전원, 85는 코일제어 단자로 부른다. 이 회로는 전원부(배터리), 제어부(릴레이), 작동부(부하)로 나누어진 회로다.

테스트램프로 점검하는 요령을 알아보자. 테스트램프로 30번 단자에 연결하여 램프는 점등, 87번 단자에 연결하여 소등, 86번 단자에 연결하여 점등, 85번 단자에 연결하여 점등되면, 이 릴레이는 정상적으로 동작한다. 만약 스위치를 ON으로 하면 87은 테스트 램프에 점등되어야 정상이다.

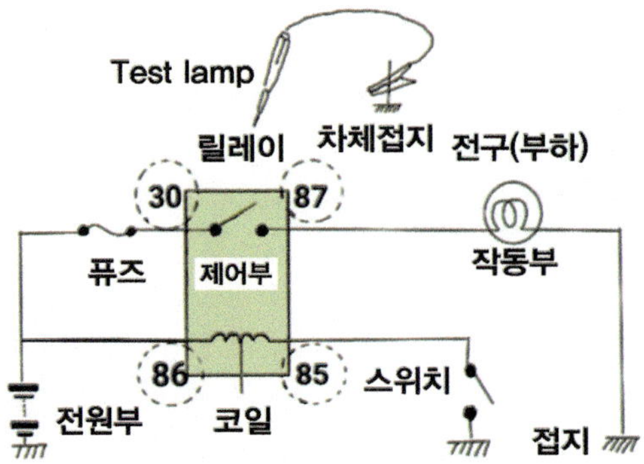

[그림 2.32] 릴레이가 적용된 전기회로

2.6.3 전선의 허용 전류와 퓨즈

전선에 전류가 흐르면 열(H) ≒ 0.24 I^2Rt(cal), 즉 전류의 제곱에 비례하는 주울열이 발생하는데, 이 열이 절연 피복을 변질시키거나 소손하여 화재 발생의 원인이 된다. 따라서 전선에는 안전한 상태로 사용할 수 있는 용량의 전류값이 반드시 정해져 있으며 이것을 허용 전류라 한다. 모든 전기회로에 사용하는 전선은 이 허용 전류 범위 내에서 사용하여야 한다.

만일 [그림 2.33]과 같이 전압을 가한 전선의 절연 피복이 손상되어 전선이 프레임과 직접 접촉되면 부하를 통하지 않고 전원에 연결되기 때문에 큰 전류가 흐르게 된다. 이와 같이 부하를 통하지 않고 전원에 연결된 것을 단락(short)이라 한다.

단락에 의해서 전선이 화재를 일으키지 않도록 극히 용융점이 낮은 퓨즈(fuse)를 회로 중에 직렬로 설치하여 전선의 온도가 올라가면 퓨즈가 녹아 끊어져 회로를 차단하게 된다.

또 [그림 2.34]와 같이 양 전선의 절연 피복이 열화되어 서로 접촉되는 경우에도 한 회로의 스위치를 닫으면 다른 부하에도 전류가 흐르기 때문에 전선에 흐르는 전류가 많아져서 온도가 상승되므로 퓨즈가 끊어져 위험을 방지한다.

자동차에 사용되는 퓨즈는 blade type fuse로서, 종류에는 5 [A], 10 [A], 15 [A], 20 [A], 30 [A] 등이 있다. 퓨즈의 재료는 용융점이 낮은 납 또는 납과 주석, 아연과 주석의 합금이 사용되고, 퓨즈의 용량결정은 흐르는 전류보다 20 [%] 높게 설계한다.

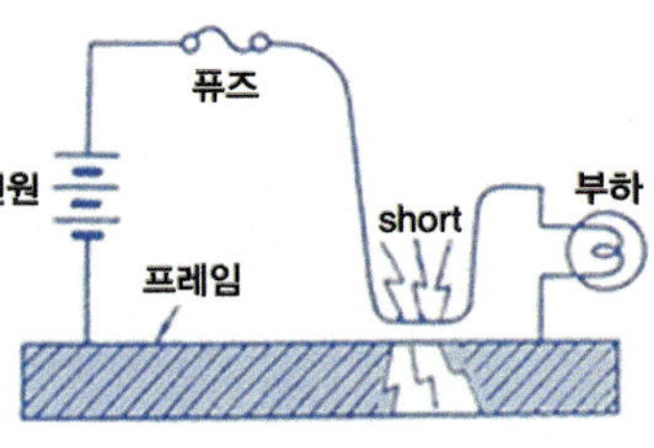

[그림 2.33] 프레임에 단락된 경우

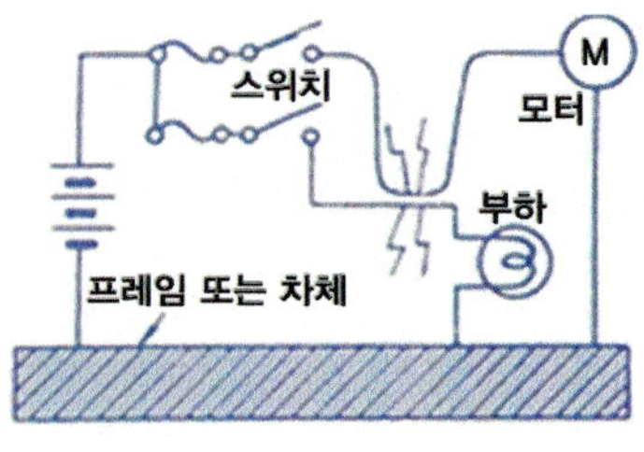

[그림 2.34] 전선끼리 단락된 경우

> **Handy hint**
>
> ▣ **열량과 일량의 관계**
>
> 1 [J] = 0.24 [cal], 1 [cal] = 4.2 [J], 1 [kcal] = 4.2 [kJ], 1 [J] = 1 [N · m], 1 [J] = 1 [W · s], 1 [W] = 1 [J/s]
>
> ▣ **힘의 단위**
>
> 1 [kgf] = 9.8 [N]

2.7 옴의 법칙

전압에 의하여 전류가 흐르고 저항은 전류의 흐름을 방해하므로 전류, 전압 및 저항 사이에는 밀접한 관계가 있다. 즉, '도체에 흐르는 전류 [I]는 전압 [E]에 정비례하고, 그 도체의 저항 [R]에는 반비례한다'는 관계는 1827년 독일의 물리학자 게오르크 옴에 의해 발견되었기에 그의 이름을 따서 옴의 법칙(Ohm's law)이라 한다.

$$I = \frac{E}{R} \qquad R = \frac{E}{I} \qquad E = IR$$

여기서, I : 전류(Ampere : A) E : 전압(Voltage : V) R : 저항(Resistor : Ω)

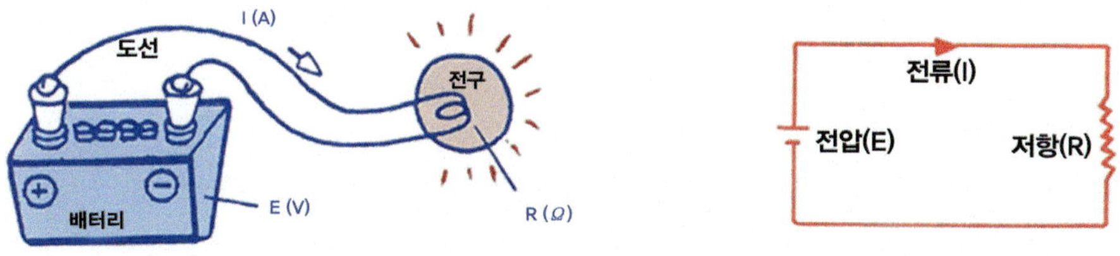

(a) 실물도 (b) 회로도

[그림 2.35] 옴의 법칙

이상 세 가지 식에서 E, I, R 가운데 어느 것이든 두 개만 알면 나머지 하나는 쉽게 알 수 있다.

식의 전압[E]는 회로 중의 저항[R : Ω]에 I [A]의 전류가 흐르면 이 저항의 양끝에서 E = IR [V]의 전압이 소비되는 것을 의미하고, 저항 R의 도체에 I의 전류를 흐르게 하기 위해서는 E의 전압이 필요하다는 것을 의미한다.

2.7.1 전압의 측정

전압은 전압계로 측정하며, 측정하고자 하는 배선의 양끝을 병렬로 연결하여 [그림 2.36]의 (a), (b)와 같은 방법으로 측정한다. 전압 측정 회로의 표시는 [그림 2.37]과 같다.

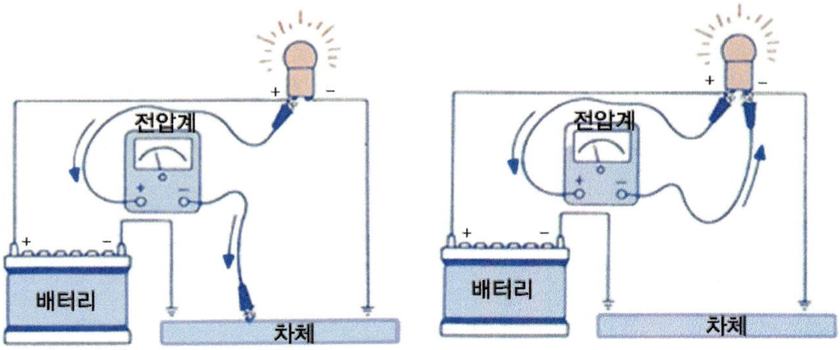

[그림 2.36] 전압의 측정

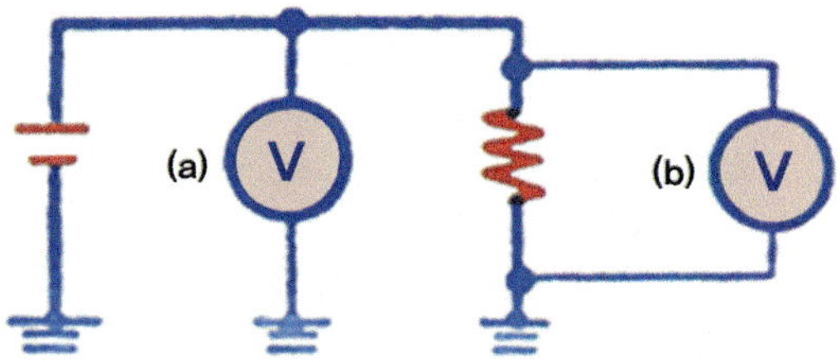

[그림 2.37] 전압 측정 회로도

2.7.2 전류의 측정

전류는 배선회로에 직렬로 연결하여 [그림 2.38]과 같은 방법으로 측정한다. 만약 전류계를 배선회로와 병렬로 연결하면 전류계가 손상되므로 주의해서 측정한다.

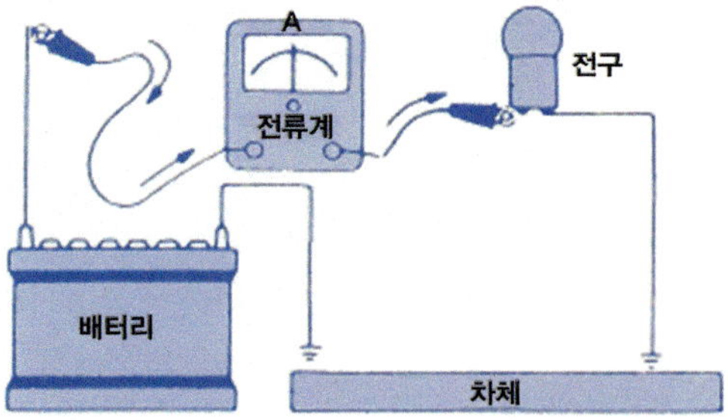

[그림 2.38] 전류의 측정

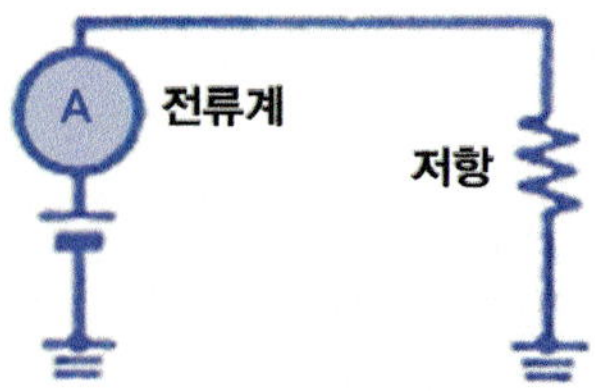

[그림 2.39] 전류 측정 회로도

2.7.3 저항의 접속법

몇 개의 저항을 접속하는 방법에는 기본적으로 직렬접속법(series connection)과 병렬접속법(parallel connection)이 있다. 어느 접속에서도 전체의 저항 [R]은 전압 [E]를 전 전류[全電流 : I]로 나눈 R = E/I가 되며, 이 R은 R_1, R_2의 두 개의 저항을 합성한 것이므로 이 R을 합성 저항이라 한다.

(1) 직렬접속

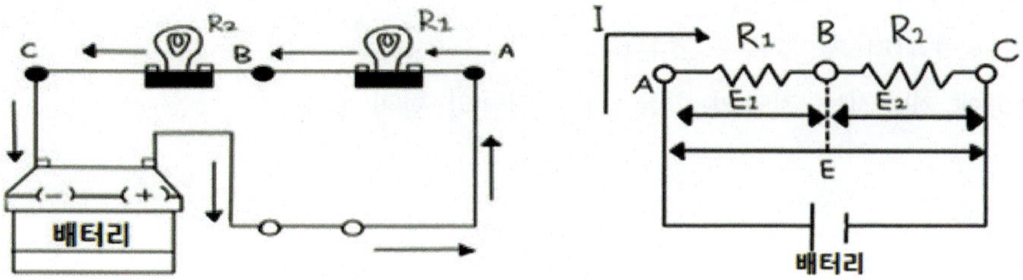

[그림 2.40] 저항의 직렬접속법

[그림 2.40]과 같이 몇 개의 저항을 일렬로 접속한 것을 직렬접속(series connection)이라 한다. A · C 사이에 저항 R_1, R_2을 직렬로 접속하고 E [V]의 전압을 가하면 각 저항에는 같은 전류 I [A]가 흐르게 되므로 각 저항의 양 끝의 전압을 E_1, E_2라 하면 옴의 법칙에 의하여

$$E_1 = IR_1$$
$$E_2 = IR_2$$

가 된다. 따라서

$$E = E_1 + E_2 = IR_1 + IR_2 = I(R_1 + R_2)$$

가 된다. 또 A · C 사이의 합성 저항을 R이라 하면 $E = IR$이 되며, $IR = I(R_1 + R_2)$이 되므로

$$R = R_1 + R_2$$

가 된다. 따라서 n개의 저항 R_1, R_2, $R_3 \cdots R_n$을 직렬로 접속하였을 때 그 합성 저항 R은 각 저항의 합과 같게 되므로

$$R = R_1 + R_2 + R_3 + \cdots + R_n$$

이 되어 직렬접속의 합성 저항은 각 저항의 어느 하나보다 크게 된다. 저항의 직렬접속은 다음과 같은 특징이 있다.

① 램프를 1개를 사용할 때보다 램프를 여러 개를 사용하면 램프의 밝기가 흐려지며, 이는 회로의 전체 합성 저항이 커지기 때문이다. 즉, 전압 강하는 저항을 직렬로 연결하였을 때 발생한다.
② 저항이 2개 이상이어야 전압 강하가 발생한다.
③ 어느 저항에서나 똑같은 전류가 흐른다.
④ 전압이 나누어져 저항 속을 흐른다.
⑤ 각 저항에 가해지는 전압의 합은 전원 전압의 합과 같다.

(2) 병렬접속

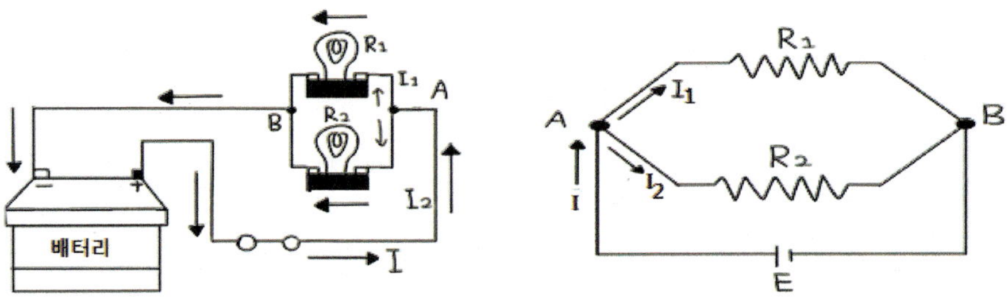

[그림 2.41] 저항의 병렬접속 방법

[그림 2.41]과 같이 접속하는 것을 병렬접속(parallel connection)이라 한다. 즉 A · B 사이에 저항 R_1, R_2를 접속하고 E[V] 전압을 가하면 각 저항 R_1, R_2에는 동일한 전압이 가해지므로 각 회로의 전류는 옴의 법칙에 의하여

$$I_1 = \frac{E}{R_1},\ I_2 = \frac{E}{R_2}$$

가 된다. 그리고 A점에 흘러 들어가는 전류를 [I]라 하면 [I]는 A점에서 분류(分流)하여 I_1, I_2가 되어 각 저항을 흐르므로 [I]는 I_1과 I_2의 합과 같다.

따라서 $I = I_1 + I_2$가 되고

$$I = \frac{E}{R_1} + \frac{E}{R_2} = E\left(\frac{1}{R_1} + \frac{1}{R_2}\right)$$

가 된다. 지금 A · B 사이의 합성 저항을 R이라 하면 $I=\frac{E}{R}$가 되고 $\frac{E}{R}=E\left(\frac{1}{R_1}+\frac{1}{R_2}\right)$이므로

$$\frac{1}{R}=\frac{1}{R_1}+\frac{1}{R_2}$$

가 된다.

따라서 n개의 저항 R_1, R_2, $R_3 \cdots R_n$을 병렬로 접속한 경우 그 합성 저항을 R이라 하면 $\frac{1}{R}=\frac{1}{R_1}+\frac{1}{R_2}+\frac{1}{R_3}+\cdots+\frac{1}{R_n}$이 되며

따라서 합성 저항 $R=\dfrac{1}{\frac{1}{R_1}+\frac{1}{R_2}+\frac{1}{R_3}+\cdots+\frac{1}{R_n}}$이 되어 병렬접속의 합성 저항은 각 저항의 어느 하나보다도 작게 된다.

병렬접속방법은 모든 저항을 두 단자에 공통으로 연결하는 것이며, 작은 저항을 얻고자 할 때 사용하는 것으로 다음과 같은 특징이 있다.

① 어느 저항에서나 동일한 전압이 흐른다.
② 합성 저항은 각 저항의 어느 것보다도 적다.
③ 저항이 감소하는 것은 전류가 나누어져 저항 속을 흐르기 때문이다.
④ 병렬 회로는 램프 개수와 관계없이 밝기가 일정하고 부하에 의해 전압 강하가 발생하지 않는다.

그러나 전류소비가 직렬회로에 대비하여 크게 증가하며 부하의 개수가 많을수록 전류는 증가한다.

2.7.4 전압 강하

전원에서 전기 에너지를 소비하는 부하(load)에 전류 [I]가 흐를 때는 도중의 전선 저항 [R] 때문에 옴의 법칙에 의해 IR [V]의 전압이 소비되어 전원에서 멀어질수록 전압은 점차 낮아진다.

[그림 2.42]와 같이 단자 전압 [V]인 전원에서 전선을 끌어서 전구에 전류를 흐르게 하는 경우, 한 개의 전선의 저항을 R [Ω], 부하 [전구]에 전류 I [A]가 흐른다고 하면 IR [V]의 전압을 소비하며 (+), (-)의 왕복 두 개의 전선에서는 2IR [V]가 되므로 부하 C, D 양끝의 전압 V_L은 V-2IR [V]가 된다.

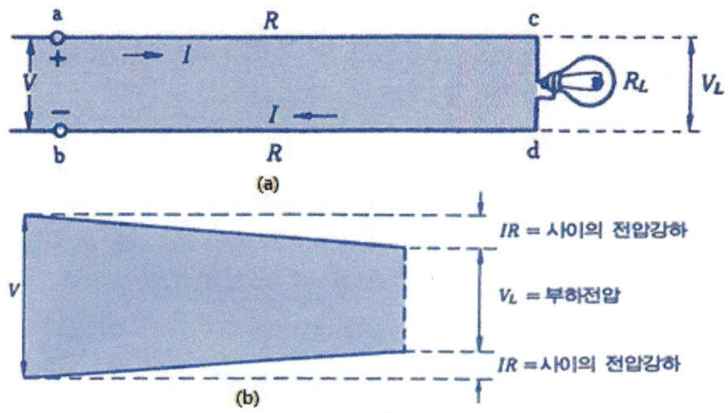

[그림 2.42] 전압 강하

이와 같이 전원 전압은 부하 쪽으로 나아감에 따라 낮아지고 부하 전압 V_L은 [그림 (b)]와 같이 된다. 즉, 이 전압 강하는 회로의 저항 중에 소비된 전압으로 인해 발생되는 것이다. 이와 같이 전기회로에 사용하고 있는 전선의 저항이나 회로 접속부의 접촉 저항 등에서 소비되는 전압을 그 저항에 의한 전압 강하(voltage drop)라고 한다. 전압 강하가 증가되면 부하의 기능이 저하되므로 회로에 사용하는 전선의 굵기는 적절한 것이어야 한다. 자동차의 전기회로 중에서 전압 강하는 축전지의 단자, 스위치, 배선의 접속부 등에서 발생되기 쉽다.

2.8 키르히호프의 법칙

복잡한 회로의 전압, 전류, 저항을 다룰 때 옴의 법칙을 발전시킨 키르히호프의 법칙(kirchhoff's law)을 사용한다. 전원이 2개 이상 있는 회로에서 전체로서의 합성 기전력의 계측이나 복잡한 전기회로망 각 부의 전류 분포 등을 구할 때 이 법칙을 사용하면 편리하다.

2.8.1 키르히호프의 제1법칙

회로가 아무리 복잡할지라도 어떤 1점에 유입하는 전류는 곧 다른 통로로 유출되므로 [그림 2.43]과 같은 회로에서 '임의의 접속점으로 유입한 전류의 총합과 유출한 전류의 총합은 서로 같다'고 하는데, 이것을 키르히호프의 제1법칙 또는 전류의 법칙이라 한다.

예를 들면 [그림 2.43]에서 점 '0'으로 유입하는 전류와 유출하는 전류의 총합은 서로 같으므로 다음 식이 성립한다.

$$I_1 + I_3 + I_5 = I_2 + I_4, \quad (I_1 + I_3 + I_5) - (I_2 + I_4) = 0$$

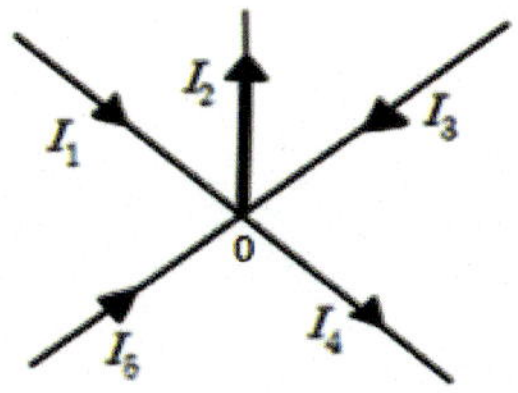

[그림 2.43] 키르히호프의 제1법칙

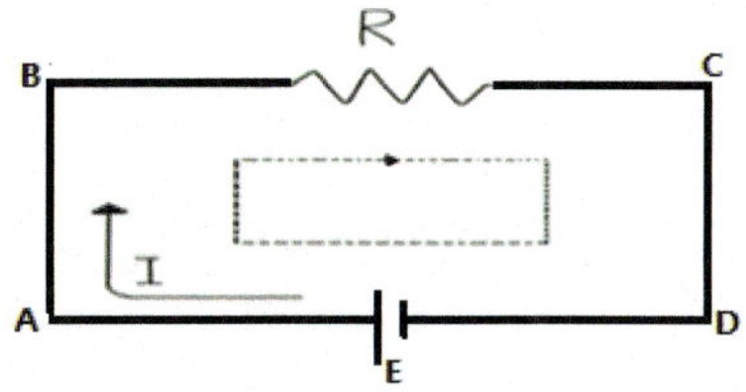

[그림 2.44] 키르히호프의 제2법칙

2.8.2 키르히호프의 제2법칙

[그림 2.44]에서 기전력 E [V]에 의해 R [Ω]의 저항에 I [A]의 전류가 흐르는 회로에서는 옴의 법칙에 의하여

$$E = IR$$

가 된다. 이것을 문자로 표시하면 기전력 = 전압 강하된 전압의 합계가 되어 A → B → C → D의 방향에서는 기전력과 전압 강하의 총합은 같다는 것을 뜻한다.

이상은 가장 간단한 회로의 경우이나 전원이 두 개 이상 있는 복잡한 회로에도 적용된다. 즉, '임의의 폐회로에 있어서 기전력의 총합과 저항에 의한 전압 강하의 총합은 같다'고 하며, 이것을 키르히호프의 제2법칙 또는 전압의 법칙이라 한다.

2.9 배터리의 접속법

전지를 전원으로 사용할 때 전지 1개로는 기전력이 부족하거나 용량이 작아서 충분한 전류를 얻기 어려운 경우가 있다. 이와 같은 경우에는 몇 개의 전지를 서로 접속해서 전원으로 사용한다. 이 접속법에는 직렬접속, 병렬접속, 직병렬접속 등 3가지가 있다.

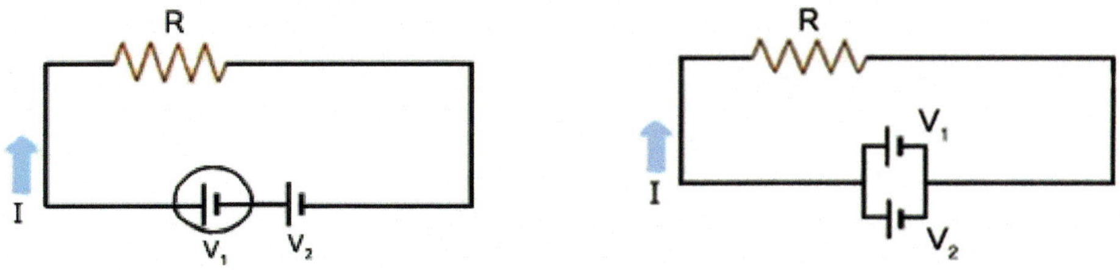

(a) 직렬접속법

(b) 병렬접속법

[그림 2.45] 축전지의 접속방법

2.9.1 직렬접속

[그림 2.45] (a)와 같이 직렬로 접속할 때는 각 전지의 기전력의 방향을 모두 같은 방향으로 해야 한다. 지금 기전력 E [V], 내부저항 r [Ω]인 전지 n개를 직렬로 접속하고 여기에 R [Ω]의 부하저항을 접속할 때 흐르는 전류를 I [A]라 하면, 키르히호프의 제2법칙에 의하여 다음과 같이 된다.

$$(nr+R)\cdot I = nE$$

$$\therefore\ I = \frac{nE}{nr+R} = \frac{E}{r+R}\ [A]$$

즉, n개의 전지를 직렬로 접속한 경우의 기전력은 전지 하나의 n배가 되는 동시에 내부저항도 n배가 된다.

따라서 n개의 같은 전지를 직렬로 접속한 것은 [그림 2.46] (b)와 같이 기전력 nE [V], 내부저항 nr [Ω]의 전지 1개와 같이 된다. 즉 [그림 2.46] (b)의 회로를 (a)회로의 등가 회로라고 한다.

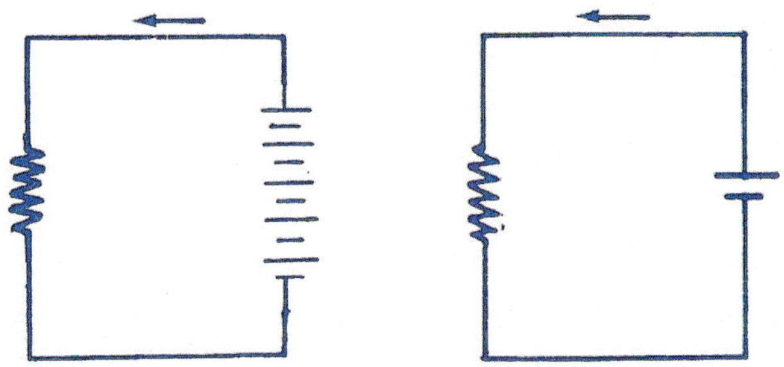

(a) (b)

[그림 2.46] 전지의 직렬접속

2.9.2 병렬접속

전지를 병렬로 접속하여 이상적으로 동작시키려면 각 전지의 기전력이 같아야 한다. [그림 2.47]의 (a)와 같이 기전력 E [V], 내부저항 r [Ω]인 전지 n개를 병렬로 접속하고 여기에 외부저항 R [Ω]를 접속할 때 R에 흐르는 전류를 I [A]라 하면 전지 하나에 흐르는 전류 I는 1/n가 되므로, 키르히호프의 제2법칙에 의하여 다음과 같이 된다.

$$\frac{1}{n} + IR = E \qquad \therefore\ I = \frac{E}{\frac{r}{n}+R}\ [A]$$

위 식에서 알 수 있는 것과 같이 이 경우 부하 전류는 [그림 2.47] (b)와 같이 기전력 E[V], 내부저항이 $\frac{r}{n}[\Omega]$의 부하저항을 접속할 때 흐르는 전류와 같다.

다시 말해 같은 전지를 병렬로 접속하면 전체의 기전력은 그 개수에 관계없이 전지 1개의 기전력과 같으므로 기전력에는 변화가 없다. 그러나 전체로서의 합성 내부저항은 전지의 개수에 반비례하여 r/n로 감소되기 때문에 병렬 개수를 증가시킴에 따라 회로의 전 저항은 감소하게 되므로 전류를 증가시킬 수 있다.

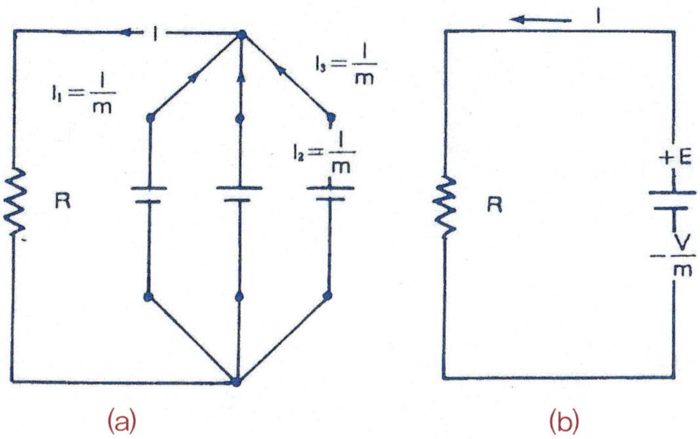

[그림 2.47] 병렬접속

2.10 휘스톤 브리지

휘스톤 브리지(Wheatstone Bridge)는 미지의 저항 값을 계산할 때 사용되고 [그림 2.48]과 같이 4개의 저항을 연결하고 일정 전압을 가했을 때 가변저항을 변화시켜 검류계의 지시 값이 '0'이 되면(Va = Vb) 각 대각선에 위치한 저항끼리 곱은 서로 같다. 이때를 브리지 평형상태라고 한다.

$$R_1R_3 = R_2R_X \quad \therefore\ R_X = \frac{R_1R_3}{R_2}$$

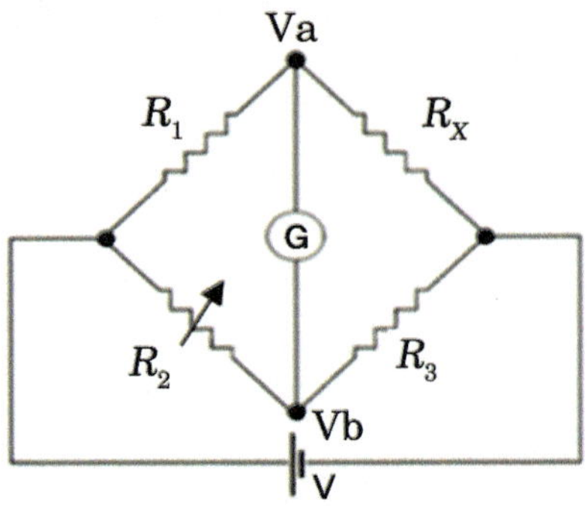

[그림 2.48] 휘스톤 브리지 회로

2.11 전력과 전력량

2.11.1 전력(P)

전력(Electric power)이란 단위시간 동안에 전기가 한 일, 즉 전기출력을 말한다. 우리가 일상생활에서 사용하는 전구나 전기장판, 커피포트, 기타 전기에 의한 가전제품 등은 전류가 저항체를 만나 기계적인 일을 하며, 전력은 전압이나 전류가 클수록 크게 된다. 즉, 전력은 전압(E)과 전류(I)를 곱한 것에 비례한다.

따라서 다음과 같이 된다.

$$P = VI[W] \quad ①$$

옴의 법칙 $E = IR$에서

$$P = VI = IR \times I = I^2 R[W] \quad ②$$

$$I = \sqrt{\frac{P}{R}}$$

또한, $I = \dfrac{E}{R}$의 관계에서

$$P = VI = E \times \frac{E}{R} = \frac{E^2}{R}[W] \quad ③$$

$$E = \sqrt{PR}$$

✍ **Handy hint**

▣ 마력과 와트(watt)

기계 동력의 단위로는 마력을 사용하며, 마력과 와트의 관계는 다음과 같다.

① 1HP = 550 [ft · lb/sec] = 746 [W] = 0.746 [kW] ≒ 3/4 [kW]

② IPS = 75 [kgf · m/sec] = 632.3 [kcal/hr] = 736 [W] = 0.736 [kW]

③ 1kW = 102 [kgf · m/sec] = 860 [kcal/hr]

④ 1 [kW] = 1.36 [PS]

1 [kcal] = 1.16 [kW]

▣ 동력 표시

동력 $= \frac{\text{일량}}{\text{단위시간}} = \frac{\text{힘} \times \text{거리}}{\text{단위시간}} = \text{힘} \times \text{속도}$로 표시하고, 단위는 HP, PS, kW로 나타낸다.

2.11.2 전력량

전력량이란 전류가 어떤 시간 동안에 한 일의 총량을 말하며, 전력에 사용한 시간을 곱한 값으로 표시된다. 따라서 P [W]의 전력을 t [초] 동안 사용하였을 때 전력량 [W : Watt]은

W = P×t [와트 · 초] 또는 주울 [Joule : J]

로 표시된다.

만일 I [A]의 전류가 R [Ω]의 저항 속을 t [초] 동안 흐를 때는

$$W = I^2 Rt \, [Ws]$$

의 전력량이 모두 열로 되어 소비되므로 이때 발생하는 열량을 [H]칼로리(calorie)라 하면

$$H = 0.24\,VI = 0.24 I^2 Rt = 0.24 \frac{V^2}{R} [cal]$$

가 된다. 위 식은 저항에 의해 발생하는 열량이 전류의 제곱과 저항의 곱에 비례한다는 것을 나타내고 있으며 이것을 주울의 법칙(Joule's law)이라 한다.

이와 같이 저항 속을 전류가 흘러 발생하는 열을 주울의 열이라 하며 전기 히터, 시가라이터, 예열플러그 등에 널리 이용되고 있다.

전력량 단위에는 [Ws], [Wh], [kWh] 등이 사용되며 이들 사이의 관계는 다음과 같다.

$$1\ [\mathrm{kWh}] = 10^3\ [\mathrm{Wh}] = 3.6 \times 10^6\ [\mathrm{J}]$$

$1\ [\mathrm{J}] = 0.24\ [\mathrm{cal}]$이고 $1\ [\mathrm{cal}] \fallingdotseq 4.2\ [\mathrm{J}]$

2.12 전기와 자기

2.12.1 자석과 자석의 성질

자철광은 쇳가루와 쇳조각 등을 끌어당기는 성질을 가지고 있으며, 이와 같이 철편을 끌어당기는 작용을 자기(磁氣)라 한다.

자기를 가지고 있는 물체를 자석(Magnet)이라 한다. 자석에는 자철광과 같은 천연 자석과, 철(Fe), 니켈(Ni), 코발트(Co) 등의 금속에 인공적으로 자기를 가지게 한 인공 자석이 있는데, 실용화되고 있는 자석은 후자이다. 이와 같이 자기작용을 느끼거나 자석이 될 수 있는 물체를 자성체(磁性體)라 하고, 구리(Cu), 알루미늄(Al) 등은 자기를 거의 느끼지 않으므로 비자성체(非磁性體)라 한다.

자석이 철편을 끌어당기는 작용은 자석 전체에 존재하는 것이 아니다. 예를 들면 막대자석 등에 쇳가루를 끌어당기게 하면 자석 양끝 가까운 곳에만 쇳가루가 붙는다. 이 양끝의 자성이 가장 강한 부분을 자극(Magnetic pole)이라 한다.

막대자석을 수평이 되게 그 중앙을 매달면 한쪽의 자극은 북쪽을 가리키고 다른 한쪽의 자극은 남쪽을 가리킨다. 북쪽을 가리키는 자극을 북극 또는 N극이라 하고, 남쪽을 가리키는 자극을 남극 또는 S극이라 한다.

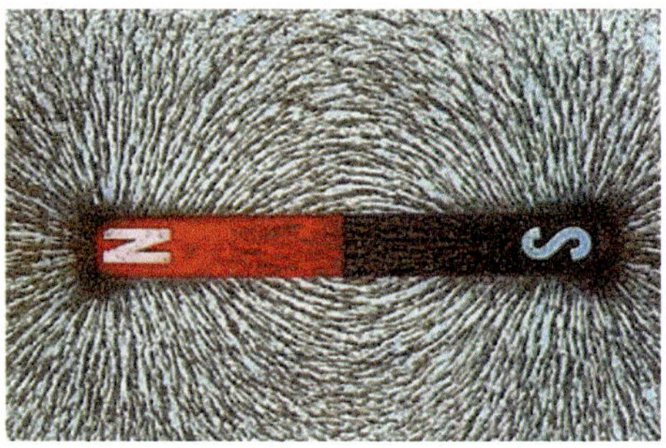

[그림 2.49] 막대자석

2.12.2 자극의 세기

자석에서 자극의 세기는 그 부근에 다른 자석을 놓았을 때 양 자극 사이에 작용하는 흡인력 또는 반발력의 크기로 표시한다. 즉 두 개의 자극의 세기를 각각 m_1, m_2라 하고, 자극 사이의 거리를 $[r]$이라 하면 양 자극 사이에 작용하는 힘 $[F]$는 다음 관계식으로 표시된다.

$$F = \propto \frac{m_1 \times m_2}{r^2} \quad \text{또는} \quad F = K \cdot \frac{m_1 \times m_2}{r^2}$$

여기서 K는 힘이 미치는 공간의 매질과 단위계에 따라 정해지는 비례 상수이다. 이 식에서 알 수 있는 것과 같이 **흡인력 또는 반발력 F는 거리 r의 제곱에 반비례하고, 자극의 세기를 서로 곱한 $m_1 \times m_2$에 정비례한다.** 이것을 **쿨롬의 법칙**(coulomb's law)이라 한다.

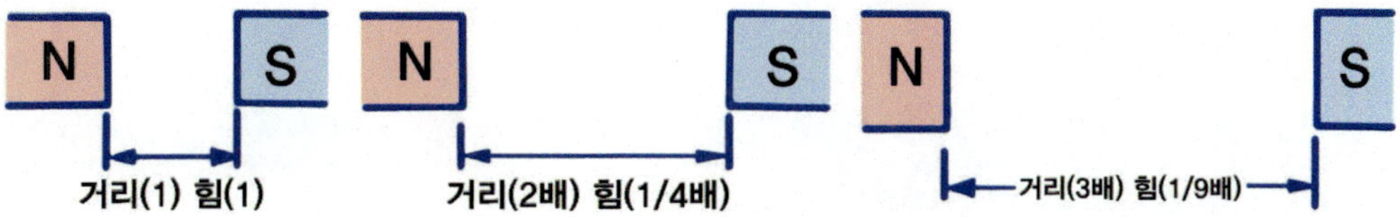

[그림 2.50] 자극의 강도

2.12.3 자계와 자력선

자석 위에 종이나 유리판을 놓고 그 위에 쇳가루를 뿌린 다음 가볍게 두들기면 [그림 2.49]처럼 N극과 S극을 연결하는 곡선 모양이 생긴다. 이와 같이 자석이 작용하는 범위를 자계(磁界) 또는 자장(磁場)이라 한다.

자계의 강도, 즉 자기력의 크기는 자계의 저항의 크기에 반비례한다. 자장의 세기 $(H) = \frac{\theta}{\ell} = \frac{\ell \times N}{\ell}$ [A/m]이며, θ : 기자력, ℓ : 자기회로의 평균길이, N : 코일권수이다. 또 기자력(θ)이란 자력을 만드는 원동력이 되는 것으로 $\theta = \text{전류} \times \text{권수}\,[AT$: Ampere Turn]로 표시된다.

[그림 2.49]에서 쇳가루가 그리는 곡선의 밀도를 보면 자극 가까운 곳은 밀도가 크고 자극에서 먼 곳은 밀도가 작다. 또 이 곡선은 N극과 S극 사이에서 자기의 힘, 즉 자력이 어떤 길을 거쳐 작용하고 있는가를 나타내는 선이며, 이 선을 자력선이라 한다. 자력선은 보통 N극에서 S극으로 향하는 방향에 화살표를 넣어 표시한다.

패러데이(Michael Faraday : 영)의 가설에 의하면 하나하나의 자력선은 마치 끌어당겨진 고무줄과 같이 줄어들려고 하고, 인접한 자력선 사이에는 반발력이 작용하여 서로 멀어지려고 한다. 이 가설과 자력선의 성질을 이용하면 자계에 의해서 생기는 여러 가지 힘을 생각하는 데 대단히 편리하다.

즉, [그림 2.50]에서 N극과 S극을 마주 놓으면 자력선이 서로 반발하여 동종의 극이 서로 멀어지려는 현상을 설명할 수 있다. 이 가설은 전동기, 발전기의 원리를 공부하는 데 매우 중요하다.

그리고 **자력선의 방향과 직각인 단위면적[1cm^2]을 통과하는 전체의 자력선을 자속(磁束 : Wb)** 이라 한다. 자속의 밀도$(B) = \frac{\phi}{A}$ [Wb/m^2]이고, 여기서 ϕ : 자속, A : 자력선의 직각인 단면적이 된다. 한편, 자력선이 통과하기 쉬운 척도를 투자율이라고 한다. 즉 자속의 밀도[B]에 대한 자장의 세기[H] 비를 투자율이라 한다. 즉 다음과 같다.

$$\text{투자율}(\mu) = \frac{B}{H} = \frac{\frac{\phi}{A}}{\frac{\theta}{\ell}} = \frac{\ell\phi}{\theta A}[A \cdot s / A \cdot m]$$

(a) 막대자석의 철분도형 (b) 자력선

[그림 2.51] 막대자석의 자력선

> ✍ **Handy hint**
>
> **▣ 자력선의 특징**
>
> ① 자력선은 N극에서 나와 S극으로 향한다.
> ② 자력선의 방향으로 자계의 방향을 알 수 있다.
> ③ 자력선의 밀도(자속밀도)로 자계(자력)의 세기를 나타낸다.
> ④ 각각의 자력선은 서로 반발하거나 혼합하지 않는다.

2.12.4 자기유도(磁氣誘導)

자석 가까이에 쇠붙이를 가까이 하면 끌어당긴다. 이는 그 쇠붙이가 자석이 되기 때문이다. 예를 들면 [그림 2.52]와 같이 자석 가까이에 철편을 가져갔다고 하면 철편에는 자극 가까운 쪽에 다른 종류의 극이, 먼 쪽에는 같은 종류의 극이 생겨 자극에 끌어당겨진다.

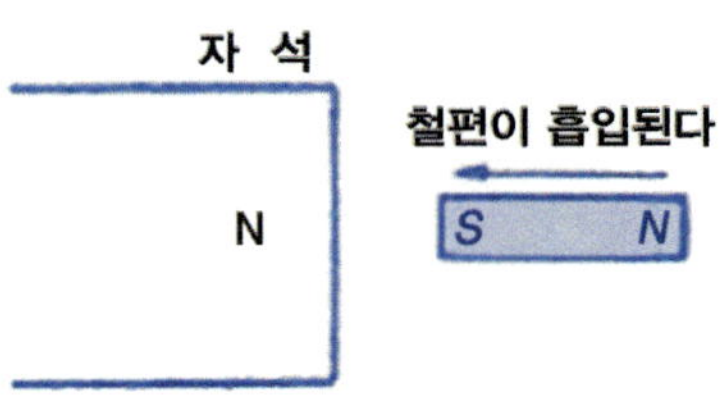

[그림 2.52] 자기유도

[그림 2.53] 분자 자석

이와 같이 자계 내에 있는 물체가 자기를 띠는 현상을 자기유도라 하며, 이 경우 이 물체는 자기유도 작용에 의해 자화(磁化)되었다고 한다. 이 자기유도 현상을 깊이 생각한 것이 **분자 자석설**이다.

이 설에서는 철(Fe)이나 니켈(Ni) 등의 강자성체는 자화되지 않는 경우에도 [그림 2.53]처럼 대단히 작은 자극을 가진 분자 자석으로 되어 있다고 생각하고 있다. 자화하는 힘을 외부에서 주지 않을 때는 [그림 2.53]처럼 분자 자석이 불규칙하게 여러 방향으로 향하고 있기 때문에 각 분자의 자력은 상쇄되어 철(Fe) 전체로서는 외부에 자석의 성질을 나타내지 않는다. 그러나 이것을 자계에 넣으면 [그림 2.54] (a)와 같이 분자 자석이 자력선 방향으로 규칙 정연하게 배열되며, 가운데에서는 N극과 S극의 자력이 상쇄되고 철(Fe) 전체의 양끝에서 N극과 S극이 나타나는 자석이 된다.

만일 [그림 2.54] (b)와 같이 X-X′의 곳을 절단하면 지금까지 중화(中和)되어 있던 자력이 나타나서 절단면에 N, S극이 나타나 2개의 자석이 된다. 또 Y′-Y에서 절단하면 역시 2개의 자석이 된다고 생각할 수 있다.

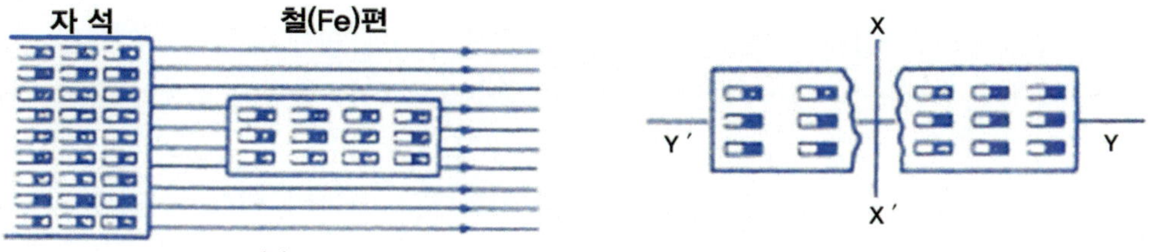

(a) (b)

[그림 2.54] 자기유도의 예

[그림 2.54] (a)에서처럼 철편의 분자 자석이 바르게 배열된 다음에는 강한 자석을 가까이 해도 철편의 자기를 강하게 할 수 없다. 이와 같이 자화력을 강하게 해도 자기가 증가하지 않게 되는 현상을 **자기포화(磁氣飽和)**라 한다. 또 일단 자화된 철편에는 그 자화력을 점차 약하게 하면 자기도 점차로 감소되나 자화력을 완전히 없애도 철편에 자기가 남는 경우가 있다. 이 남은 자기를 **잔류자기(殘溜磁氣)**라 하며, 잔류자기를 없애려면 다시 반대 방향의 자화력을 가하여야 한다. 이와 같이 철(Fe)이 자화될 때는 자기적(磁氣的)인 경력이 나타나며, 이 현상을 **자기 히스테리시스**(hysteresis)라 한다.

[그림 2.55] (a)와 같이 전류의 방향을 ⊗표 방향으로 하면 자력선의 방향은 오른나사의 진행 방향, 즉 오른쪽으로 회전하게 된다. [그림 2.55]에서 ⊗는 전류가 들어가는 방향이고, ⊙는 전류가 나오는 방향이다.

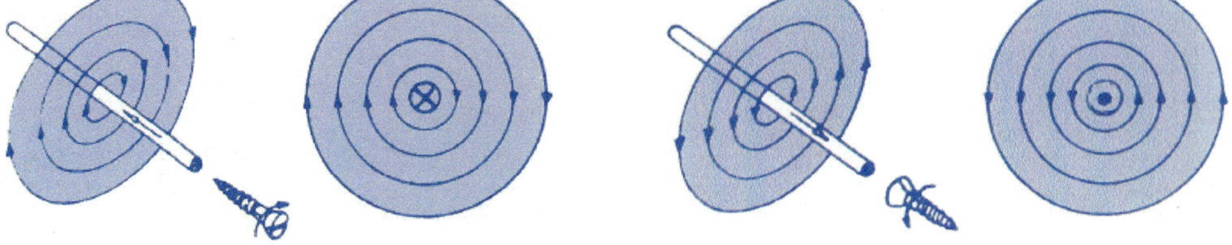

(a) 전류가 들어가는 방향 (b) 전류가 나오는 방향

[그림 2.55] 오른나사의 법칙

2.12.5 전기와 자기의 관계

(1) 전류가 만드는 자계

전선에 전류가 흐르면 그 주위에 자기작용이 나타나 [그림 2.56] (b)와 같이 지침이 움직이게 된다. [그림 2.56] (a)와 같이 전선에 직각으로 놓은 종이에 쇳가루를 뿌리고, 전선에 전류를 흐르게 하면 쇳가루는 전선을 중심으로 하는 많은 동심원으로 배열되며, 그 밀도는 전선에 가까울수록 크다.

이와 같이 전선에 전류가 흐르면 그 주위에는 전류의 세기에 비례하고, 전선에서의 거리에 반비례하는 자계가 생긴다. 그리고 자력선은 전선을 중심으로 하는 동심원 모양이 되며, 전류가 흐르는 방향과 자력선의 방향과의 사이에는 '전류의 방향을 오른나사의 진행 방향과 일치시키면 자력선 방향은 오른나사가 회전하는 방향과 일치한다'는 관계가 있다. 이것을 자력선의 오른나사 법칙이라 한다.

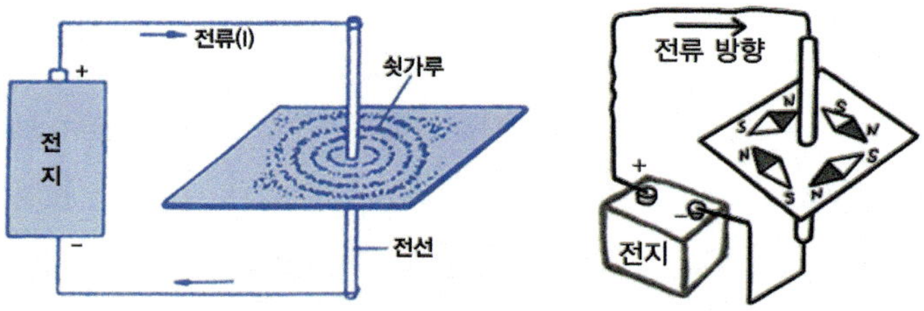

(a) (b)

[그림 2.56] 전류가 만드는 자계

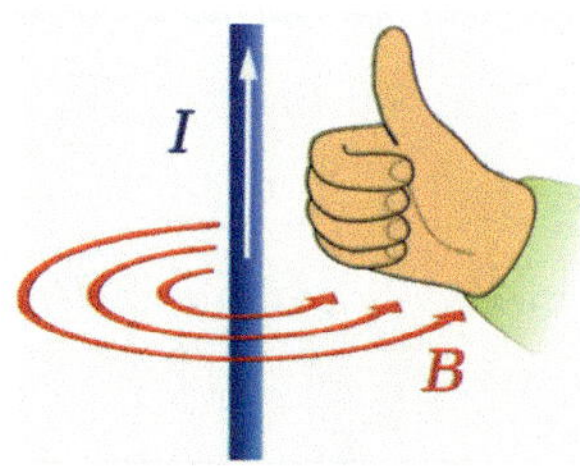

[그림 2.57] 오른나사의 법칙

(2) 코일의 자계

① 솔레노이드(Solenoid)

[그림 2.58]과 같이 전선을 원형으로 구부려 코일(Coil)을 만들고 전류를 흐르게 하면 코일 내부에는 아래의 그림과 같은 방향의 자계가 생긴다. 또 이와 같은 코일을 [그림 2.58] (c)와 같이 서로 밀접하게 여러 번 감고(솔레노이드라 한다) 이것에 전류를 흐르게 하면 자계는

한 번 감은 코일이 만드는 자계를 같은 축 위에 겹친 것과 같이 된다. 또한 코일 내부의 자계는 코일의 권수에 비례하여 크게 되고, 마치 막대자석과 같은 작용을 하게 된다.

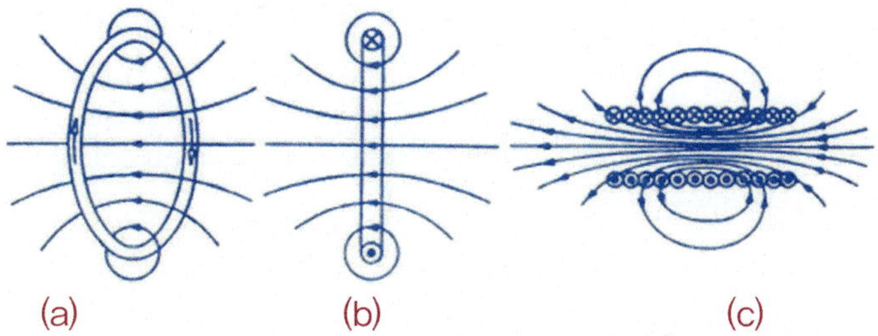

[그림 2.58] 코일 및 솔레노이드가 만드는 자계

다음에 [그림 2.59]와 같이 솔레노이드 내부에 철심을 넣고(전자석이라 한다) 솔레노이드에 전류를 흐르게 하면 철심에 생기는 자속은 철심에 포화되지 않는 한 솔레노이드의 권수 [N]과 여기에 흐르는 전류 [I]와의 곱 [NI]에 비례하여 증가한다. 이 [NI]는 자속을 발생시키는 능력을 나타낸 것으로 기자력(起磁力)이라고 하며 그 단위는 암페어 회수[AT : Ampere Turn]를 사용한다. 즉 다음과 같이 된다.

$$\text{기자력}(\theta) = \text{전류} \times \text{권수}\,[\mathrm{AT}]$$

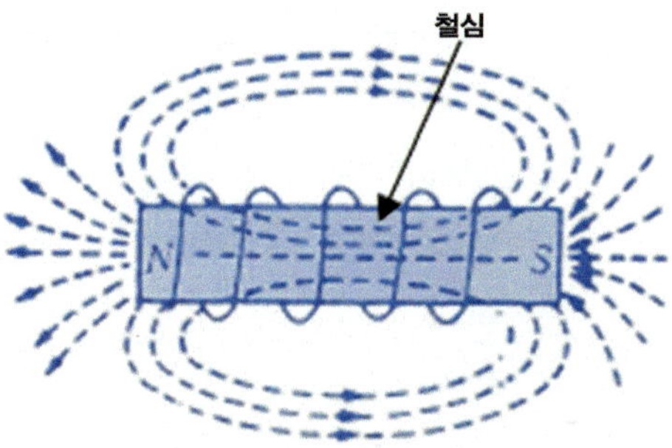

[그림 2.59] 전자석의 자계

Handy hint

■ **전자석의 특징**

① 전류를 인가했을 때만 자력을 띠게 된다. 따라서 전류를 차단하면 자력선은 사라진다.
② 전류의 방향을 바꾸면 자극도 반대가 된다.
③ 전자석의 자력은 코일의 권수와 공급전류의 크기에 영향을 받는다.

② 오른손 엄지손가락 법칙

솔레노이드에 전류를 흐르게 하였을 때 그 내부에 생기는 자력선의 방향을 알기 위해서는 오른나사의 법칙을 이용해도 좋지만, 오른손 엄지손가락 법칙을 이용하면 더 간단하다.

즉 그림 [2.60]과 같이 오른손의 엄지손가락을 다른 네 개의 손가락과 직각이 되게 하고, 네 손가락 끝을 전류의 방향과 일치시켜 코일을 잡으면 엄지손가락 방향이 솔레노이드 내부에 생기는 자력선의 방향, 즉 N극의 방향이 된다. 이것을 **오른손 엄지손가락 법칙**이라 하며, 코일 및 전자석의 자계 방향을 알려고 할 때 사용한다.

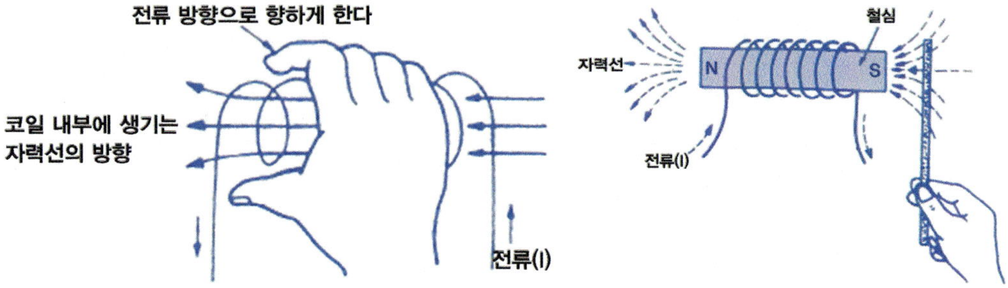

[그림 2.60] 오른손 엄지손가락 법칙

③ 전자력

전류가 흐르고 있는 도체의 주위에는 자계가 생기고, 가까이 있는 철편 등에는 흡인력이 작용한다. 따라서 전류가 흐르고 있는 도체의 부근에 자극을 놓으면 그 자극에 힘이 작용한다.

만약 자극을 고정하고 도체가 자유로 움직일 수 있게 하면 그 힘은 도체에 작용하여 도체가 움직이게 된다. 이때 생기는 힘을 **전자력**(F)이라 한다.

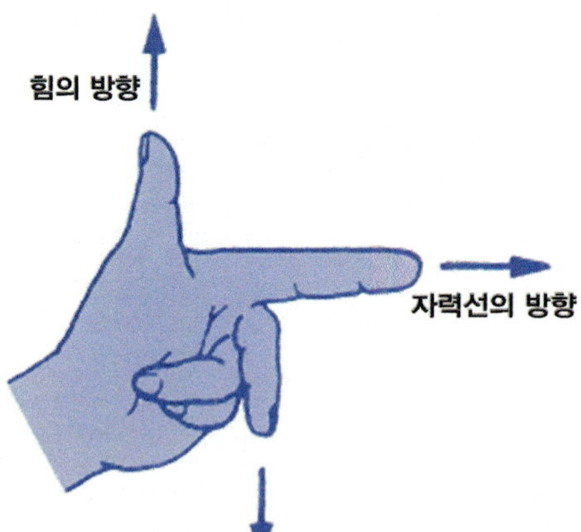

[그림 2.61] 플레밍의 왼손 법칙

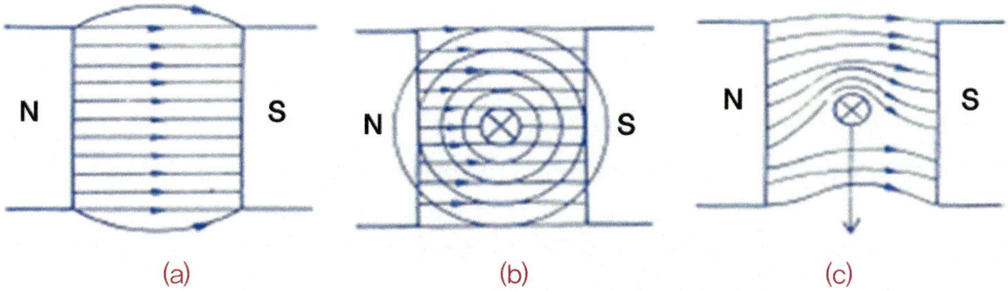

[그림 2.62] 전자력 받는 방향

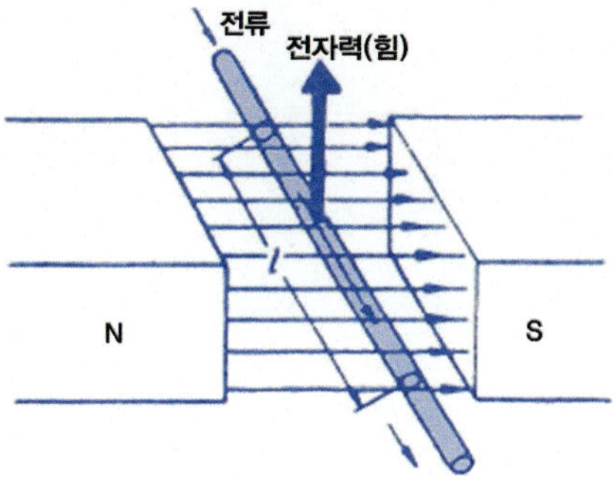

[그림 2.63] 전자력

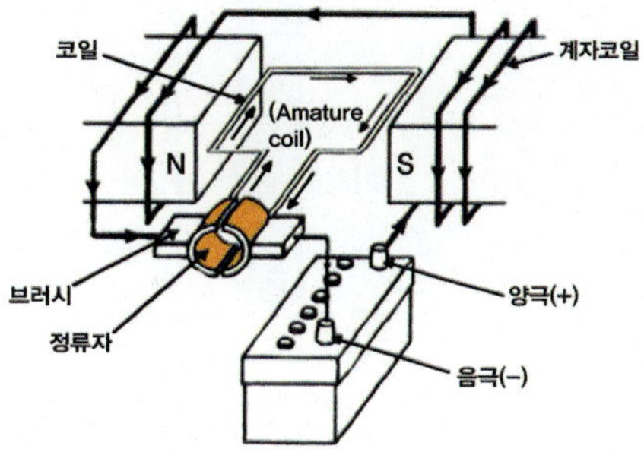

[그림 2.64] 직류모터의 원리

전자력의 크기는 [그림 2.63]과 같이 **자력선의 방향과 전류의 방향이 직각이 될 때 가장 크며**, 그리고 자계의 세기[B(자속밀도) : Wb/m^2], 전류[I]의 크기, 도체의 길이[ℓ]에 비례하여 증가한다. 즉

$$전자력(F) = B \times I \times \ell \times \sin\theta [N]$$

가 된다. 참고로 1 [Wb]는 6.33×10^6 [N]이다.

전자력을 받는 방향은 도체에 흐르는 전류의 방향과 주위의 자계의 방향에 따라 결정된다. 즉 [그림 2.62]와 같이 자계의 자력선의 상태를 (a) 및 (b)의 양 자력선을 합성한 자력선의 상태는 (c)와 같이 되어 마치 막대가 고무줄에 의해 아래쪽으로 밀리는 것과 같은 모양이 되므로 도체는 아래쪽 방향으로 전자력을 받는다. 따라서 전류와 자력선의 방향 가운데에서 어느 하나의 방향을 바꾸면 전자력의 방향은 반대 방향이 된다.

전자력 방향을 쉽게 알 수 있는 방법으로 **플레밍의 왼손 법칙**(Fleming's left hand rule)이 있다. 이 방법은 [그림 2.61]과 같이 왼손의 엄지, 인지, 중지를 서로 직각되게 하고, 인지를 자력선의 방향, 중지를 전류의 방향에 일치시키면 도체에는 엄지손가락은 전자력이 작용하는 방향을 가리킨다는 것을 나타낸 것이다. 전자력을 이용한 것에는 스피커, 전동기, 전압계, 전류계 등이 있다.

④ 자장(자계)의 상쇄와 합성

하나의 철심에 2개의 코일 L_1, L_2를 감고, 전류를 흐르게 하면 [그림 2.65] (a)와 같이 2개의 코일 L_1과 L_2가 만드는 자장의 방향이 반대로 되어 철심에 만들어지는 자력이 약하거나 없어지는 현상을 **자장의 상쇄**라고 한다. [그림 2.65] (b)와 같이 코일을 감고 전류를 흐르게 하면 코일 L_1과 L_2가 만드는 자장이 같은 방향이 되어 철심에 생기는 자력은 서로 합성되므로 커지게 된다. 이것을 **자장의 합성**이라고 한다.

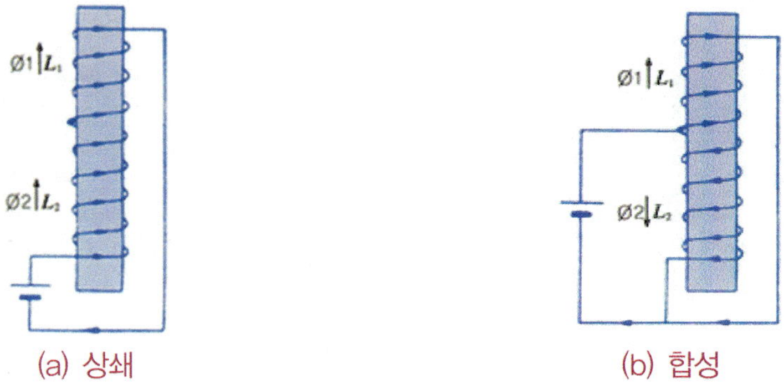

[그림 2.65] 자장의 상쇄와 합성

2.13 전자유도(電磁誘導) 작용

2.13.1 전자유도를 발생시키는 방법

[그림 2.67]과 같이 자계 내에 자력선과 직각으로 도체를 놓고, 그 양 끝에 전류계를 연결한 다음, 도체를 자력선과 직각 방향으로 상하로 움직이면 도체에 전류가 발생하여 전류계의 바늘이 움직인다.

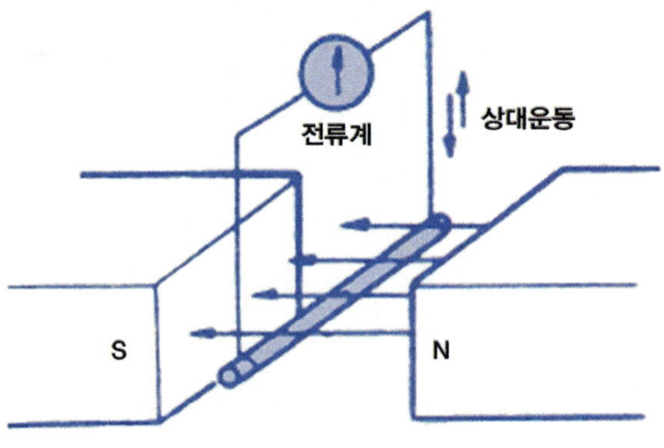

[그림 2.67] 전자유도

이 현상을 종합하면 다음과 같은 것을 알 수 있다.

① 도체나 자석 중 어느 것을 움직여도 전류계의 바늘이 움직인다.
② 움직이는 방향이 반대가 되면 전류계의 바늘의 움직임도 반대가 된다.
③ 움직이는 속도가 빠를수록 전류계의 바늘의 움직임이 크게 된다.
④ 정지하면 전류계의 바늘도 움직이지 않는다.

이와 같이 어떤 방법에 의해 도체와 자력선이 교차되면 도체에 기전력이 발생한다. 이 현상을 **전자유도 작용**(electro magnetic induction)라 하며, 이 유도 작용에 의해 발생하는 기전력을 유도기전력, 흐르는 전류를 유도 전류라 한다.

또 [그림 2.68] (a)와 같이 코일에 자석을 가까이 했다가 멀리하거나 (b)와 같이 코일과 대립한 다른 코일의 전류를 증감시키거나 또는 (c)와 같이 코일 자신의 전류를 증감하여 그 자속수를 증감하면 코일에 기전력이 발생한다. 이것은 코일 내를 통과하는 자속수가 변화되면 코일은 변화된 양에 상당하는 자력선과 교차하게 되므로 그 변화가 계속되는 동안 그 코일에 기전력이 발생된다.

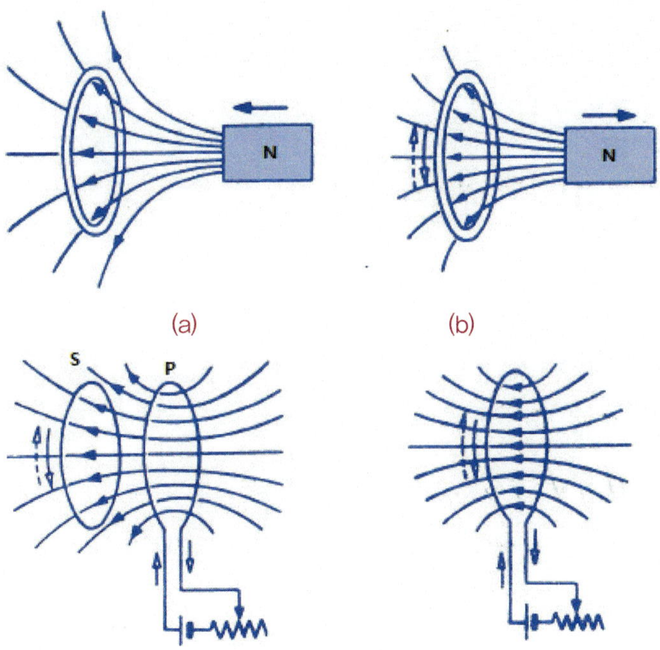

(c)

[그림 2.68] 전자유도

이상과 같이 전자유도를 발생시키는 방법은 다음과 같다.

① 도체와 자력선과의 상대운동에 의한 방법
② 도체에 영향하는 자력선을 변화시키는 방법

2.13.2 렌츠의 법칙

도체에 영향하는 자력선을 변화시켰을 경우는 [그림 2.69]와 같이 **유도기전력의 방향은 코일 내의 자속의 변화를 방해하는 방향으로 생긴다.** 이것을 **렌츠의 법칙**(Lenz's law)이라 한다. 즉 자석을 코일에 가깝게 할 경우에는 자석에 가까운 쪽에 같은 종류의 극이 생기도록 코일에 기전력이 발생되어 자석의 접근을 방해한다. 또 자석을 코일에서 멀리할 경우에는 자석에 가까운 쪽에 다른 종류의 극이 생기도록 기전력이 발생되어 자석이 멀어지려는 것을 방해한다.

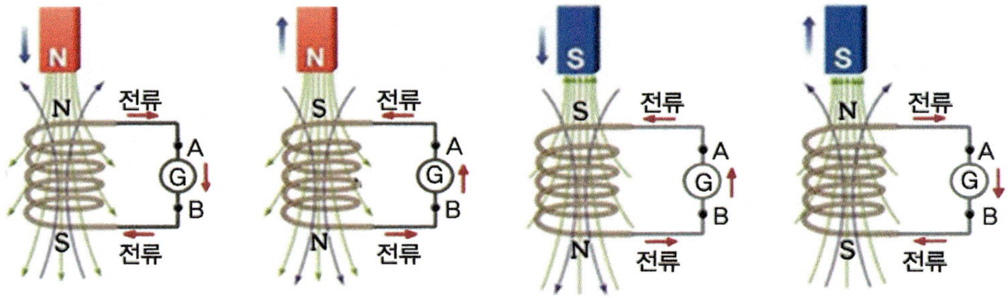

[그림 2.69] 렌츠의 법칙

유도기전력의 크기는 최초 도체와 교차하고 있는 자력선의 수가 ϕ이면 자력선이 t초 동안에 변화하여 ϕ'가 되면 유도기전력의 크기는

$$E = \frac{\phi - \phi'}{t} = B\ell v[V]$$

여기서, B : 자속의 밀도[Wb/m^2], ℓ : 도체의 길이[m], v : 도체의 움직이는 속도[m/s]
만일 도체가 N번 감긴 코일이면 유도기전력의 크기는 중첩되어

$$E = N \times \frac{\phi - \phi'}{t}$$

가 된다.

2.13.3 플레밍의 오른손 법칙

도체와 자력선과의 상대운동에 의한 경우에도 기전력의 방향은 렌츠의 법칙에 의해 구할 수 있으나 더 간단한 방법으로 **플레밍의 오른손 법칙**(Fleming's light hand rule)이 있다.

[그림 2.70]과 같이 오른손의 엄지, 인지, 중지를 서로 직각이 되게 하고, 인지를 자력선 방향에, 엄지를 운동 방향에 일치시키면 중지는 유도기전력의 방향을 가리킨다는 것을 나타낸다.

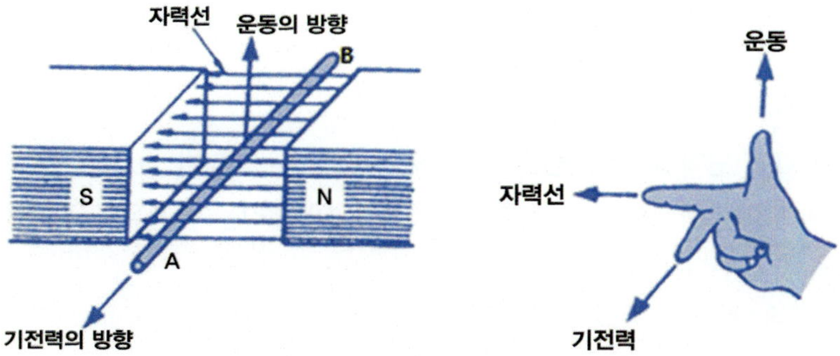

[그림 2.70] 플레밍의 오른손 법칙

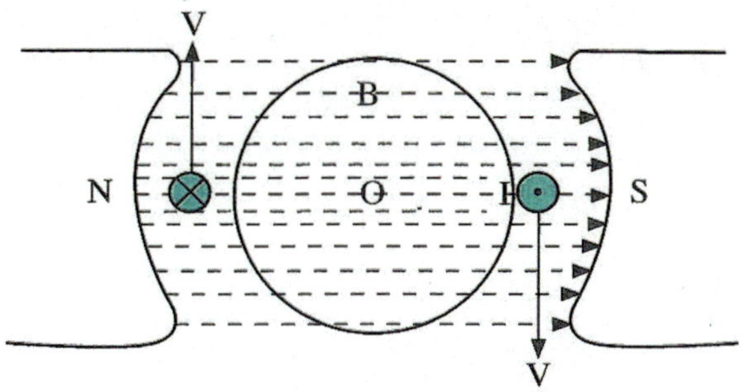

[그림 2.71] 발전기의 원리

발전기는 전자유도 작용을 이용하여 전기를 발생시키는 것인데, [그림 2.71]은 발전기의 원리를 나타낸 것이다. N극과 S극이 이루는 자장 내에서 도체가 자속을 끊으면서 회전할 수 있게 하면 플레밍의 오른손 법칙에 의하여 N극 쪽에서는 ⊗의 방향으로 기전력이 유기되며, S극 쪽에서는 ⊙의 방향으로 기전력이 유기된다. 이것이 180° 회전하면 이 두 도체의 위치가 바뀌어져서 기전력의 방향이 정반대로 되므로 180° 회전할 때마다 전류의 방향이 바뀌는 교류 발전기(alternator current)가 된다.

이 경우 유도기전력의 크기는 단위 시간에 끊긴 자력 수에 비례한다. 즉, t초 동안에 ϕ의 자력선을 잘랐다고 하면 기전력의 크기는

$$E = N\frac{\triangle\phi}{\triangle t}$$

가 된다. 또 상호 운동의 속도가 빠를수록 또는 자력선의 수가 많을수록 기전력은 커진다.

2.14 자기 및 상호유도 작용

2.14.1 자기유도(自己誘導) 작용

[그림 2.72]와 같이 **코일 자신에 흐르는 전류를 변화시키면 코일과 교차하는 자력선도 변화되므로 그 변화를 방해하는 방향으로 기전력이 발생한다. 이와 같은 전자유도 작용을 자기유도(self induction) 작용**이라 한다.

자기유도 작용은 전류의 변화가 동일해도 코일의 권수, 형상 등에 따라 다르기 때문에 이 작용을 일으키는 정도를 표시하는데, 자기 인덕턴스(self inductance : L)라는 계수를 사용하고 단위로는 헨리(Henry : H)를 사용한다. 자기유도 작용에 의한 유도기전력은 코일의 감긴 수와 전류의 변화량에 비례하여 커진다. 즉

$$\text{유도기전력}(e) = -N\frac{d\phi}{dt}\ [\mathrm{V}]\ \text{또는}\ \text{자기유도기전력}(e) = -L\frac{di}{dt}$$

이다. 여기서, N : 코일 권수, L : 자기 인덕턴스[H], di : 전류[A] 변화량, dt : 미소시간[sec]

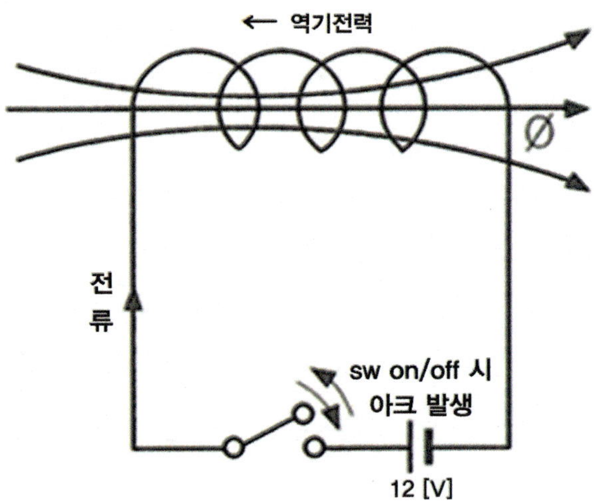

[그림 2.72] 자기유도

[그림 2.72]와 같이 코일에 12[V]의 전류를 흐르게 한 후 스위치를 ON에서 OFF시키면, 스위치 위치에서 큰 아크가 발생한다. 이는 코일 자신에 흐르는 전류를 변화시키면 코일과 교차하는 자력선도 변화되기 때문에 코일에 그 변화를 방해하는 방향으로 기전력이 발생하여 스위치 쪽으로 전자들이 이동하게 되고 이로 인해 전자가 스위치에 부딪쳐서 일어나는 현상이다.

2.14.2 상호유도(相互誘導) 작용

[그림 2.73]과 같이 두 코일을 접근시켜 1차 코일에 전류를 흐르게 하면 자계가 발생한다. 이 자계는 2차 코일 속을 관통한다. 즉 [그림 2.73] (b)와 같이 스위치가 ON일 때는 코일에 의한 자력의 변화로 2차 코일에 전압이 유기되나, 1차 코일의 역기전력에 의해 전류 흐름이 억제되고 자기유도 작용이 완만히 발생하므로 높은 기전력은 발생하지 않는다.

그러나 [그림 2.73] (c)와 같이 스위치를 급격히 OFF하여 1차 전류를 단속하면, 지금까지 1차 전류에 의해 발생했던 자계가 갑자기 소멸된다. 이로 인해 2차 코일의 자계도 급격하게 변화되므로 2차 코일에 큰 기전력이 발생한다.

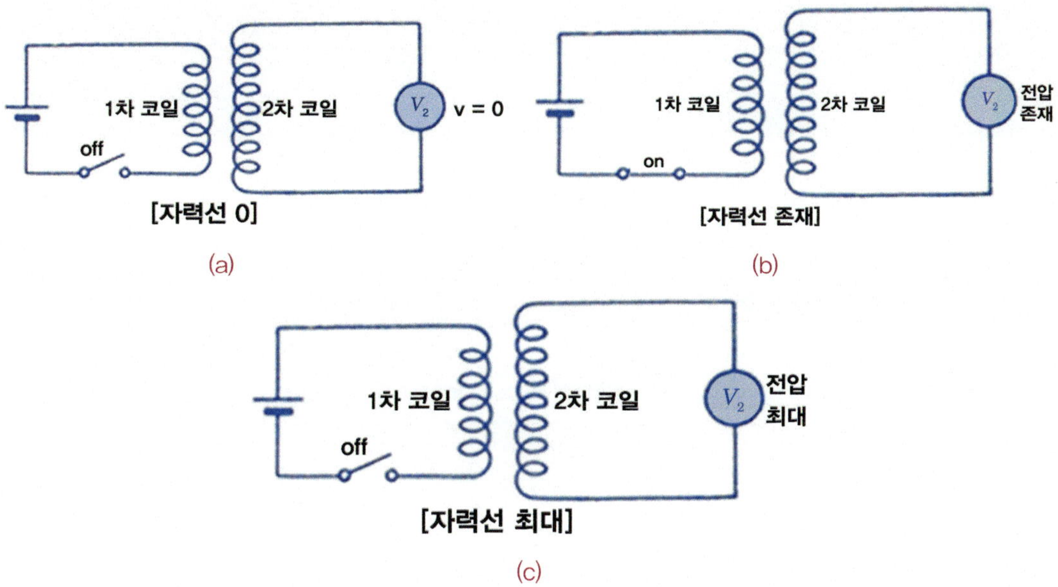

[그림 2.73] 상호유도 작용

이와 같이 **하나의 전기회로에 자력선의 변화가 생겼을 때 그 변화를 방해하려고 다른 전기회로에 기전력이 발생되는 현상을 상호유도 작용**이라 한다.

상호유도 작용은 같은 1차 코일의 전류변화에서도 양 코일의 권수, 형상, 상호 위치 등에 따라 다르기 때문에 자기유도 작용의 경우와 같이 그 작용을 일으키는 정도를 표시한다. 이때 상호 인덕턴스(mutual inductance : M)라는 계수를 사용하며, 단위로는 헨리[H]를 사용한다. 상호유도 작용에 의한 유도기전력의 크기는

$$E_2 = M\frac{di}{dt}[V]$$

가 된다.

상호 인덕턴스(M)는 자기 인덕턴스(L) 및 코일 권수비에 비례한다.

$$M = L \times \frac{2\text{차코일 권수}(N_2)}{1\text{차코일 권수}(N_1)} \qquad \frac{N_2}{N_1} \ : \text{권수비}$$

또한 [그림 2.74]와 같이 철심에 두 개의 코일을 감고, 그 하나의 코일을 입력 쪽(1차코일 : N_1)으로 하고, 다른 하나를 출력 쪽(2차코일 : N_2)으로 하여 입력 쪽에 교류를 가하면 1차 쪽의 자력선이 변화되므로 2차 쪽에는 권수비에 비례하는 교류 전압이 발생한다. 즉

$$E_2 = \frac{N_2}{N_1} \times E_1 \ [\text{V}]$$

가 된다.

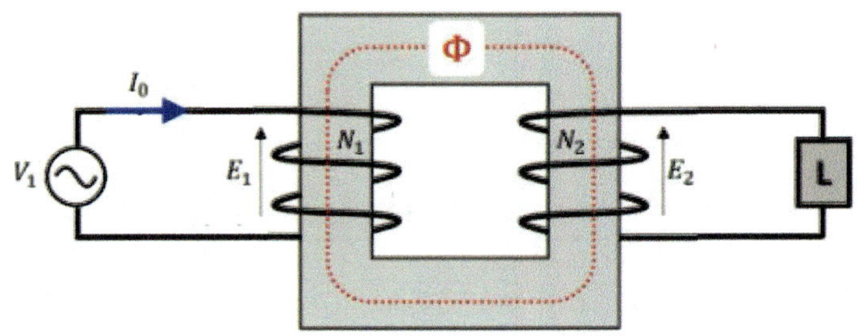

[그림 2.74] 2차코일 유도기전력의 크기

정리하면, $N_2 > N_1$이면 전압은 높아지고, $N_2 < N_1$이면 전압은 낮아진다. 따라서 권수비를 알맞게 선택하여 자유로 전압을 바꿀 수 있다. 그러나 1차 쪽이 직류 회로이면 1차 쪽의 자력선이 변화되지 않기 때문에 2차 쪽에 전압이 발생하지 않는다.

그러나 교류로 1차 쪽의 자력선을 변화시키면 2차 쪽에 전압을 발생시킨다. 전기자동차에서 LDC(Low DC-DC Converter)를 사용하여 고전압 축전지에서 저전압 축전지로 충전하는 원리는 이 원리를 이용한 것이다.

Handy hint

▣ 변압기 절연유의 구비조건

① 절연 내력이 클 것
② 비열이 높을 것(물의 비열은 1, [kcal/kg · ℃]
③ 인화점이 높고, 응고점이 낮을 것
④ 화학작용을 일으키지 않을 것
⑤ 산화하지 않을 것
⑥ 점도가 낮을 것

▣ 변압기 철심 절연물의 종류

종 류	Y종	A종	E종	B종	F종	H종	C종
최고사용온도 (℃)	90	105	120	130	155	180	180 이상

2.15 맴돌이 전류

도체 속에 자력선이 통과하고 있을 때, [그림 2.75] (a)와 같이 그 자력선이 변화하거나 (b)와 같이 도체와 자력선이 상대적으로 운동하면 도체 내에는 전자유도 작용에 의한 기전력이 발생되며, 이 때문에 흐르는 유도전류는 그 도체 중에서 가장 저항이 작은 통로를 따라 마치 맴돌이와 같은 회로를 만들면서 흐른다. 이와 같은 전류를 맴돌이 전류(eddy current)라고 한다.

맴돌이 전류가 흐르고 있는 도체에는 그 도체의 저항에 의해 I^2R의 전력 손실이 일어난다. 이것을 맴돌이 전류손실이라 하고, 도체의 온도를 상승시킨다. 교류 회로에 사용되고 있는 변압기의 철심의 온도가 서서히 상승되는 것은 맴돌이 전류 때문이다.

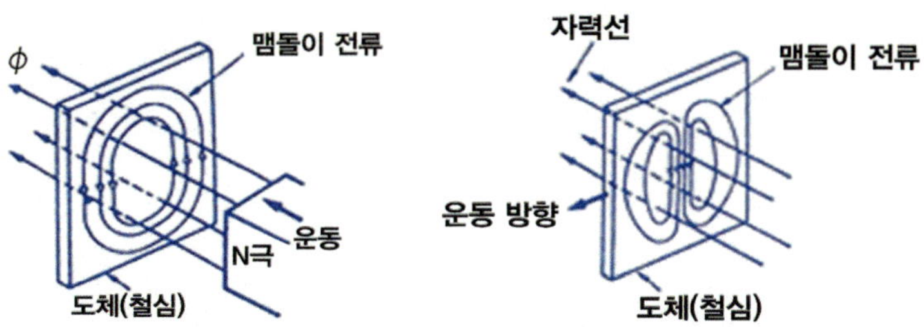

[그림 2.75] 맴돌이 전류

전기자 철심에 성층(成層)철심을 사용하는 이유는 [그림 2.76] (a)와 같이 철심이 덩어리로 되어 있을 때는 철심이 자력선을 끊고 기전력을 유지하는데, 주속도가 빠른 철심의 표면일수록 기전력도 크게 되므로 철심 내에 맴돌이 전류가 흘러 손실로 되기 때문이다. 이를 방지하기 위해 [그림 2.76] (b)와 같이 철심을 0.5 [mm] 정도의 철판으로 하고 수지 등으로 절연하여 여러 장 겹치면 맴돌이 전류의 통로에 저항이 증가되어 맴돌이 전류를 크게 감소시킬 수 있다.

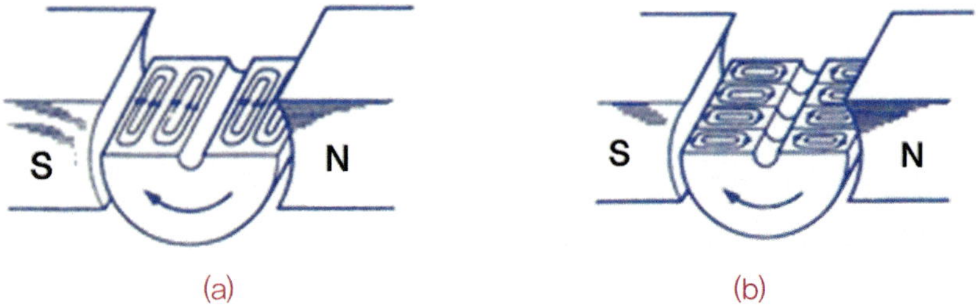

[그림 2.76] 성층철심

[그림 2.77]과 같이 원판의 자극 바로 아래 부분에 플레밍의 오른손 법칙에 의한 맴돌이 전류가 유기되어 맴돌이 전류가 흐른다. 이 맴돌이 전류와 자극 사이에는 플레밍의 왼손 법칙에 의하는 회전력이 작용하여 원판 운동이 저지된다. 이것을 맴돌이 전류 브레이크라 하며 자동차의 감속 브레이크의 하나인 맴돌이 전류 감속기(retarder)로서 이용된다.

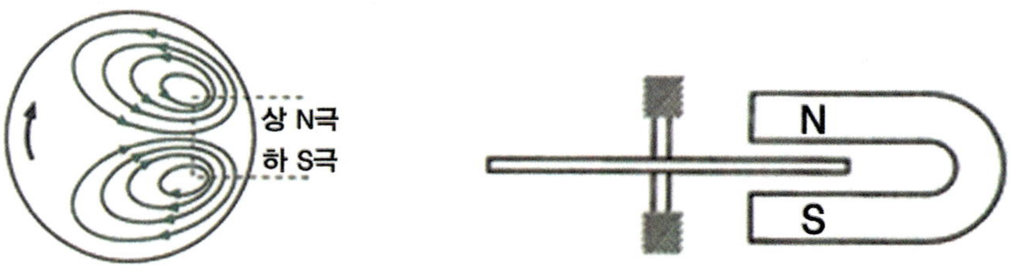

[그림 2.77] 맴돌이 전류제동

2.16 교류의 기초

2.16.1 교류

전기에는 정전기와 동전기가 있으며 동전기에는 직류(DC : Direct Current)와 교류(AC : Alternating Current)가 있다. 한편 이상의 양자에도 속하지 않는 것으로 맥류(脈流) 또는 진동 전류가 있다.

직류란 [그림 2.78]과 같이 시간의 경과에 대하여 전압 또는 전류가 일정한 값을 유지하며 그 방향도 일정한 것을 말하고, 교류란 [그림 2.79]와 같이 시간의 경과에 대하여 전압 또는 전류가 시시각각으로 변화하고 그 방향이 정방향과 역방향이 교대로 반복되는 것을 말한다. 또한 교류는 변압기를 이용해서 전압을 자유자재로 변환이 가능하다. 맥류는 직류와 교류를 합한 것이고, 자동차에서는 직류, 교류, 맥류 전기가 발생된다.

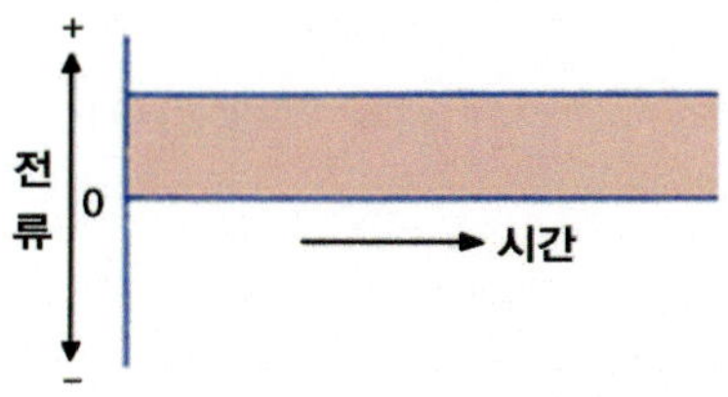

[그림 2.78] 직류

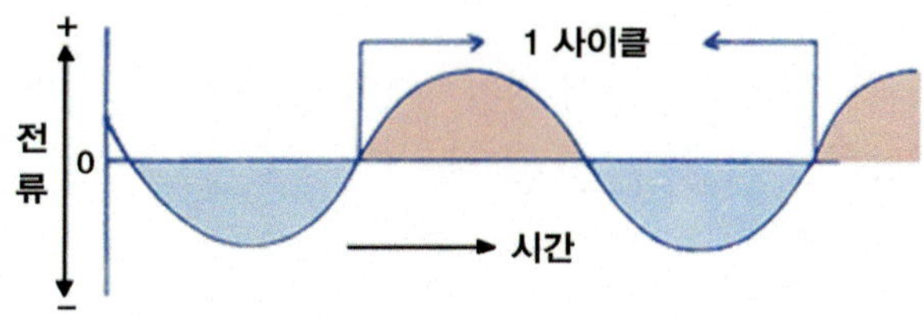

[그림 2.79] 교류

2.16.2 정현파 교류의 크기

정현파(sine wave) 교류는 순시치, 최대치, 실효치, 평균치, P-P치로 나타낸다.

(1) 순시치

$e = E_m \sin(\omega t + \phi)$ 여기서, E_m : 최대값, sin : 파형, ωt : 변화의 속도, ϕ : 위상

$= E_m \sin\theta$ 여기서, $E_m = 2Blv$

$i = I_m \sin(\omega t + \phi) = I_m \sin\theta$

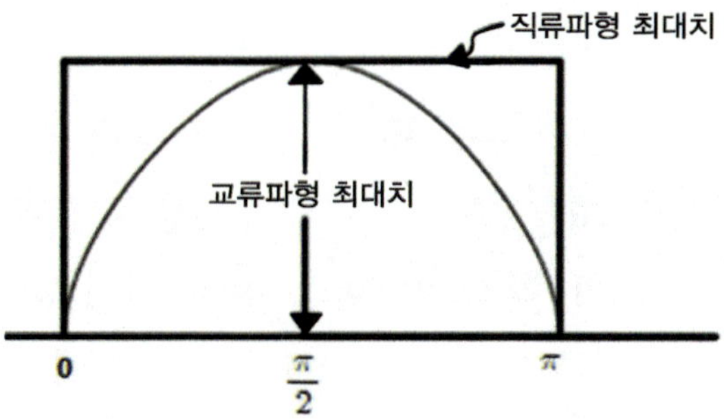

[그림 2.80] 직류와 교류의 최대치

(2) 실효치

가정용 교류 220 [V]는 실효값으로 표시되며, 교류의 실효값은 직류와 같은 크기의 열량을 내는 교류의 크기로 표시하는 것인데, 정현파 교류의 실효값은 최댓값의 $1/\sqrt{2}$ 배에 해당한다. 즉 다음과 같이 된다.

$$실효값 = \frac{1}{\sqrt{2}} \times 최대값 \fallingdotseq 0.707 \times 최대값$$

(3) 평균치

직류 평균치는 최대치와 같으나 교류 정현파의 반 사이클 평균치는 파형 상의 한 점을 제외하고는 모든 값이 적기 때문에 피크치보다 적게 된다. 즉 모든 정현파에 대한 반 사이클의 평균치는 최대치의 0.637배이다.

$$평균값 = \frac{2}{\pi} \times 최대값 \fallingdotseq 0.637 \times 최대값$$

(4) P-P치

[그림 2.81]에서 보면 교류의 각 사이클에는 두 개의 최대치 또는 피크치가 있는데, 하나는 양(+)의 한 사이클에 있고 또 하나는 음(-)의 반 사이클에 있다. 양(+) 피크치와 음(-) 피크치의 차를 정현파의 피크 간 차라고 한다. 즉 양(+)의 최대값과 음(-)의 최대값 사이의 값을 피크-피크 값(peak-to-peak value)이라 한다.

이 값은 정현파의 최대치 또는 피크치의 2배가 되며 때로는 교류전압을 측정하는 데 이용된다.

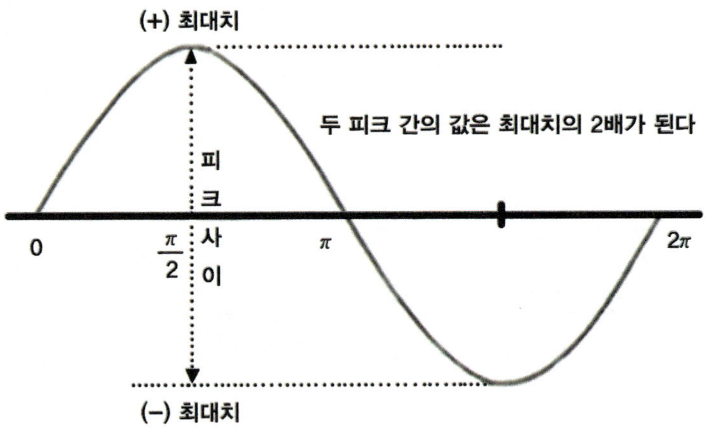

[그림 2.81] P-P치

2.16.3 변화의 속도

(1) 주파수(frequency : f)

주파수란 단위 시간(1초 사이)에 같은 변화를 반복하는 횟수를 말한다. 기호는 f, 단위는 헤르츠, 단위 기호는 [Hz]를 사용한다.

(2) 주기(period : T)

주기란 1회의 변화(1 주파)를 완료하는 때에 요하는 시간이다. 기호는 T, 단위는 초, 단위 기호는 [s]를 사용한다. 주파수 f와 T와의 사이에는 다음과 같은 관계가 있다.

$$T = \frac{1}{f}[s] \text{ 또는 } f = \frac{1}{T}[\text{Hz}]$$

(3) 변화의 속도 ω와 주파수 f, 주기 T와의 관계

순시값의 식에서 ωt나 ϕ는 각도($\sin\theta$)로 표시하지만, 전기 공학에서는 일반적으로 호도법에 따라서 각도를 나타낸다. 즉

$$1\text{주기} = 360° = 2\pi \text{ [rad]}, \text{ 반주기} = 180° = \pi \text{ [rad]}$$

가 된다.

1주기의 시간은 $T = \frac{1}{f}[s]$라 하면, 변화속도 ω는 다음과 같이 나타낸다.

$$\omega T = 2\pi$$

$$\omega = \frac{2\pi}{T} = \frac{2\pi}{\frac{1}{f}} = 2\pi f[\text{rad/s}]$$

이 ω를 각속도 또는 각주파수라 하며, 단위에는 라디안 매초, 단위 기호는 [rad/s]를 사용한다.

2.16.4 교류의 발생

교류는 시간에 따라 크기와 방향이 변화하는 전류를 말하며, 단상 교류와 3상 교류가 주로 사용되고 있다.

[그림 2.82]와 같이 자극 N, S 사이에 도체 aa′와 bb′를 코일 변으로 하는 코일을 XX′를 축으로 하여 일정 속도로 회전시키면 도체 aa′ 및 bb′는 자속을 끊게 되어 플레밍 오른손 법칙에 따라 화살표 방향으로 기전력이 유기된다. 이 기전력의 크기는 자력선을 유효하게 끊는 비율에 비례하고 방향은 반회전마다 규칙적으로 바뀌므로 부하에는 정현파(sine wave)의 교류가 흐르게 된다.

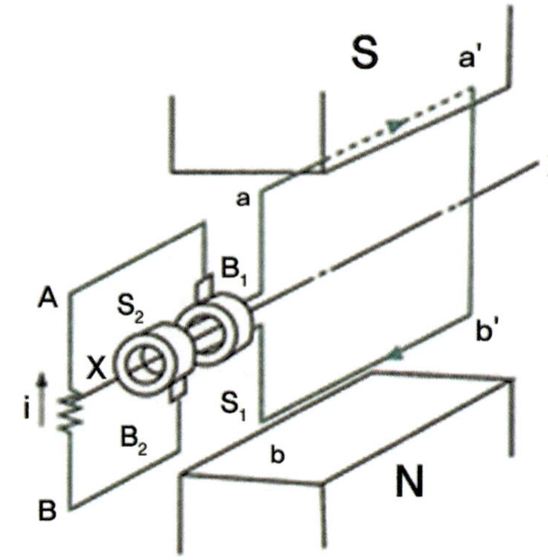

[그림 2.82] 교류의 발생

2.16.5 단상 교류

(1) 단상 교류의 발생

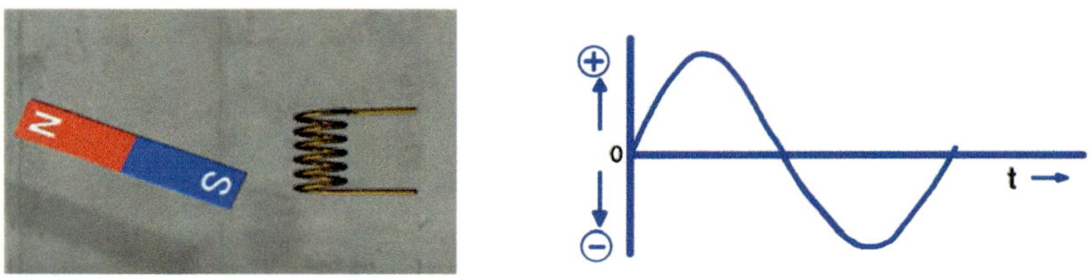

(a) 단상 교류의 발생　　　(b) 단상 교류의 기전력

[그림 2.83] 단상 교류의 발생과 기전력

자장 내에서 도체를 회전시키면 교류 기전력을 얻을 수 있다는 것은 이미 설명한 바와 같으며 도체 속에서 자석을 회전시켜도 역시 교류 기전력을 얻을 수 있다. [그림 2.83] (a)에는 자석이 1회전하였을 때 도체에 발생하는 기전력의 크기 및 방향을 나타낸 것이다([그림 2.83] (b)). 이와 같이 기전력을 발생하는 도체가 1조의 코일로 되어 있는 것을 단상 교류(single phase AC)라 하고 이 형식의 발전기를 단상 교류 발전기라 한다.

(2) 단상 발전기의 회전수와 주파수와의 관계

[그림 2.83] (b)에서 (a)로부터 (b)까지의 기전력 변화를 1 [cycle]이라고 하고, 이 변화를 1 [초] 동안에 반복한 횟수를 주파수(frequency)라 한다. 만일 [그림 2.83] (a)에서 자석이 1 [초] 동안에 1 [회전]한다고 하면 발생되는 주파수는 1 [Hz]가 된다.

[그림 2.83] (b)에서는 자석이 2극인 것에 대한 경우이고, 4극의 자석의 경우에는 반회전마다

마찬가지로 변화를 반복하므로 자석 1 [회전]에 대한 2 [cycle]의 변화를 하게 된다. 따라서 자석의 극수를 증가시킬수록 또는 회전 속도를 빠르게 할수록 발생되는 주파수는 증가된다. 즉

$$\text{주파수} \propto \text{자극 수} \times \text{회전속도}$$

$$f = \frac{\frac{p}{2} \times n}{60} = \frac{np}{120} \qquad n = \frac{120f}{p}$$

여기서, f[Hz] : 주파수, p : 자극 수, n[rpm]

Handy hint

➡ 전기자동차에서 모터 회전속도 제어는 자극 수를 증가시키는 것은 물리적으로 어렵기 때문에 인버터에서 주파수 제어로 모터 속도를 가감 제어한다.

2.16.6 3상 교류

(1) 3상 교류 발생

3상 교류(three phase AC)는 단상 교류를 3개 조합한 것으로, 단상 교류에 비하여 고능률이고 경제성이 우수하다. 그래서 자동차용 교류발전기에 사용되고 있다. 또한 저속 회전에서도 발생 전압이 높아서 배터리 충전 능력이 뛰어나고 고속 회전에서도 안정된 성능을 발휘한다.

3상 교류는 [그림 2.84] (a)와 같이 감긴 수가 같은 3개의 코일을 120° 간격으로 스테이터에 배치하고 자석 N, S를 로터로 하여 일정 속도로 회전시키면 각 코일에 유기되는 교류 기전력은 [그림 2.84] (b)와 같은 3상 교류가 발생된다.

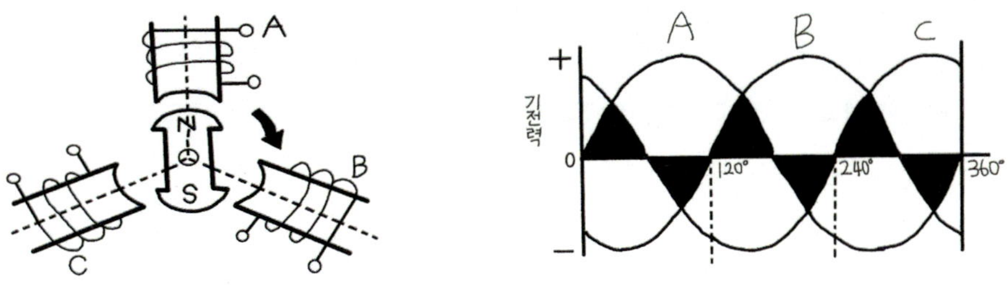

(a) 3상 교류 발전기의 단면 (b) 3상 교류 기전력

[그림 2.84] 3상 교류 발전기와 기전력

✍ Handy hint

➟ 전기자동차에서 인버터가 축전지 직류를 교류로 바꾸어서 고정자(스테이터 코일)에 3상 교류를 인가하면 스테이터 코일에 회전 자기장이 발생되어 영구자석인 회전자(로터)가 회전하여 모터가 되고, 회생제동 시 로터를 돌리면 스테이터 코일에서 3상 교류가 발생되어, 발생된 3상 교류를 컨버터에서 직류로 정류하여 고전압 축전지에 충전한다. 따라서 전기자동차에서는 발전기가 모터 역할을 하고, 모터가 발전기 역할을 한다.

(2) 3상 코일의 결선 방법

3상 교류 발전기의 3개의 코일에서 도선을 끌어내는 방법에는 [그림 2.85] (a)와 같은 각 코일의 한쪽 끝을 공통으로 연결한 중성점에 접속하고, 다른 끝을 끌어낸 Y결선 또는 성형결선법과 (b)와 같이 각 코일의 끝을 순차적으로 접속하여 환상으로 하고 각 코일의 접속점에서 하나씩 단자를 끌어낸 삼각결선 또는 델타결선법이 있다.

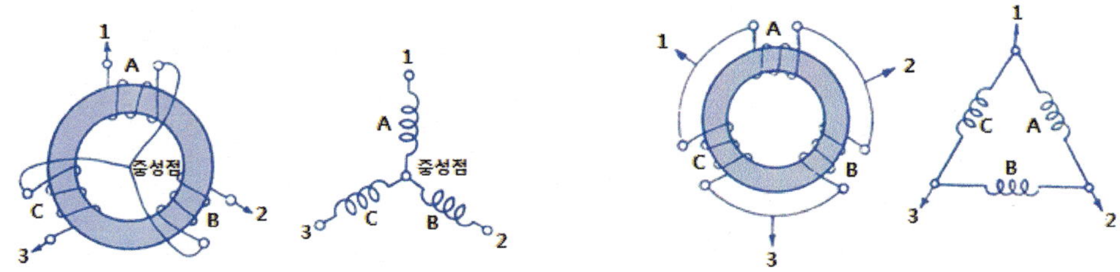

(a) Y결선 또는 성형결선　　(b) 삼각결선 또는 Δ(델타)결선

[그림 2.85] 3상 결선법

(3) 3상 교류의 선간전압 및 전류

Δ결선에서의 선간전압 e는 각 상전압 ea, eb, ec와 같으나 단자 ac 사이에 부하가 연결되었을 때에 흐르는 선간전류는 상전류의 $\sqrt{3}$ 배가 된다.

한편 [그림 2.86] (a)와 같이 결선된 Y결선의 선간전압을 보면 상전압 ea, eb, ec의 크기가 같은 경우에는 상전압의 $\sqrt{3}$ 배가 되고, 선간전류는 상전류와 크기는 같으나 위상만이 다르다.

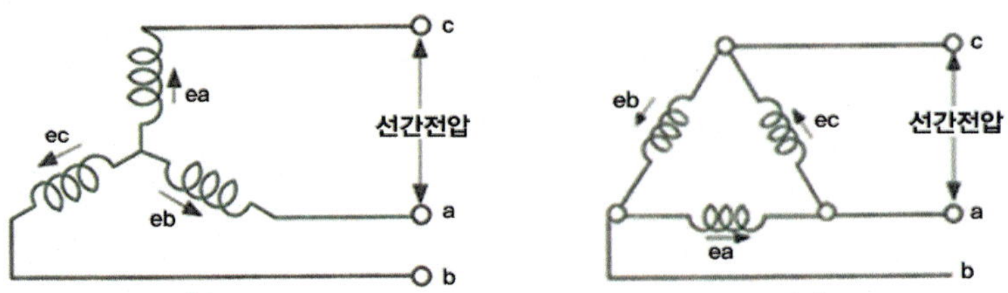

(a)　　(b)

[그림 2.86] 선간전압과 전류

따라서 교류발전기의 상전압이 같을 때는 Y결선 시의 선간전압이 Δ결선 시의 선간전압보다 높게 되어 자동차용 교류발전기에 Y결선이 사용되고 있다.

✍ **Handy hint**

➟ Y결선 : 상전압 × $\sqrt{3}$ = 선간전압, 선(line)전류 = 상전류

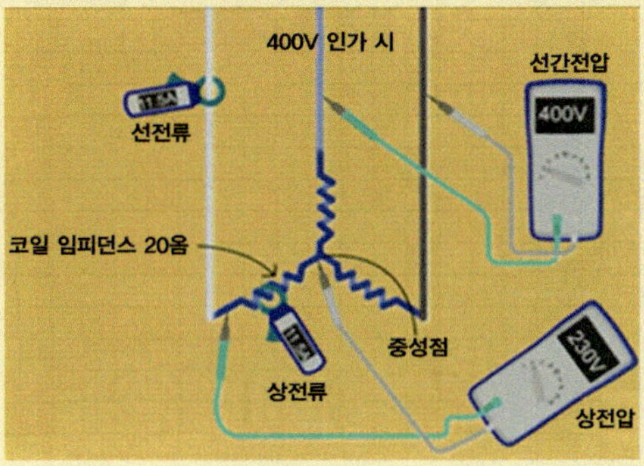

* 계산

400 V ÷ $\sqrt{3}$ = 230 V

230 V ÷ 20Ω = 11.5 A

➟ △ 결선 : 상전류× $\sqrt{3}$ = 선간전류, 상전압 = 선간전압

2.17 직류발전기

2.17.1 직류발전기의 원리

[그림 2.87] (a)와 같이 전자석 N, S 사이에 전기자 코일(armature coil) a, b, c, d를 놓고, 그 단자 b, c를 정류자(commutator) C1, C2에 접속한다. 그리고 이것을 외부에서 힘을 가하여 축 OO′를 중심으로 회전시키면 도체 ab 및 cd는 자속을 끊게 되어 전자유도 작용에 의해 전압이 발생된다. 이 발생 전압의 방향은 플레밍의 오른손 법칙에 따르며 그 크기는 자속을 직각으로 끊는 비율에 비례한다.

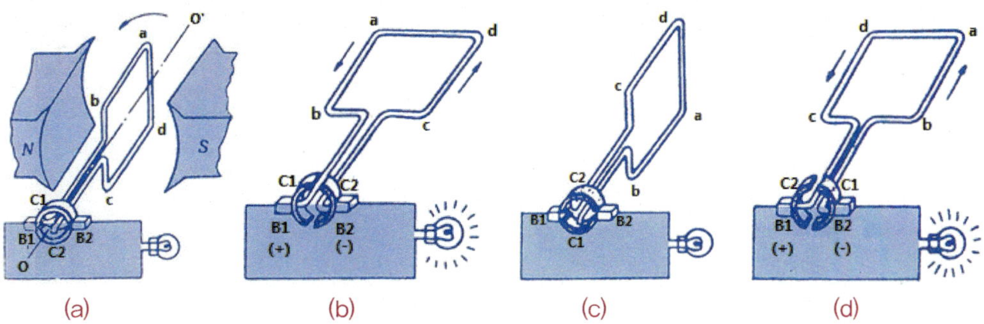

(a) (b) (c) (d)

[그림 2.87] 직류발전기의 원리

따라서 코일이 [그림 2.87] (a)의 위치에서 (b)에 이르기까지는 [그림 2.88]처럼 점차 크게 되어 (b)에 최대가 되고 (c)에 가까워짐에 따라 점차 작아져 (c)에서 0이 된다. 그리고 이 전압은 정류자 B1 및 B2 사이에 나타난다. 따라서 발전기에서 외부로 나가는 방향이 정의 방향이면 브러시의 극성은 B1이 (+), B2가 (-)가 된다.

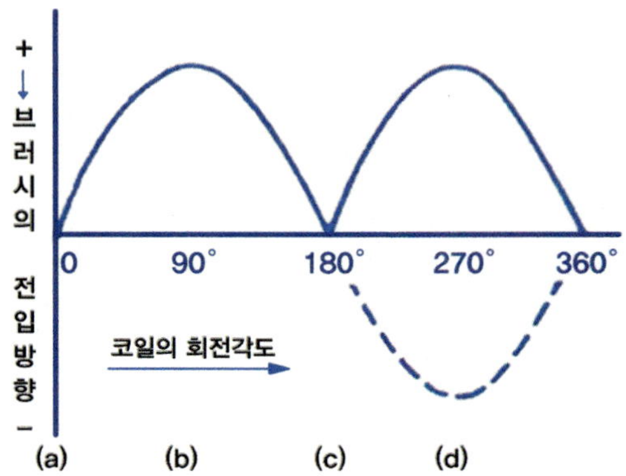

[그림 2.88] 발생전압의 크기

또 회전을 계속하면 발생되는 전압의 방향은 b에서 a, d에서 c로 향하여 [그림 2.88]의 점선과 같이 반대 방향으로 되지만 브러시에 접촉하는 정류자편이 동시에 바뀌므로 브러시의 극성은 일정하게 되며 브러시 사이의 전압은 실선으로 표시하는 방향으로 정류된다.

이와 같은 상태에서는 전압 방향은 일정하게 되나 그 크기는 [그림 2.88]과 같이 0에서 최댓값까지 변화되기 때문에 실제의 경우에는 코일의 수와 정류자편을 증가시켜 브러시 사이의 전압 변동을 적게 하여 발생 전압이 가급적 균일하게 되도록 제작된다.

2.17.2 직류발전기의 주요 구성요소

[그림 2.89]는 직류발전기의 구성도이다. 발전기의 주요부는 자계를 만드는 계자코일(field coil) 및 계자 철심(pole coil) 또는 자극철심, 자계 속에서 회전하면서 그 자속을 끊어 전압을 유기하는 전기자 코일(armature coil), 유기된 교류 전압을 직류 전압으로 정류하여 외부로 내보내는 정류자와 브러시의 세 주요 부분으로 구성되어 있다.

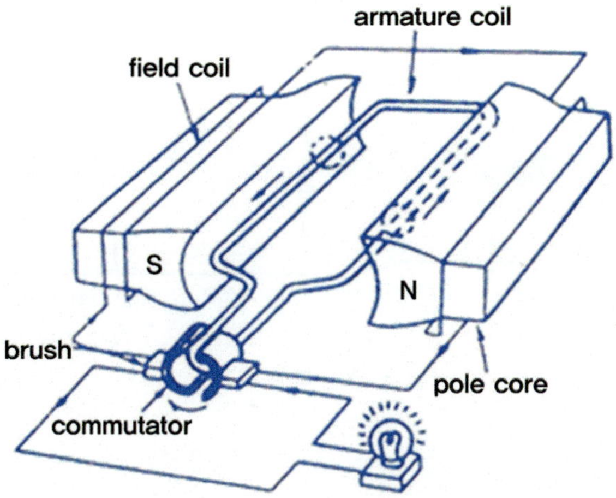

[그림 2.89] 직류발전기의 구성도

2.17.3 직류발전기의 종류

발전기의 계자코일에 흐르게 하여 자속을 만드는 것을 여자(勵磁)한다고 하며, 발전기를 여자 방법에 따라 분류하면 자여자 방식과 타여자 방식이 있다.

(1) 자여자 발전기

발전기 자체에서 발생된 전압에 의해 계자코일에 전류를 흐르게 하여 여자하게 된 형식이다. [그림 2.90]은 자여자 발전기(self excited generator)의 회로를 나타낸 것인데, [그림 2.90]과 같이 자여자 발전기는 전기자 코일과 계자코일 접속 방법에 따라 직권식(直券式), 분권식(分券式), 복권식(複券式)의 3종류로 분류되며, 내연기관 자동차용으로는 정전압(定電壓) 발생에 가장 적합한 분권식이 사용되고 있다.

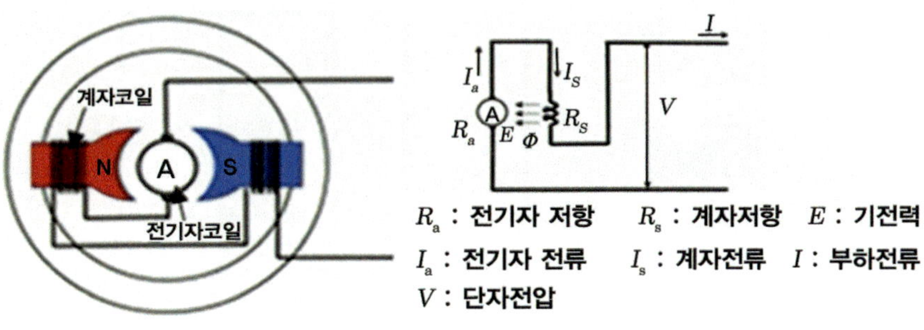

(a) 직권식

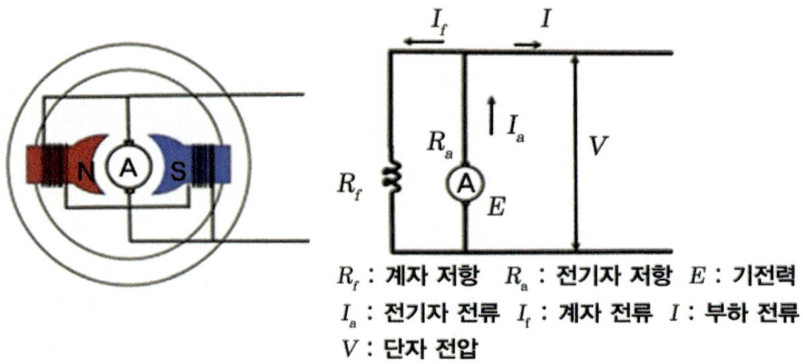

(b) 분권식

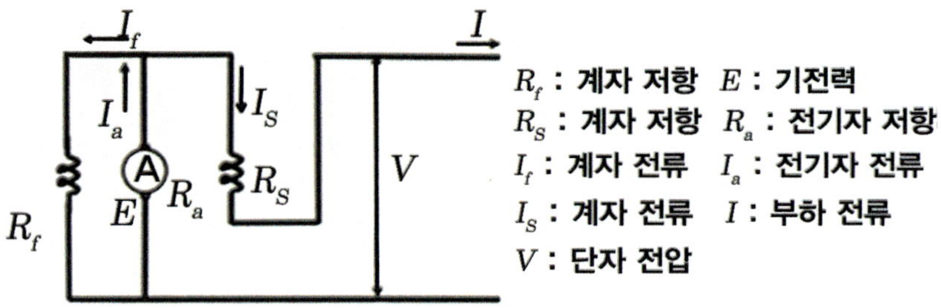

(c) 복권식

[그림 2.90] 자여자식 직류발전기의 종류

(2) 타여자 발전기

타여자 발전기(separately excited generator)는 [그림 2.91]과 같이 별도로 설치한 전원으로부터 계자코일에 전류를 흐르게 하여 여자하게 된 형식이다.

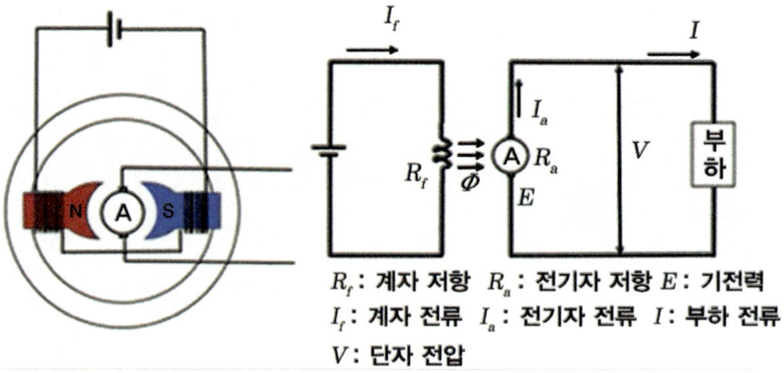

[그림 2.91] 타여자식 직류발전기

CHAPTER 03
기초 전자

3.1 개요

반도체 기술의 발달로 다이오드(Diode), TR(Transistor), MOSFET, IGBT(SiC, GaN) IC(Intergrated Circuit) 등을 이용한 여러 산업분야가 늘어나고 있으며, 특히 자동차의 전기 · 전자장치에 반도체 소자를 이용하면서 그 응용범위가 증가하고 있다.

전자 부품은 수명이 길고 신뢰성도 뛰어나므로 자동차의 전자화에 따라 앞으로의 기술 혁신에서 각 장치의 전자 제어화가 중심이 될 것이다. 따라서 자동차의 전기 · 전자장치를 이해하기 위해서는 반도체의 원리와 구성 등 기초지식을 충분히 익혀두는 것이 최우선과제라 하겠다.

3.2 원자의 구조와 자유전자

모든 물질은 원자가 여러 가지 형태로 결합되어 구성된 분자로 만들어져 있다. 이와 같은 모든 원자의 결합이 전기와 어떠한 관계가 있는지 알아보자.

원자 중에서 가장 작은 것은 수소원자이다. 이것을 전자 현미경으로 자세히 관찰해보면 수소원자는 태양 주위를 돌고 있는 하나의 유성(流星)과 같다. 즉, 전자는 유성, 원자핵은 태양과 같은 것이다. 전자는 음(-)전하의 전기를 가지고 있으며, 원자핵은 양(+)전하의 전기적 성질을 가지고 있다. 원자에 있어서 핵 주위를 돌고 있는 음으로 대전된 전자의 총수는 핵 내의 잉여 양전하수와 꼭 같다. 이 양전하를 양자(Proton)라고 부른다.

원자핵은 양자 이외에도 중성자라고 하는 전기적으로 중성인 입자를 가지고 있다(수소원자는 제외). 여러 가지 원소의 원자는 핵 내의 각각 다른 중성자수를 가지고 있으나 핵 주위를 돌고 있는 전자(-) 수는 항상 핵 내에 있는 자유 양자수와 같다. 원자의 내부 궤도에 있는 전자는 구속전자라고 하며 핵에서 강력한 인력(引力)이 작용하여 자기 궤도에서 쉽게 벗어날 수 없다. 한편 핵에서 최외곽 궤도에 있는 전자를 자유전자(Free electron)라고 하며 외부 자극(刺戟)에 의해 자기 궤도에서 쉽게 벗어날 수 있다. 이 자유전자의 이동이 전류를 흐르게 하는 것이다.

✍ **Handy hint**

▣ 물질의 전자와 자유전자(가전자)

① 전자 1개의 질량은 극히 작은 것으로 9.105×10^{-31} [kg]이다. 그리고 1개의 전자는 1.602×10^{-19} 쿨롬(Q : coulomb)의 전자를 가지고 있다.

② 1개의 양자는 전자보다 훨씬 커서 1.673×10^{-27} [kg]으로서 전자의 약 1,840배의 질량을 가지며, 전자와 같은 1.602×10^{-19} 쿨롬의 양전기를 갖고 있다.

③ 보통의 물질은 그 내부의 전자와 양자의 수가 같으며 각각 같은 수의 양전기와 음전기를 가지고 서로 흡인하여 굳게 결합하고 있으므로 전기적 성질이 없는 중성의 상태가 되어 있다. 그리고 가장 안정된 상태의 원자는 궤도별로 배열되는 전자의 개수가 $2 \times n^2$ [개]이며, n은 궤도수이다.

④ 바깥 궤도의 전자수를 가(價)전자라 하며 반도체 소자를 이해하는 데 매우 중요하다.

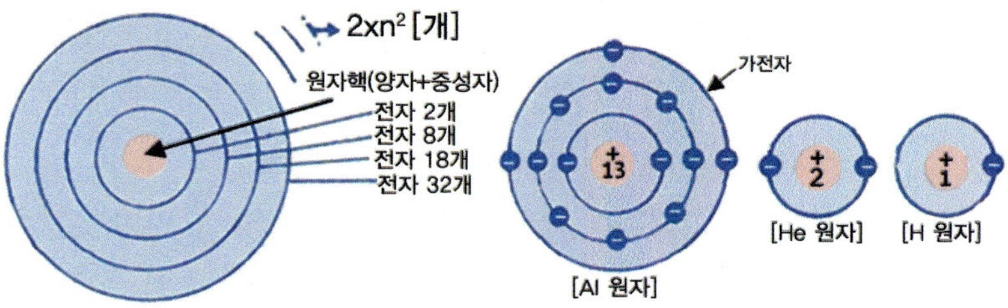

[그림 3.1] 궤도별 전자(−)수

3.3 물질의 이온결합

염화나트륨은 나트륨(Na)과 염소(Ci)의 결합으로 식염이라고도 부른다. Na의 원자번호는 11이고, 각 궤도의 정원 전자수를 보면 K = 2, L = 8이므로 최외각의 전자는 1가이고, Ci은 원자번호가 17이므로 K = 2, L = 8이고 나머지 전자는 7개이므로 7가가 된다. 이들은 각각 불안정한 상태로 놓여 있어서 Na는 1가를 방출하여 양이온 Na^+로 되기 쉽고 Ci은 외부에서 전자 1개를 받아 음이온 Ci^-로 되기 쉽다.

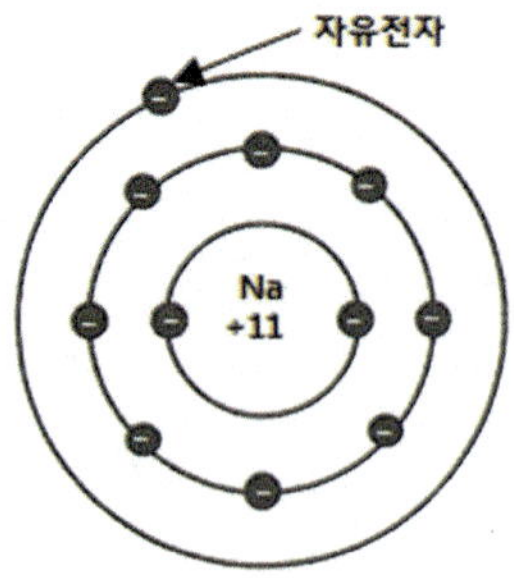

[그림 3.2] Na의 원자구조

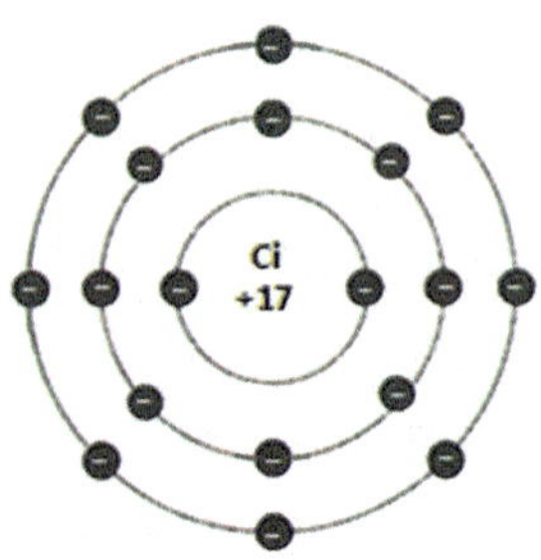

[그림 3.3] Ci의 원자구조

따라서 Na와 Ci는 (+)와 (-)전하의 인력으로 결합하여 안정화한다. 이를 화학식으로 표현하면 $Na^{+}Ci^{-}$로 된다. 이러한 전기적인 결합의 형태를 이온결합이라고 한다.

3.4 물질의 공유결합

공유결합은 보통 반도체 소자에서 일어나는데, 대표적인 반도체 소자인 Si(실리콘)과 Ge(저마늄)이 여기에 속한다. 예를 들어 Si의 원자번호는 14이고, 각 궤도의 정원 전자수를 보면 K = 2, L = 8이므로 최외각 전자는 4가가 된다. 이 4개의 가(價)전자(자유전자)가 원자끼리 서로 튀어나가 결합하고 있다.

Ge의 원자번호는 32이고, 각 궤도의 정원 전자수를 보면 K = 2, L = 8, M = 18이므로 최외각 전자는 4가가 된다. 이 4개의 가전자가 원자끼리 서로 튀어나가 결합하고 있다. 1개의 Ge 원자는 인접한 4개의 Ge 원자와 가(價)전자를 공유하여 결합하고 있다.

1개의 Si 원자는 인접한 4개의 Si 원자와 가전자를 공유하여 결합하고 있다. 이와 같은 결합을 공유결합(Covalent bond)이라고 한다.

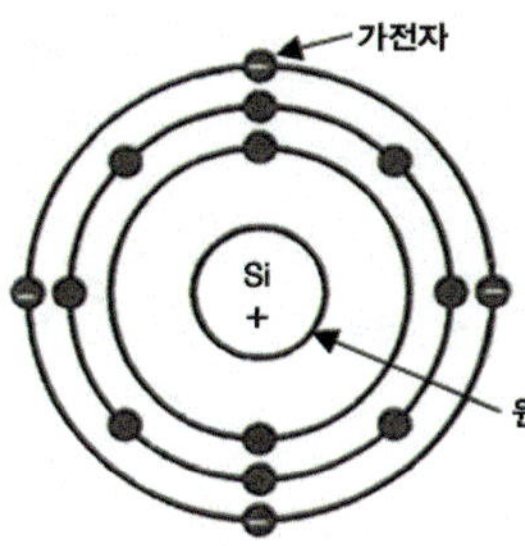

[그림 3.4] Si의 원자구조

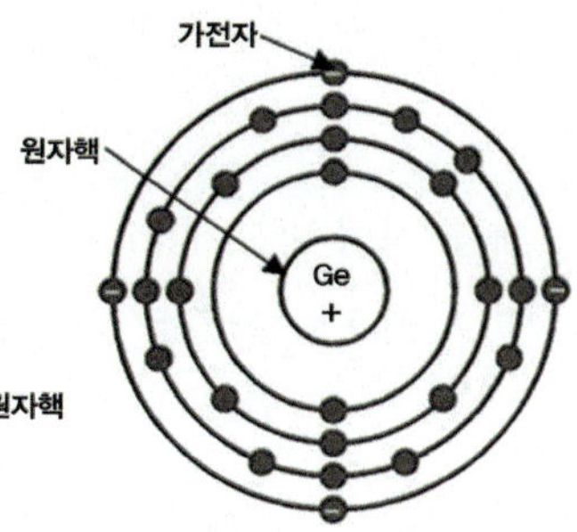

[그림 3.5] Ge의 원자구조

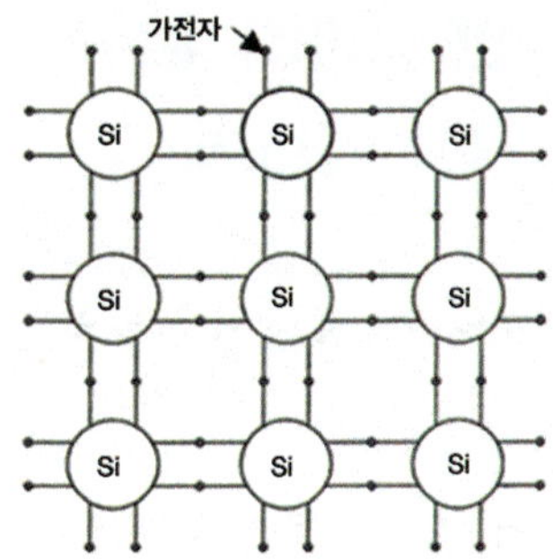

[그림 3.6] Si의 공유결합

3.5 반도체(半導體)의 소자(素子)

물질에 전기가 통하기 쉬움은 그 물질을 구성하고 있는 원자핵의 가장 바깥쪽의 자유전자와 원자핵의 결합의 세기로 결정된다는 것을 알 수 있었다. 자유전자가 많은 금속 등의 도체(conductor), 반대로 외각 전자가 핵에 붙어 있어 이동이 어려운 부도체 또는 절연체(insulator), 이들의 중간 성질을 띠는 반도체(semi-conductor)의 3종류로 크게 나눌 수 있다.

이것을 물질의 고유저항으로 분류하면 [그림 3.7]과 같다.

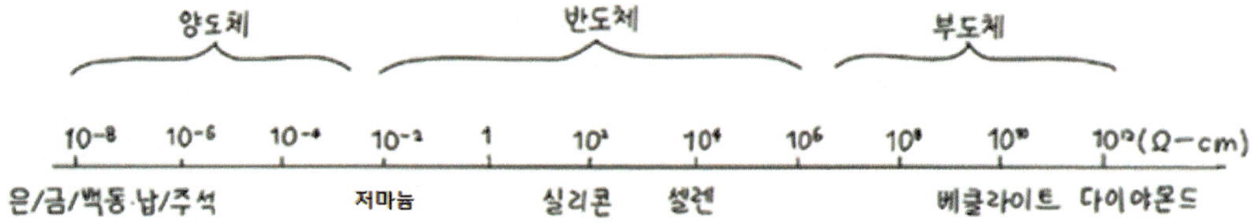

[그림 3.7] 주요 물질의 고유저항

반도체는 고유저항이 $10^{-2}[\Omega cm]$에서 $10^{6}[\Omega cm]$ 정도의 값을 가지는 것을 말하며 Si(실리콘), Ge(저마늄), Se(셀렌) 등이 이에 속한다. 그 중에서 특히 다음과 같은 성질을 가진 것을 일반적으로 반도체라 한다.

① 전기 저항의 온도 계수가 부(-)이다. 즉 온도가 상승하면 전기저항이 감소하는 것을 의미한다.
② 다른 원자(불순물)가 극히 작은 양이 혼합되어도 전기저항이 크게 변화한다.
③ 열, 빛이 닿으면 전기 저항이 변한다.
④ 전압을 가하면 빛을 발한다.

3.6 반도체의 종류

3.6.1 진성 반도체

불순물이 들어 있지 않는 순수 반도체를 진성 반도체(intrinsic semiconductor)라 한다. 최근에는 고유 반도체라고 부르는 경우도 있으며 다른 원자가 거의 섞이지 않은 것으로 순도가 99.99 [%]에 가깝고 외부에서 전압, 열, 빛 등을 받으면 자유전자나 양공의 수가 증가하여 전도성이 높아진다.

3.6.2 불순물 반도체

불순물 반도체는 진성 반도체에 다른 원소를 혼합하여 전류 흐름을 쉽게 한 반도체로, P형 반도체와 N형 반도체가 있다. 이 불순물 반도체에 첨가하는 불순물의 작용에는 2가지가 있는데, 반도체 사이의 자유전자 수를 증대시키거나 반도체 내의 양공을 증가시킨다.

(1) P형 반도체

[그림 3.8]과 같이 4가의 Si 반도체 속에 3가의 원자, 예를 들면 B(붕소)를 첨가하면 B의 가전자 중 3개만 Si의 원자와 공유결합하고 1개의 가전자가 부족하게 된다. 즉, 전자가 들어 있어야 할 자리가 하나 비어서 양공(hole)이 발생된다. 이와 같이 인위적으로 양공을 만들기 위해 혼합하는 3가의 원자를 억셉터(acceptor)라 하고 양공의 수가 자유전자의 수보다 많으므로 이 반도체를 P형 반도체(positive type semiconductor)라 한다. 또한 양공을 발생시키

는 불순물 원소들은 B(붕소), Al(알루미늄), In(인듐) 등이 있다.

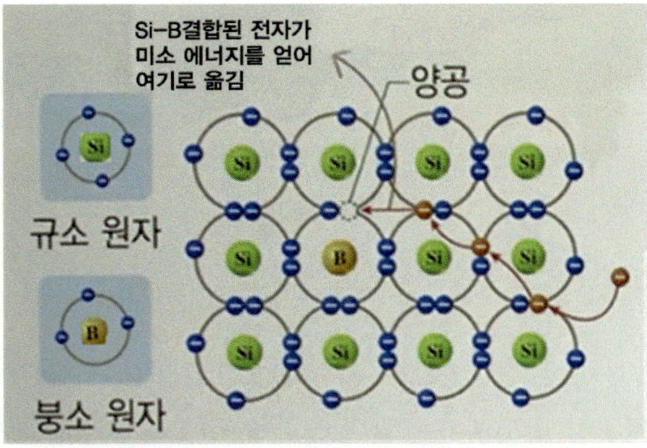

[그림 3.8] P형 반도체

(2) N형 반도체

[그림 3.9]와 같이 4가의 Si 반도체 속에 5가 원자, 예를 들면 P(인)을 첨가하면 P의 가전자 중 4개만 Si의 원자와 결합하고 1개의 가전자는 남아돌게 된다. 이때 남아도는 전자를 과잉전자인 도너(Donor), 이 과잉전자로 인한 반도체를 N형 반도체(Negative type semiconductor)라 한다. 그리고 과잉전자는 원자핵에 구속되는 힘이 약하기 때문에 약간의 에너지로 반도체의 결정 안을 자유로이 돌아다니는 자유전자가 된다. 또한 과잉전자를 발생시키는 불순물 원소들은 P(인), Sb(안티몬), As(비소), Pb(납) 등이 있고 이들 원소를 도너(Donor : 기증자)라 한다.

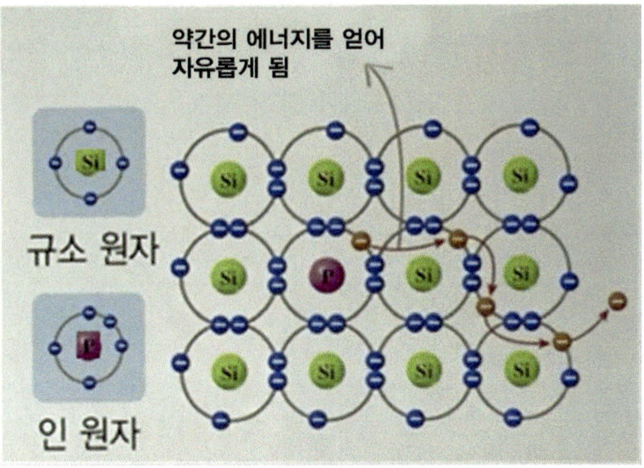

[그림 3.9] N형 반도체

✍ **Handy hint**

▣ 반도체 전류의 흐름

① N형 반도체에서의 전류는 전자에 의해서 흐르고, P형 반도체에서의 전류는 양공에 의해서 흐른다.

② N형 반도체에서의 전자와 P형 반도체에서의 양공을 모두 캐리어(carrier)라고 한다.

(3) PN접합 반도체

다이오드, 트랜지스터, 사이리스트(SCR) 등은 PN접합이 기본이 되어 만든 반도체 소자이다. PN접합이라 하면 마치 P형 반도체와 N형 반도체를 접착제로 붙인 것 같은 느낌이 들지만 실제로는 그렇지 않다. PN접합은 연속적으로 P층에서 N층으로 변해가는 구조를 이룬다. 이와 같이 PN접합면이 하나밖에 없으면 단접합, 접합면이 2개인 것은 2중 접합, 3개 이상인 것은 다중 접합이라 한다.

[표 3.1] 반도체 접합의 종류

구 분	접 합 도	적용 반도체
무접합	P N	서미스터, 광전도셀
단접합	PN	실리콘다이오드, 제너다이오드, 발광다이오드
이중접합	NPN, PNP	트랜지스터, 가변용량다이오드
다중접합	PNPN	사이리스터, 트라이액

PN접합이 되면 [그림 3.10]과 같이 P형의 양공(Hole)은 N형의 영역으로 확산해 흐르고 자유전자는 N형에서 P형 영역으로 흐른다. 이와 같이 서로 상대방의 영역으로 이동한 캐리어를 주입 캐리어라고 한다.

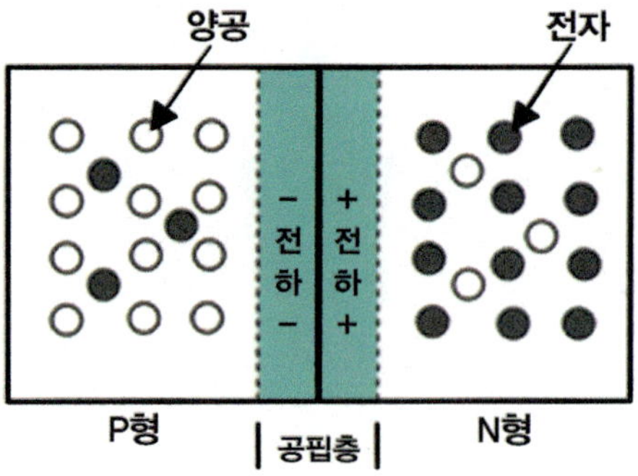

[그림 3.10] PN접합의 공핍층

접합면의 P형 영역에서 양공이 유출하면, 정(+)전하가 흘러나간 것이 되므로 이 P형 영역은 (-)전하로 바뀌게 되고, N형 영역은 자유전자가 흘러 나가므로 (+)로 된다. 따라서 P형과 N형의 접합부분에서는 자유전자와 양공의 이동을 저지하기 때문에 P형 영역과 N형 영역의 캐리어는 균형을 이룬 상태로 된다. 이 부분은 캐리어를 잃었기 때문에 공핍층(전위장벽)이라고 하며, 이 전위장벽을 뚫는 데는 실리콘 반도체인 경우 약 0.7 [V] 정도가 되고, 저마늄에서는 약 0.3 [V] 정도인데 근래에는 저마늄으로 만든 게 없어서 실리콘을 참고하면 되겠다. 다시 말해 0.7 [V] 정도 이상의 전압을 걸어줘야 비로소 전기가 통과된다는 뜻이다. 그렇다고 해서 너무 큰 전압을 걸면 열이 나서 전멸해버리므로 주의해야 한다.

3.7 다이오드

다이오드(Diode)는 P형 반도체와 N형 반도체를 마주대고 접합한 것으로 PN정션(PN junction)이라고도 하며, 역류 방지 및 정류작용, 라디오의 고주파에서 신호를 꺼내는 검파용, 전류의 ON/OFF를 제어하는 스위칭 용도 등 매우 광범위하게 사용되고 있다. 다이오드는 전류가 공급되는 단자를 애노드(Anode), 전류가 유출되는 단자를 캐소드(Cathode)라 한다.

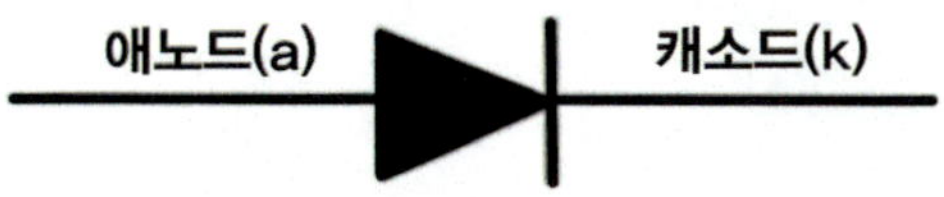

(a) 다이오드의 기호

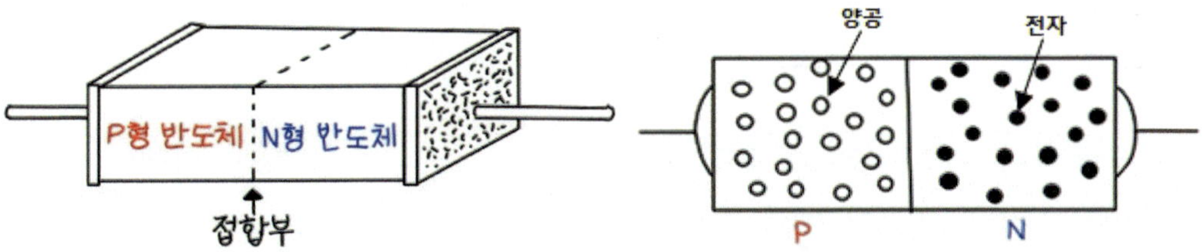

(b) 다이오드의 구조

[그림 3.11] 다이오드의 기호와 구조

3.7.1 순(順)방향 흐름

[그림 3.12]와 같이 전원을 P형에는 (+)를, N형에는 (-)를 접속하면 P형의 홀은 (+)극에 반발하여 N형으로 유입되고 N형의 전자는 (-)극에 반발하여 P형 속으로 유입된다. 이에 따라 다이오드에는 전류가 흐르며, 다이오드에 전류가 흐르는 상태를 순방향 흐름(Forward bias)이라 한다.

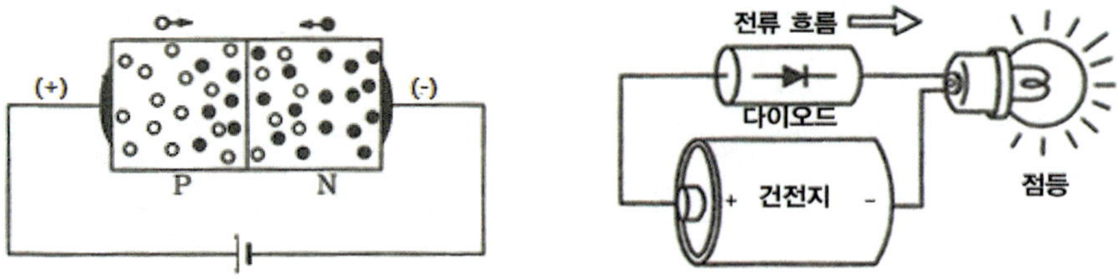

[그림 3.12] 순방향 전류

3.7.2 역방향 흐름

[그림 3.13]과 같이 전원을 P형에는 (-)를, N형에는 (+)를 접속하면 P형의 홀은 (-)극 쪽으로 N형의 전자는 (+)극 쪽으로 이동하여 P형과 N형의 경계에는 홀이나 전자가 거의 없어져 매우 큰 저항이 발생한다. 이에 따라 다이오드에는 전류가 흐르지 못한다. 이러한 상태를 역방향 흐름(Reverse bias)이라 한다. 따라서 다이오드는 순방향에서는 전류가 흐르고, 역방향으로는 전류가 흐르지 않는데 이 작용을 정류(Rectification) 작용이라 한다.

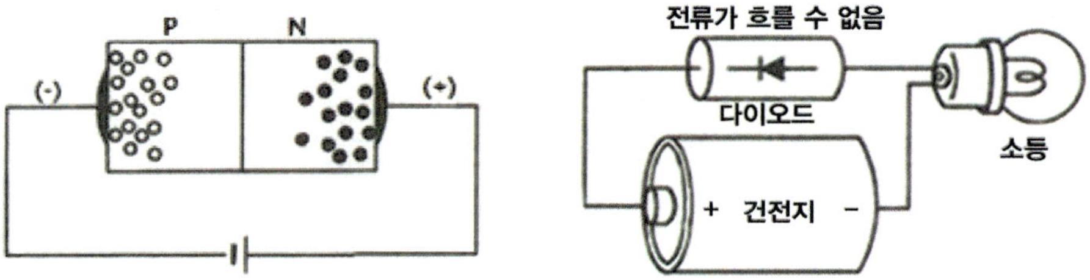

[그림 3.13] 역방향 전류

3.7.3 다이오드를 이용한 응용회로

(1) 스위치 노이즈 방지용 회로

[그림 3.14]와 같은 회로에서 스위치 OFF에서 ON으로 될 때는 전자의 이동이 약하기 때문에 역기전력이 크지 않아 문제가 없지만, 스위치 ON에서 OFF될 때는 전류가 많이 흐르므로 코일의 자기유도 작용에 의해 전류의 크기에 비례하여 역기전력은 증가하므로 역기전력이 거의 120 [V] 정도 큰 값이 발생된다.

이것이 스위치로 흐르면 스위치 손상 및 잡음이 발생한다. 그렇지만 다이오드가 [그림 3.14] 처럼 연결되어 있으면 스위치는 역방향이지만 다이오드는 순방향이 되기 때문에 코일에서 발생한 역기전력은 다이오드를 통해 다시 코일로 다시 흘러 소멸되어 스위치를 보호한다. 만약 이 스위치를 ECU가 제어한다면 역기전력(서지전압)으로 인해 ECU가 소손되기 때문에 자동차에서는 릴레이 내부에 다이오드를 장착하여 ECU를 보호하게 되어 있다.

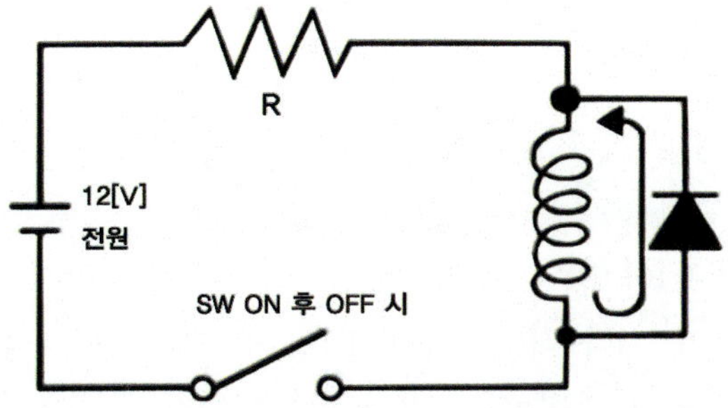

[그림 3.14] 노이즈 방지용 회로

(2) 교류발전기 정류용 회로

다이오드는 순방향으로는 전류가 통하고 역방향으로는 통하지 않는 성질을 가지고 있다. 즉 한쪽 방향으로만 전류를 흘려주는 성질을 가지고 있다. 이러한 성질을 이용하여 교류에서 직류를 얻어내는 회로과정을 정류라 한다. 정류는 크게 단상 반파 정류와 단상 전파 정류로 나눌 수 있다. 자동차에서는 발전기에서 3상 교류가 만들어지기 때문에 이것을 정류시키는 정류작용을 하며 이를 3상 전파 정류라 한다.

① 단상 반파 정류

저항 R에 흐르는 전류는 A쪽이 (+)가 된 때만 흐르고 반대로 B쪽에 (+)일 때는 흐르지 않으며, 정류 전류는 [그림 3.15] (c)와 같이 (+)쪽의 반파만을 이용하는 정류 방법이다. 이 전류는 반파이므로 맥류가 되어 직류 전원으로는 적당하지 않다.

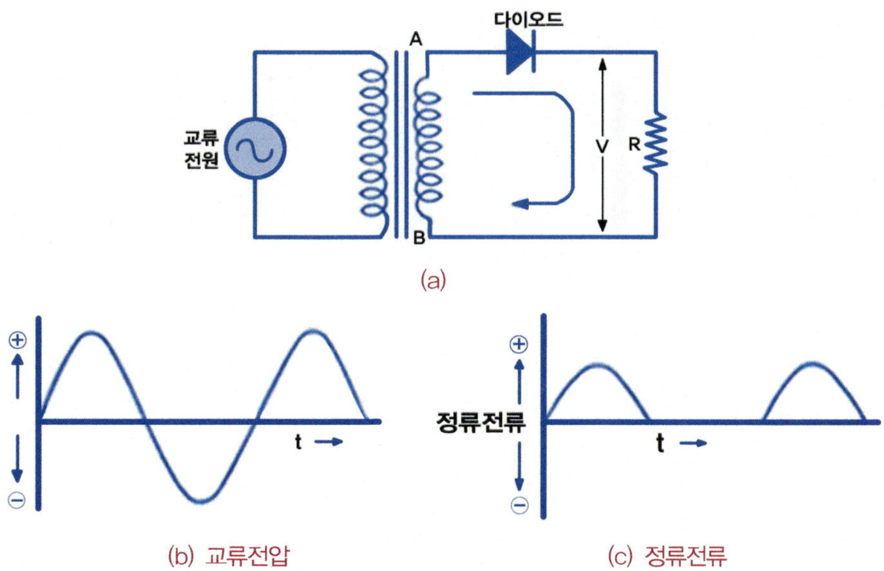

[그림 3.15] 단상 반파 정류

단상 반파 정류의 출력전압 (V) = $\frac{\sqrt{2}}{\pi} V = 0.45\,V[V]$가 된다.

② 단상 전파 정류

단상 전파 정류는 [그림 3.16] (b)와 같이 4개의 다이오드를 브리지(Bridge) 모양으로 접속한다. 지금 A쪽이 (+), B쪽이 (-)라 하면 [그림 3.16] (b)에서 실선 방향으로 전류가 흐르고, 반대로 A쪽이 (-), B쪽이 (+)라 하면 점선 방향으로 흐르기 때문에 R에는 항상 일정 방향의 전류가 흐른다. 이와 같이 전파 정류는 (-)쪽의 반파 방향을 (+)쪽에 변환시켜서 이용하는 것으로 반파 정류처럼 끊김 없이 연속파를 만들게 된다.

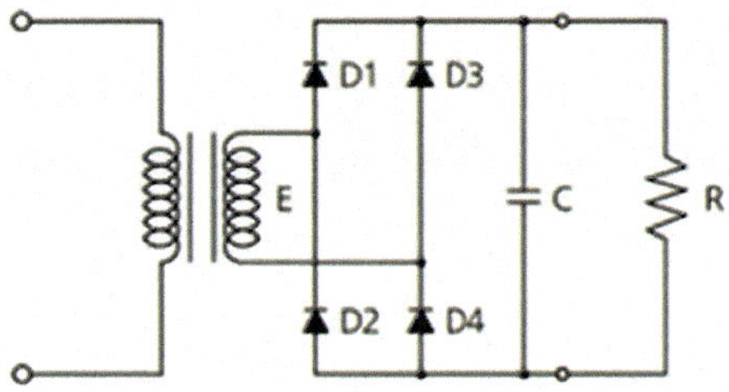

(a) 단상 전파 정류

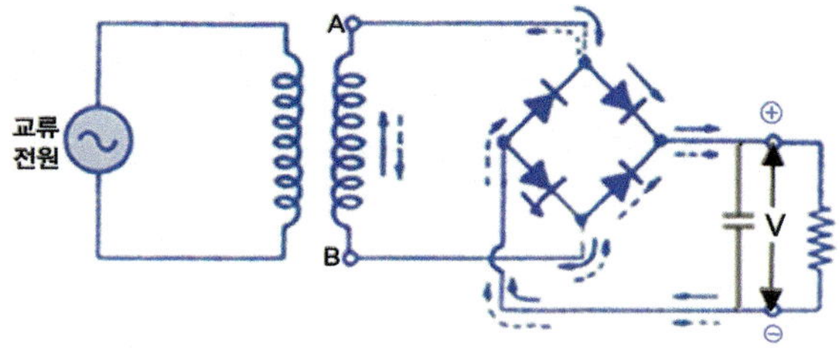

(b) 단상 전파 정류의 등가회로

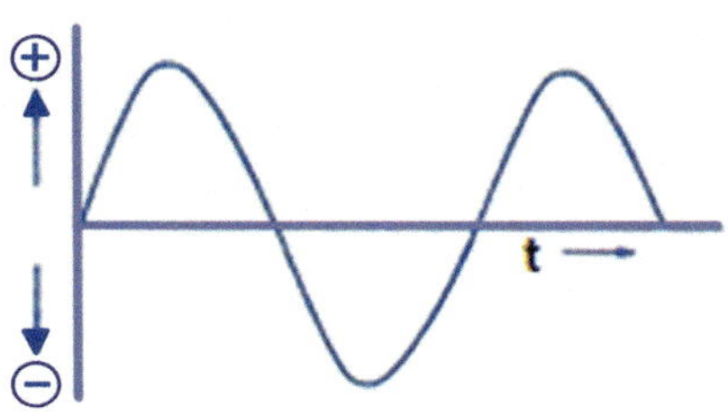

(c) 교류전압

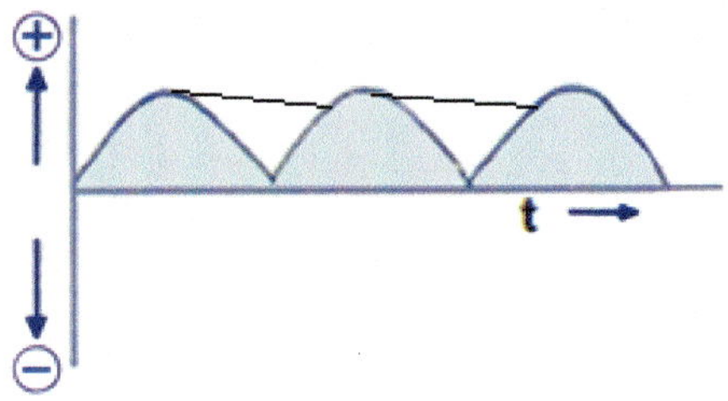

(d) 정류전류

[그림 3.16] 단상 전파 정류

단상 전파 정류의 출력 전압($[V] = \frac{2\sqrt{2}}{\pi} V = 0.9\,V[V]$)가 된다.

③ 3상 전파 정류

[그림 3.17]은 자동차에 사용되고 있는 3상 교류 발전기의 정류 회로로서 다이오드 6개를 사용하여 3상 교류를 전파 정류하고 있다. 이 정류 파형은 단상 교류의 전파 정류 파형과 비교했을 때 정류 파형의 변화가 적어 거의 직류에 가까운 전류로 된다는 장점이 있다.

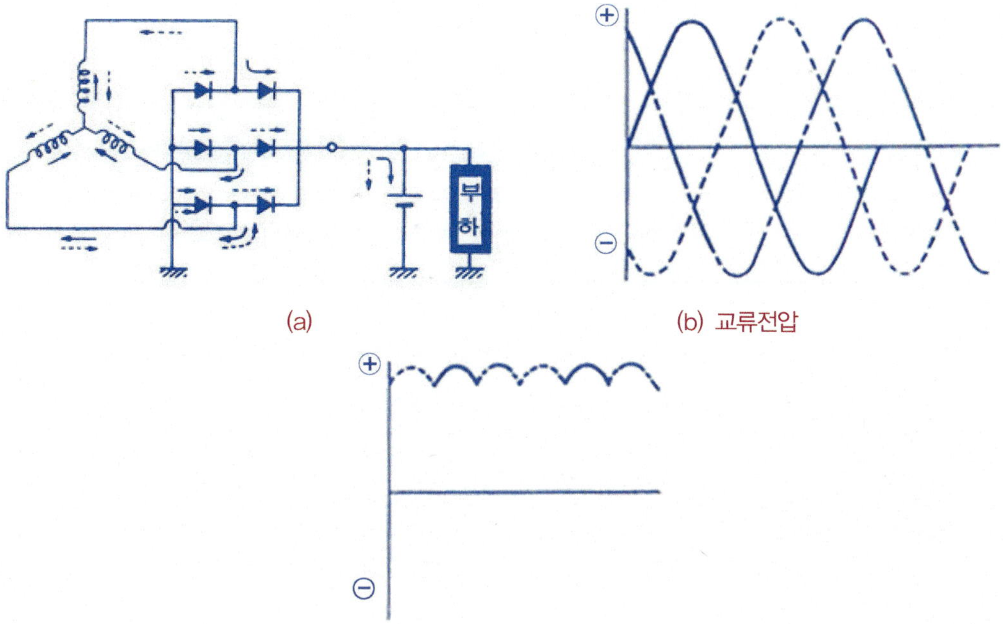

(a) (b) 교류전압

(c) 정류전류

[그림 3.17] 3상 전파 정류

3상 전파 정류의 출력전압$(V) = 1.35\,V[V]$가 된다.

3.8 제너 다이오드

제너 다이오드(Zener diode)는 실리콘 다이오드의 일종이며 어떤 전압 하에서는 역방향으로도 전류가 흐를 수 있도록 제작한 것이다. 제너 다이오드는 역방향으로 가해지는 어떤 값에 도달하면 순방향 특성과 같이 급격히 전류를 흐르게 한다. 이때의 전압을 제너 전압(Breakdown voltage : 항복전압)이라고 한다. 그리고 역방향 전압이 점차 감소하여 제너 전압 이하가 되면 역방향 전류가 흐르지 못한다.

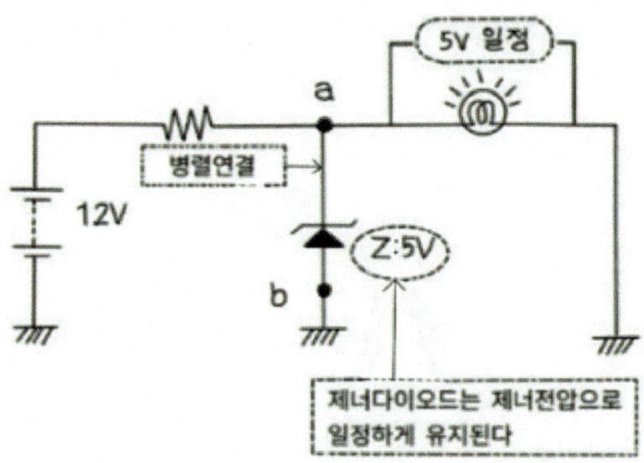

[그림 3.18] 제너 다이오드의 기호와 특성

구 분	a점의 전압 ≧ 5V	a점의 전압 ≦ 5V
전류의 흐름	제너 다이오드를 통해 접지로 흐른다.	제너 다이오드로 흐르지 않는다.
전압	a점의 전압은 떨어진다.	a점의 전압은 다시 올라간다.

제너 다이오드는 정전압 회로 또는 전압 안정화 회로에 사용된다. 또한 제너 다이오드는 자동차 점화장치, 발전기 전압조정기 회로 등에 이용된다.

✍ Handy hint

▣ 브레이크다운 전압이란?

브레이크다운 전압(Breakdown voltage)은 전류가 급격히 흐르기 시작할 때의 전압을 말한다. 제너 다이오드 작용은 PN접합 다이오드를 [그림 3.19]와 같이 역방향의 전압이 점차 상승하여 어느 전압에 도달한 시점에서 공유결합 부분의 가(價)전자는 역방향 전압 에너지에 의하여 자유전자로 변화하여 튀어나가고 그 빈자리에는 새로운 양공이 발생하여 떠돌아다니는 자유전자를 빈자리로 흡인하려고 한다. 이로 인하여 접합부분을 넘어 가전자로 변화한 자유전자와 새롭게 발생한 양공이 운반자로 되어 전류가 흐르기 시작한다. 이와 같은 현상을 제너현상이라고 한다. 그리고 제너 전압보다 높은 역방향 전압을 제너 다이오드에 가하면 급격히 큰 전류가 흐르기 시작하는데, 이 현상을 브레이크다운이라 한다.

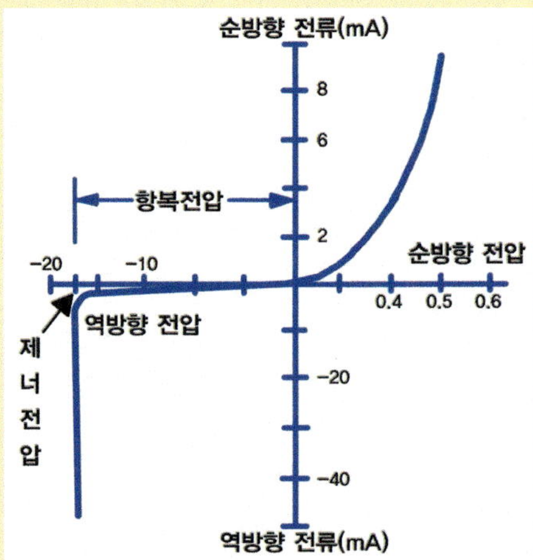

[그림 3.19] 제너현상

3.9 발광 다이오드

발광 다이오드(Light Emitting Diode : LED)는 일반 다이오드(PN접합 다이오드)처럼 순방향으로만 전류가 흐르며 이때 빛을 발생하는 반도체이다. 발광 다이오드는 소비전력이 작아 수 [mA]에서도 작동되며 최근에는 대체조명으로 각광받고 있다. 정전압 다이오드처럼 전류가 흐르기 위해서는 약 0.6 [V]의 전압이 필요하다.

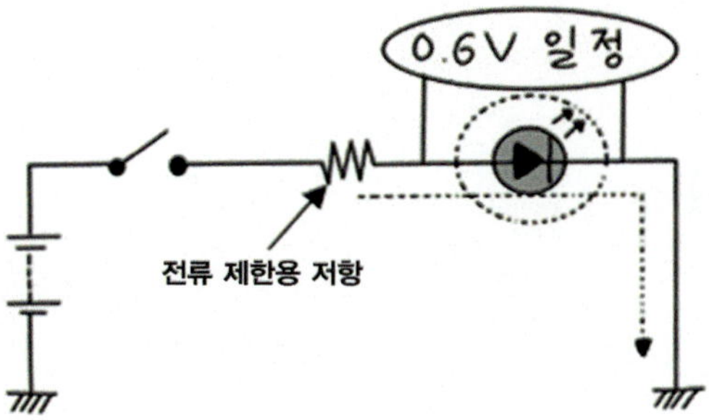

[그림 3.20] 발광 다이오드의 기호와 응용회로

스위치가 ON되면 전류는 저항 → 발광 다이오드(LED) → 접지로 흘러 발광 다이오드가 점등된다. 발광 다이오드는 수 [mA]에서 작동하는 반도체이므로 과도한 전류가 흐르지 않도록 하기 위한 전류 제한용 저항을 사용하여야 한다. LED에서 발생되는 빛은 가시광선(可視光線)부터 적외선(赤外線)까지 반도체 재료에 따라 여러 가지 빛을 발생시킨다. 발광 다이오드는 전기적 에너지를 빛으로 변환시키는 것으로서, 특징은 다음과 같다.

① 수명이 백열전구의 10 [배] 이상으로 반영구적이다.
② 낮은 전압(2 ~ 3 [V])에서도 발광 작용을 한다.
③ 소비 전력이 0.05 [W] 정도이고, 전류는 10 [mA] 정도이다.
④ 점멸(點滅) 응답성이 10 ~ 6 [ms]로 매우 빠르다.

3.10 포토 다이오드

포토 다이오드(photo diode)는 빛을 쬐면 역방향으로 전류가 흐르는 특성을 가지고 있다. 즉 입사광선을 접합부에 쪼이면 빛에 의하여 공핍층의 전자가 궤도를 이탈하여 전류가 흐르게 된다. [그림 3.21]은 포토 다이오드를 이용한 가로등 제어 회로는 빛에 의해 전구가 ON/OFF되는 회로이다. 주변이 어두울 경우 포토 다이오드로 전류가 흐르지 않으므로 TR은 ON되어 전구는 점등된다. 그러나 주변이 밝은 경우 포토 다이오드로 전류가 흐르므로 TR 베이스의 전위가 낮아지므로 TR은 OFF된다. 따라서 전구는 소등된다.

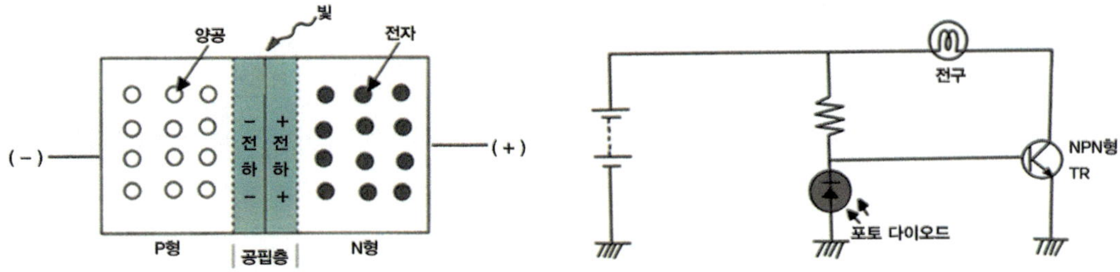

[그림 3.21] 포토 다이오드의 구성과 응용회로

3.11 트랜지스터

트랜지스터(Transistor : TR)는 PN형 다이오드의 N형 쪽에 P형을 덧붙인 PNP형과, P형 쪽에 N형을 덧붙인 NPN형이 있으며, 3개의 단자 부분에는 인출선이 붙어 있다. 중간 부분을 베이스(B : Base : 제어전극), 양쪽 P형 또는 N형을 각각 에미터(E : Emitter) 및 컬렉터(C : Collector)라고 한다. PNP형은 에미터에서 베이스로 전류가 흐르고, NPN형은 베이스에서 에미터로 전류가 흐른다. 그리고 트랜지스터의 대표적인 작용은 스위칭(Switching) 작용과 증폭작용 등이 있다.

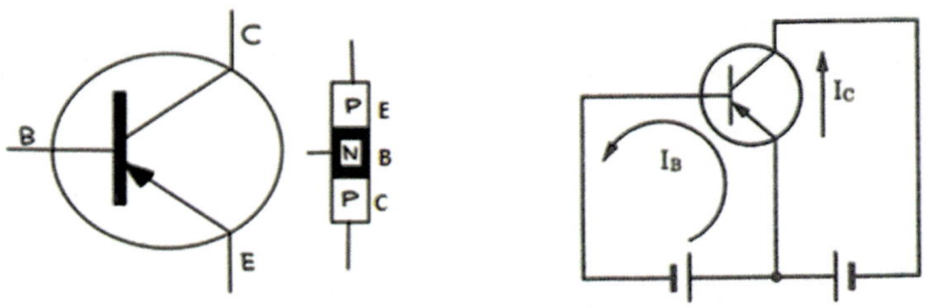

[그림 3.22] PNP형 트랜지스터의 구조 및 전류흐름

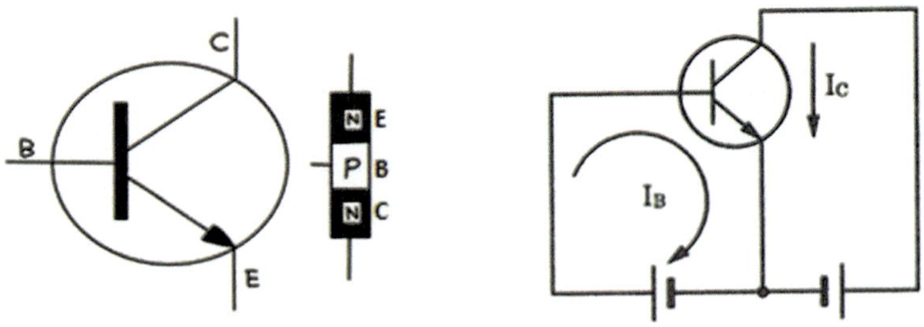

[그림 3.23] NPN형 트랜지스터의 구조 및 전류흐름

3.11.1 트랜지스터에 전류가 흐를 때

PNP형에 배터리를 에미터에 (+)극을, 베이스에 (-)극을, 컬렉터에 (-)극을 순방향으로 연결하면 에미터 내의 양공은 배터리 (+)극에 반발하여 중앙에 있는 베이스(N형)로 유입된다. 그러나 N형 부분은 매우 얇게 되어 있으므로 유입된 양공은 거의 모드가 베이스를 뚫고 컬렉터와의 경계 부분에 도달한다. 이때 강력하게 역방향으로 컬렉터에 가해져 있는 (-)극에 끌어당겨져 흡입된다. 또 일부의 양공은 베이스 내의 전자와 중화(中和)하여 베이스 전류로 되고, 대부분은 컬렉터로 전류가 흐르게 된다.

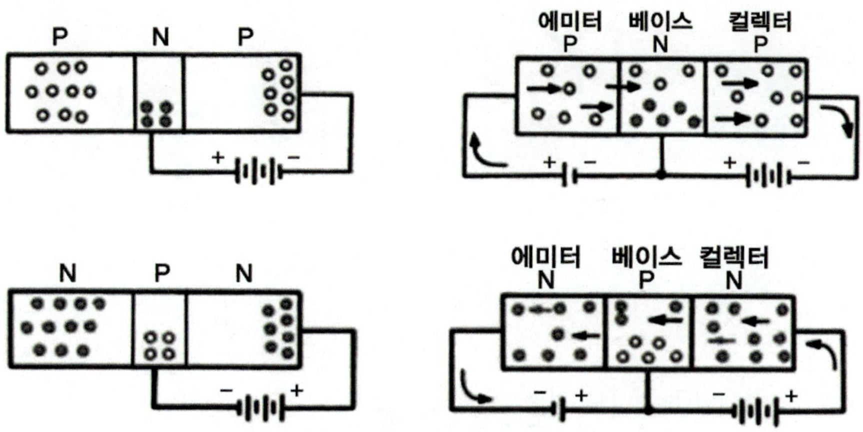

[그림 3.24] 트랜지스터에 전류가 흐를 때

3.11.2 트랜지스터에 전류가 흐르지 않을 때

PNP형에 축전지를 에미터에 (-)극을, base에 (+)극을 연결하면 에미터의 양공은 축전지의 (-)극에 의해 흡인되고 베이스(base) 내의 전자는 축전지의 (+)극에 의해 흡인되며, 경계 부분은 빈 공간으로 되어 베이스에는 전류가 거의 흐르지 않는다. 이에 따라 에미터에서 컬렉터로도 전류가 거의 흐르지 않는다.

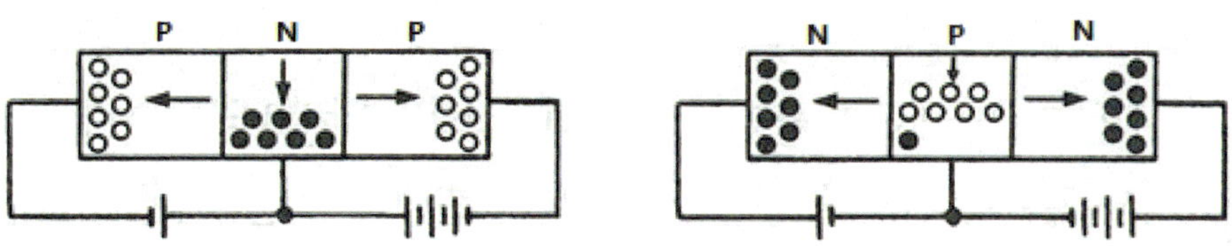

(a) PNP형 (b) NPN형

[그림 3.25] 트랜지스터에 전류가 흐르지 않을 때

3.11.3 트랜지스터의 스위칭 작용

트랜지스터는 베이스 전류를 단속(ON/OFF)함으로써 컬렉터 전류를 단속할 수 있다. 즉 [그림 3.26] (b)에서 베이스에서 에미터로 전류가 흐르지 않을 시 부하는 소등, 베이스에서 에미터로 약간의 전류를 공급하면 컬렉터에서 에미터로 전류가 흘러 부하는 점등된다. 이것을 트랜지스터의 스위칭(switching) 작용이라고 한다.

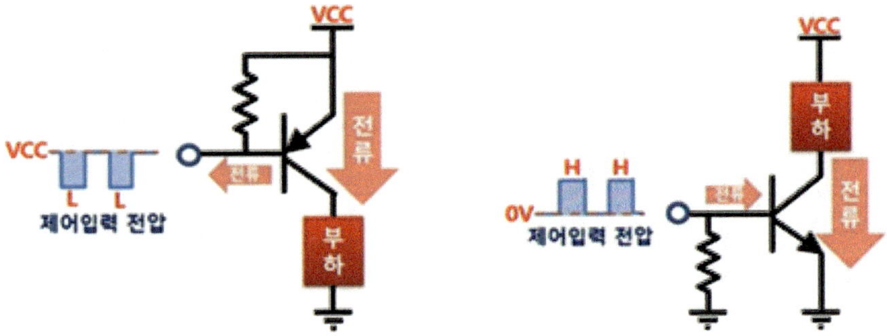

(a) PNP형 동작 (b) NPN형 동작(접지제어)

[그림 3.26] 트랜지스터의 스위칭 작용

[그림 3.27]은 릴레이(Relay)를 이용한 램프 점등회로이다. 릴레이란 코일에 전류가 흐르면 전자석이 되고 그 전자력에 의하여 가동 철편을 유인하는 것을 이용하여 이것과 연동시킨 기구에 의한 접점을 개폐시키는 것으로 전자력에 의하여 접점을 개폐하는 기능을 갖는 장치를 말한다. 릴레이의 기본이 되는 4단자 릴레이는 코일(2단자)과 접점(2단자)으로 이루어져 있다.

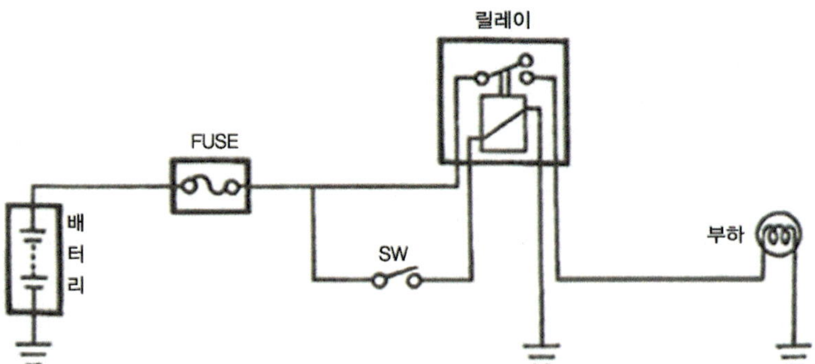

[그림 3.27] 릴레이 동작

[그림 3.27]은 4단자 릴레이를 이용한 램프 점등회로이다. 간단히 회로를 설명하면 다음과 같다. 먼저 스위치를 ON하면 배터리의 전류는 퓨즈를 통해서 스위치로 흐르고 릴레이 코일에

전류가 흘러 전자석이 된다. 따라서 릴레이에 있는 스위치가 ON이 되어 램프가 점등하게 된다. 이와 같이 트랜지스터도 릴레이의 작동과 같은 작용을 한다.

✍ **Handy hint**

▣ 트랜지스터 스위칭 작용과 릴레이의 비교

① 스위칭 동작의 ON/OFF가 빠르다. 1초에 1,000회 이상 반복동작이 가능하다(릴레이는 100 ~200회 정도).
② 트랜지스터는 기계적인 접점이 없으므로 릴레이와 같은 개폐 시의 채터링(Chattering) 현상이 없어 동작이 안정된다.
③ 낮은 베이스 전류로 스위칭이 되므로 제어회로가 간단하고, 소비전력이 극히 적다.
④ 베이스 전류를 가감하여 컬렉터 전류를 조절할 수 있다.

3.11.4 트랜지스터의 증폭작용

트랜지스터의 증폭작용은 [그림 3.28]처럼 적은 양의 베이스 전류로 큰 컬렉터 전류를 얻을 수 있으며, 또 베이스 전류의 크기를 변화시킴으로써 컬렉터의 전류를 증감할 수 있는데 이 작용을 증폭작용이라고 한다. 증폭율은 다음의 공식으로 표시한다.

$$I_E = Ic + Ib \quad \text{또는} \quad \text{전류 증폭율} = \frac{\text{컬렉터 전류}(Ic)}{\text{베이스 전류}(Ib)}$$

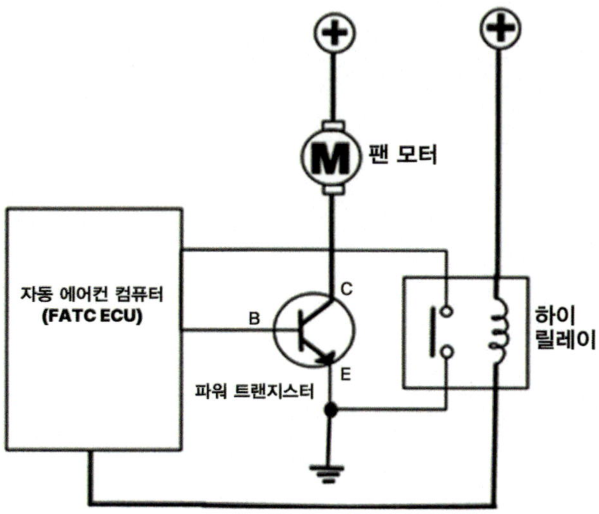

[그림 3.28] 송풍기 제어 회로

3.12 다링톤 트랜지스터

증폭율을 크게 하기 위해 [그림 3.29]와 같이 TR 1개의 컬렉터 출력이 다른 TR 베이스 입력으로 들어가는 방법을 취하고 있다. 간단히 보면 TR 내부에 2개의 TR이 구성되어 있는데, 이러한 접속을 다링톤 접속이라 한다. 다시 말해 한 개의 TR인데도 두 개의 효과를 가진 증폭도가 100×100배가 된다. 보통 TR의 증폭도(h_{FE})는 100이다. TR 1개로 2개분의 TR 증폭 효과가 나므로 매우 작은 베이스 전류로도 큰 전류를 제어할 수 있어 볼륨식 가변저항 1개로도 10 [A] 정도 용량의 히터 블로워 모터의 전류를 제한할 수 있다는 것이다.

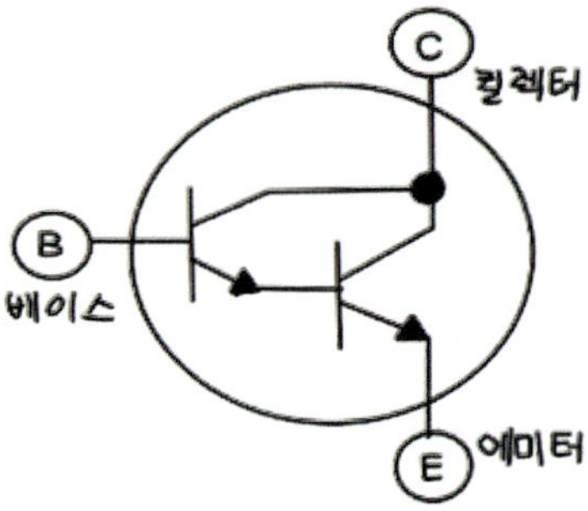

[그림 3.29] 다링톤 TR

3.13 포토트랜지스터

포토 TR은 PN접합부에 빛을 쪼이면 빛 에너지에 의해 컬렉트 전류를 제어하는 트랜지스터이다. 즉, 입사광선에 의해 전자와 양공이 발생하면 역 전류가 증가하고, 입사광선에 대응하는 출력 전류가 얻어지는데 이를 광전류라 한다. 포토 TR에는 PN접합의 2극 소자형과 NPN의 3극 소자형이 있으며, 빛이 베이스 전류 대용으로 사용되므로 전극이 없고 빛을 받아서 컬렉터 전류를 제어한다.

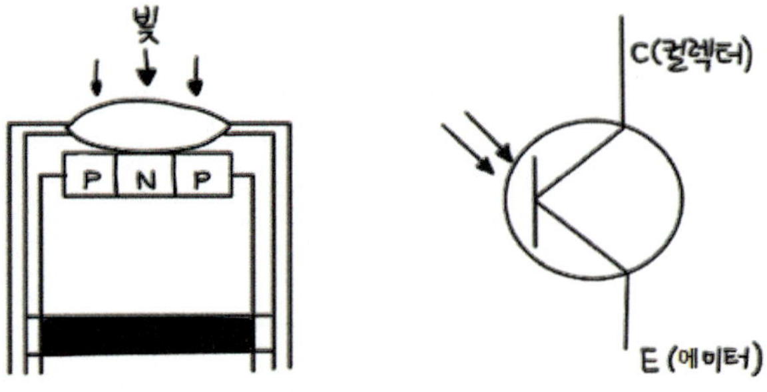

[그림 3.30] 포토트랜지스터의 구조와 기호

3.14 전계효과 트랜지스터(FET)

트랜지스터는 베이스 쪽에 전류를 공급해야만 컬렉터에서 에미터로 전류가 흐른다는 단점이 있다. 그래서 FET(Field Effect Transistor)를 사용한다. 이 반도체는 [그림 3.31]과 같은 구조를 가지고 있다. FET는 트랜지스터와는 다른 구조를 가지고 있는데 P채널과 N채널형이 있다. 단자 이름은 그림에서 보는 바와 같이 드레인(Drain : D), 게이트(Gate : G), 소스(Source : C)이다.

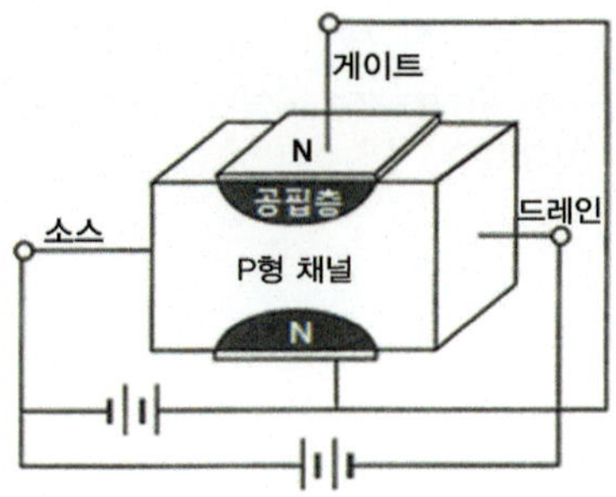

[그림 3.31] FET

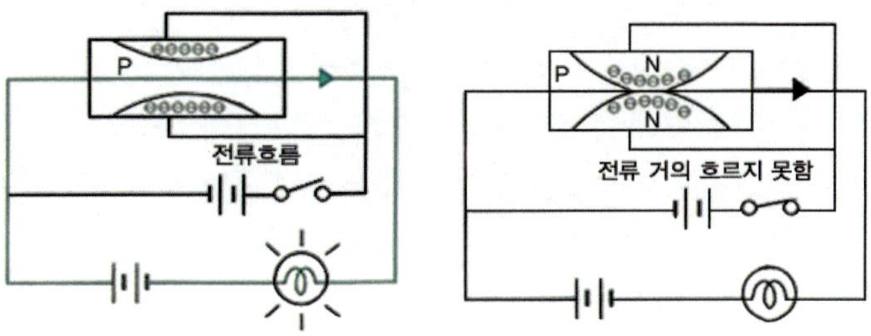

[그림 3.32] P채널 FET 작동원리

3.14.1 P채널 FET

P형 반도체의 양단에 전극을 연결한다. 이 전극을 소스와 드레인으로 한다. 이의 위 아래쪽으로 N형을 삽입해 놓는다. 그렇게 하면 [그림 3.32]처럼 가운데에는 P형과는 공핍층이 생긴다. 이때의 경계층은 두께가 두껍지 않고 아직 얇아서 가운데의 P형 반도체를 침범하지 않으므로 소스에서 드레인으로 전류가 흐르는 데 지장이 없다. 그렇지만 [그림 3.32] 우측 그림처럼 게이트에 (+)전기를 공급하면 N형 반도체는 주어진 양공을 맞이하기 위해 서로 위 아래로 몰리게 되어 가운데 P형 반도체는 공핍층이 넓어져서 단면적이 좁아지게 되고 소스에서 드레인으로 전류가 흐르지 않게 된다.

즉 트랜지스터는 베이스 전류를 공급해야만 이미터에서 컬렉터로 흐르는데, FET는 반대로 전기를 안 주면 안 줄수록 소스에서 드레인으로 전기가 잘 통하게 되고 전기를 준다고 해도 경계층만 두꺼워질 뿐 전력 소비가 없다는 장점이 있다.

3.14.2 N채널 FET

P채널과 작동 방법은 같고 전원의 극성과 전류 방향만 반대일 뿐이다.

✍ **Handy hint**

▣ **소비 전력이 작고 고속스위칭 · 고전압화 · 고전류화가 가능한 스위칭(Switching) 소자(素子)**

① MOSFET(Metal Oxide Silicon Field Effect Transistor : 금속 산하막 반도체 전계 효과 트랜지스터) : 1200V, 200A : 모터용량 240kW까지 제어 가능한 전력량이다.

② IGBT(Insulated Gate Bipolar Mode Transistor : 절연 게이트 쌍극선 트랜지스터)

③ SiC(실리콘 카바이드) 소자를 이용

④ GaN(질화갈륨) 소자를 이용

3.15 서미스터

서미스터(Thermistor)는 니켈(Ni), 구리(Cu), 망간(Mn), 아연(Zn), 마그네슘(Mg) 등의 금속 산화물을 적당히 혼합하여 1,000[℃] 이상에서 소결시켜 제작한 것이다. 서미스터는 온도의 변화에 대해 전기저항 값이 크게 변화하고, 온도가 높아짐에 따라 전기저항 값이 감소하는 반도체를 말한다. 서미스터에는 (-)온도계수를 갖는 부특성(NTC) 서미스터, (+)온도계수를 갖는 정특성(PTC) 서미스터, 특정 온도에 있어서 전기저항이 급격히 변화하는 CTR(Critical Temperature Resistor) 서미스터가 있다.

[그림 3.33]과 [그림 3.34]는 서미스터 종류와 특성, 기호를 나타낸 것이다. NTC 서미스터는 전자 회로 온도 보상과 냉각수온도 센서, 흡기온도 센서, 자동 에어컨 온도 센서, 온도계 유닛 등의 주로 온도 감지용 센서로 사용된다. 일반적으로 서미스터라고 함은 부특성(NTC) 서미스터를 의미한다. PTC 서미스터는 정온발열, 과전류보호용(서킷 브레이크) 등으로 주로 사용된다.

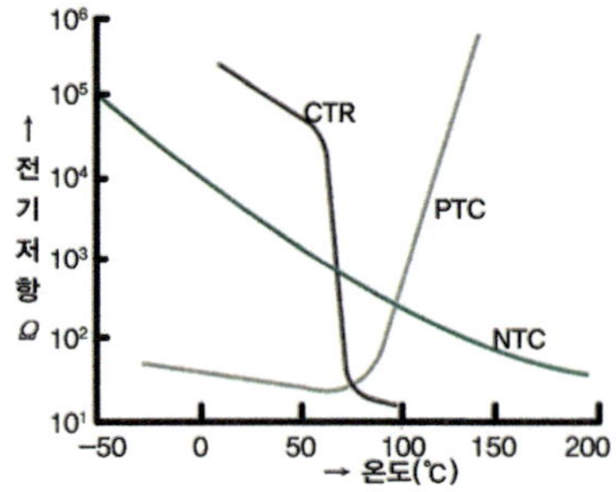

[그림 3.33] 서미스터 종류 및 특성

[그림 3.34] 서미스터 기호

3.15.1 부특성 서미스터

부특성 서미스터(NTC : Negative Temperature Coefficient)는 온도가 상승하면 전기저항 값이 감소하여 전기가 잘 통하고, 반대로 온도가 내려오면 전기저항 값이 상승하는 특성을 가지고 있는데 이를 서미스터의 부특성이라고 한다.

[그림 3.35]는 서미스터가 연료 속에 담겨져 있을 때는 온도가 내려가 전기저항 값이 상승하여 전기가 흐르지 않아 연료잔량 경고등이 소등된다. 반대로 연료가 적어져 서미스터가 밖으로 노출되면 온도가 상승하여 전기저항 값이 낮아지면서 전기가 잘 흘러 연료잔량 경고등이 계기판에 점등되어 연료가 부족하다는 경고를 하게 된다.

[그림 3.36]은 부특성 서미스터를 이용한 냉각수 온도 센서 회로로 냉각수 온도의 변화에 따라 서미스터의 저항이 변화된다. 이때 직렬회로로 구성된 고정저항과 서미스터 간에 발생되는 전압 강하의 변화를 ECU(전자제어유닛)이 감지하므로 수온을 알게 된다.

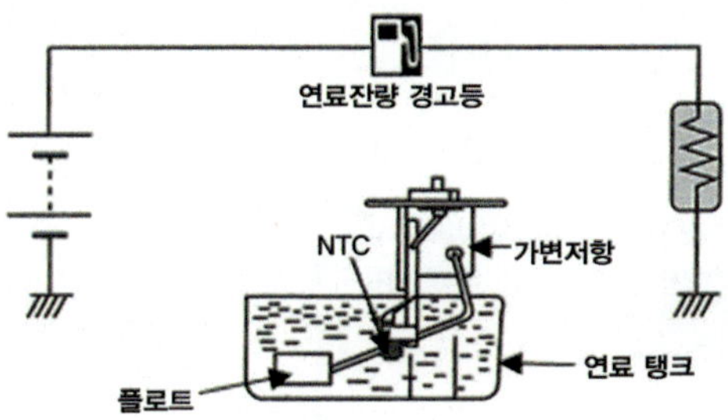

[그림 3.35] NTC를 이용한 회로

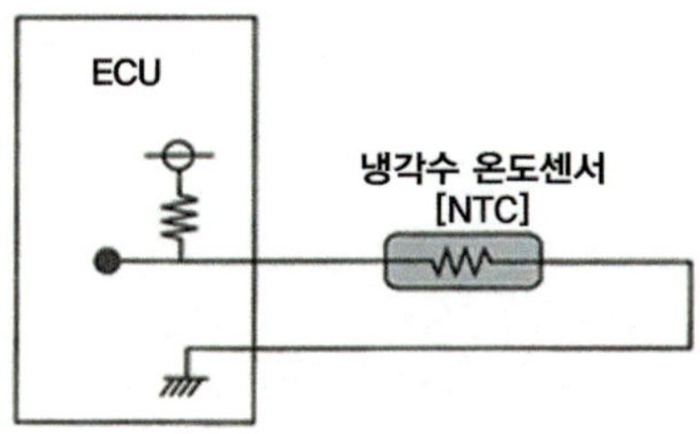

[그림 3.36] NTC를 이용한 회로

3.15.2 정특성 서미스터

정특성 서미스터(PTC : Positive Temperature Coefficient)는 온도가 내려오면 전기저항 값이 감소하고, 온도가 올라가면 전기저항 값이 증가하여 전류 흐름을 제한하는 회로에 이용된다.

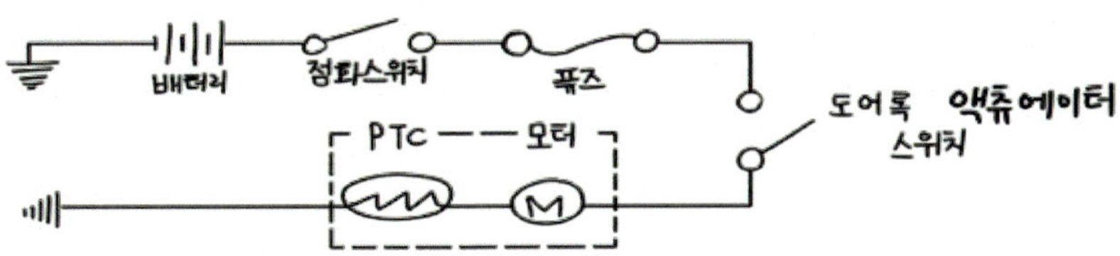

[그림 3.37] 정특성 서미스터를 사용한 회로

[그림 3.37]은 PTC 사용 예이다. 즉 도어록(Lock) 스위치가 작동되어 한도 이상의 전류가 흐르면 서미스터가 발열하고 온도가 상승하여 저항이 증가된다. 저항이 증가되면 전류를 제한하여 모터를 보호하는 과열 보호 장치 또는 과전류 보호 장치(서킷 브레이크), 화재경보기 등에 사용된다.

3.16 광전도 셀(CdS)

CdS(황화카드뮴)는 빛의 밝기에 따라 저항이 변화되는 소자로 카드뮴(Cd)과 유황(S)이 화합하여 생긴 황화카드뮴 단결정에 금속 다리를 붙인 부품으로, 광전도 셀(Photoconductive cell)이라고 한다. CdS는 가시광선이 없는 어두운 곳에서는 절연체와 같이 전류가 흐르지 않다가 가시광선이 닿으면 도체와 같이 전류가 잘 흐르는 성질을 가지고 있어서 어두운 곳에서는 높은 전기저항 값을 갖고 있다가 빛이 밝아질수록 자체의 내부 전기저항 값이 낮아지는 성질을 이용한 것이다. 따라서 자동차 에어컨의 일사센서, 헤드램프의 조도센서와 같은 빛 감지 센서로 사용한다.

[그림 3.38]은 광전도 셀을 이용한 가로등 응용회로이다. 낮에는 빛에 의해 저항이 적어 CdS 셀로 전류가 통하여 가로등이 점등되지 않지만, 저녁이 되면 CdS 셀의 저항이 증가하여 TR의 베이스 쪽으로 전류가 흘러 가로등이 점등된다.

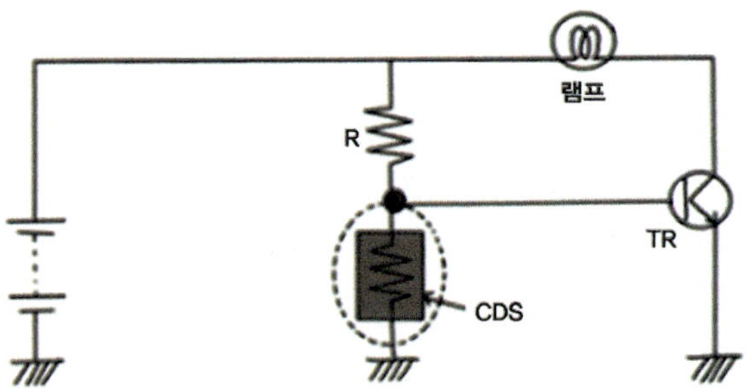

[그림 3.38] CdS 응용회로

3.17 압전소자

압전소자는 반도체 피에조 저항형 센서이며, 티탄(Titan)산, 바륨(Barium) 등을 재료로 사용한다. [그림 3.39]와 같이 압력을 받으면 기전력이 발생하고 전압을 가하면 변형되는 반도체로서, 연료탱크 압력, DPF 압력, 노크 센서, 대기압 센서, MAP 센서 등에서 사용된다.

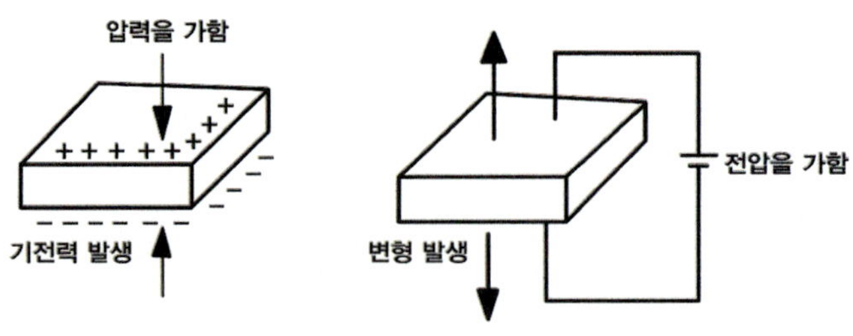

[그림 3.39] 압전 소자

3.18 홀 효과

홀 효과(Hall effect)란 두 개의 자석을 사이에 두고 자장이 변화하면서 일정한 전압신호가 발생되는 현상을 가리킨다([그림 3.40] 참조). 이러한 홀 효과를 이용하여 출력 신호를 디지털로 ECU에 입력하는 방식을 홀 센서 방식이라고 한다. 홀 센서 방식은 1번 실린더 압축 상사점 센서뿐 아니라 크랭크 각 센서에도 사용하는 방식도 있다.

홀 센서는 캠축에 설치된 돌기가 캠축과 같이 회전하면서 홀 센서의 감지부와 간격이 변화하여 기전력을 발생하는 원리를 이용한다. 즉 캠축 1회전당 1개의 디지털 펄스 신호를 발생시켜 ECU에 입력된다.

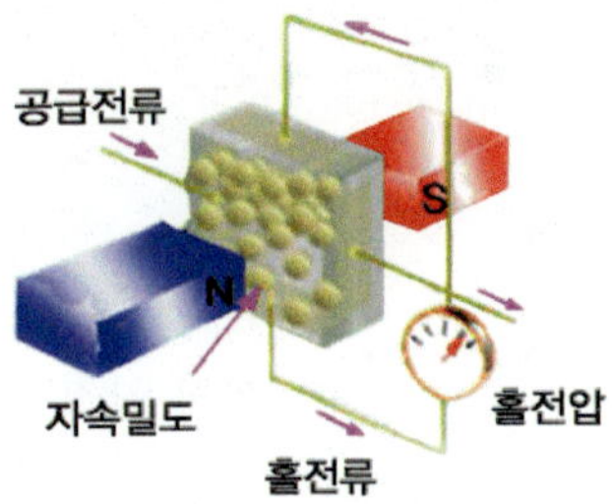

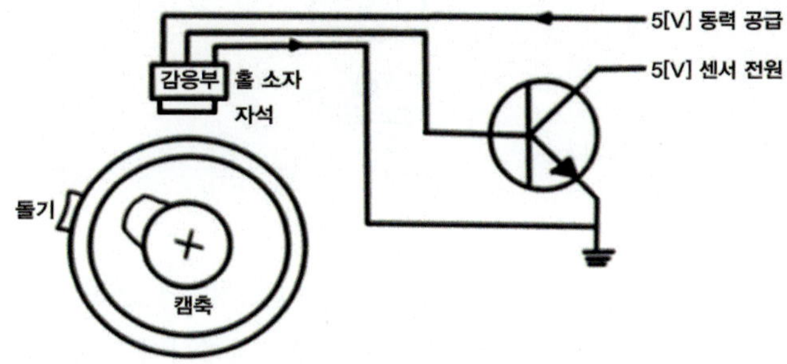

[그림 3.40] 홀 효과와 홀 센서

3.19 바리스타

바리스타(Varistor)의 주재료는 탄화규소나 실리콘 카바이트이며, 인가전압에 따라 전기저항 값이 변화하는 소자이다. 바리스타의 작용 반도체 층에는 아주 작은 수많은 양도체 결정입자가, 차단층에는 도전성이 아주 불량한 재료가 아주 얇게 도포되어 있다. 작용 반도체 층과 차단층은 소결을 통해 함께 융착되어 있다.

전압이 낮을 경우엔 차단층의 고저항 때문에 저항값이 크고, 전압이 높으면 차단층이 도통되어 저항이 크게 감소한다. 즉, 바리스타의 저항은 전압이 낮을 때 크고, 전압이 높을 때 작다. 자동차 장비의 전원부에 설치되어 허용전류 이상이 인가되면 장치가 파손되기 전에 순식간에 회로를 차단한다. 일종의 퓨즈(Fuse)와 같은 성질을 가지고 있다.

3.20 사이리스터

2층 구조로 되어 있는 반도체 소자를 다이오드라 하고, 3층 구조로 만들어진 반도체 소자를 트랜지스터라고 하며, 사이리스터(Thyristor)는 4층 구조로 되어 있는 스위칭 반도체 소자를 총칭해서 부를 때에 사이리스터 또는 4층 구조 다이오드라고도 한다. 종류로는 SCR, LASCR, GTO, DIAC, TRIAC, SCS, SSS 등이 있다.

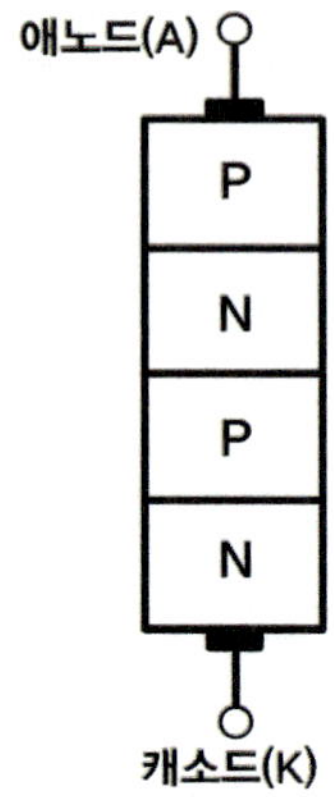

[그림 3.41] 사이리스터

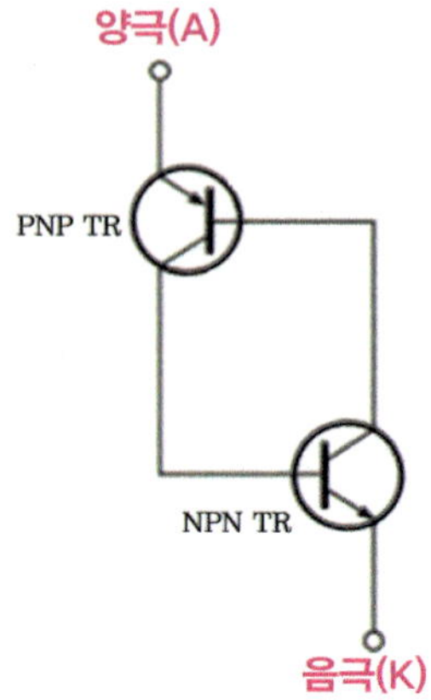

[그림 3.42] 등가회로

[그림 3.44]에서 보면 사이리스터는 브레이크 오버 전압 이하일 때는 도통이 되지 않고 있다가 브레이크 오버 전압 이상이 되면 그때서야 스위칭 동작을 한다.

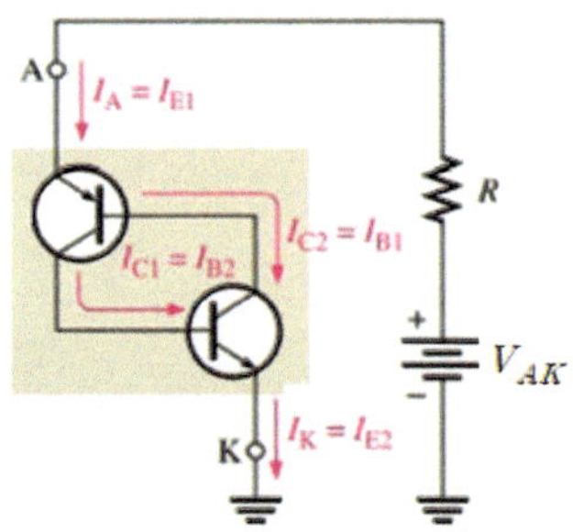

[그림 3.43] 사이리스터의 등가회로

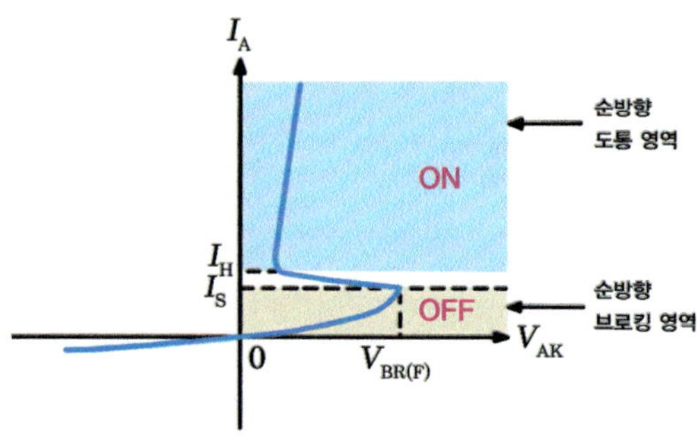

[그림 3.44] 브레이크 오버 전압

여기서, V_{AK} : 애노드 캐소드 양단의 전압

순방향 브레이크 오버 전압(B_{BR}) : 사이리스터가 ON되기 위한 최소 V_{AK} 전압

I_S : 스위칭 전류 : V_{BR}일 때 I_{AK}

유지 전류(I_H) : 사이리스터 ON 상태를 유지하기 위한 최소 전류

3.20.1 SCR(Silicon Control Rectifier)

SCR은 실리콘 제어 정류기로서 사이리스터 중에 가장 대표적인 단방향 스위칭 반도체 소자로서 SCR과 빛에 의해서 활성화되는 LASCR(Light Activated SCR)이 있다.

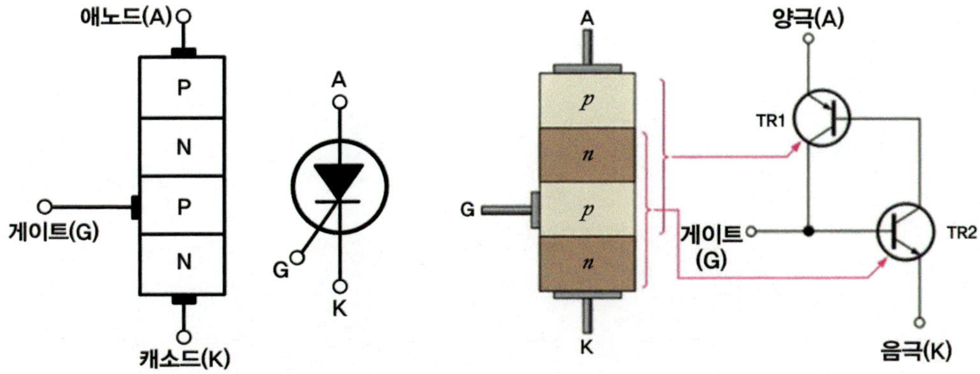

(a) SCR 구조 (b) SCR 기호 (c) SCR 등가회로

[그림 3.45] SCR 구조 / 기호 / 등가회로

[그림 3.46]은 SCR의 특성 곡선으로서 $I_{G0}=0$일 때 일반적인 사이리스터의 성질을 갖다가 게이트 전류(I_G)를 증가시키면 브레이크 오버 전압(V_{BR})이 낮아지는 특성을 가진다.

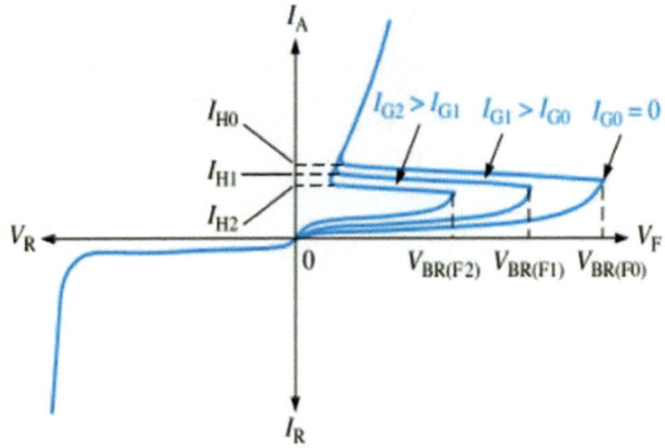

[그림 3.46] SCR의 특성 곡선

(1) SCR의 턴-온(Turn ON)

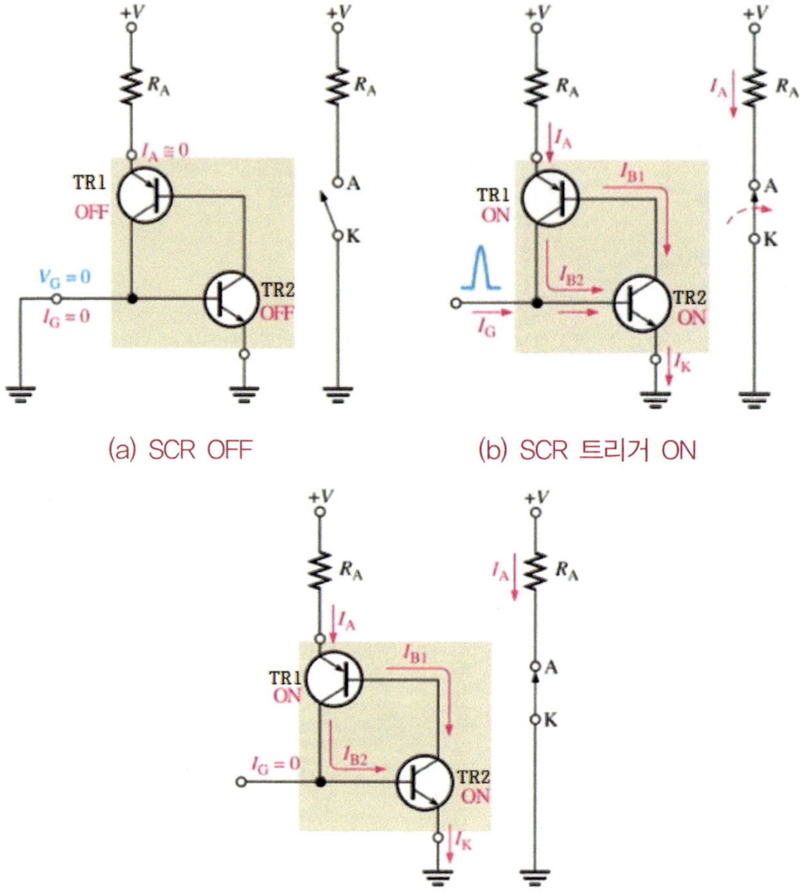

(a) SCR OFF (b) SCR 트리거 ON

(c) 스위치 ON 상태 유지

[그림 3.47] SCR 턴-온

[그림 3.47] (a)는 게이트 전류($I_G = 0$)가 브레이크 오버 전압(V_{BR})보다 낮은 전압으로 설정되어 스위치가 OFF 상태이며, (b) 그림은 I_G에 트리거 펄스 신호를 입력시키면 브레이크 오버 전압이 낮아져 2개의 TR이 작동되어 스위치가 ON 상태로 된다. 또 그림 (c)에서 SCR 트리거 펄스 ON 후 I_G에 입력이 없어도 ON 상태를 계속 유지한다. 이것이 SCR의 특성이다.

[그림 3.48]은 사이리스터 특성을 이용한 스위칭 소자로 버스에 달려 있는 벨을 누르면 버저와 함께 불이 켜지고 버스 문이 열리는 순간 불이 꺼진다. 즉 자동문이 사이리스터의 게이트(G) 역할을 하는 것이다.

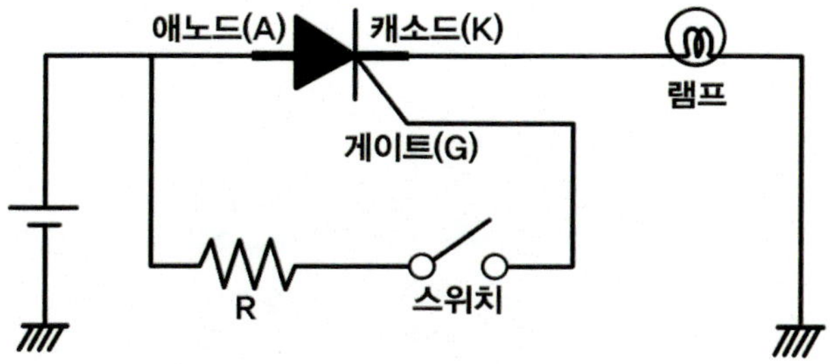

[그림 3.48] SCR 응용회로

(2) SCR의 턴-오프(Turn OFF)

SCR은 스위치 ON 기능은 있으나 OFF 기능은 없다. 따라서 다음과 같이 강제적으로 OFF 한다. [그림 3.49] (a)와 같이 애노드와 캐소드 양극 전류를 차단시키면 유지 전류 이하가 되어 OFF 된다. 또 그림 (b)와 같이 애노드와 캐소드 사이에 전류의 방향을 반대로 흐르게 하면 OFF 된다. 그림 (b)에서 콘덴서를 설치하여 스위치가 OFF된 상태에서 정상적으로 작동하고 있는 중 그림 (c)에서 스위치를 ON하면 역방향 전류가 흘러 OFF가 된다.

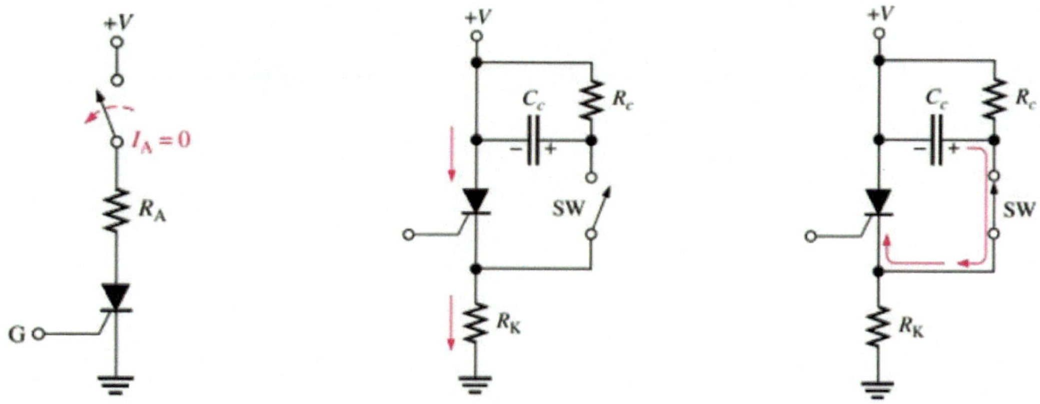

(a) 양극 전류 차단법 (b) 강제전환법(SW OFF) (c) 역방향 전류 공급하여 OFF

[그림 3.49] SCR OFF 기능

3.20.2 LASCR(Light Activated SCR)

LASCR을 광활성 SCR 또는 빛에 의해서 트리거되는 SCR라 부른다. 기호는 [그림 3.50]과 같이 표현한다. [그림 3.51]은 빛에 의해서 LASCR이 동작되는 과정이다.

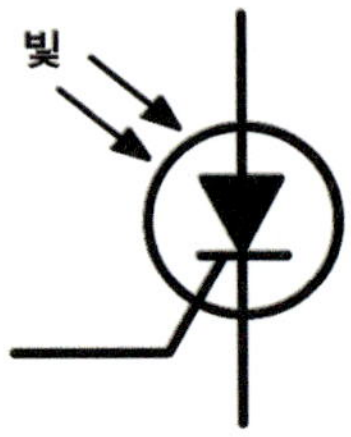

[그림 3.50] LASCE 기호

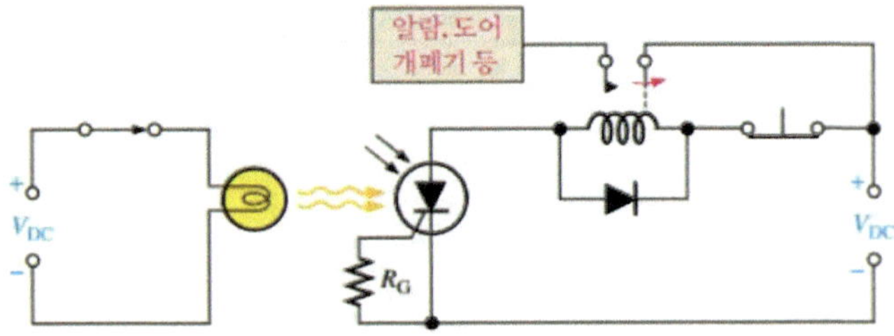

[그림 3.51] LASCR 작동

3.20.3 GTO(Gate Turn OFF Thyristor)

일반 SCR에서는 게이트(G)에 ON하면 스위치가 작동하는데 OFF 기능이 없다. 이 기능을 보완해서 게이트(G)에 음의 전류를 흘림으로써 Turn OFF할 수 있는 SCR이다. GTO는 개폐동작이 빠르고 주로 직류 개폐에 많이 이용한다.

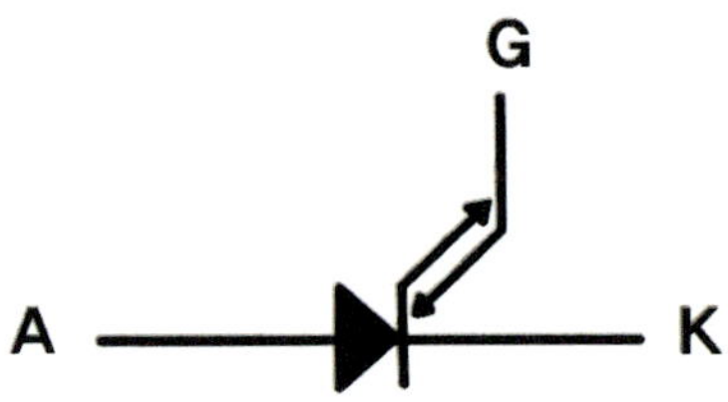

[그림 3.52] GTO 기호

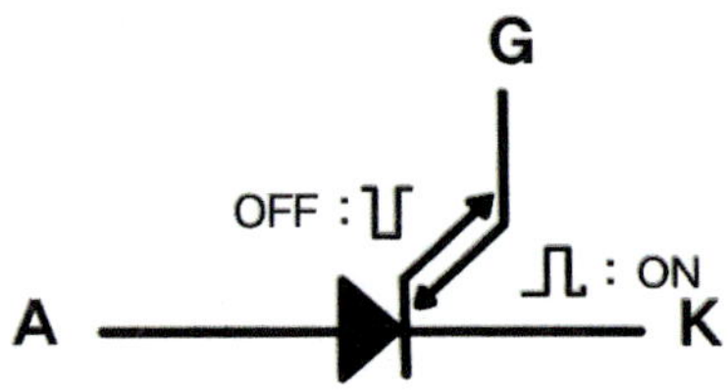

[그림 3.53] GTO ON/OFF

3.20.4 다이악(Diac)

다이악은 양방향으로 전류를 흘릴 수 있는 사이리스터로서 4층 다이오드 2개를 서로 반대방향으로 병렬 연결한 것과 같은 기능으로 되어 있고, 2단자 양방향 사이리스터이다.

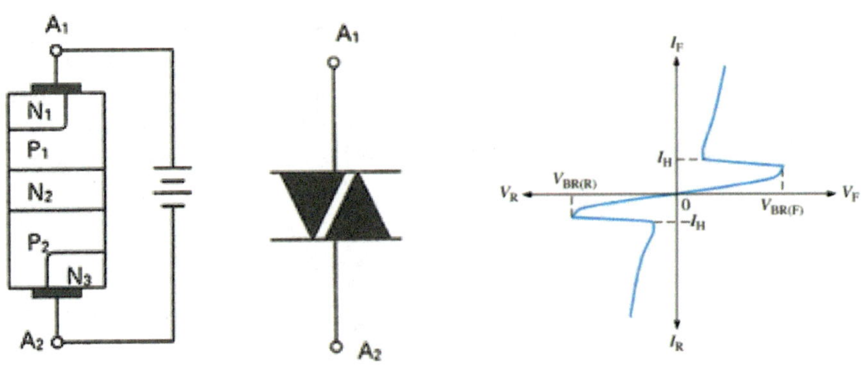

(a) 구조 및 회로 (b) 기호 (c) 특성곡선

[그림 3.54] 다이악의 구조 / 기호 / 특성곡선

3.20.5 트라이악(TRIAC)

다이악은 게이트(G) 단자가 없는 구조지만 TRIAC은 Triode Alternating Current Switch의 약어로서 2개의 게이트(G) 단자를 가지는 구조로서 3단자 양방향 SCR이다.

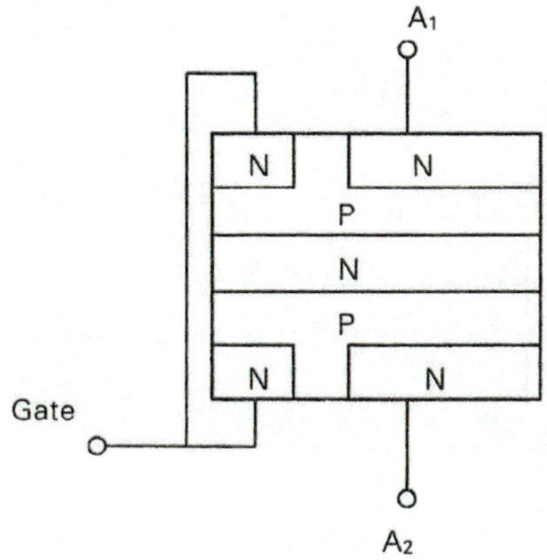

(a) 구조

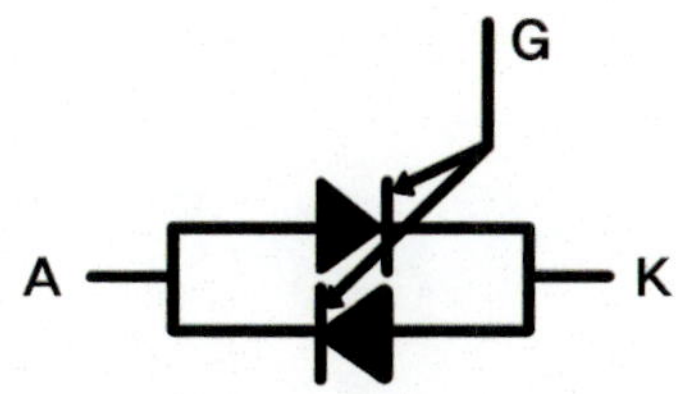

(b) 기호

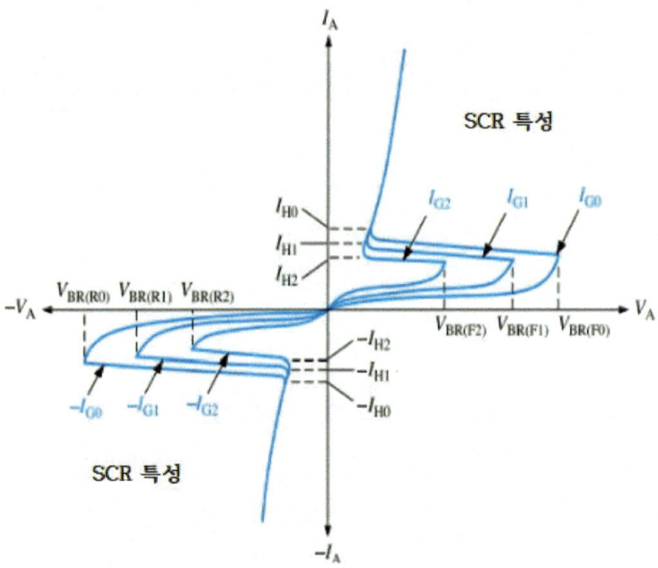

(c) 특성곡선

[그림 3.55] 트라이악의 구조 / 기호 / 특성곡선

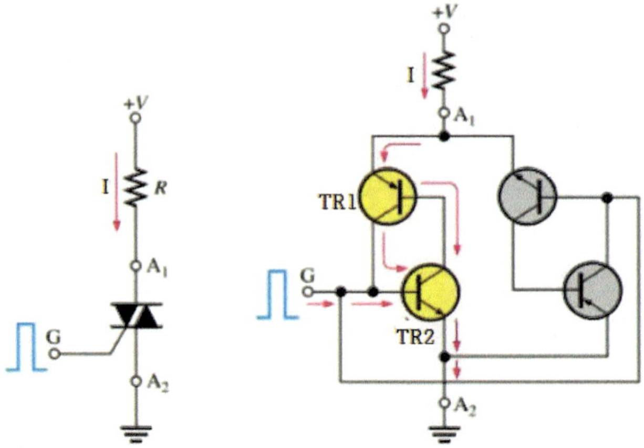

(a) 순방향 작동

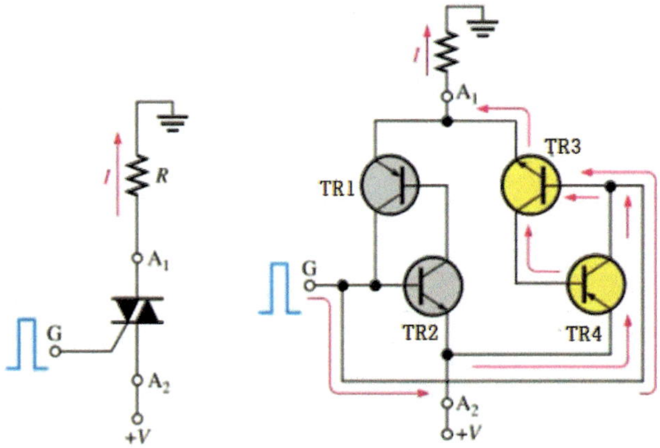

(b) 역방향 작동

[그림 3.56] 트라이악의 양방향 동작

3.20.6 SCS(Silicon Controlled Switch)

SCS는 4단자 단방향 소자로서 SCR과 유사하나 게이트(G) 단자가 2개이며, 양극 게이트와 음극 게이트를 중 하나를 사용하여 턴 ON 또는 턴 OFF시킬 수 있는 사이리스터이다. 즉 등 하나를 두고 1층과 2층에서 ON/OFF시킬 수 있는 3로 스위칭이다. 일반적인 SCR보다 낮은 정격전력에 사용된다.

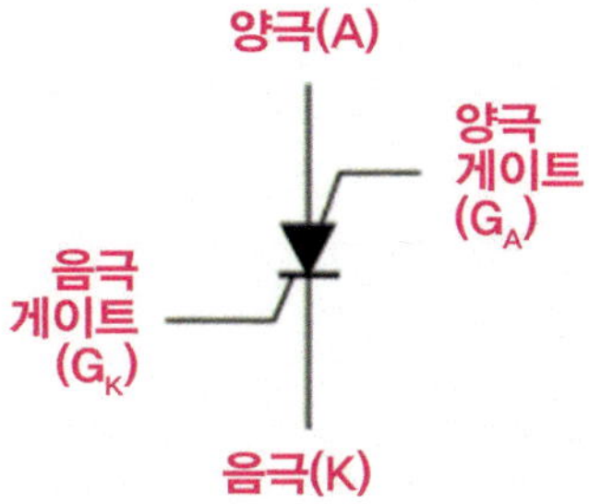

(a) SCS 기호

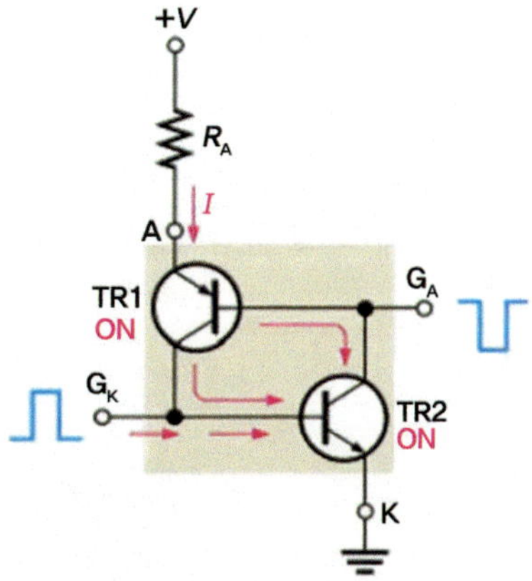

(b) SCS 턴-ON

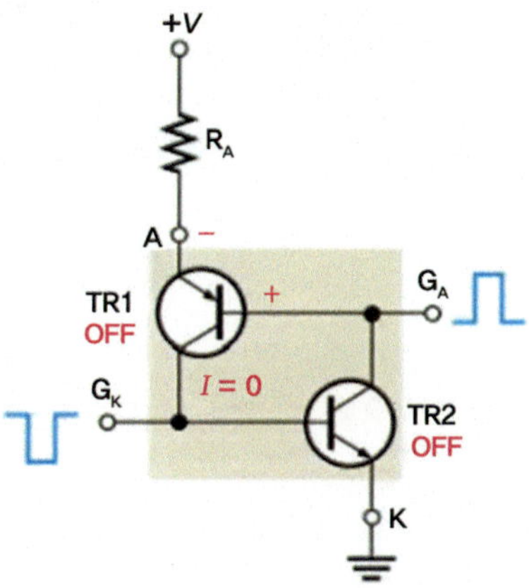

(c) SCR 턴-OFF

[그림 3.57] SCS 작동

3.20.7 SSS(Silicon Symmetrical Switch)

SSS는 2단자 양방향 소자로서 실리콘 대칭 스위치이며 5층 반도체 소자 사이리스터이다. 또 SSS는 전압에 대해 대칭적이기 때문에 1개의 소자로 교류회로 스위치 제어가 가능하다.

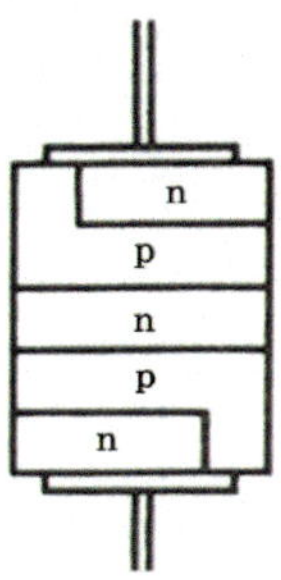

(a) 구조

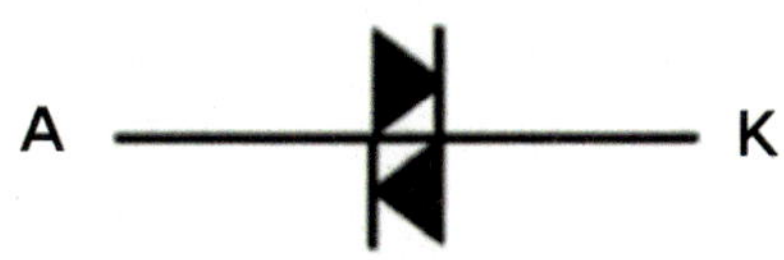

(b) 기호

[그림 3.58] SSS의 구조와 기호

3.20.8 UJT(Unijunction Transistor)

UJT는 4층 구조가 아니기 때문에 사이리스터 소자가 아닌, 베이스 2개 이미터 1개로 구성된 단일 접합(PN 접합) 트랜지스터이다. 하지만 발진기, 사이리스터의 트리거 펄스 신호를 발생시켜 SCR과 사이리스터에 응용되기 때문에 알아 두면 도움이 된다.

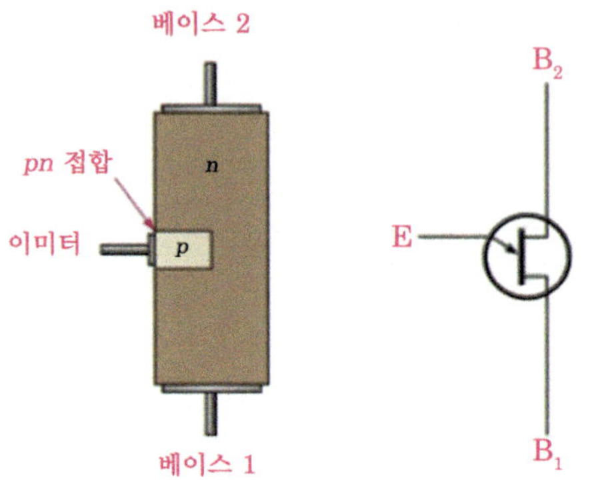

(a) UJT 구조　　　(b) UJT 기호

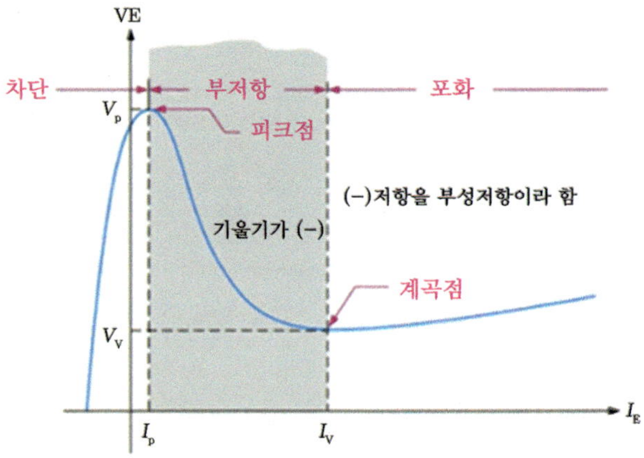

(c) UJT 특성곡선

[그림 3.59] UJT 구조/기호/특성곡선

✍ Handy hint

① 단방향성 사이리스터 : SCR, GTO, LASCR, SCS
② 양(쌍)방향성 사이리스터 : SSS, TRIAC, DIAC

3.21 IC(집적회로)

IC(Integrated Circuit)란 인터그레이티드 서킷을 말하며, 한 개의 기판에 여러 개의 다이오드, 트랜지스터, 저항, 콘덴서 등의 수많은 소자를 하나의 실리콘 결정의 기판에 회로를 집적(集積 : 가득 채운)하여 세라믹이나 플라스틱으로 고체화한 전기회로이다. IC는 회로의 소자 수에 따라 [표 3.2]와 같은 종류로 분류된다.

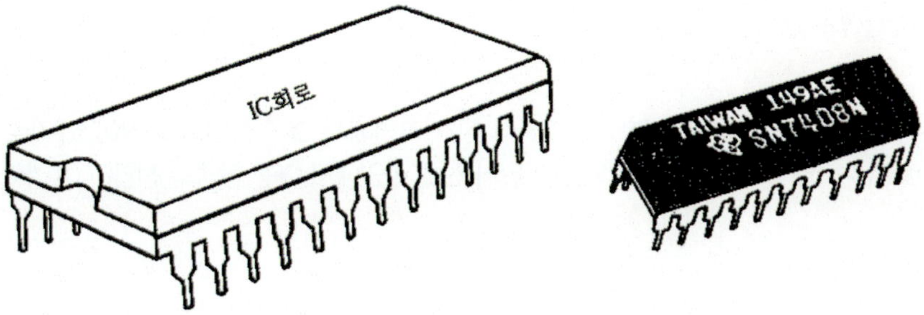

[그림 3.60] IC 회로의 구조

[표 3.2] IC의 종류

명 칭	소 자 수
SSI(Small Scale Integrated Circuit) : 소규모 집적회로	100개 정도
MSI(Middle Scale Integrated Circuit) : 중규모 집적회로	100 ~ 1,000개 정도
LSI(Large Scale Integrated Circuit) : 대규모 집적회로	10,000개 이상
VLSI(Very Large Scale Integrated Circuit) : 초대규모 집적회로	100,000개 이상

디지털 IC의 종류에는 바이폴러(TTL, DTL, RTL)형과 유나폴러(N MOS, P MOS, C MOS)형이 있다. TTL IC는 싱크 전류 타입으로만 정확히 작동하며 소스 타입은 절대로 안 된다. 여기서 싱크 타입이란 스위치가 OFF일 때 4.5 ~ 5.0 [V]가 걸리고, 스위치가 ON일 때 0.8 [V] 이하이면 ECU 내부 인터페이스에 쓰인 IC는 TTL IC이란 뜻이다.

CMOS형은 전원 전압이 3 ~ 15 [V] 사이로 폭 넓게 사용할 수 있고 소비전력이 적다. CMOS형은 스위치를 ON하면 전원 전압의 1/3 이하가 되어야 하고, 스위치를 OFF하면 전원 전압의 2/3 이상이 나와야 한다. 즉 스위치를 OFF하면, 전원 전압의 2/3 [8V] 이상이라면 ECU 내부 인터페이스에 쓰이는 IC는 CMOS IC이란 뜻이다.

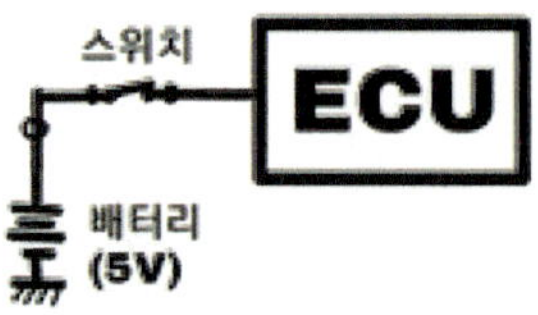

[그림 3.61] TTL IC

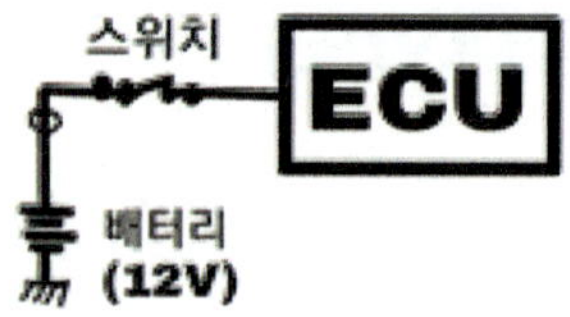

[그림 3.62] CMOS IC

✍ Handy hint

① 싱크(sink) 타입 : 컴퓨터에 입력되는 스위치 신호 라인에서 OFF 상태의 전압이 5 [V]로 측정된다.
② 소스(source) 타입 : 컴퓨터에 입력되는 스위치 신호 라인에서 OFF 상태의 전압이 0 [V]로 측정된다.

3.22 Pull Up 저항과 Pull Down 저항

3.22.1 Pull Up 저항

Pull Up 저항은 스위치가 off했을 때 단자전압을 up시킨다. 즉, '1'이라는 신호를 나타낸다. 파워 스티어링 스위치가 on일 때 [그림 3.63] (a)에서 a점의 전압은 TTL IC에서는 0.8 [V] 이하, 스위치 off일 때 전압은 TTL IC에서는 2.5 [V] 이상 나와야 한다. 스위치가 on일 때 0 [V]의 '0'의 신호가 off일 때는 5 [V]인 '1'의 신호가 입력된다.

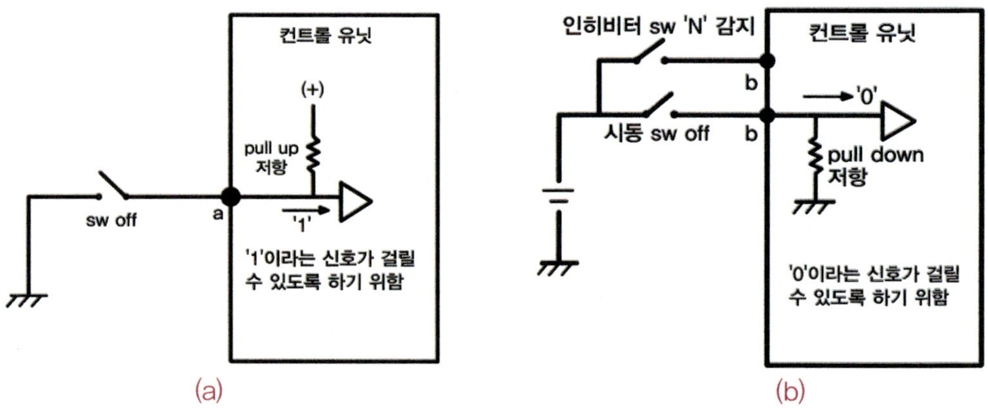

[그림 3.63] Pull Up과 Pull Down 저항이 걸린 회로

3.22.2 Pull Down 저항

Pull Down 저항은 스위치를 off했을 때 단자전압을 down시킨다. 즉 '0'이라는 신호를 나타

낸다. [그림 3.63] (b)에서 b점의 전압은 인히비터 스위치 중립(N)감지 스위치를 on했을 때 12 [V]이고, off일 때는 4 [V] 이하가 되어야 한다. 시동신호에서 스위치가 on일 때 12 [V]의 '1' 신호가 off일 때는 4 [V] 이하인 '0'의 신호가 입력된다.

3.23 컴퓨터의 논리회로

컴퓨터가 정보를 처리하기 위한 기본적인 전기회로를 논리회로(Logic circuit)라고 한다. 논리 기본회로에는 AND 회로, OR 회로, NOT 회로, NAND 회로, NOR 회로 등이 있으며 이 회로들의 조합으로 해독(Decoder), 명령(Instruction), 기억(Memory register), 연산(Arithmetic) 등 데이터 처리를 하고 있다.

3.23.1 AND 회로

AND 회로(논리적 회로)란 2개의 정보(입력) A와 B가 모두 '1'일 때만 출력 '1'이 되는 회로를 말하며 직렬로 연결된 회로와 등가회로이다. [그림 3.64]에 나타낸 기호로 표시한다.

[그림 3.65]는 AND 회로의 원리를 나타낸 것이며 스위치 A, 스위치 B가 동시에 ON일 때 출력 C의 램프가 점등 및 A, B의 입력에 대한 출력 C와의 관계는 [표 3.3]의 진리값표라고 불리는 것으로 표시한다.

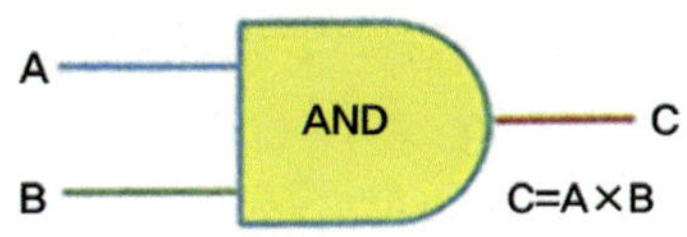

[그림 3.64] AND 회로 기호

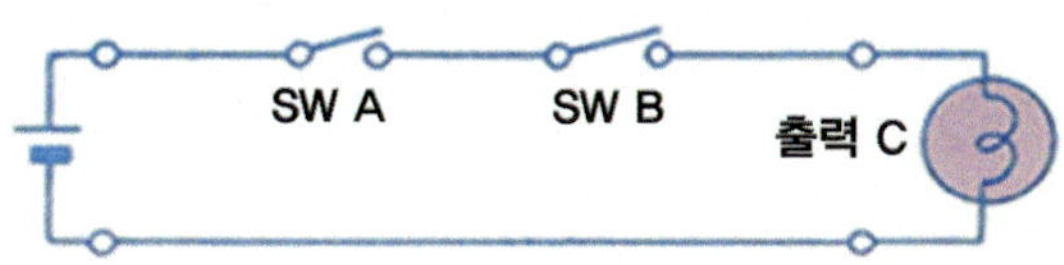

[그림 3.65] AND 회로의 원리

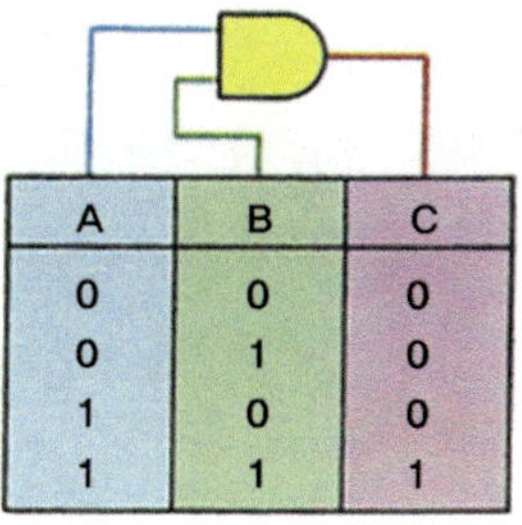

A	B	C
0	0	0
0	1	0
1	0	0
1	1	1

[표 3.3] AND 회로 진리값표

3.23.2 OR 회로

OR 회로란 논리합 회로이며, 2개의 정보(입력) A 또는 B의 어느 한쪽 또는 양쪽이 '1'일 때에 출력이 '1'이 되는 병렬회로이다. [그림 3.67]은 그 기호를 나타낸 것이고, [그림 3.68]은

OR 회로의 원리를 나타낸 것이다.

스위치 A 및 B의 어느 한쪽 또는 양쪽이 ON일 때에 출력 C의 램프가 점등한다. 이 회로의 진리값표는 [표 3.4]와 같다.

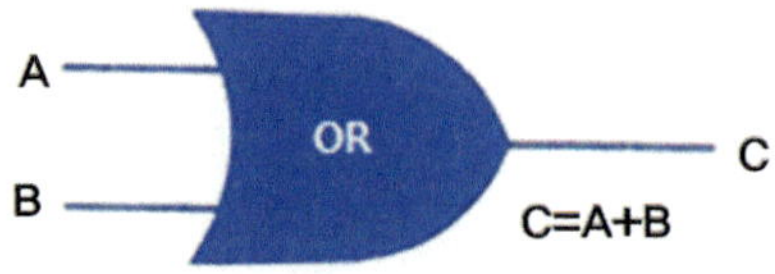

[그림 3.67] OR 회로 기호

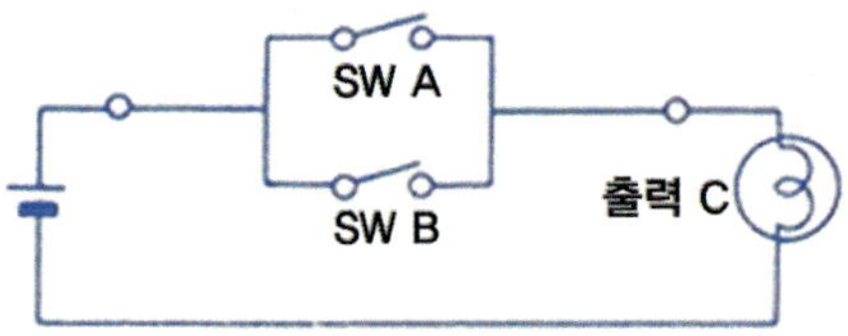

[그림 3.68] OR 회로 원리

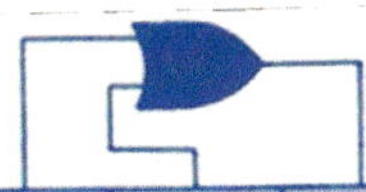

A	B	C
0	0	0
0	1	1
1	0	1
1	1	1

[표 3.4] OR 회로 진리값표

3.23.3 NOT 회로

NOT 회로는 인버터 회로라 하기도 하며 논리 부정회로이다. 이 회로는 정보(입력)가 '0'일 때 출력 C가 '1'이 되고, 입력이 '1'일 때 출력 C가 '0'이 되는 회로이다.

[그림 3.69]는 NOT 회로의 기호를 나타낸 것이고, [그림 3.70]는 NOT 회로의 원리를 나타낸 것이다. 즉 스위치 A를 ON으로 하면 트랜지스터도 ON이 되기 때문에 출력 C에는 전압이 나타나지 않는다. 반대로 스위치 A를 OFF로 하면 트랜지스터도 OFF되기 때문에 출력 C에는 전압이 나타난다.

[표 3.5]는 NOT 회로의 입력에 대한 출력의 관계를 진리값표로 나타내었다.

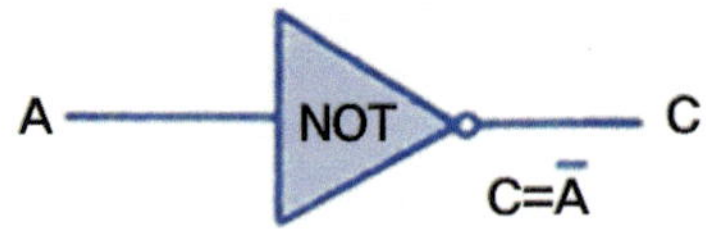

[그림 3.69] NOT 기호

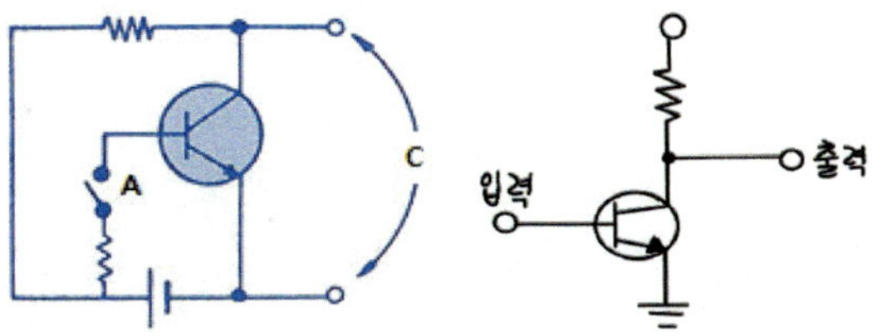

[그림 3.70] NOT 회로 원리

A	C
0	1
1	0

[표 3.5] NOT 진리표값

3.23.4 NAND 회로

NAND 회로는 논리적 부정회로로서 AND의 부정을 의미하며 NAND 회로의 출력은 [표 3.6]의 진리표값에 보여주는 것처럼 AND 회로 출력의 반대를 가지고 있다. 즉 [그림 3.70]은 이 회로의 기호이며 NAND 회로는 AND 회로에 NOT 회로를 접속한 회로이다. 또한 NAND로서 NOT와 AND 또는 OR를 만들 수 있다.

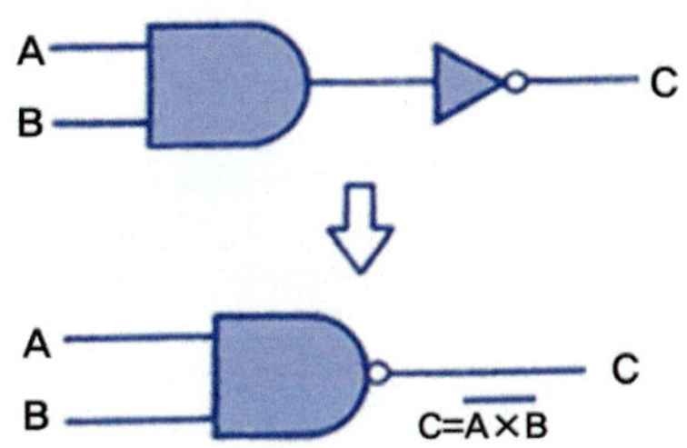

[그림 3.70] NAND 기호

A	B	C
0	0	1
0	1	1
1	0	1
1	1	0

[표 3.6] NAND 진리값표

3.23.5 NOR 회로

NOR 회로는 OR 회로에 NOT 회로를 접속한 회로이며 기호는 [그림 3.71]로 표시되고 진리값표는 [표 3.7]로 표시된다.

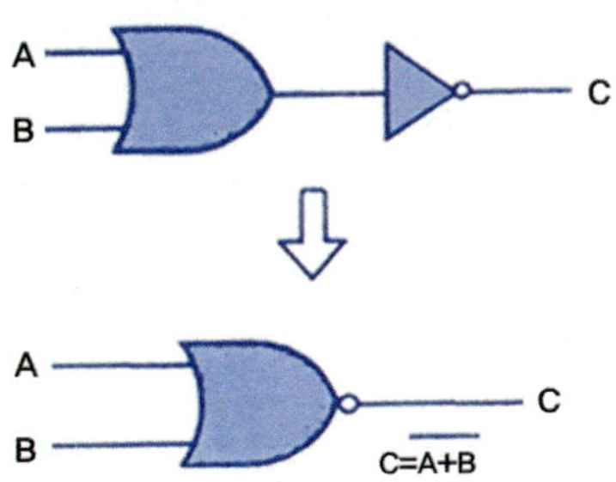

[그림 3.71] NOR 기호

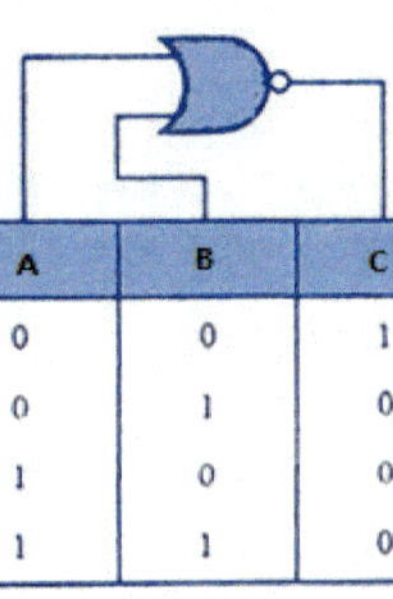

A	B	C
0	0	1
0	1	0
1	0	0
1	1	0

[표 3.7] NOR 진리값표

3.23.6 논리 비교기 회로

논리 비교기는 [그림 3.72]와 같이 B에 기준전압 '1'을 가해주고 입력단자 A로부터 B보다 큰 '1'을 주면 동력입력 D에서 C로 '1' 신호가 출력되고 B전압보다 작은 입력이 오면 '0' 신호가 출력되는 회로이다.

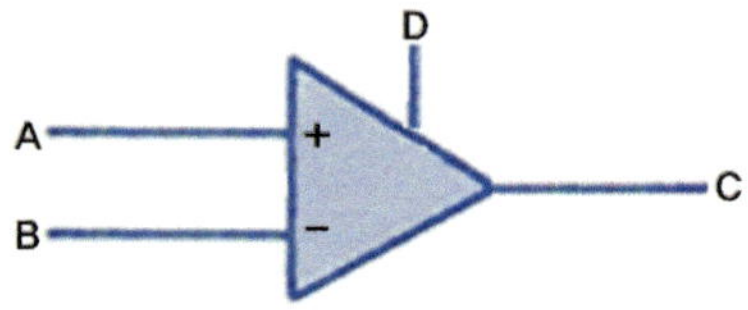

[그림 3.72] 논리 비교기의 기호

3.23.7 배타적 논리 회로

[그림 3.73]은 배타적 논리(exclusive OR) 회로의 기호이고 [표 3.8]은 배타적 논리 회로의 진리값표로서, 입력이 서로 다를 경우에 출력은 '1'로 되나, 입력이 같을 경우에는 출력이 '0'으로 되는 회로이다.

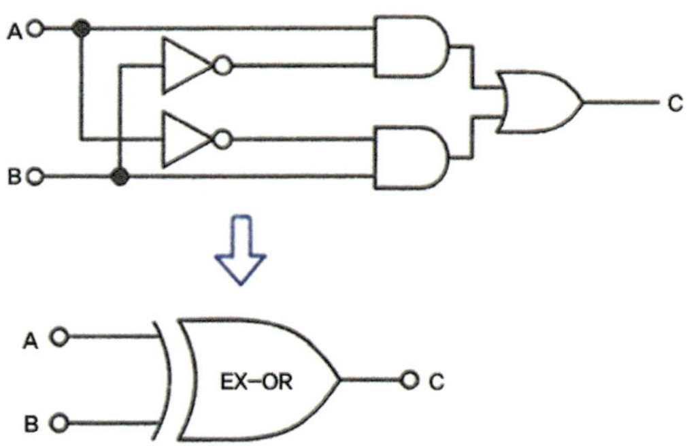

[그림 3.73] exclusive OR 기호

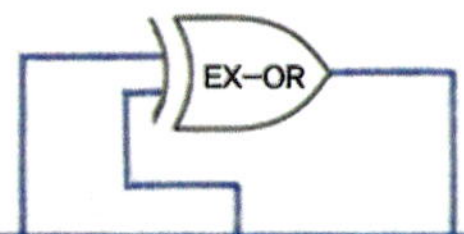

A	B	C
0	0	0
0	1	1
1	0	1
1	1	0

[표 3.8] exclusive OR 진리값표

3.24 반도체의 성질 및 장 · 단점

3.24.1 반도체의 성질

① 서로 다른 두 금속(비스무스-안티몬)을 접속하여 여기에 전류를 흐르게 하면 줄열 외에 발열 또는 흡열이 일어나는 현상 : **펠티어(Peltier) 효과**

② 같은 종류의 도체이면서 부분적으로 온도가 다른 금속에 전류를 흐르게 하면 온도가 바뀌는 부분에서 발열과 흡열이 일어나는 현상 : **톰슨(Thomson) 효과**

③ 증폭작용 및 스위칭작용을 한다 : **트랜지스터**

④ 빛을 받으면 고유저항이 감소한다 : **포토다이오드 및 포토트랜지스터, CdS(조도센서)**
⑤ 온도가 상승하면(열을 받으면) 전기 저항 값이 변화하는 제벡 효과(Seebeck) : **서미스터**
⑥ 압력을 받으면 전기가 발생하는 피에조(Piezo) 효과 : **압전소자**
⑦ 자기를 받으면 통전성이 변화하는 홀(Hall) 효과 : **홀 센서**
⑧ 다른 금속이나 반도체와 접속하면 정류작용을 한다 : **다이오드**

3.24.2 반도체의 장·단점

(1) 반도체의 장점

① 매우 소형이고 가볍다.
② 내부 전력 손실이 매우 적다.
③ 예열 시간이 필요하지 않고 곧 작동한다.
④ 기계적으로 강하고, 수명이 길다.

(2) 반도체의 단점

① 온도가 상승하면 그 특성이 매우 나빠진다. 저마늄은 85 [℃], 실리콘은 150 [℃] 이상이면 파괴된다.
② 역 내압(역으로 흐를 때 견딜 수 있는 전압)이 매우 낮다.
③ 정격 값 이상이 되면 파괴되기 쉽다.

CHAPTER 04

고전압 배터리 시스템

4.1 개요

전기자동차는 전기 공급원에서 충전을 받은 전기에너지를 동력원(動力源)으로 사용하는 자동차로서, 하이브리드자동차, 수소차 등과 함께 '환경 친화적 자동차' 중 하나로 정의되어 있다.

전기자동차에는 모터 · 에어컨 · 히터 등을 작동하는 구동용 고전압 배터리와, 조명 · 와이퍼 · 오디오 등을 작동하는 12 [V] 보조 배터리 총 두 가지의 배터리가 탑재되어 있다. 이때 보조 배터리는 주행가능 표시등이 켜진 상태 또는 고전압 배터리가 충전되는 경우에 자동적으로 충전되는 구조로 되어있다. 이 교재에서는 전기로 구동하여 도로를 주행하는 승용 전기자동차 배터리에 관해 기술한다.

4.2 배터리의 분류

배터리는 크게 화학전지와 물리전지로 나누어진다. 화학전지는 1차 전지, 2차 전지, 연료전지로 나누어지고, 물리전지는 태양전지, 열전소자, 원자력 전지로 나누어진다. 이 중 2차 전지는 산성계, 알칼리계, 리튬계로 나누어진다.

알칼리인 전지(Alkaline Battery)는 1차 전지의 하나로 전해액으로 수산화칼륨을 사용하며 대부분의 알칼리 전지는 충전이 불가능하지만, 일부는 충전이 가능하도록 설계된 것도 있다.

알칼리 배터리(Alkaline Storage Battery)는 충전이 가능한 2차 전지로 전해액으로 강한 알칼리 용액, 양극으로 수산화니켈, 음극으로 철 또는 카드뮴을 사용하여 만든 것으로 납산 배터리에 비해 가볍고 수명이 길다.

본 교재에서는 충 · 방전이 가능한 2차 전지와 연료전지를 간단하게 소개하고 전기자동차, 특히 승용차에 많이 사용하는 리튬계 배터리만 서술한다.

[표 4.1] 배터리의 분류

화학전지	1차 전지	망간/니켈전지(건전지)	화학에너지를 전기에너지로 변환. 충전은 불가
		알칼리인 전지	
		리튬전지(Coin cell)	
	2차 전지	산성계(납산 배터리)	화학에너지를 전기에너지로 변환. 전기에너지를 화학에너지로 변환. 충·방전 가능
		알칼리계(Ni-Cd, Ni-MH)	
		리튬 이온 배터리	
	수소연료전지	화학에너지를 전기에너지로 연료 연속 공급하여 발전	
물리전지	태양전지	반도체를 이용하여 태양광을 전기에너지로 변환	
	열전소자	반도체를 이용하여 열을 전기에너지로 변환	
	원자력전지	방사선 동위원소에너지를 전기에너지로 변환	

4.3 주요 배터리의 특성

(1) 납산 배터리

납산 배터리의 구조는 [그림 4.1]을 참조하고 전기자동차에서는 보조(저전압) 배터리로서 등화장치 및 전기 장치에 전원을 공급한다. 충·방전 화학 반응식은 다음과 같다.

$$\begin{array}{ccccccccccc} \text{양극판} & & \text{전해액} & & \text{음극판} & & \text{양극판} & & \text{전해액} & & \text{음극판} \\ PbO_2 & + & 2H_2SO_4 & + & Pb & \underset{\text{충전}}{\overset{\text{방전}}{\rightleftarrows}} & PbSO_4 & + & 2H_2O & + & PbSO_4 \\ \text{과산화납} & & \text{묽은황산} & & \text{해면상납} & & \text{황산납} & & \text{증류수} & & \text{황산납} \end{array}$$

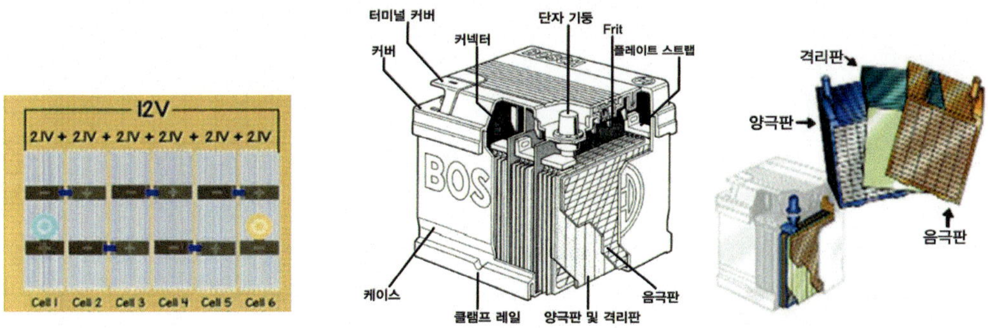

[그림 4.1] 납산 배터리의 구조

✍ Handy hint

➟ 전해질 : 특정한 용매에 녹였을 때 전기 전도성을 가지는 물질

(2) 니켈-카드뮴 배터리

니켈-카드뮴 배터리의 충·방전 화학 반응식은 다음과 같다.

$$2NiOOH + Cd + 2H_2O + KOH = 2Ni(OH)_2 + CdO_2 + KOH$$

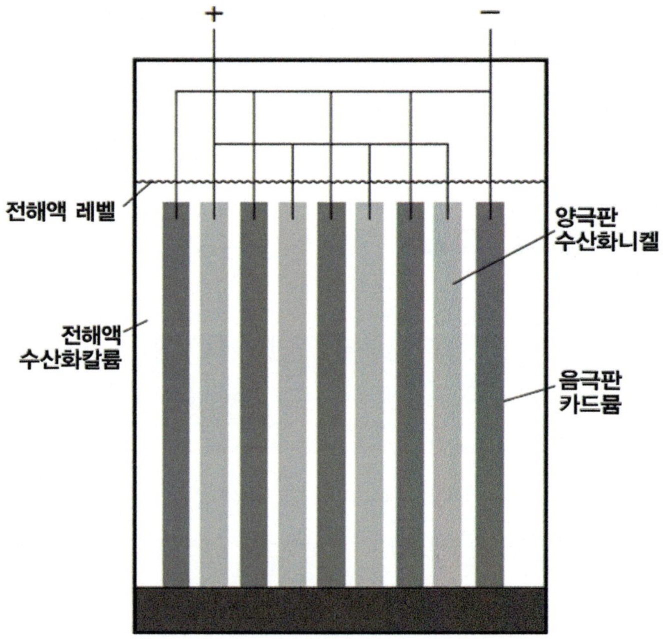

[그림 4.2] 니켈-카드뮴 축전지 셀

(3) Ni-MH 배터리

Ni-MH 전지는 기존의 $Ni-Cd$전지에서 Cd극을 수소저장합금으로 대체한 것으로서 음극에 수소저장합금(M), 양극에 수산화니켈($Ni(OH)_2$)이 사용되며, 또한 전해액은 수산화칼륨(KOH)이 사용되고 있다.

충전 시 음극에서는 물이 전기 분해되어 생기는 수소이온이 수소저장합금에 저장되는 환원 반응이, 양극에서는 $Ni(OH)_2$가 $NiOOH$로 산화되는 반응이 일어난다. 방전 시에는 역으로 음극에서는 수소화합물의 수소원자가 산화되어 물로 되고, 양극에서는 $NiOOH$가 $Ni(OH)_2$로 환원되는 반응이 일어난다.

[표 4.2] 니켈-카드뮴 전지와 니켈-수소금속 전지의 비교

구분	니켈-카드뮴 전지	니켈-수소금속 전지
용 량	작음	큼
자연방전	많음	보통
메모리 효과	많음	보통
특 징	• 급속 충 · 방전에 유리함 • 전류를 충분히 소모시킨 후에 완전 재충전해야 함 • 수명이 길고 안정적임 • 공해물질이 있음	• 급속 충 · 방전이 가능하고 저온특성이 우수함 • 밀폐화가 가능하여 과충전 및 과방전에 강함 • 공해물질이 거의 없음
용 도	전동 면도기, 코드 없는 진공청소기, 가정용 무선 전화기, 전동드릴, RC카 등	AA건전지, 하이브리드 자동차의 배터리, RC카 등

[표 4.3-1] 각 배터리 비교

화학 성분	밀도[Wh/kg]	밀도[Wh/ℓ]	작동 전압 (공칭 · 기준 전압)	개회로 전압	종지 전압 (Cut-off voltage)	충전 전압
Alcaline	145	400	1.2 [V]	1.6 [V]	0.9 [V]	NA
납산 배터리	30~40	50~80	2.0 [V]	2.25 [V]	1.75 [V]	2.8 [V]
NiCd	40~80	100~150	1.2 [V]	1.3 [V]	0.9 [V]	1.6 [V]
NiMH	60~100	160~230	1.2 [V]	1.3 [V]	0.9 [V]	1.5 [V]
Li-ion	110~130	210~320	3.6 [V]	4.2 [V]	2.8 [V]	4.2 [V]

[표 4.3-2] 각 배터리 비교

화학 성분	자기 방전량 [%/월]	내부저항 [mΩ]	충 · 방전 사이클	방전 Rate [mAh]	작동온도 [℃]	가격
Alcaline	0.3	100~300	1	< 0.25C	-20~+55	Very Low
납산 배터리	2~8	2.5~25	50~500	< 15C	-20~+50	Low
NiCd	15~20	3.5~300	1500	< 10C	-20~+60	Low
NiMH	20~25	10~400	800	< 3C	0~+60	Med
Li-ion	6~10	50~500	1000	< 2C	-20~+60	High

(4) 수소연료 전지

수소연료 전지는 신재생 에너지로서 화학적 에너지를 전기적 에너지로 전환하는 장치이고, 연료인 H_2와 O_2를 연속적으로 공급하여 발전을 한다.

수소가 산소와 반응하여 전기를 생산하는 과정은 [그림 4.3]에서

① 수소의 산화($H_2 \rightarrow 2H^+ + 2e^-$)

연료전극의 백금(Pt) 촉매는 수소를 양의 수소 이온과 음의 전하를 띤 전자로 분열시킨다. 백금보다 1/80 저렴한 니켈-몰리브데넘 촉매로 성능을 10 [%] 이상 향상시킬 수 있는 백금 촉매를 대체할 소재가 개발되었다.

② H^+이 전해질 막을 통해 공기전극으로 이동

③ 전자(-)가 외부도선에 의해 이동하여 모터에 전류 공급

④ 산소가 환원되어 물 생성($2H^+ + e^- + \frac{1}{2}O_2 \rightarrow H_2O$)

양전하를 띤 수소 이온은 산소와 결합하여 물을 형성하고 밖으로 배출된다.

$$2H^+ + 2e^- + \frac{1}{2}O_2 \rightarrow H_2O + \text{에너지}$$

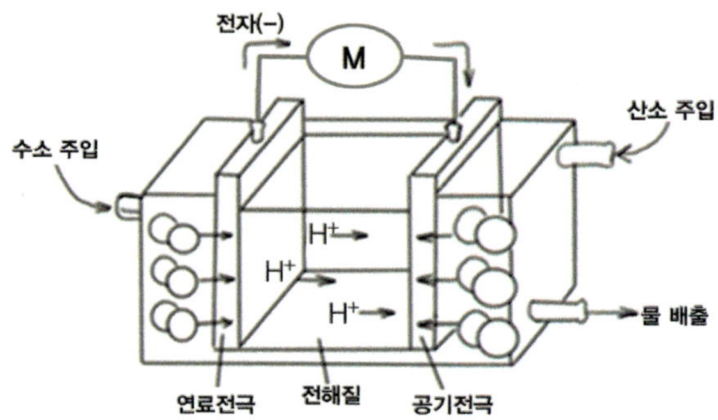

[그림 4.3] 연료전지의 전기발생 과정

연료전지는 크게 막전극접합체(MEA), 전해질막, 촉매층, 가스확산층, 가스켓, 분리막으로 구성되어 있고 특히 MEA(Membrane Electrode Assembly)는 음극과 양극을 전해질막에 부착한 것으로 연료전지의 핵심 부품이다.

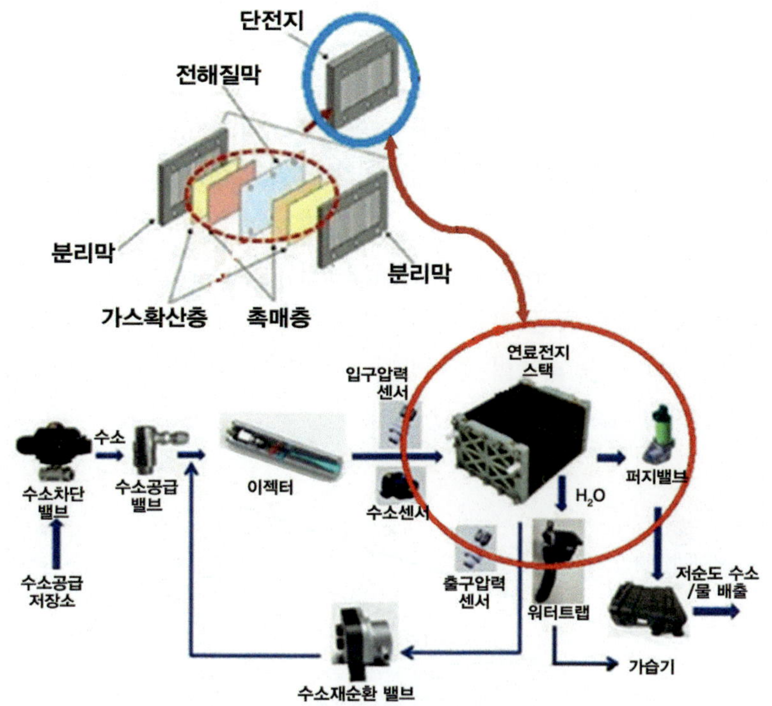

[그림 4.4] 수소공급 과정

1개의 연료전지는 발생 전압이 0.7 [V]에 불과해서 충분한 전력을 만들어내기 위해 여러 개를 직렬 연결하여 쌓아서 만든다(400V). 전기 에너지 이외에도 연료전지는 물과 열을 발생시킨다. 연료전지의 에너지효율은 통상 40~60 [%]이지만 배출된 열을 사용할 수 있다면 85 [%]까지 가능하다.

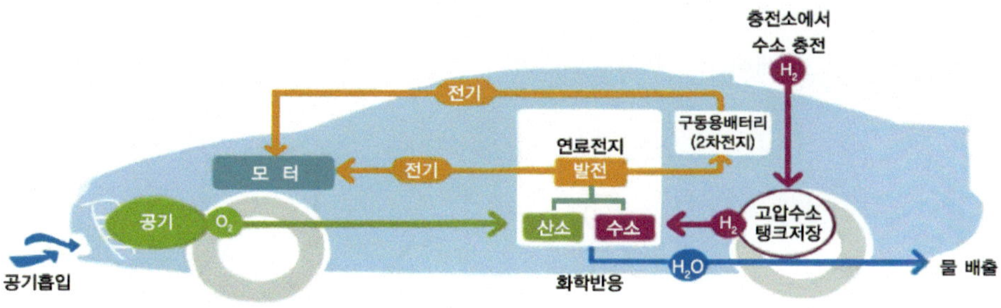

[그림 4.5] 수소 자동차의 구조

4.4 리튬 이온 배터리

전기자동차의 핵심 부품인 고전압 배터리는 자동차의 특성을 고려할 때 높은 에너지 밀도와 수명이 길고, 가벼운 무게, 뛰어난 충·방전 효율을 만족시켜야 한다. 전기자동차에는 자동차의 특성에 가장 적합한 리튬 이온(Lithium ion) 또는 리튬 이온 폴리머 배터리(Lithium ion polymer battery)를 사용한다.

1976년 뉴욕주립대의 스탠리 휘팅엄 교수는 금속 리튬으로 도선에 전자를 공급하는 음극을 만들고, 이황화티타늄으로 양극을 만들어 전류가 흐르게 하는데 성공했지만, 2 [V] 정도의 낮은 전압만 낼 수 있고 금속 리튬이 충·방전 과정 부피 팽창과 덴드라이트로 인해 폭발할 가능성이 있다는 숙제를 남겼다.

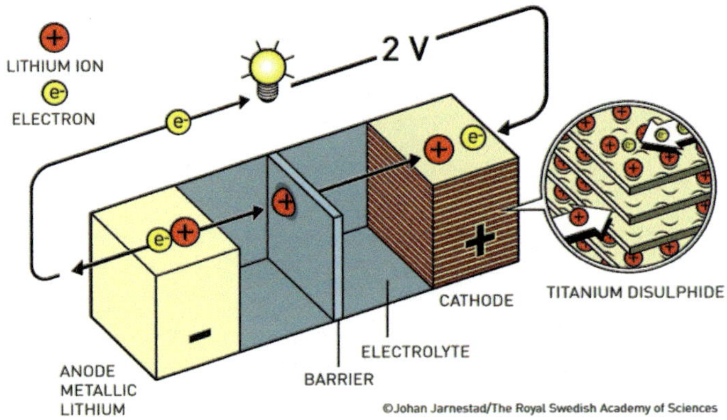

[그림 4.6] 초기 리튬 이온 배터리

이후 텍사스대 오스틴의 존 구디너프 교수가 1980년 리튬 이온을 삽입한 코발트 산화물을 이용하는 방법으로 전압을 기존보다 두 배 이상 크게 높이는 데 성공하며 주목을 받았으나, 폭발 문제는 여전히 존재하고 있었다.

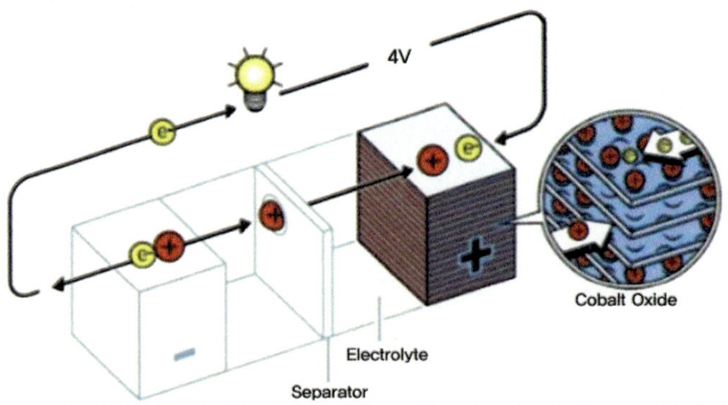

[그림 4.7] 음극 리튬금속, 양극 코발트 산화물

다음으로 일본 메이조대의 요시노 아키라 교수가 1985년 음극에 리튬 이온을 페트롤늄 코크스에 함침함으로써 안전성이 우수한 리튬 이온 배터리를 개발하여 상업화에 성공하여 현재 보완 · 발전하게 되었다.

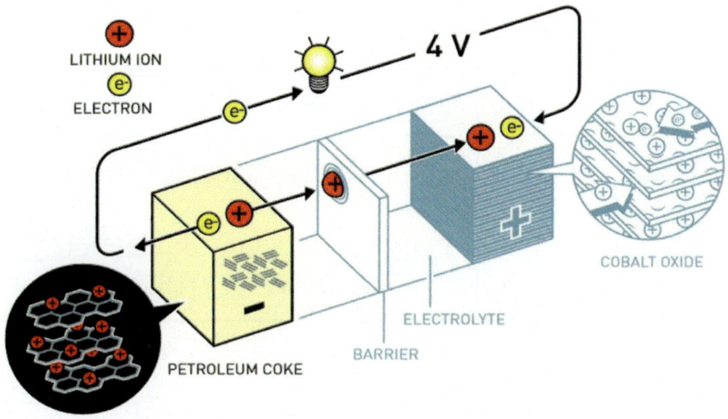

[그림 4.8] 음극 페트롤늄 코크스, 양극 코발트 산화물

학계는 휘팅엄 교수가 리튬 이온 배터리의 개념을 정립하고 구디너프 교수가 기술을 발전시킨 후 요시노 교수가 상용화에 기여했다고 평가하였고, 이후 세 사람은 2019년 노벨 화학상을 공동 수상하였다.

[표 4.4]는 현재 주로 사용하고 있는 전기자동차 배터리의 종류와 특성을 정리한 것이다.

[표 4.4] 전기자동차에 이용되는 배터리 종류와 특성

배터리 종류		특 성
이원계 배터리(LFP) LFMP		• 코발트 대신 인산철($LiFePO_4$)을 넣은 양극재 • 올리빈 구조로 안정성이 높다. • 무게가 무겁고 가격이 저렴하다. • 에너지 밀도가 낮아 주행 거리가 짧다.
삼원계 배터리 	NCA	• 니켈 + 코발트 + 알루미늄, 니켈 + 코발트 + 망간 • LMO를 기본으로 하고 · 망간(Mn)과 코발트(Co)는 배터리의 안정성을 높이고, 니켈(Ni)은 에너지 밀도를 높여주고, 알루미늄(Al)은 출력이다. • 에너지 밀도가 높다. • 배터리 관리가 어렵고, 폭발 위험이 있어 제작에 주의해야 한다. • NCM 111, 712, 811 등의 숫자로 표현하는데 이는 리튬에 니켈 8 [%], 코발트 1 [%], 망간 1 [%] 함유되었다는 뜻이다.
	NCM	

사원계 배터리  	NCMA	• 니켈 함량이 90% 이상 에너지 밀도를 높이고 고용량이다. 값비싼 코발트는 5% 이하로 하여 제조 원가를 낮추었다.
차세대 배터리		• 전고체 배터리 : 에너지 밀도를 높이면서 안정성도 높일 수 있는 배터리로서 2025년도 개발 완료 예정 • 리튬 · 황 배터리 : 양극에 황, 음극에 리튬이 있는 배터리로서 황은 저렴하고 가볍기 때문에 배터리 무게 저감 • 리튬 · 공기 배터리 : 전극으로 산소를 사용하고, 에너지 밀도를 10배로 높인 배터리

[표 4.5] 리튬 이온 배터리의 타입별 비교

배터리 타입	정격 전압[V]	이론 용량 밀도 [Ah/kg]	이론 에너지 밀도 [Wh/kg]
$LiCoO_2$	3.8	273	1040
$LiMn_2O_4$	3.8	148	563
$LiFePO_4$	3.3	170	560
$Li(MnNiCo)O_2$	3.7	278	1028
LiO_2	3.2	1377	4405
Li_2S	2.2	1167	2567

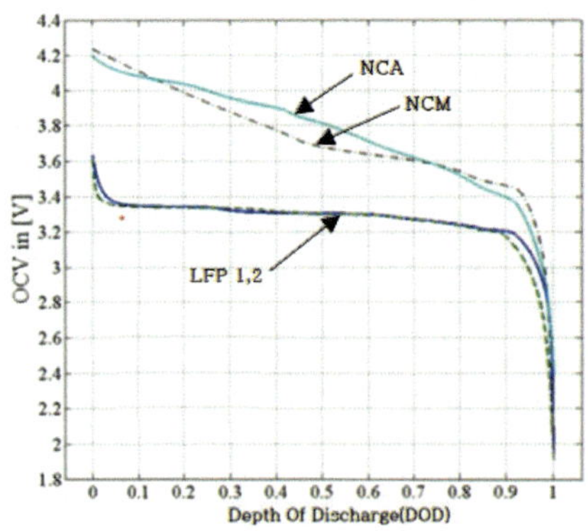

(a) 배터리 특성

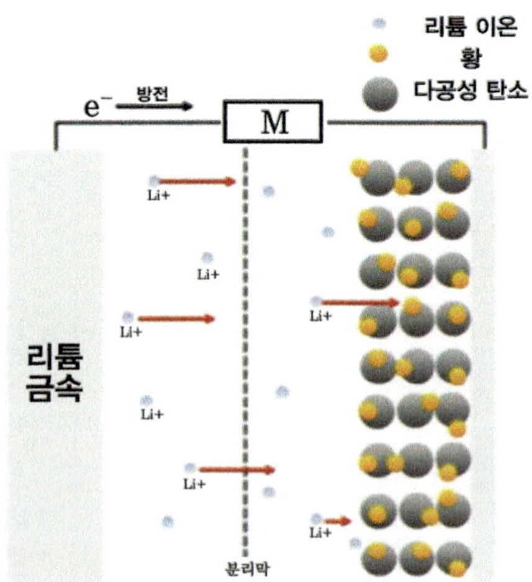

(b) 리튬–황 배터리 작동원리

[그림 4.6] 각 배터리 특성 및 리튬–황 배터리 작동원리

✍ Handy hint

① **OCV**(Open Circuit Voltage)는 부하가 연결되지 않은 배터리 단자 사이의 전위차를 의미한다. 즉, 개방 회로에서의 전압을 의미한다.

② **CCV**(Closed Circuit Voltage)는 부하가 연결되어 있는 상태에서 배터리 단자 사이의 전위차를 말한다. 즉, 폐회로에서의 전압을 의미한다.

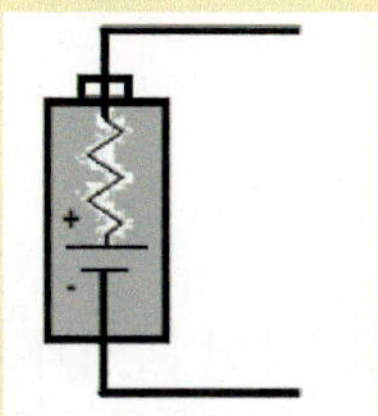

[Open Circuit Voltage]

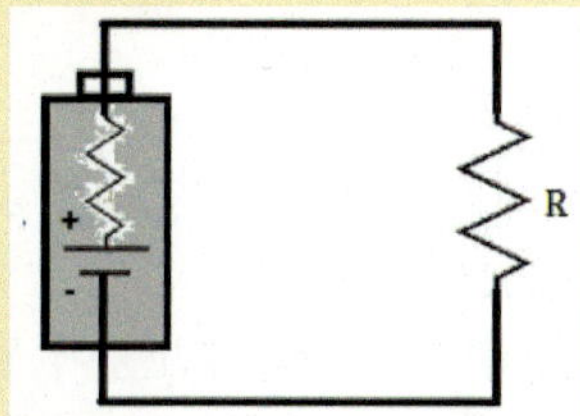

[Closed Circuit Voltage]

4.4.1 리튬 이온 배터리의 충 · 방전 화학작용

배터리의 기본 동작은 리튬의 이온화 경향이다. 리튬은 금속 중에 이온화 경향이 가장 큰 금속으로, 이온화 경향이란 금속이 전자(-)를 내주고 (+)이온이 되려고 하는 정도이다.

금속의 이온화 경향이 큰 순서는 Li 〉 K 〉 Ca 〉 a 〉 Mg 〉 Al 〉 Zn 〉 Fe 〉 Ni 〉 Sn 〉 Pb 〉 H 〉 Cu 〉 Hg 〉 Ag 〉 Pt 〉 Au으로 리튬, 나트륨 금속은 자연계에서 수산화 리튬(LiOH : 삼원계 사용), 탄산리튬(Lithium Carbonate : Li_2CO_3 : 이원계 사용), 염화나트륨(NaCl) 상태로 존재하며, 순수한 금속으로는 존재하기가 매우 어렵다.

금(Au)의 경우 이온화 경향이 가장 낮기 때문에 수천 년 동안 지하에 묻혀도 온전한 상태로 발굴되는 것이다.

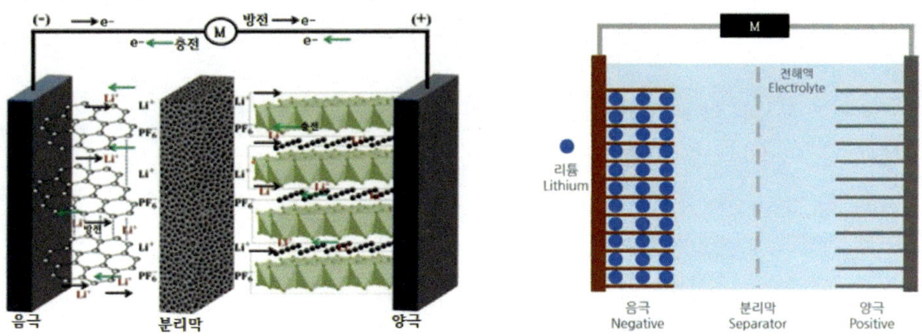

(a) 충 · 방전 과정

(b) 완충된 배터리

[그림 4.7] 충 · 방전 화학작용

충전 과정에서는 가해준 외부 에너지를 이용해 리튬 이온(Li^+)이 양극에서 음극으로 이동한다. 만약 양극재가 Li, Co 산화물이라 하면 양극에서 Li은 Li 이온으로 산화된다(①). Li 이온은 전해질을 통해, 전자(-)는 외부의 도선을 통해 음극으로 이동한다. 음극제가 흑연이면 음극에서 일어나는 반응은 ②번의 화학반응식과 같다. 결과적으로 충전 과정의 overall 반응식은 ③번의 반응식이 된다.

$$LiCoO_2 \rightarrow CoO_2 + Li^+ + e^- \quad ①$$

$$C_6 + Li^+ + e^- \rightarrow LiC_6 \quad ②$$

$$LiCoO_2 + C_6 \rightarrow CoO_2 + LiC_6 \quad ③$$

방전 과정은 자발적인 화학반응이 일어나는 경우를 말한다. 충전 과정과 반대로 Li이온이 음극에서 양극으로 이동하는데, 이를 통해 외부에 전기에너지를 공급한다. 음극에서 Li이 산화되어 나오고, Li이온은 전해질을 통해 양극으로 이동하여 전자는 외부 도선으로 양극으로 이동하게 된다. 이때 음극에서의 반응식은 ④번과 같다. Li이온은 양극으로 이동하여 환원되며(⑤), 따라서 방전 과정의 Overall 반응식은 ⑥번의 화학반응식이 된다.

$$LiC_6 \rightarrow C_6 + Li^+ + e^- \quad ④$$

$$CoO_2 + Li^+ + e^- \rightarrow LiCoO_2 \quad ⑤$$

$$LiC_6 + CoO_2 \rightarrow C_6 + LiCoO_2 \quad ⑥$$

순수 전기자동차에 사용되는 배터리는 고전압(240 ~ 450 [V], 75 ~ 80 [kWh])인 메인 배터리(Main Battery)와 저전압인 12[V] 납산 배터리(Lead Acid Battery)를 사용하고 있다.

Main Battery는 전기 모터를 구동하기 위한 에너지로 사용되고, [그림 4.7]과 같이 Cell, Module, Pack으로 구성되어 있다.

(a) 셀 (b) 모듈 (c) 팩

[그림 4.8] 배터리 구성

4.4.2 리튬 이온 배터리 구성품의 역할

(1) 양극(Positive electrode)

양극은 리튬이 들어있는 공간이 양극이다. 배터리 내부에서는 충·방전이 반복되므로 리튬 자체만으로 반응이 불안정하다. 따라서 리튬과 양극에서 배터리 전극에 반응하는 물질을 더하는데, 이 더한 물질을 양극활물질이라고 한다. 양극활물질의 종류로는 니켈, 알루미늄, 망간, 코발트, 인산, 철 등이 있다. 이 양극재는 배터리의 심장으로서 얼마나 많은 리튬이 들어가 있느냐에 따라서 배터리의 용량과 사용시간을 결정한다.

[그림 4.9] NCM 양극구조

> **Handy hint**
>
> ▣ 양극재 제조과정
>
> 합제 혼합(활물질 + 도전체 + 바인더 + 분산용액) → 집전체(Al)에 도포 → 건조 → 고온 압축 → 절단(Slitting)
>
> 특히 고온에 압축하는 이유는 전극의 두께를 얇게 하고 집전체와 활물질 간의 접착성을 증가시켜 전지의 에너지 밀도를 상승시키고 특성을 향상시키기 위함이다.

(2) 음극(Negative electrode)

충전 시에는 양극에 있던 리튬 이온(Li^{+})이 전해액을 타고 음극으로 이동하고, 전자(e^{-})는 외부 도선을 타고 이동하면서 음극에 충전한다. 음극에서는 이 리튬을 잘 저장하고 있다가 구동 모터를 사용하면 그때 모터로 전자(e^{-})을 방출하면서 전류를 흐르게 하고, 리튬 이온($Li+$)은 전해액을 타고 양극으로 이동하여 전자와 합체한다.

음극재에도 음극활물질인 흑연과 실리콘이 있다. 이 흑연은 리튬 이온을 저장할 수 있게 하는 역할을 하고([그림 4.10] (d) 참조), 실리콘은 흑연보다 리튬 이온을 10배 정도 많이 저장할 수 있기 때문에 차세대 소재로 주목받고 있다. 다만 실리콘은 충·방전이 반복되는 과정에서 팽창하여 내부의 전자를 파괴한다는 단점이 있기 때문에 아직 상용화되지 않고 있어 기술 개발이 더 필요하다.

[그림 4.10] (e)에서 배터리를 만든 후 최초 충전을 하면 리튬 이온과 음극이 최초 결합한 후에 배터리 수명을 결정하는 특수한 층이 생기게 되는데 이 특수층을 SEI(Solid Electrolyte Interphase)라고 한다. SEI층이 완성되면 음극 쪽으로 리튬 이온이 들어올 수는 있으나 전자는 나갈 수 없게 하는 기능을 한다.

[그림 4.10] (f)에서 충전과정에 음극 표면에 리튬 결정이 맺히고 이것이 핵이 되어 쌓여 나뭇가지처럼 뾰족하게 날카로운 돌기가 생기는 현상을 덴드라이트(Dendrite : 수상돌기)라고 한다. 이 덴드라이트가 성장하여 분리막을 뚫고 양극과 만나 Short를 일으켜 배터리 폭발 원인이 되기도 한다.

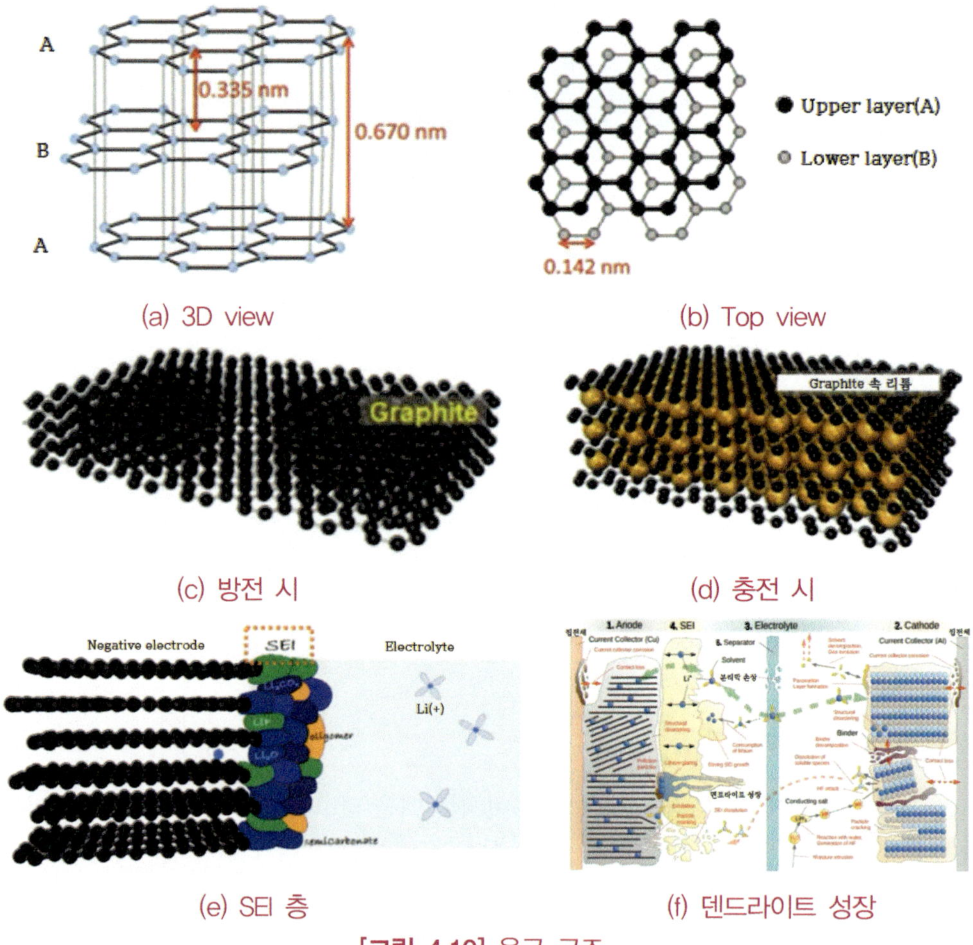

(a) 3D view (b) Top view

(c) 방전 시 (d) 충전 시

(e) SEI 층 (f) 덴드라이트 성장

[그림 4.10] 음극 구조

(3) 전해액(Electrolyte)

전해액의 주성분은 [$LiPF_6$(육불화인산리튬) + 솔벤트 : 리튬염]과 기능성을 향상시킨 첨가

제를 Mixing한 액체 상태로 되어 있다. 이 전해액은 리튬(Li) 이온이 잘 통과시켜 충·방전을 원활하게 할 수 있도록 하고, 배터리의 성능을 결정하는 요소이다. 또한 이 액체 전해질이 가연성을 띠고 있기 때문에 어떠한 원인에 의해서 불이 붙으면 그 전해질이 연료로서 타게 된다. 이러한 가연성의 액체 전해질을 빼내고 불이 붙을 수 없는 고체 전해질로 바꾸자는 것이 전고체 전지의 개념이다.

액체 전해질은 분리막이 반드시 사용되어야 하고, 액체 상태이므로 이온전도도가 매우 높아서 높은 성능을 발휘되나 불이 붙을 가능성이 있고, 전압 영역이 어느 정도 한정된다는 단점이 있다. 반면 고체 전해질은 고체 전해질 자체가 분리막 역할을 하기 때문에 분리막을 사용할 필요가 없지만, 액체가 고체로 바뀌므로 이온전도도가 액체에 비해 좋지 않아 전기화학적인 성능이 떨어진다는 단점이 있다. 하지만 세라믹 소재이므로 불이 거의 붙지 않아 매우 안전하다. 또 고체 전해질 종류(황화물, 산화물, 폴리머)에 따라서 매우 높은 전압에서도 작동되므로 성능 개선의 여지가 있다.

전고체 배터리의 또 다른 특성은 하나의 전극 한쪽에는 양극, 한쪽에는 음극을 발라서 이것을 셀 내부에 직렬 연결할 수 있는 바이폴라 스태킹을 사용할 수 있는 기술이다. 이 바이폴라 스태킹을 하면 작은 셀에서도 직렬 연결해서 단위 셀의 전압을 높일 수 있는 가능성이 있다.

Handy hint

▣ 음극재 소재의 기술 개발에 필요한 특성

① 높은 충·방전 용량
② 초기 비가역 용량 손실이 작을 것
③ 충·방전 사이클 특성이 우수할 것
④ 활물질 내에서 전기전도성 및 이온 확산속도가 높을 것
⑤ 리튬의 삽입/탈리에 따른 체적 변화가 작을 것
⑥ 환경친화적 소재일 것
⑦ 제조가 용이하고 가격이 저렴할 것

(4) 분리막(Separate)

다공성 분리막(Porous Separate)은 미세한 구멍 사이로 Li(리튬) 이온만 통과시키고 배터리의 양극과 음극 사이에서 Short를 방지하는 역할을 하여 배터리의 안전을 결정한다. [그림 4.10]의 분리막은 세로로 자른 단면의 모습이다. 장난감 의자 등을 만드는 데 쓰이는 단단한 플라스틱인 폴리프로필렌(Polypropylene : PP), 비닐봉지 또는 포장지에 쓰이는 폴리에틸렌(Polyethylene : PE)이 사용되고 있다. 그림에서는 분리막을 확대한 사진으로서 기본적으로 단면은 PP, PE, PP로 구성되어 있다.

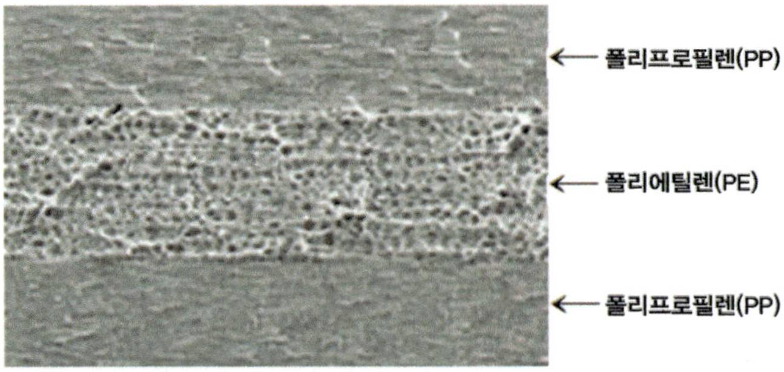

(a) 분리막 구성

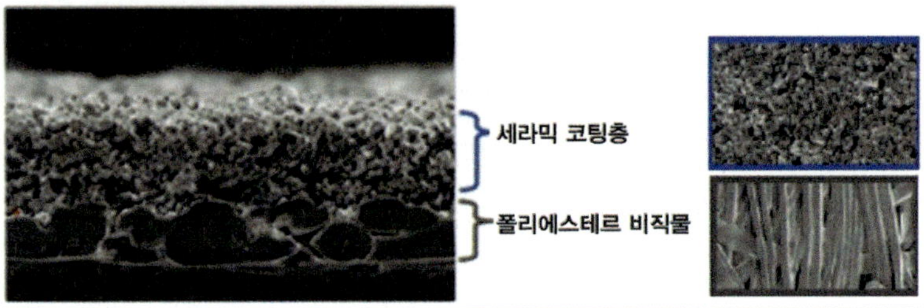

(b) 세라믹 코팅층

[그림 4.11] 분리막 구성 및 세라믹 코팅

배터리 내부에 열 발생으로 분리막이 수축되면 양극과 음극이 Short가 발생하므로 열경화 조건이 강화되고 있다.

분리막에는 건식과 습식 분리막이 있고, 최근 폴리에스테르(PP/PE/PP) 재질 위에 [그림 4.11] (b)와 같이 세라믹으로 코팅하여 열경화성이나 강도를 강화한 제품을 적용하고 있다. 두께는 25~30 [μm] 정도이고, 최근 용량 개선을 위해 계속 얇아지고 있는 추세이다.

Handy hint

▣ 건식 분리막

PE, PP 필름을 잡아당기고 늘려서 기공을 제작한다. 경제적이고 친환경적이나 기공 크기가 불규칙하고 분리막을 얇게 만들기 어려워 에너지 밀도가 낮은 배터리에 적용하며, 특히 ESS, 전기버스, LFP 배터리에 적용한다.

▣ 습식 분리막

PE, PP 필름에 오일을 섞고 고온 · 고압 압출하여 납작하게 제조한 뒤 압축된 PE, PP시트가 식으면서 서서히 굳어질 때 필름 틈에 채워져 있던 오일이 빠지면서 기공이 형성된다. 장점은 기공 크기가 균일하고 얇은 분리막을 제조 가능하여 고용량, 고출력 배터리에 적용한다는 점이다. 단점은 제조 공정이 복잡하고 사용되는 소재가 많아 제조 단가가 비싸다는 점이다. 대부분 전기자동차에 적용하고 있다.

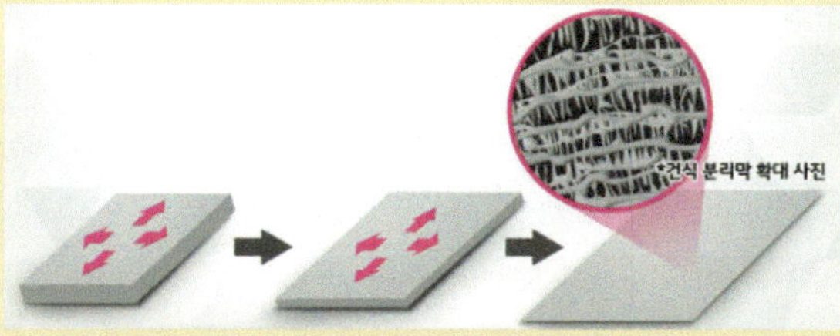

[건식 분리막 확대 사진]

[습식 분리막 확대 사진]

4.5 고전압 배터리의 단위

4.5.1 셀(Cell)

셀은 배터리의 가장 기본단위이며 전기에너지를 충·방전에 사용할 수 있는 2차전지인 리튬 이온 배터리(Lithium ion battery) 또는 리튬 이온 폴리머 배터리(Lithium ion polymer battery)를 사용한다. 이 셀들은 일정 전압을 만들기 위해 터미널과 병렬로 연결되어 사용하고 있다.

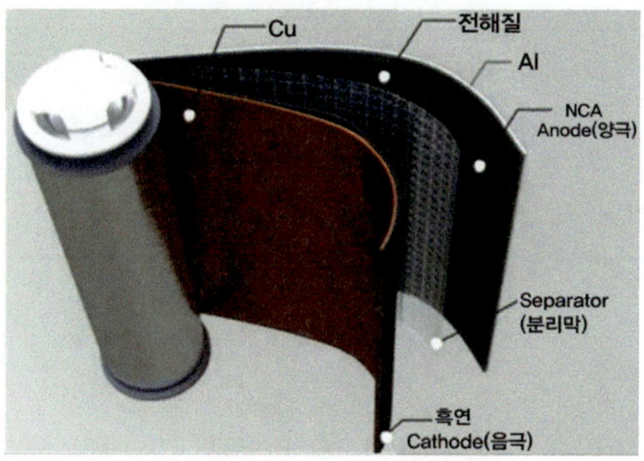

(a) 원통(Cylindrical)형

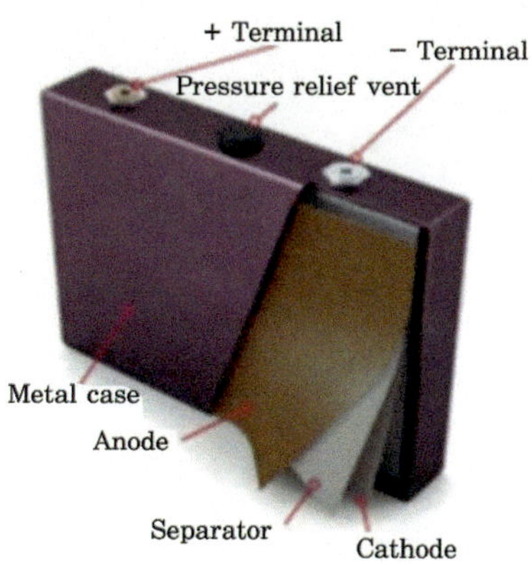

(b) 각(Prismatic)형

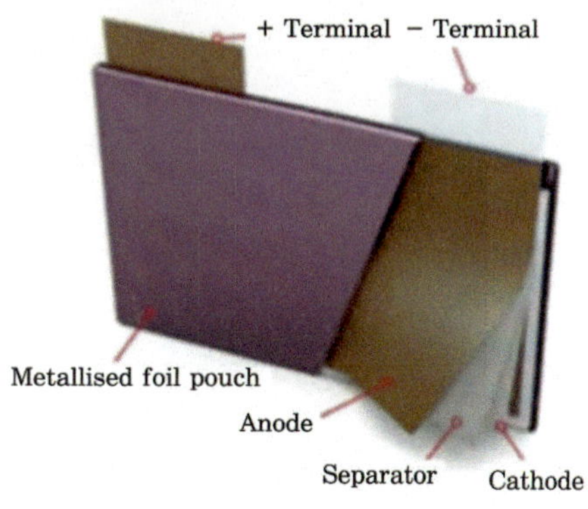

(c) 파우치(Pouch)형

[그림 4.12] 셀의 종류

배터리의 형태에는 파나소닉의 원통형, 삼성SDI의 각형, LG화학의 원통형과 파우치형, SK 파우치형 등이 있다. 원통형과 각형은 Winding 방식으로 만들어지고, 파우치형의 배터리는 Stacking 방식으로 만들어진다. 원통형과 각형, 파우치형의 장단점은 [표 4.5]와 같다.

[표 4.5] 각 셀의 장 · 단점

구 분	장 점	단 점
원 통 형	• 예전부터 만들어서 만들기 쉬움 • 제작 원가가 저렴함 • 내구성이 좋음	• 와인딩 방식으로 인해 공간 밀도가 낮음 • 에너지 밀도가 낮고, 수명이 짧음 • 여러 형태로 만들 수 없음
각 형	• Al can을 사용하기 때문에 안정성과 내구성이 좋음 • 대량 생산에 유리하고 제작 원가가 저렴함	• 와인딩 방식으로 인해 공간 밀도가 낮음 • 파우치형에 비해 부피가 더 커지는데 상대적으로 에너지 밀도가 낮음 • 스웰링 현상이 발생함 • Al 캔 사용으로 생산 비용이 높고, 무게가 무거움 • 주행거리가 짧음 • 여러 형태로 만들 수 없음
파우치형	• 외관이 얇고 가벼우며 여러 형태로 만들 수 있음 • 에너지 밀도가 높아 주행거리가 김 • 스태킹 방식으로 공간 밀도가 높음	• 공정 난이도가 높아 제작 원가가 비쌈 • 외부 충격에 약해 안정성이 부족함

4.5.2 모듈(Module)

모듈이란 각각의 셀이 직렬로 연결되어 외부 충격과 열, 진동 등에서 보호하기 위해 일정한 개수로 묶어 프레임에 넣은 어셈블리 단위이다.

[그림 4.13] Module

[그림 4.14] Pack

✍ **Handy hint**

▣ **배터리 연결법에 따른 전압과 용량 변화**

① 직렬연결

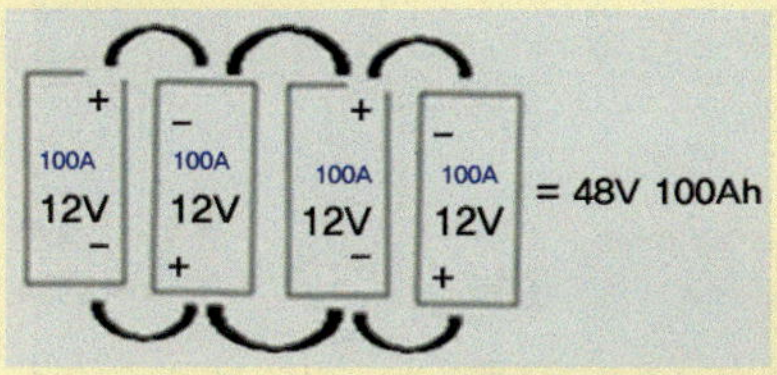

② 병렬연결

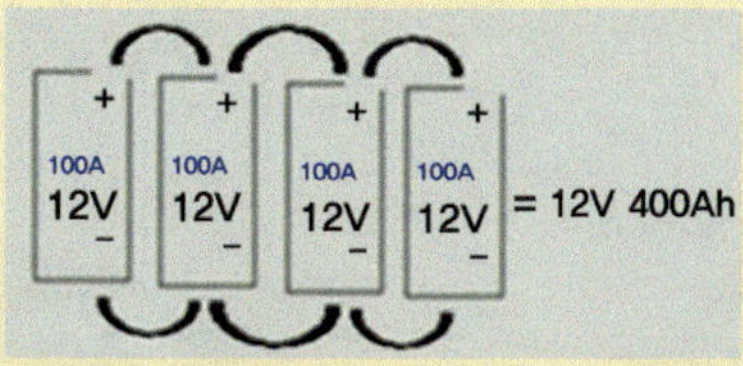

③ 직 · 병렬연결

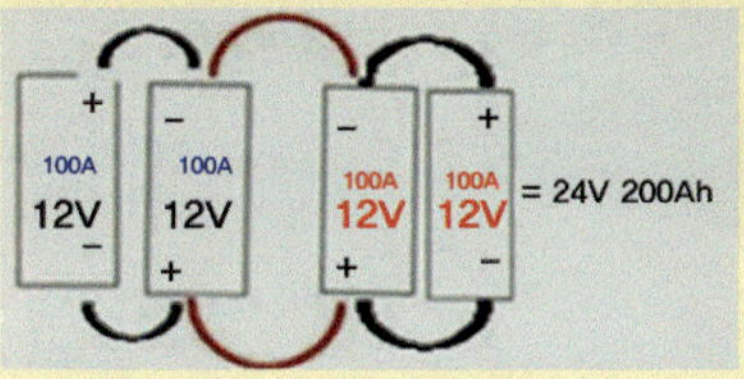

4.5.3 팩(Pack)

배터리 팩은 [그림 4.15]와 같이 모듈을 직렬로 연결하여 여러 개의 배터리 모듈, 셀 모니터링 시스템(CMU), 배터리 매니지먼트 시스템(BMS), VPD, PRA, 냉각 시스템, 과충전 방지 시스템, 온도 센서, 안전 플러그, 각종 제어 및 보호 시스템 등을 장착하여 완성되어 있다.

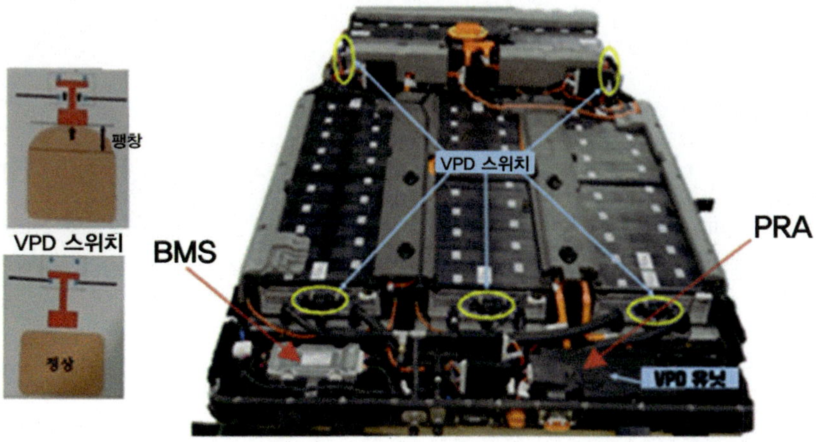

[그림 4.15] 아이오닉5 EV 팩

4.6 배터리 팩 구조와 상세 설계

① 기구 설계 : 배터리 팩 내부 배터리 셀 고정에 관한 설계
② 구조 설계 : 배터리 팩 강성 유지에 관한 설계
③ 냉각 설계 : 냉각 방식에 따른 열 관리를 위한 상세 설계
④ 전장 부품 및 BMS 설계 : 배터리 팩의 효율적이고 안정적인 운용에 관한 설계

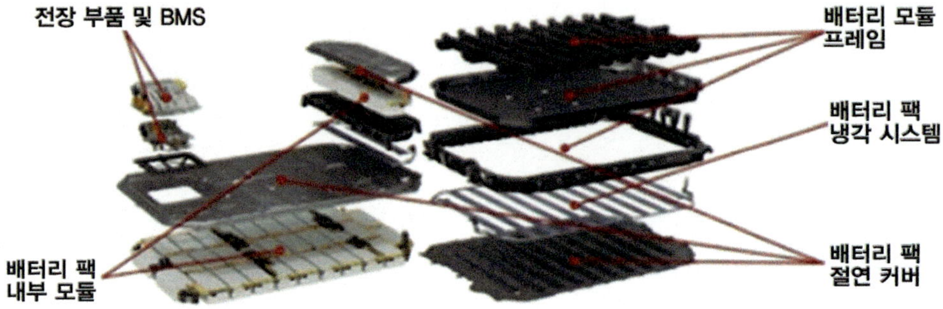

[그림 4.16] 배터리 팩 내부 구성에 따른 상세 설계 항목

4.7 배터리 팩 열관리

배터리 온도 제어를 위한 열전달 물질은 공기(Air cooling), 냉각수(Liquid cooling), 상변화 물질(Phase change material) 등이 적용되고 있다.

공냉식과 수냉식은 각각의 냉각 또는 가열 방법의 장단점([표 4.7] 참조)을 고려하여 전기자동차에 적용하고 있다. 공냉식은 탑재 배터리 용량이 낮은 경우[(P)HEV]에, 수냉식은 탑재 배터리 용량이 높은 경우에 적용된다.

4.7.1 공냉식

내부의 공기를 외부로 배출시켜주면서 외부의 공기가 유입되어 배터리 온도 제어를 수행하는 수동식(Passive air cooling) 방법과, 외부의 공기의 온도를 제어한 후 이를 이용하여 배터리 온도 제어를 수행하는 능동식(Active air cooling) 방법이 적용되고 있다.

4.7.2 수냉식

외부의 공기를 이용하여 냉각수 온도를 제어하고 이를 이용하여 배터리 온도를 제어하는 수동식 방법과, 배터리 냉각에 사용되는 냉각수의 온도를 열교환기를 이용하여 온도 제어 후 배터리 온도를 제어하는 능동식 방법이 적용되고 있다.

[표 4.7] 냉각 방법에 따른 장 · 단점

구 분		장 점	단 점
공기 냉각/가열		① 가격이 저렴함 ② 모든 셀 형태에 적합함 ③ 구조가 간단함 ④ 저온 환경에서도 배터리 예열이 가능함	① 열전달률이 낮음 ② 비효율적인 온도 불균형이 발생함 ③ 공간을 많이 차지함 ④ 잠재적인 소음 문제가 발생함
액체	냉매 냉각	① 열전달률이 높음 ② 순간적인 출력에도 온도 유지 가능 ③ 양호한 온도 균일성 ④ 공간을 적게 차지함	① 배터리 예열은 불가 ② 액체 누수에 의한 단락 위험
	냉각수 냉각/가열	① 열전달률이 높음 ② 순간적인 출력에도 온도 유지 가능 ③ 양호한 온도 균일성	① 단가가 높음 ② 공간을 많이 차지함 ③ 액체 누수에 의한 단락 위험

4.7.3 배터리 팩 열관리 시스템의 설계 시 고려 사항

① 최적의 동작 온도 유지
② 온도 편차 최소화
③ 저렴한 설계/제작비용
④ 낮은 설계/제작 복잡도
⑤ 시스템의 무게
⑥ 손실 전력량
⑦ 제품의 신뢰성
⑧ 열관리 효율

4.7.4 배터리 팩 열관리 시스템 설계 순서

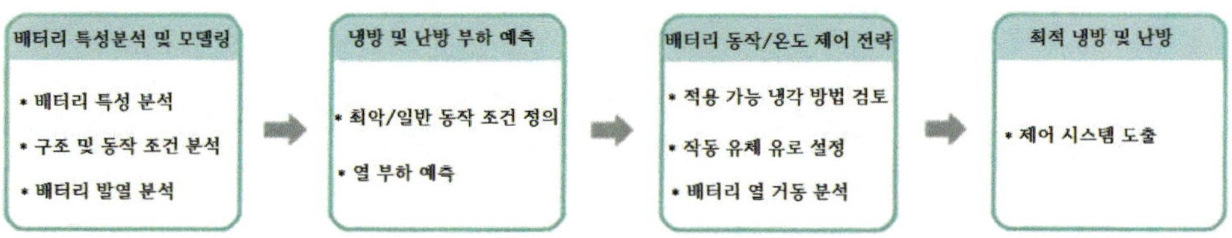

[그림 4.17] 배터리 팩 열관리 시스템 설계 순서

[표 4.8] 전기자동차 배터리 제원(국내)

차량	현대 Kona	현대 IONIQ	기아 Soul	기아 Niro
전체용량[kWh]	67.5	40.4	67.5	67.5
사용가능 용량[kWh]	64(94%)	38.3(94%)	64(94%)	64(94%)
무게[kg]	452	359	457	457
에너지 밀도[Wh/kg]	149	112.4	148	148
배터리 셀 개수	294(98S3P)	176(88S2P)	294(98S3P)	294(98S3P)
양극 활물질	NCM 622	NCM 622	NCM 622	NCM 622
제조사	LG Chem	LG Chem	SK Innovation	SK Innovation
열관리 시스템	Active liquid cooling	Active liquid cooling	Active liquid cooling	Active liquid cooling

[표 4.9] 전기자동차 배터리 제원(해외)

차량	TESLA model 3	Nissan LEAF	BMW i3	Chevrolet Bolt EV
전체용량[kWh]	80.5	62	42.2	68
사용가능 용량[kWh]	76(94%)	56(91%)	37.9(90%)	64(93%)
무게[kg]	478	410	278	430
에너지 밀도[Wh/kg]	165	151	152	158
배터리 셀 개수	4,416(96S46P)	248(96S3P)	96(96S1P)	248(96S3P)
양극 활물질	NCA	NCM 523	NCM 622	NCM 712
제조사	Panasonic	AESC	Samsung SDI	LG Cham
열관리 시스템	Active liquid cooling	Passive air cooling	Active liquid cooling	Active liquid cooling

4.8 부스바(Busbar)

부스바는 배터리 모듈 사이에 연결되어 전류를 전달하는 역할을 한다. 일반적인 배터리 팩에는 이러한 연결이 주로 전선 케이블로 이루어진다. 전기자동차 배터리 팩에 부스바를 이용하는 이유는 구리 또는 알루미늄으로 만들어진 단단한 금속 막대이어서 내구성이 뛰어나며, 일반 케이블보다 넓은 면적을 가지고 있으면서 두께가 최대 70 [%] 낮으므로 배터리 팩의 좁은 공간 안에 간섭 없이 배치되기 좋은 사이즈이기 때문이다.

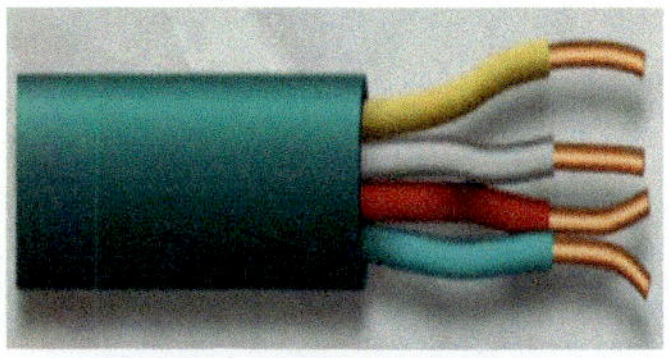

(a) 전선 케이블

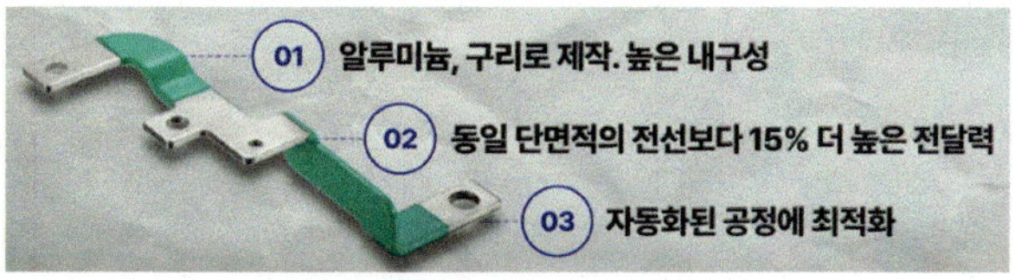

(b) 부스바

[그림 4.18] 전선 케이블과 Busbar 구조

또한 부스바는 동일한 단면적의 케이블보다 15 [%] 더 많은 전력을 전달할 수 있어 보다 효율적이다. 일반 케이블이 가진 유연성은 생산 로봇이 배선 하네스를 차량 내에 배치하는 것을 매우 어렵게 만들지만, 부스바는 금속으로 만들어져 단단하므로 로봇이 부스바를 제자리에 배치하기 간단하다. 이러한 자동화된 공정을 통해 만들어진지는 차량은 원가를 낮추고, 품질을 높이는 데 도움을 준다.

[그림 4.21]과 같이 모듈과 모듈 사이 전류가 이동하면서 혹시 발생할 수도 있는 과전류에 대한 예방책으로 퓨즈 역할을 하는 부스바도 적용되고 있다.

[그림 4.19] Busbar 및 Fuse

4.9 Module less Battery Pack

배터리 셀의 모듈화는 안정성과 관리의 효율성이라는 장점이 있지만, 모듈의 패키지화로 공간을 많이 차지하게 된다는 단점이 있다. 그리하여 최근에는 셀을 모듈화하지 않고 바로 팩으로 만드는 CTP(Cell To Pack)와 CTC(Cell To Chassis) 기술이 도입되고 있다.

CTP와 CTC는 중국의 배터리 제조회사인 CATL사에서 개발한 기술로, 현재 CTP는 테슬라 중국 공장에서 생산되는 모델3와 폭스바겐 id3 등에 적용되고 있다. 지금처럼 모듈을 적용해 팩을 만들 경우 공간의 50 [%] 정도만 셀을 넣을 수 있는 반면, 셀을 그대로 팩으로 만드는 CTP 방식으로 배터리 팩을 제작할 경우 70 [%]까지 공간 활용도를 높일 수 있어 같은 사이즈의 배터리 팩이라도 주행거리를 비약적으로 늘릴 수 있게 된다.

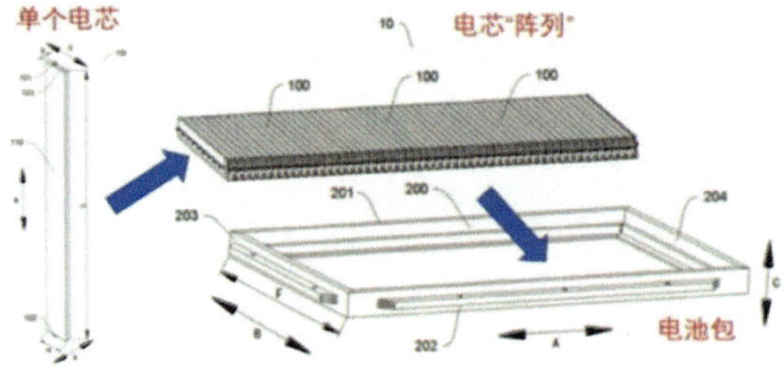

(a) CPT 개략도(source : CATL)

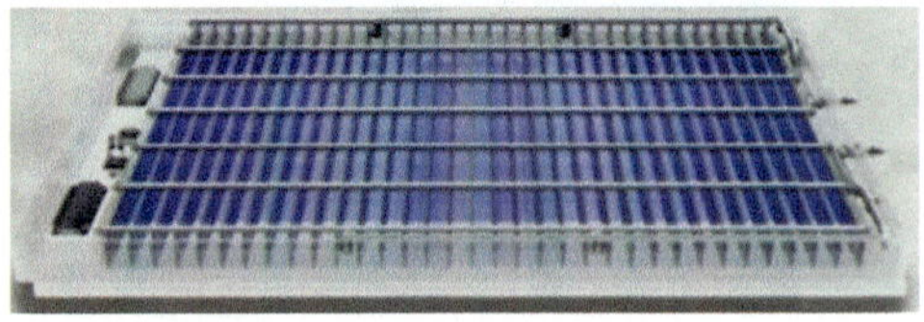

(b) CPT 형상

(c) CTC 형상(source : hash.kr)

[그림 4.20] 모듈 레스 배터리 팩

CTC도 이러한 배터리 팩 혁신 연구의 결과물로 [그림 4.20] (c)처럼 배터리 팩을 아예 섀시에 통합하는 기술이다. 차량의 무게를 줄이고 공간 효율성을 높여 한 번 충전하면 최소 800 [km]를 주행할 수 있다고 한다.

많은 전기자동차 제조사들이 앞다투어 배터리 셀 모듈화를 배제하고 셀을 그대로 배터리 팩화하기 위해 기술을 개발하는 중이라고 하니 앞으로 출시될 전기자동차의 주행 거리는 더욱 증가할 것으로 예상된다.

4.10 리튬 이온 배터리의 특성

4.10.1 용량(Capacity)

배터리의 용량은 특정 방전 조건하에서 전지를 완전 방전시켜 얻을 수 있는 전하량을 뜻한다. 방전속도가 빠를수록 얻을 수 있는 전하량이 줄어들기 때문에 필수적으로 어떤 방전 조건으로 실험했는지 표기한다. 통상적으로는 0.2C-rate인 5시간 동안 완전 방전의 기준으로 용량을 표시한다. 양극 및 음극의 활물질 또는 양극의 리튬량에 따라 결정된다.

[표 4.10] C-rate와 충 · 방전 속도

C-rate	충전 Time	C-rate	충전 Time	C-rate	충전 Time	C-rate	충전 Time
1C	1시간	5C	12분	0.5C or C/2	2시간	0.1C or C/10	10시간
2C	30분	10C	6분	0.2C or C/5	5시간	0.05C or C/20	20시간

Handy hint

▣ C-rate에 대하여

① Current rate의 줄임말로, 배터리를 충전 또는 방전시키는 속도를 나타내는 값이다.
② 충 · 방전율이라고도 하며 단위는 Capacity의 약자인 'C'를 사용한다.
③ C-rate는 충 · 방전 전류(A)를 배터리의 정격 용량 값(Ah)으로 나눈 값이다.

4.10.2 에너지 밀도(Energy density)

배터리에서 밀도는 단위 무게(Wh/kg) 혹은 단위부피(Wh/L)에서 얻을 수 있는 에너지의 양을 뜻하며, 배터리뿐만 아니라 석유, 석탄, 가스 등에서도 사용하는 용어이다. 에너지 밀도는 전지나 전극의 성능을 결정하는 매우 중요한 요소로서, 에너지 밀도가 높을수록 효율적으로 제품을 설계할 수 있고 원하는 크기 혹은 무게 목표를 이룰 수 있다. 따라서 리튬 이온 배터리는 다른 배터리에 비해 에너지 밀도가 3~4배 높기 때문에 고용량, 고출력 전기자동차 혹은 ESS(Energy Storage System) 등에 많이 쓰인다.

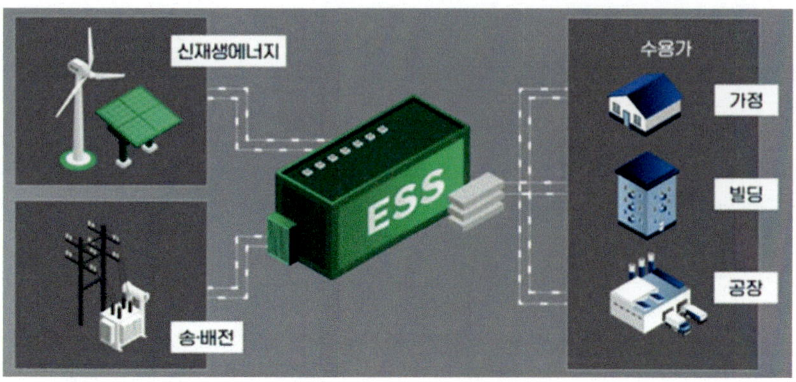

[그림 4.21] ESS 장치

4.10.3 출력(Power)

배터리 출력은 단위 시간당 생산할 수 있는 에너지를 뜻한다. 출력은 전류와 전압의 곱으로 나타낸다. 보통 하이브리드 자동차나 전기자동차는 작동 전압은 고정이기 때문에 배터리의 출력은 전류의 최대치를 결정하는 척도가 된다. 즉, 전류의 최대치보다 더 높은 전류를 흘려주면 전지 내부저항이 올라가 작동전압이 떨어지게 된다. 그래서 전압이 떨어지기 직전의 전류가 전류의 최대치가 된다.

4.10.4 충·방전 수명(Cycle Life)

배터리 수명은 충전 후 방전을 1Cycle로 기준을 잡고 n회차 cycle 때 처음보다 얼마나 용량을 유지할 수 있는지 나타내는 척도이다. 배터리 수명에 미치는 내부 요인은 양극과 음극의 구조적 안정과 비가역 용량이 생겨나는 정도가 가장 크다. 비가역 용량은 충전된 전하량 중 방전되지 못하고 남아있는 전하량을 나타낸다. 보통 첫 번째 사이클에서 SEI층 형성 등으로 가장 큰 비가역 용량이 생긴다.

수명에 미치는 외부 요인에는 충·방전 속도(C-rate), 방전 깊이(Depth of Discharge)가 있다. 이는 전지에 따라 조금씩 차이는 있으나 리튬 이온 배터리의 경우 충·방전 속도가 느릴수록, 방전 깊이가 얕을수록 배터리 수명을 길게 유지한다.

4.10.5 방전 곡선(Discharge Curves)

방전 곡선은 배터리 방전 동안 특성의 변화를 확인할 수 있는 주요한 데이터가 된다. 방전 속도, 온도 등의 변수를 가지고 다양한 실험 데이터를 확인할 수 있다. 각각의 변수로 많은 방전 곡선 데이터를 확인하면 전지의 특성을 보다 정확하게 해석할 수 있게 된다.

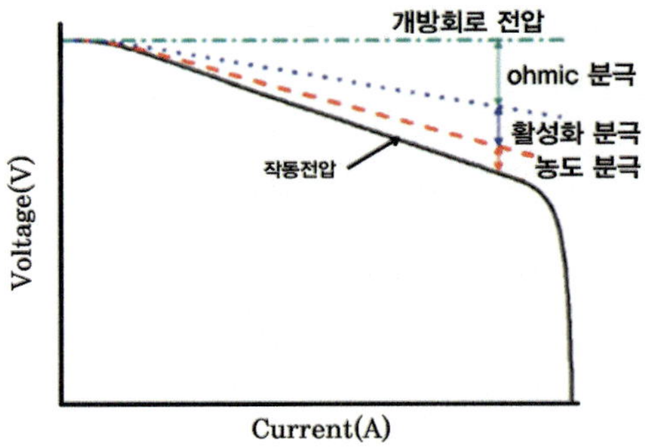

[그림 4.22] 방전 중 전압과 전류

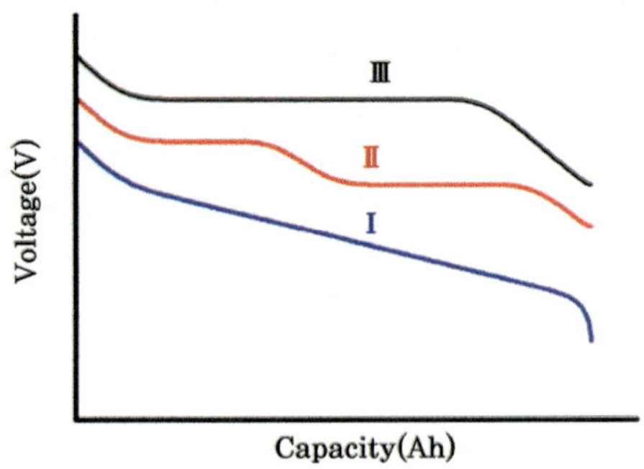

[그림 4.23] 방전 곡선

[그림 4.23]의 그래프는 전형적인 전지의 방전 곡선을 표현한 그래프이다. [그림 4.22]의 그래프에서 일정한 전류는 일정한 작동 전압이 작동됨을 알 수 있다. 하지만 방전 곡선은 일정한 전류를 흘려줘도 전압이 달라지는 현상을 보여준다. 일정한 전류를 흘려주더라도 방전 중 Ohmic 분극, 활성화 분극, 농도 분극 값이 달라지면 전압이 떨어질 수 있다.

그림 [4.23]에서 I 번의 방전 곡선은 방전이 진행되는 동안 반응물질과 생성물질의 조성 및 전지의 내부저항 등이 계속적으로 변화하는 경우를 나타내고, II번 방전 곡선은 2개의 방전 메커니즘으로 방전되어 평탄한 구간이 2개가 생기는 경우이고, III번 방전 곡선은 방전이 진행되는 동안 전지 내의 반응이 전지 전압에 거의 영향을 미치지 않는 경우이고 가장 좋은 형태의 방전 곡선이다.

4.11 리튬 이온 배터리의 고장모드

4.11.1 배터리 스웰링 현상

배터리가 정상일 때는 편평하지만 비정상일 때는 전해질이 분해되어 CO, CO_2, H_2 등이 발생하여 [그림 4.24]처럼 배터리 케이스가 부풀어 오를 수 있다. 이를 축전지 스웰링(Swelling) 현상이라 부른다. 주로 파우치형보다 원통형과 각형에서 많이 일어난다.

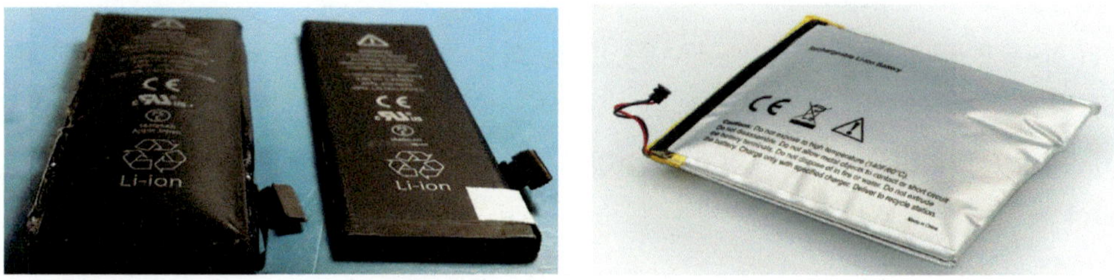

[그림 4.24] 배터리 스웰링 현상

배터리 스웰링의 원인은

① 배터리의 과충전인 경우

② 배터리 자체 불량인 경우

오래 사용할 시 충·방전 과정에서 가스를 배출(Out-gassing)하게 되어 배터리가 부풀어 오르고 또한 내부의 문제로 (+), (-)극판이 서로 닿아 있으면 가스가 배출된다. 이후 폭발과 화재가 발생된다.

③ 높은 온도 영향을 받을 경우

배터리가 높은 온도에 장시간 노출되면 부풀어 오를 수 있다. [그림 4.25]과 [그림 4.26]에서 충·방전 사이클에 따른 부피 변화와 배터리 용량, 스웰링 포스를 나타내었다.

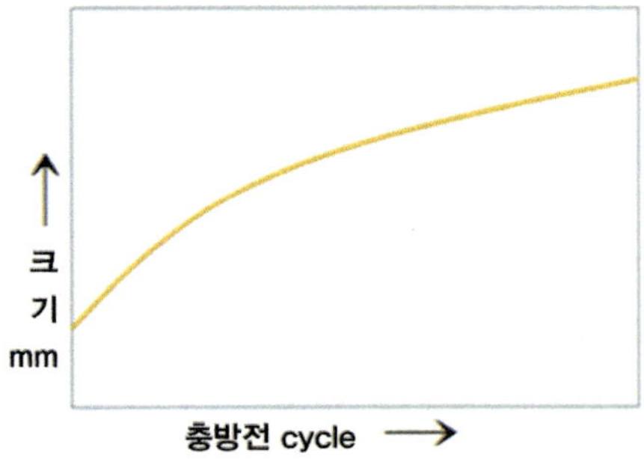

[그림 4.25] Cycle에 따른 Dimension

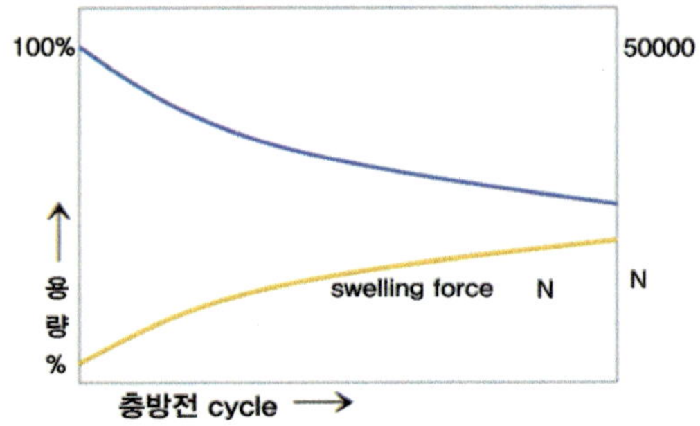

[그림 4.26] 용량과 Swelling force의 관계

4.11.2 쇼트 현상

쇼트(Short) 현상은 양극과 음극이 접촉되어 나타나는 현상으로, 스파크가 발생한 뒤 바로 불이 나는 아주 위험한 고장모드이다. 양극판 또는 음극판이 굽어져서 극판 크랙이 발생하여 누설전류가 생김으로써 리튬 Plating(리튬 석출)이 발생하는데, 이로 인해 양극과 음극이 만나 Short Skid 현상이 발생하여 스파크와 함께 열이 발생한다. 이런 경우 폭탄을 싣고 다니는 자동차가 된다.

4.11.3 OCV, delta-V

OCV(Open Circuit Voltage), delta-V는 개방 회로 전압, 즉 전류가 흐르지 않을 때 전지 전압이 급격한 저하하여 용량이 저하되는 현상이다. 처음에는 정상 배터리에 비해 서서히 용량이 떨어지다가 어느 순간 급격하게 수명이 감소된 후에는 더 이상 충전되지 않는 현상이 발생한다.

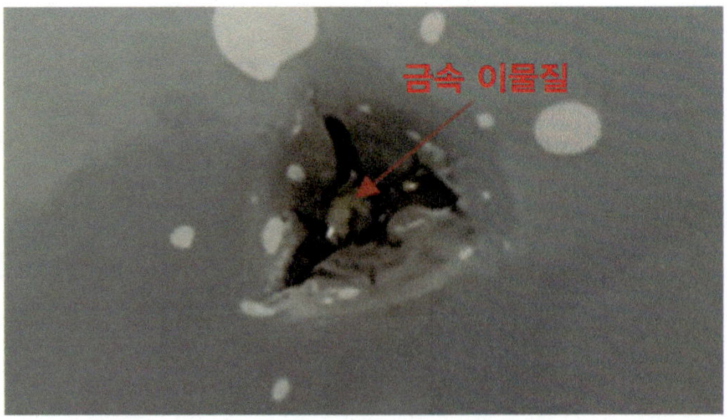

[그림 4.27] 금속입자가 분리막에 침투한 모습

원인은 [그림 4.27]처럼 금속성 미세입자가 분리막에 침투되어 누설전류를 발생시켜 분리막 표면에 열을 받은 듯 흑점이 발생하는 경우이다. 이물질 해석은 가능하나 제거하기는 쉽지 않은 상황이므로 원천적으로 이물질이 들어가지 않게 관리하는 것이 핵심이다.

4.11.4 과충전 현상

과충전(Overcharge) 현상이란 배터리가 견딜 수 있는 용량 이상의 전류가 유입되어 SEI 파괴, 전해질 분해, 리튬석출(Li plating) 등의 현상으로 양극과 음극의 쇼트와 가스 방출이 수초 이내에 일어나는 현상이다. 또한 과방전을 하게 되면 배터리 내부의 리튬이 석출되어 내부 쇼트를 일으키게 된다.

과충전 현상을 방지하기 위해서는 충전기에 정해진 전압 상한·하한을 넘지 않게 충전기를 작동한다. 전기자동차에는 많은 배터리가 들어가므로 다중의 PCM, CMC, BMS가 들어가 있고 배터리 안전관리 외에 전기자동차의 안정된 동작을 지원한다.

4.11.5 관통 현상

관통(Penetration) 현상은 배터리 관통 현상을 말한다. [그림 4.28]처럼 외부에서 뾰족한 물체가 들어오면 양극, 음극, 분리막, 전해액의 결합이 깨어지면서 쇼트 현상 때문에 양극과 음극에 발화가 일어난다.

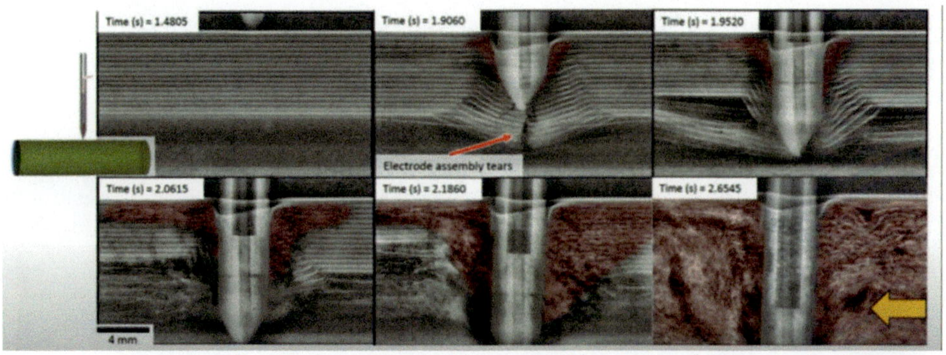

[그림 4.28] 관통 현상

관통 현상을 완벽히 차단하려면 배터리 내부가 단단한 전고체 방식이 가장 안전한 방식이다. 전고체 배터리는 폭발 및 발화 특성이 없어 안전성이 우수하다. 또한 고체 전해질은 온도 변화에 따른 증발이나 외부 충격에 따른 누액 위험이 없으며, 부피 팽창(Swelling)이 발생하지 않고, 열과 압력 등 극한 외부 조건에서도 정상적으로 작동할 수 있다. 이것이 바로 전고체 배터리가 차세대 배터리로 각광받는 이유이다.

4.12 고전압 배터리 정비

4.12.1 고전압 배터리 교환

① 점화스위치를 OFF하고, 보조 배터리(12 [V])의 (-) 케이블을 분리한다.

② 고전압 회로를 차단한다.

③ 차량을 올린다.

④ 장착 너트를 푼 후 고전압 배터리 프런트 하부 커버(A)와 리어 언더 커버(B)를 탈거한다.

⑤ 장착 클립을 푼 후 리어 범퍼 언더 커버(A)를 탈거한다.

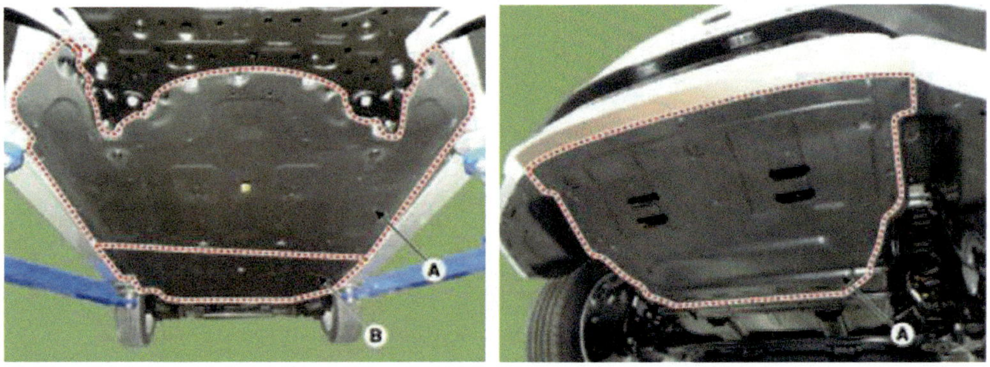

[그림 4.29] 고전압 축전지 교환(아이오닉)

⑥ BMS 연결 커넥터(A)를 탈거한다.

⑦ 고전압 케이블(A)을 분리한다.

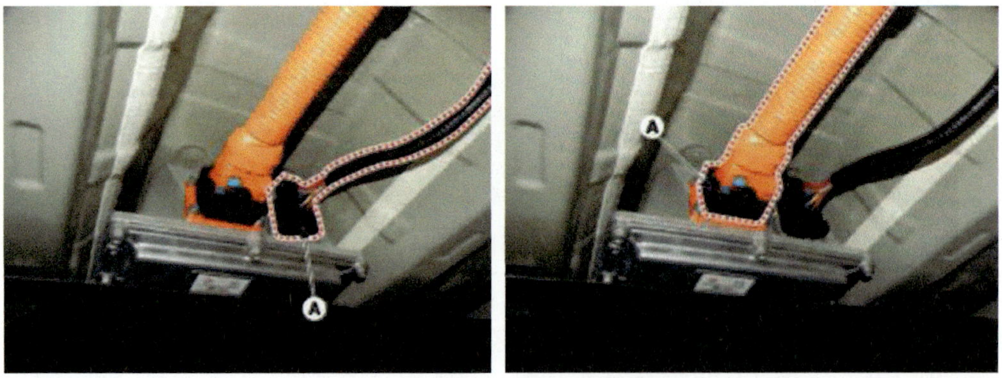

[그림 4.30] 고전압 축전지 교환(아이오닉)

⑨ 고전압 배터리 시스템 어셈블리 고정 볼트(A)를 푼다.

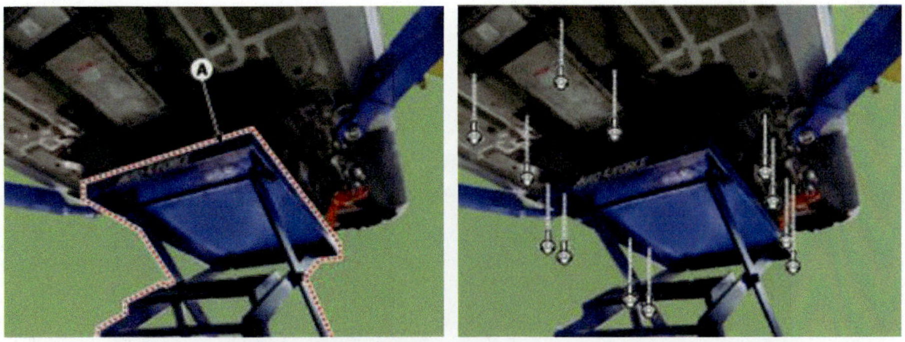

[그림 4.31] 고전압 축전지 교환(아이오닉)

✍ **Handy hint**

- 배터리 팩 어셈블리 장착 볼트를 탈거한 후 배터리 팩 어셈블리가 아래로 떨어질 수 있으므로 플로워 잭으로 안전하게 지지한다.
- 배터리 팩 어셈블리를 탈거하기 전에 고전압 케이블 및 커넥터가 확실히 탈거되었는지 확인한다.
- 배터리 팩 하부 보호 및 언더 커버 고정용 스터드 볼트 보호를 위해 플로워 잭 위에 고무 또는 나무를 받친다.

⑩ 특수공구(SST No. 09375-0E100)와 크레인 자키를 이용하여 고전압 배터리 팩 어셈블리를 이송한다.

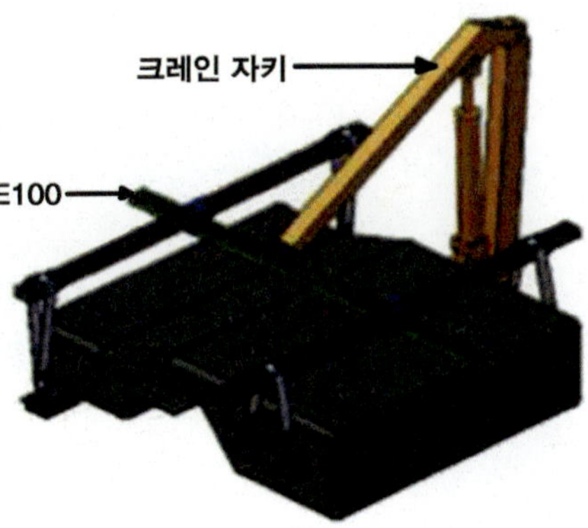

[그림 4.32] 고전압 축전지 교환(아이오닉)

⑪ 고전압 배터리 시스템 어셈블리(A)를 차량에서 탈거한다.

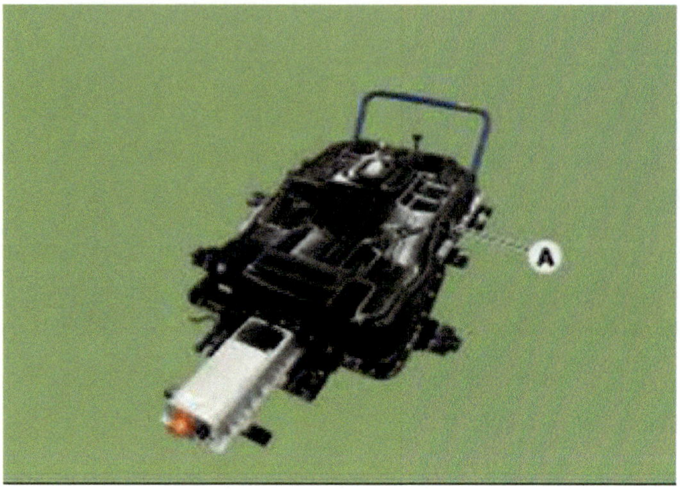

[그림 4.33] 고전압 축전지 교환(아이오닉)

⑫ 조립은 분해의 역순으로 한다.

✍ Handy hint

➡ 전기자동차의 전기장치를 교환하기 위해서는 고전압 안전수칙을 반드시 준수해야만 감전 등의 위험을 방지할 수 있다.

4.12.2 고전압 배터리 검사

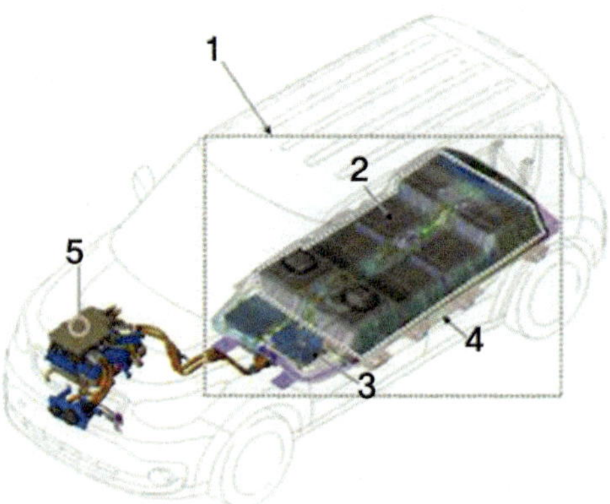

1. 고전압 배터리 시스템 어셈블리
2. 고전압 배터리 팩 어셈블리
3. 파워 릴레이 어셈블리
4. 케이스
5. 급속충전 릴레이 어셈블리

[그림 4.34] 고전압 축전지 검사(아이오닉)

① 고전압 배터리 검사를 준비한다.

고전압 배터리 관련 시스템을 점검하기 위해 고전압 배터리 팩 어셈블리를 탈거한 경우는 장착하기 전에 특수공구(No : 0K918-E4100, 0K375-E4100, 0K375-E4200)를 연결한 다음, 고전압 배터리의 이상 유무를 판단한 후 조치가 완료되면 고전압 배터리 시스템 어셈블리를 차량에 장착한다.

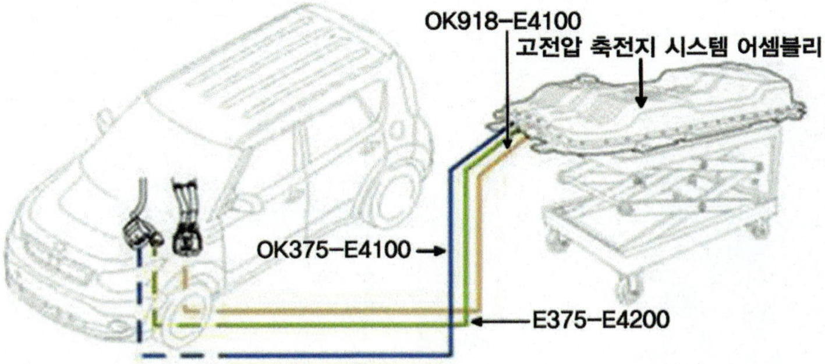

[그림 4.35] 고전압 배터리 검사 전 조치(아이오닉)

② BMS 융착을 점검한다.

센서 데이터 진단을 통하여 BMS 융착 상태를 점검한다. 융착이란 전기회로에서 접촉 부분이 용융되어 접점이 달라붙는 현상을 말한다. 예를 들어 고전압 릴레이가 융착되어 정상적인 ON/OFF 제어 불가 상태가 되면 충전과 방전을 제한하고, 경고등과 함께 고장 코드가 발생한다.

[그림 4.36] BMS 융착 점검

③ 고전압 배터리 전압 측정

1) 안전 플러그를 탈거한다.
2) 고전압 배터리 측의 안전 플러그 (+) 단자와 [고전압 배터리-PRA] 연결 케이블 (-) 단자 간 전압을 측정하여 정상값이 120~207 [V]인지 확인한다.
3) 고전압 배터리 측의 안전 플러그 (-) 단자와 [고전압 배터리-PRA] 연결 케이블 (+) 단자 간 전압을 측정한다. 정상값이 120~207 [V]인지 확인한다.

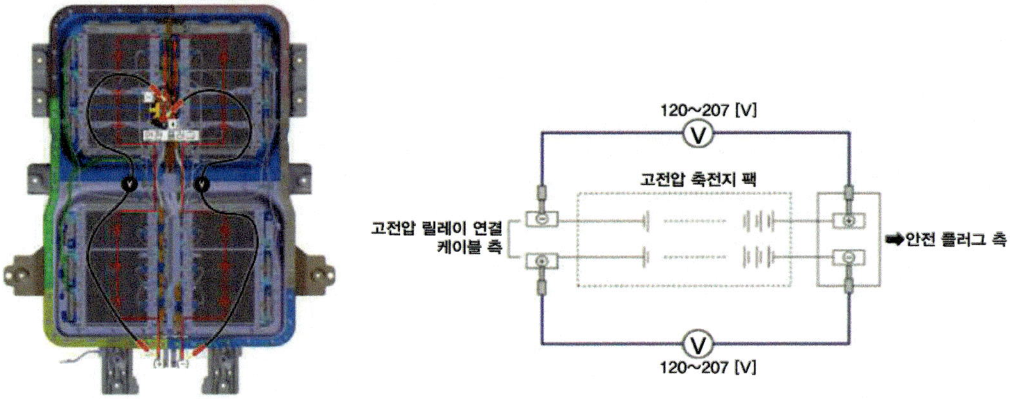

[그림 4.37] 배터리 전압측정 구성 회로(아이오닉)

④ 안전 플러그를 장착한다.

⑤ 고전압 배터리 (+)단자와 고전압 배터리 (-)단자 간의 합성 전압을 측정한다. 정상 전압값은 240~413 [V]이다.

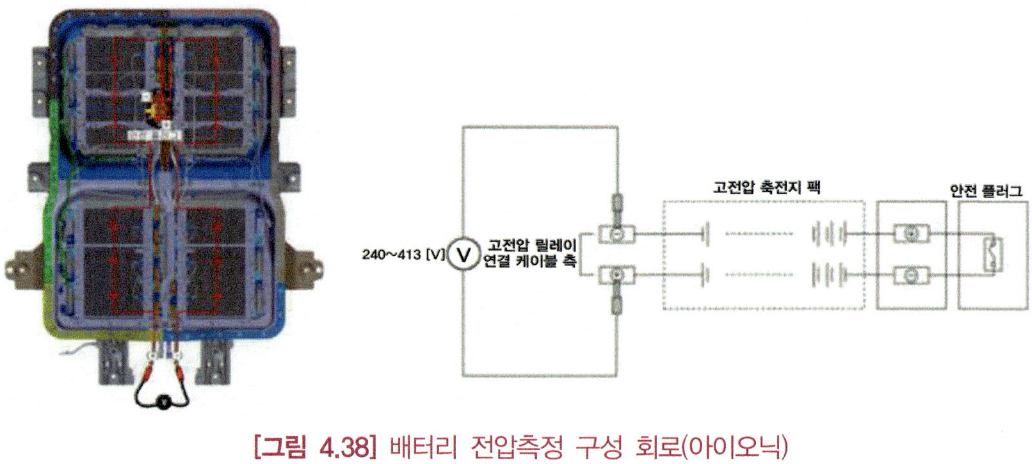

[그림 4.38] 배터리 전압측정 구성 회로(아이오닉)

⑥ 진단 장비를 사용하여 셀 전압 및 팩 전압을 점검한다.

1) 셀 전압값 : 2.5 ~ 4.3 [V] 범위이어야 한다.

2) 팩 전압값 : 240 ~ 413 [V] 범위이어야 한다.

3) 셀 간 전압 편차 : 40 [mV] 이하이어야 한다.

[그림 4.39] 셀 전압 및 팩 전압 서비스 데이터 분석

⑦ 진단 장비를 사용하여 충전 상태(SOC)를 점검한다. SOC는 5~95%이다.

[그림 4.40] SOC 서비스 데이터 분석

[표 4.11] BMS 서비스 데이터 의미와 분석

항 목	내	용
배터리 충전 상태	의미	배터리 SOC 추정값
	분석	key ON 후부터 충전 상태 표시
최대 방전가능 파워	의미	배터리 열화 및 과충전과 과방전을 막기 위해 현재 배터리 상태를 파악하여 충/방전 허용치를 제한한다.
	분석	key ON 시
BMS 메인 릴레이 ON 상태	의미	BMS 제어 가능 상태
	분석	정상 시 YES
BMS 고장	의미	BMS 고장 유무를 표시함
	분석	정상 시 NO
배터리 팩 전압	의미	배터리 팩 전압
	분석	key ON 시
누적 방전 전류량	의미	차량 제작 시부터 현재까지 방전한 누적 전류 표시
	분석	key ON 시
누적 방전 전력량	의미	차량 제작 시부터 현재까지 방전한 누적 전력 표시
	분석	key ON 시
최대 충전 가능 파워	의미	배터리 열화 및 과충전, 과방전을 막기 위해 현재 배터리 상태를 파악하여 충/방전 허용치를 제한함
	분석	key ON 시
MCU 메인 릴레이 OFF 요청	의미	MCU에서 고장 진단 후 필요 시 BMS 제어기에게 메인 릴레이(고전압 릴레이)를 차단시킬 것을 요청하는 신호
	분석	정상 시 ON
배터리 제어기 준비	의미	배터리 제어기 준비상태 표시
	분석	정상 시 YES
최대 셀 전압 최소 셀 전압	의미	현재 배터리 88셀에 최대 셀과 최소 셀 전압 표시
	분석	최대 셀 전압과 최소 셀 전압이 1 [V] 이상 차이가 나면 안 되고, 2.8~4.3 [V] 이내에 존재하여야 함
누적 충전 전류량	의미	차량 제작 시부터 현재까지 충전한 누적 전류량 표시
	분석	key ON 시
누적 방전 전류량	의미	차량 제작 시부터 현재까지 방전한 누적 전류량 표시
	분석	key ON 시
총 동작 시간	의미	BMS 시스템 총 동작 시간
	분석	key ON 시
모터 제어기 준비 상태	의미	key ON 시 인버터 상태를 표시
	분석	정상 시 YES
절연 저항	의미	배터리 고전압 라인과 접지 간 단락에 의한 고전압 절연파괴 검출
	분석	절연 저항 값이 300 [kΩ] 이상이어야 함 (300kΩ 이하 시 고장으로 판정)
인버터 캐패시터 전압	의미	인버터 컨덴서 전압
	분석	배터리 팩 전압과 동일하면 정상

CHAPTER 05

모터 및 모터 컨트롤 시스템

5.1 개요

모터(Motor)는 여러 가지 종류가 있지만 공통적인 구조가 있다. 회전 자기장을 발생시키는 스테이터 코일(Stator Coil)과 회전하는 로터(Rotor) 사이에 자기장의 변화를 이용해서 로터가 회전하는 구조이다. 결국 스테이터 코일에 흐르는 전류의 량, 주파수(Frequency), 코일을 감아 놓은 형태, 촘촘함, 간격 등의 Hardware적인 특성에 의해서 발생할 수 있는 토크(Torque)가 다르다([그림 5.1] 참조).

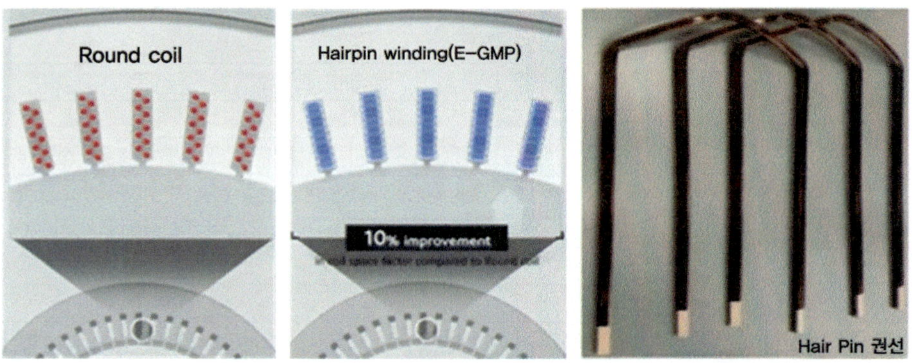

[그림 5.1] Stator 헤어핀 권선(아이오닉5 E-GMP)

따라서 전기 모터는 인버터(Inverter)에서 스테이터 코일로 3상 교류가 공급되면 영구자석(Permanent Magnet)인 로터가 회전하면서 토크라는 순수한 힘을 만들어 낸다. 또한 주행 속도를 줄이거나 내리막길을 주행할 때 회생제동(Regenerative Brake) 시스템을 통해 고전압 배터리에 충전하여 에너지(Energy)를 회수하여 에너지 손실을 최소화한다.

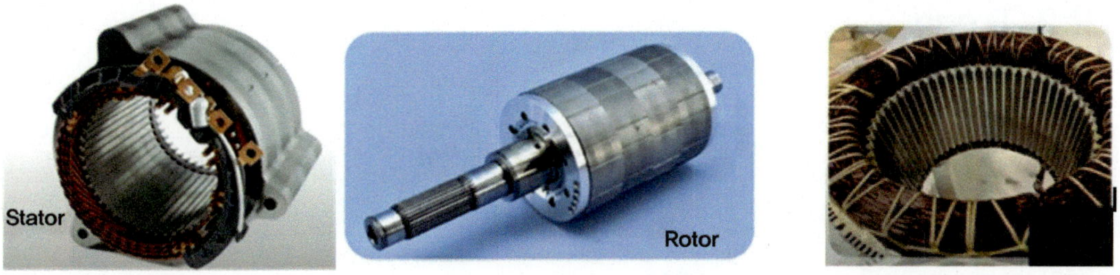

(a) 고정자 (b) 회전자 (c) Tesla 고정자

[그림 5.2] Motor

5.2 모터

5.2.1 모터의 종류

구동 모터의 유형에는 여러 가지 선택 사항이 있는데, 첫 번째는 AC 또는 DC 모터 사이이다. AC 모터는 많은 제어 이점을 제공하지만 배터리에서 생성된 DC를 인버터를 사용하여 변환해야 한다([표 5.2] 참조). 약 50 [kW] 정격의 DC 션트(Shunt) 권선 모터는 소형 차량에 널리 사용되었지만 현재는 AC 모터가 가장 많이 사용된다.

[표 5.1] 모터의 종류

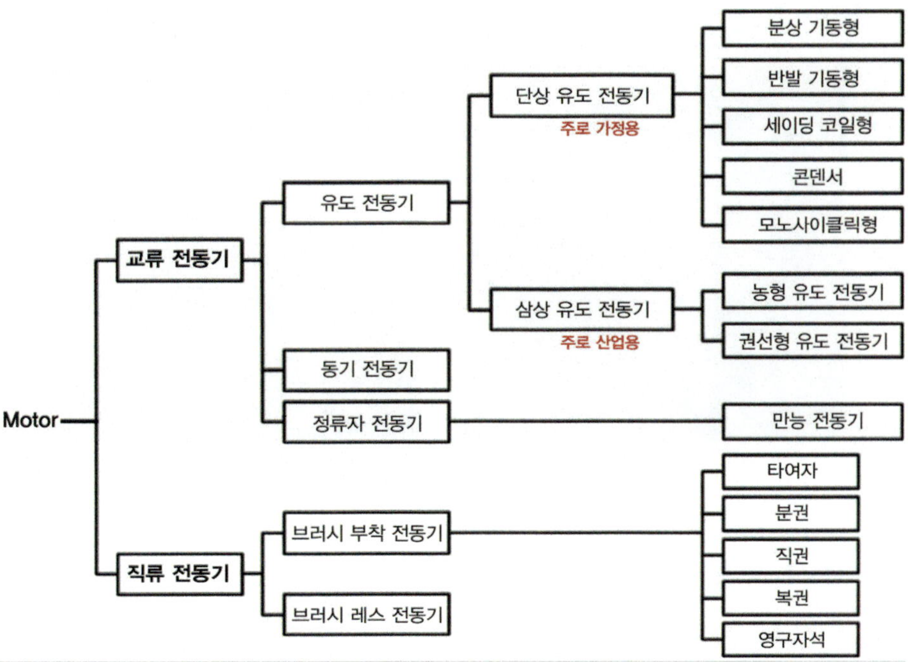

5.2.2 Trend

영구자석 회전자(Rotor)가 있는 3상 AC 모터는 효율성, 크기, 제어 용이성 및 토크 특성이 좋아 대부분의 전기자동차 제조업체들은 영구자석형 동기모터(PMSM)를 주로 선택하였다.

5.3 전동기의 구조와 기능

5.3.1 AC 모터

일반적으로 모든 AC 모터는 동일한 원리로 작동한다. 3상 권선이 적층 고정자(Stator) 주위에 분포되어 여기에 3상 교류를 공급하면 로터(Rotor) 회전을 설정한다. 로터가 '추종하는' 자기장으로 일반적인 용어는 AC 유도 전동기다.

유도전동기에는 비동기형 모터와 동기형 모터가 있다. 회전 필드(Field)의 속도와 로터는 다음과 같이 계산할 수 있다.

$$\text{주파수} \propto \text{자극 수} \times \text{회전속도}$$

$$f = \frac{\frac{p}{2} \times n}{60} = \frac{np}{120},\quad n = \frac{120f}{p}$$

여기서, n = 속도(rpm), f = 공급 주파수, p = 자극의 수

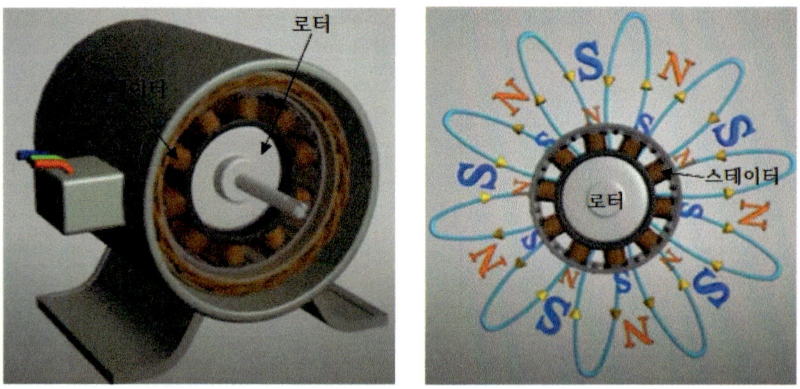

[그림 5.3] AC 유도전동기

5.3.2 비동기 모터

비동기식(Asynchronous) 모터는 종종 여러 쌍의 극으로 구성된 농형 로터와 함께 사용된다. 고정자는 일반적으로 3상이며 스타 또는 델타 권선이 될 수 있다. 고정자의 회전 자기장은 완전한 회로이기 때문에 전류가 흐르게 하는 회전자에서 기전력을 유도한다. 이것은 고정자에

의해 발생된 원래 자기장에 반응하는 자기를 생성하므로 회전자가 회전하게 된다. 슬립 양(로터와 필드 속도의 차이)은 모터가 가장 효율적일 때 약 5 [%]이다.

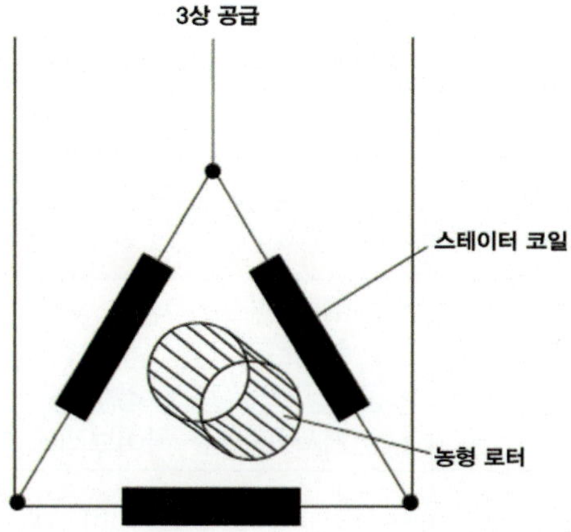

[그림 5.4] 여러 극 쌍으로 구성된 농형 회전자와 함께 사용되는 비동기식 모터

✍ Handy hint

➟ 농형 회전자와 함께 비동기식 모터가 자주 사용된다.

5.3.3 동기(Synchronous) 모터

이 모터에는 인덕터(Coil)라고 하는 권선 회전자가 있다. 이 권선은 두 개의 슬립 링을 통해 DC 전원에 의해 자화된다(전자석). 내연기관 차량의 교류 발전기와 매우 유사하다.

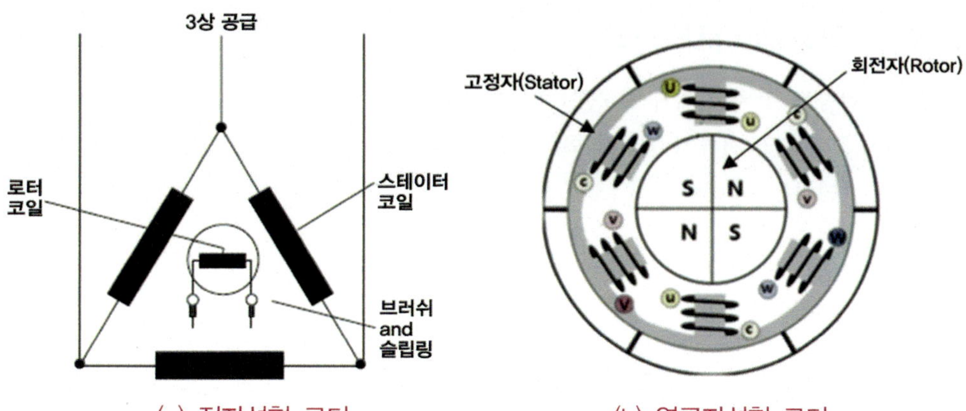

(a) 전자석형 로터 (b) 영구자석형 로터

[그림 5.5] 동기 모터 표현

Handy hint

- 동기 모터에는 인덕터로 알려진 권선 회전자(로터)가 있다.
- 현재 대다수 전기자동차 메이커에서는 회전자를 전자석이 아닌 영구자석인 PMSM(Permanent Magnet Synchronous Motor : 영구자석형 동기모터)를 사용하는 추세이다.

[표 5.2] 영구자석의 종류 및 특징

영구자석	Gauss(자력단위)	특 징
네오디뮴 (NdFeB)	2500~5000 [G]	• 희토류 원소로 제작, 영구자석 중 가장 월등한 보자력 • 소형으로도 강한 힘 발휘, 정밀작업 시 사용 빈도 높음 • 공업용, 의료용, 산업용 등 특수 목적에 광범위하게 사용 • 전기자동차 및 하이브리드 차량에 사용
사마륨 코발트 (SmCo)	2500~3500 [G]	• 사마륨과 코발트, 기타 희토류 원소 합금 • 300 [℃]에서 자력 감소 없이 사용 가능
페라이트 (Ferrite)	1000~1800 [G]	• 니켈 등의 산화물과 철로 제작. 안정적인 자기 특성 • 400~500 [℃]의 높은 온도에도 자력 감소 없이 사용 • 주로 전자공업, 학습교구용, 인테리어 소모품에 사용
알니코 (AlNiCo)	500~800 [G]	• 철, 니켈, 알루미늄, 코발트 합금. 자속 밀도와 내구성 우수 • 온도에 대한 안정성이 가장 뛰어남 • 최대 500~600 [℃]에서도 자력 유지 • 주로 스피커, DC 모터, 전화기, 발전기 등에 활용
고무자석	300~500 [G]	• 페라이트 분말, 고무, 플라스틱을 혼합하여 제작 • 등방성(일반형)과 이방성(강력형) 존재 • 우수한 신축성을 지녀 칼이나 가위로도 쉽게 재단 가능 • 교육용 교재, 장난감, 광고용으로 활용

5.3.4 DC 모터(자여자 권선)

DC 모터는 검증된 장치이며 수년 동안 밀크 플로트 및 지게차와 같은 전기자동차에 사용되었다. 주요 단점은 높은 전류가 브러쉬와 정류자를 통해 흘러야 하고, 브러쉬에서 마찰, 소음, 분진 등이 발생된다는 점이다.

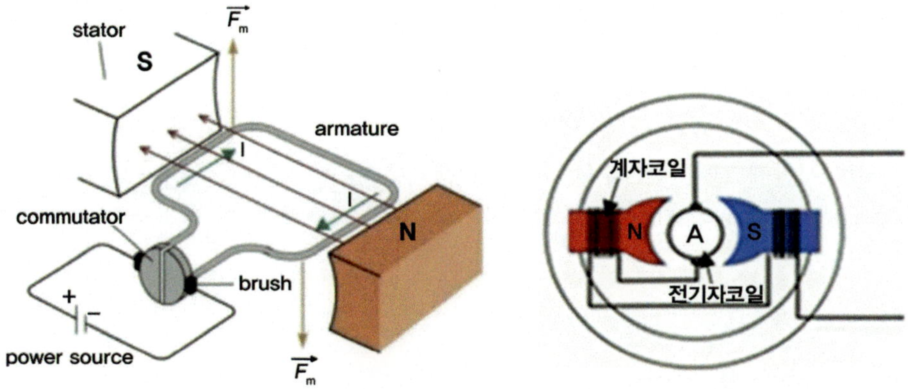

[그림 5.6] DC 모터

DC 직렬 권선 모터는 저속에서 높은 토크의 잘 알려진 특성을 가지고 있다. 아래 [그림 5.7]은 사이리스터를 사용하여 직렬 권선 모터를 제어하고 간단한 회생제동을 제공하는 방법을 보여준다.

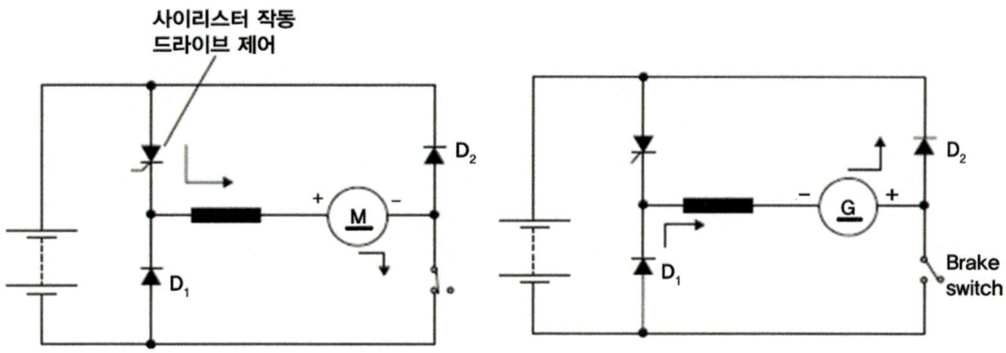

(a) Driving (b) Braking

[그림 5.7] 사이리스터를 이용한 회생제동

> ✍ **Handy hint**
>
> ➟ DC 직렬 권선 모터는 저속에서 높은 토크의 잘 알려진 특성을 가지고 있으며 스타터 모터로 이상적이다.

5.3.5 DC 모터(타여자 권선)

이 모터의 필드는 속도를 변경하기 위해 저항을 추가하거나 초퍼 제어를 사용하여 제어할 수 있다. 시동 토크가 문제가 될 수 있지만 적합한 컨트롤러를 사용하면 이를 극복할 수 있다. 모터는 적절한 시간에 전계 강도를 증가시켜 회생제동에도 적합하다. 일부 EV 드라이브 시스템은 일반 주행을 위한 필드 전력만 변경하며 이는 높은 전류로 인해 저속에서 문제가 될 수도 있다.

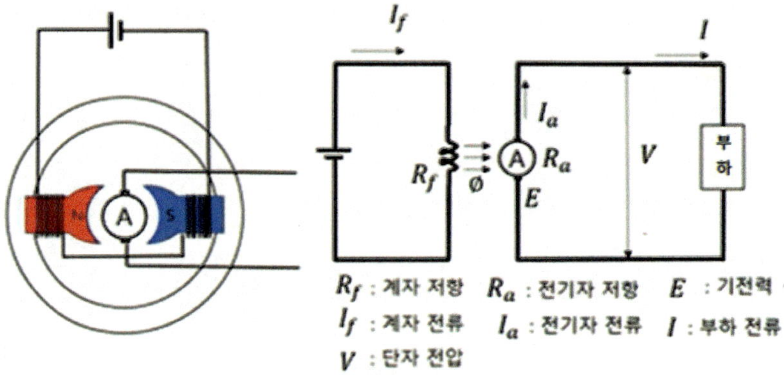

[그림 5.8] 외부 여자 권선

5.3.6 모터 토크 및 동력 특성

네 가지 유형의 구동 모터의 토크 및 전력 특성은 [그림 5.9]와 같다. 4개의 그래프는 회전속도의 함수로서 토크와 동력을 보여준다.

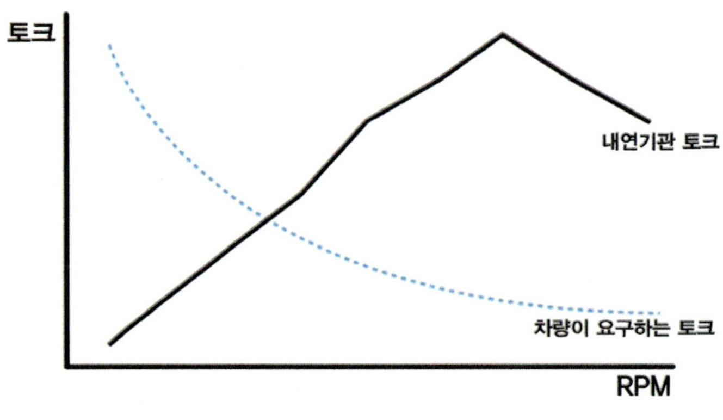

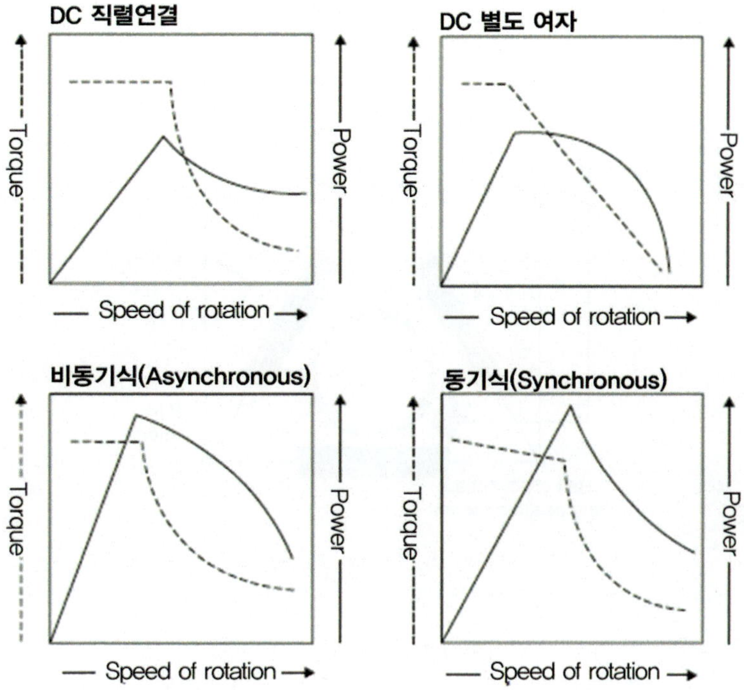

[그림 5.9] 모터 토크 및 동력 특성

5.3.7 전자 정류 모터(BLDC)

전자 정류 모터(ECM)는 사실상 AC 모터와 DC 모터의 중간이다. [그림 5.10]은 이 시스템의 표현을 보여준다. 그 원리는 회전자가 영구자석을 포함하므로 슬립 링이 없다는 점을 제외하면 위의 동기식 모터와 매우 유사하다.

로터는 제어 및 전력 전자 장치에 피드백을 제공하는 센서를 작동하고, 이 제어 시스템은 모터 속도를 결정하는 주파수인 회전 필드를 생성한다. 구동 모터로 사용되는 경우 모터의 고유한 토크 특성으로 인해 모터의 충분한 속도를 유지하기 위해 기어박스가 필요하다. 일부 학파는 모터에 구형파 펄스가 공급되면 DC이고 사인파 펄스가 공급되면 AC라고 제안하기도 한다.

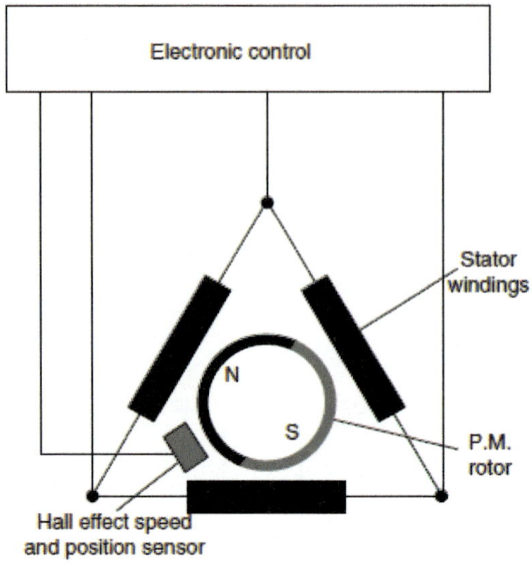

[그림 5.10] BLDC 모터

그러나 공급 주파수가 가변적이어서 DC에서 유도해야 하고 속도 및 토크 특성이 브러시 DC 모터와 유사하므로 DC 모터라고 한다. 자체 동기 AC 모터, 가변 주파수 동기 모터, 영구자석 동기 모터 또는 전자 정류 모터(ECM)라고도 불릴 수 있다. 따라서 대부분의 EV에 사용되는 모터이다.

작동 원리는 [그림 5.11]과 같이 스위칭으로 고정자의 극성을 변화시켜 영구자석인 회전자를 회전시킨다. 이러한 모터를 BLDC(Brushless DC) 모터라고도 하며 전류가 번갈아 흐르기 때문에 사실상 AC 모터이다.

스위치(IGBT)는 순서대로 전환되고 그에 따라 시간이 지정되면 고정자 극성이 변경될 때 회전자의 모멘텀이 계속 움직인다. 스위칭 타이밍을 변경하면 로터가 반전될 수도 있고, 따라서 전반적으로 모터를 잘 제어할 수 있게 된다.

스위치 전환은 회전자 위치와 고정자가 동기화되어야 하며 이는 회전자 위치와 속도를 결정하기 위해 홀 효과인 센서를 사용하여 수행하게 된다.

[그림 5.11]과 같이 3개의 코일 또는 위상이 사용되는 경우 더 정밀한 제어가 가능할 뿐만 아니라 더 빠른 속도, 더 부드러운 작동 및 증가된 토크가 가능하다. 역기전력으로 인해 속도가 증가하면 토크가 감소한다. 최대 속도는 역기전력이 공급 전압과 같아지는 지점으로 제한한다.

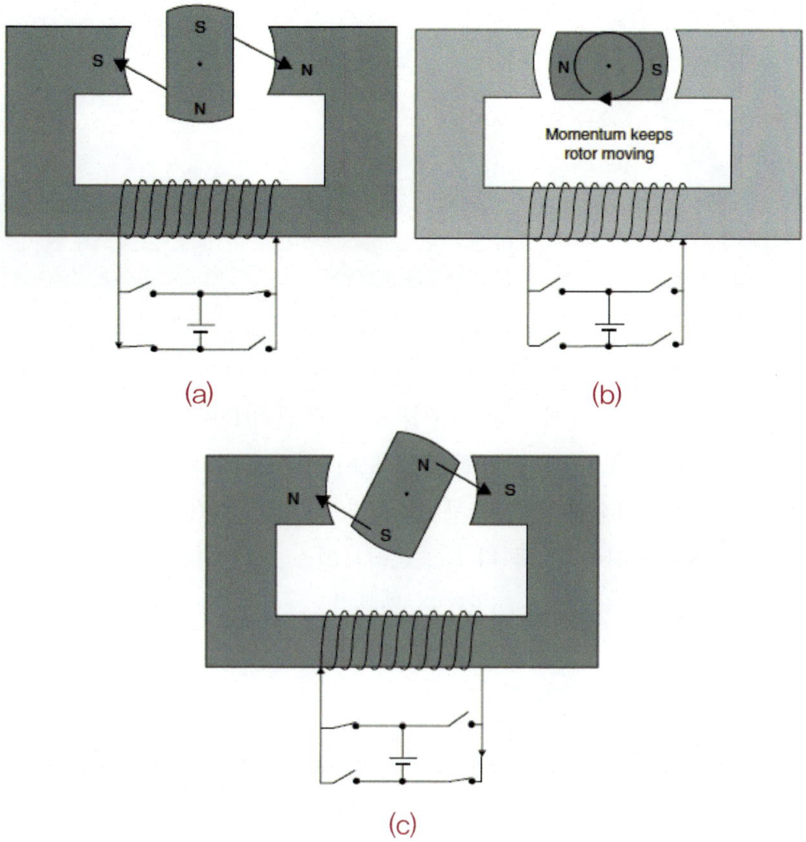

[그림 5.11] DC 브러시리스 모터 작동 원리

✍ Handy hint

➡ 모든 유형의 ECM 모터에서 공급 스위칭은 회전자 위치와 동기화되어야 한다. 위치 센서를 사용하여 수행한다.

▣ 홀 효과(Hall Effect)

도체의 전류를 가로지르는 전기 도체와 전류에 수직인 자기장을 가로지르는 전압 차이에서 생성된다. 이 효과는 1879년 Edwin Hall에 의해 발견되었으며 회전 속도와 위치를 감지하는 데 사용된다.

[그림 5.12] 3개의 코일(3상)은 기본 원리이고, 더 많은 코일이 실제 모터에 사용되고 있다([그림 5.13 참조]).

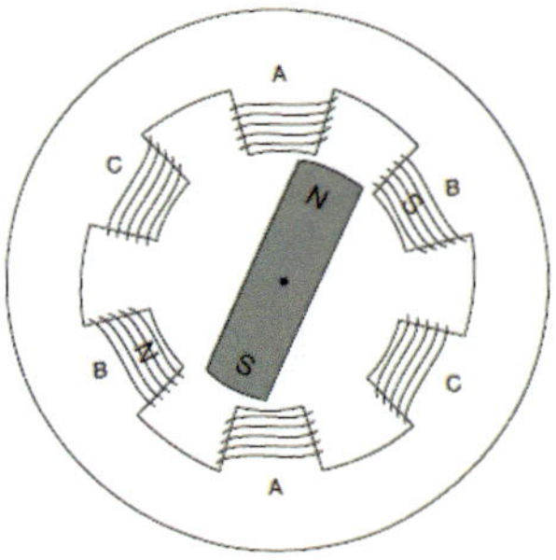

[그림 5.12]

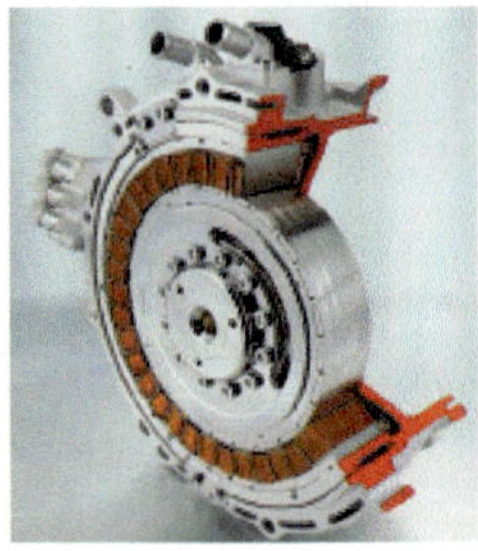

[그림 5.13]

[그림 5.14]

두 개([그림 5.13], [그림 5.14])의 Bosch 통합 모터 발전기(IMG)이다. 측면의 냉각수 연결부와 상단의 3개의 주요 전기 연결부와 별도의 모터 장치를 보여준다.

[그림 5.13]은 엔진 플라이휠과 통합된 하이브리드 전기자동차(HEV)에 사용되고, [그림 5.14]은 전기자동차(EV) 전용 모터이다. 둘 다 DC 브러시리스 모터이며 수냉식이다. 일부 제조업체에서는 IMA(Integrated Motor Assist)라고도 부른다.

5.3.8 스위칭 릴럭턴스 모터

스위치드 릴럭턴스 모터(SRM : Switched Reluctance Motor)는 앞에서 설명한 브러시리스 DC 모터와 유사하다. 그러나 한 가지 큰 차이점은 영구자석을 사용하지 않는다는 것이다. 회전자는 연철 형태이며 자화된 고정자에 끌린다. 기본 원리는 [그림 5.15]와 같으며 개선된 버전은 [그림 5.16]이다.

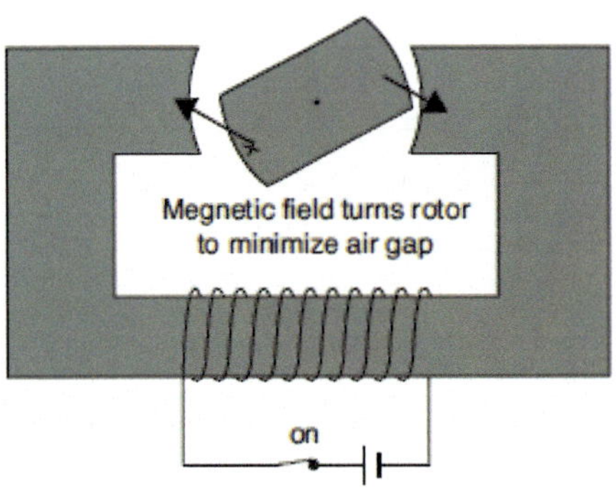

(a)

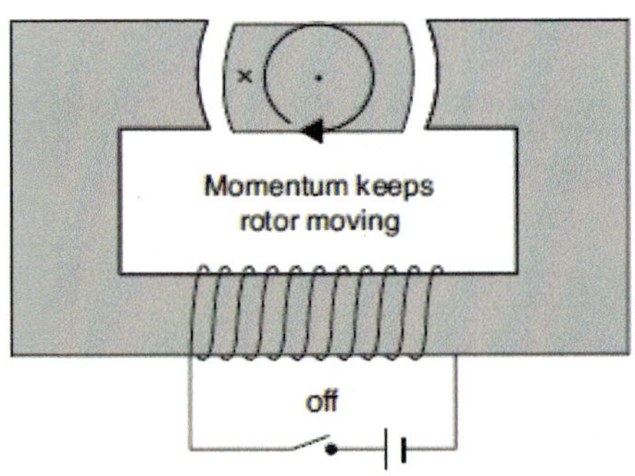

(b)

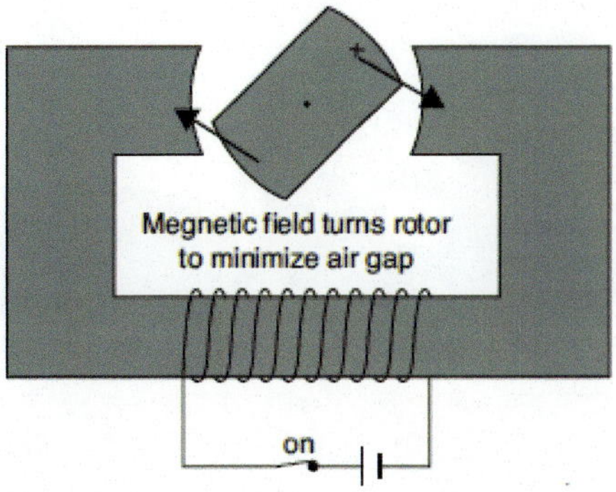

(c)

[그림 5.15] 스위치드 릴럭턴스 모터의 기본 원리

고정자의 전환 타이밍은 매우 중요하지만 주요 이점은 값비싼 희토류 자석이 필요하지 않다는 것이다. 이들의 원자재는 중국이 주요 공급자인 정치적 논의의 원천이다. 전반적으로 기계는 매우 간단하고 따라서 저렴하다. 초기 SRM은 잡음이 많았으나 보다 정확한 스위칭 제어로 해결되었다.

HEVT로 알려진 회사는 유도 및 영구자석 모터에 대한 잠재적인 판도를 바꿀 수 있는 대안을 개발했다. 이 모터는 제로 희토류 광물의 사용으로 인해 비용 변동성이 훨씬 줄었다.

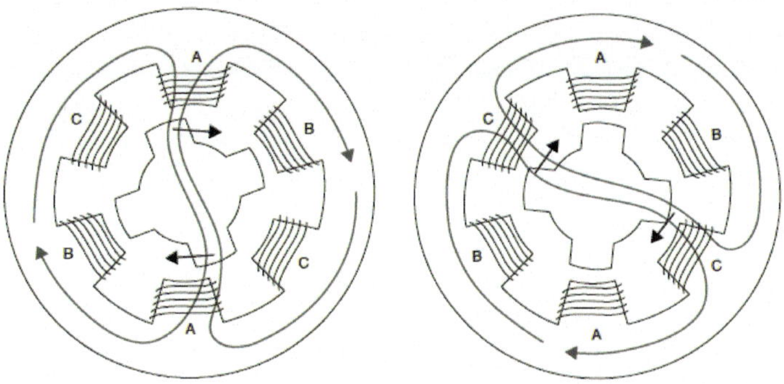

(a) (b)

[그림 5.16] 극이 추가된 개선된 SRM(회전자는 항상 고정자보다 2개 적음)

HEVT 회사의 특허 받은 스위치드 릴럭턴스 모터(SRM)는 유도 및 영구자석 모터 및 발전기에 대한 고성능 대안을 제공한다. eBike에 전기 지원을 제공하기 위해 하나의 제품이 출시되고 있지만 현재 모터 기술은 약 150 [W]에서 1 [MW]까지 확장 가능하며 곧 일부 EV에 나타날 것으로 예상된다. 그러나 비자성 회전자 때문에 발전기로 잘 작동하지 않는다.

[그림 5.17] 회전자에 권선이 없는 SRM 모터 고정자(왼쪽) 및 회전자

SRM 제어 시스템은 BLDC 모터의 제어 시스템과 유사하고, 피크 토크는 약간 낮지만 훨씬 더 넓은 속도 및 토크 범위에서 효율성이 유지된다. SRM은 사실상 강력한 스테퍼 모터이다.

5.3.9 AC 모터와 DC 모터의 비교

AC 모터와 DC 모터의 차이점은 [표 5.3]과 같다. DC를 AC로 전환하는 장치를 Inverter라 하고, 모터의 속도제어 방식에서 AC 모터는 주파수(Frequency) 변화를 통해 속도제어를 하며, DC 모터는 전압과 전류 변화를 통해 모터 속도제어를 한다.

[표 5.3] DC/AC 모터의 비교

구 분	DC 모터	AC 모터
전류방향 전환	브러시와 정류자를 통해 기계적으로 전환	시간에 따라 전류방향과 크기가 주기적으로 변화
수명	짧음	김
보수	브러시/정류자 보수 필요	불필요
소음	비교적 큼	비교적 작음
출력 효율	비교적 높음	비교적 낮음
인버터	사용 안 함	사용함
속도제어	전압/전류 변화를 통해 제어	주파수 변화를 통해 제어
제어회로	비교적 간단	비교적 복잡
고속화	어려움 (정류 문제, 기계적 강도상의 문제)	쉬움

5.3.10 모터 효율

모터 효율은 유형, 크기, 극 수, 냉각 및 중량에 따라 다르다. 설계자들은 항상 더 작고 가벼운 패키지에서 더 많은 것을 얻기 위해 노력하고 있지만, 일반적으로 BLDC의 효율 범위는 1 [kW] 모터의 경우 약 80 [%]이고, 90 [kW] 모터의 경우 95 [%]이다.

효율은 샤프트 출력 전력과 전기 입력 전력 간의 비율이다. 전력 출력은 와트[W]로 측정되므로 효율성을 계산할 수 있다.

$$\eta = \frac{P(out)}{P(in)} \times 100(\%)$$

여기서, P(out) : 샤프트 전원 출력(W), P(in) : 모터에 대한 전력 입력(W)

1차 회전자에서 손실된 전력과 2차 고정자 권선 저항은 구리 손실이라고도 한다. 구리 손실은 전류 제곱에 비례하여 부하에 따라 달라지며 다음과 같이 계산할 수 있다.

$$\text{전선 손실} = RI^2$$

여기서 R = 저항(Ω), I = 전류(amp)

기타 손실은 다음과 같다.

① 철 손실 : 모터의 자기장이 고정자 코어에 적용될 때 소산되는 자기 에너지의 결과이다.

② 표유 손실 : 1차 구리 및 2차 손실, 철 손실 및 기계적 손실 후에 남아 있는 손실, 표유 손실에 가장 크게 기여하는 것은 모터가 부하 상태에서 작동할 때 생성되는 고조파 에너지이다. 이러한 에너지는 구리 권선의 전류, 철 부품의 고조파 플럭스(Flux) 성분 또는 라미네이트(Laminate) 코어의 누설로 소실된다.

③ 기계적 손실 : 모터 베어링, 공냉식 팬 또는 수랭 또는 오일 냉각을 사용하는 경우 펌프의 마찰 등이다.

기존의 방식이 전기 자동차 모터 본체 사이드에 물을 흘리는 간접 냉각방식이었다면, 아이오닉5 E-GMP는 감속기 기어에 사용되는 윤활유를 모터에 직접 펌핑하여 모터 안쪽에 윤활유를 공급해서 모터를 냉각시키는 유냉 방식을 택하고 있다.

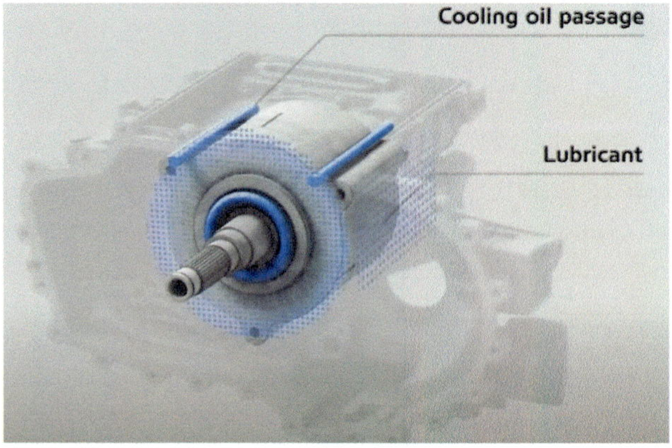

[그림 5.18] 모터 냉각(아이오닉5 E-GMP)

5.4 모터 제어 장치

[그림 5.19]는 플러그인 하이브리드 자동차(PHEV)의 일반적인 블록 다이어그램이다. AC 메인 블록을 제거하면 하이브리드 자동차(HEV)가 되고, 내연기관을 제거하면 순수 전기자동차(EV)가 된다.

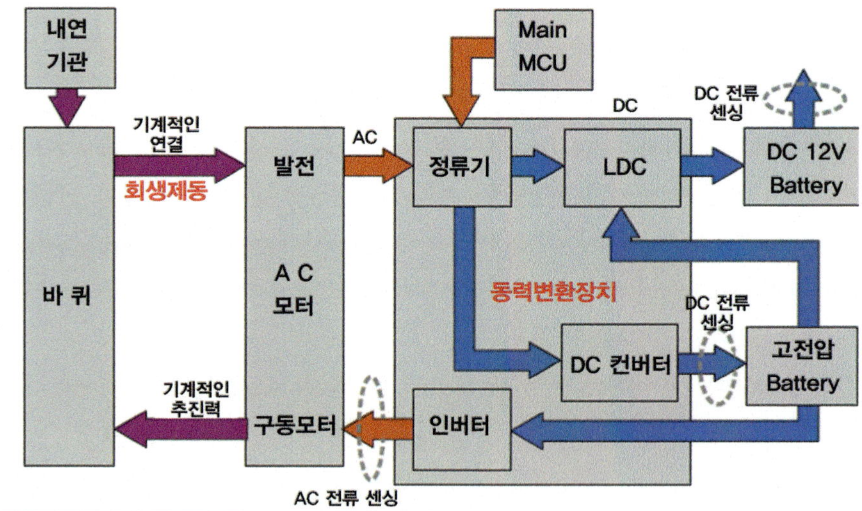

[그림 5.19] 주요 구성 요소를 보여주는 EV 블록 다이어그램

5.4.1 전원 제어

(1) 모터 및 제너레이터 제어

모터 및 제너레이터 제어 시스템은 주로 모터가 발전기 역할을 할 때 구동 및 회생을 제공하기 위해 모터 제어를 수행한다. 메인 MCU(마이크로프로세서 제어 장치)는 프리드라이버 회로를 통해 인버터를 제어한다. 인버터([그림 5.22]의 IGBT)가 전환되는 순서와 모터의 토크 및 속도를 결정한다.

IGBT(절연 게이트 바이폴라 트랜지스터)는 주로 빠르게 작동하는 고효율 전자 스위치로 사용되는 3단자 전력 반도체 소자로서 전기자동차뿐만 아니라 많은 현대 가전제품에서 전력을 전환하는 데 사용된다.

(2) 인버터 제어

모터를 구동하는 데 사용되는 전자 회로는 DC를 AC로 효과적으로 변환하기 때문에 일반적으로 인버터(Inverter)라고 한다. 이러한 유형의 모터 및 관련 제어의 중요한 측면은 회생제동을 위한 발전기만큼 효과적으로 작동한다는 것이다. 모터 컨트롤러의 메인 MCU에 의해 제어된다. [그림 5.21]에 표시된 스위치는 실제로 IGBT가 된다. IGBT는 적절한 순서로 인버터를 전환하는 신호를 생성하는 프리드라이버 회로에 의해 제어된다.

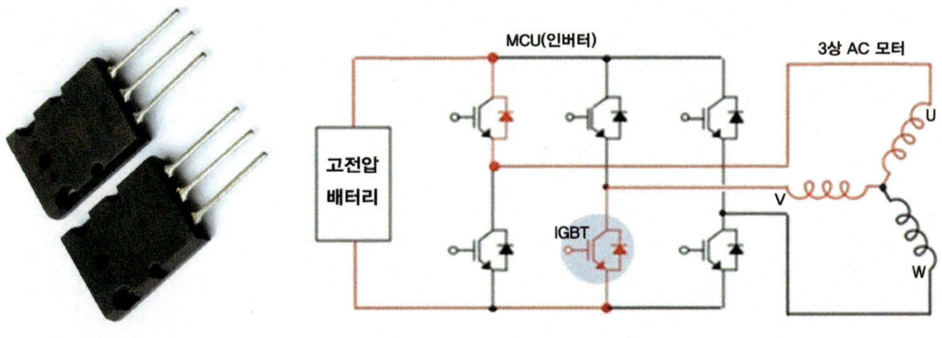

(a) IGBT 형상 (b) IGBT 회로

[그림 5.20] IGBT 형상과 회로

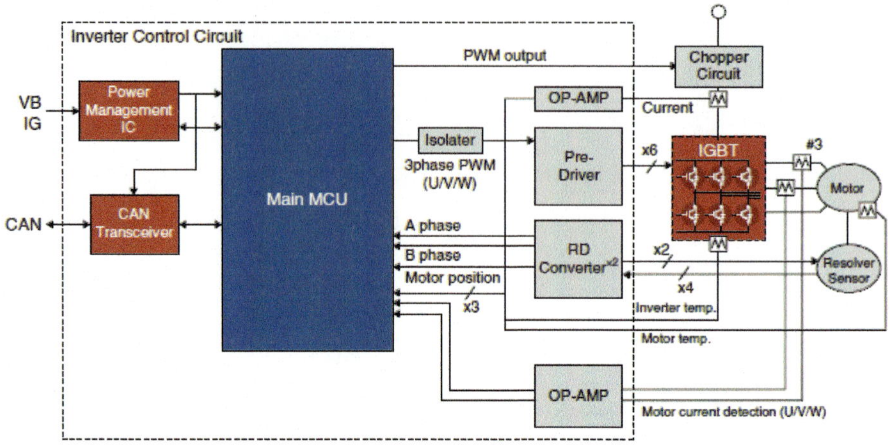

[그림 5.21] 모터 제어 시스템(source: http://www.renesas.eu)

모터를 구동할 때 인버터의 출력 신호는 [그림 5.23]에 간략한 형식으로 표시되어 있다.

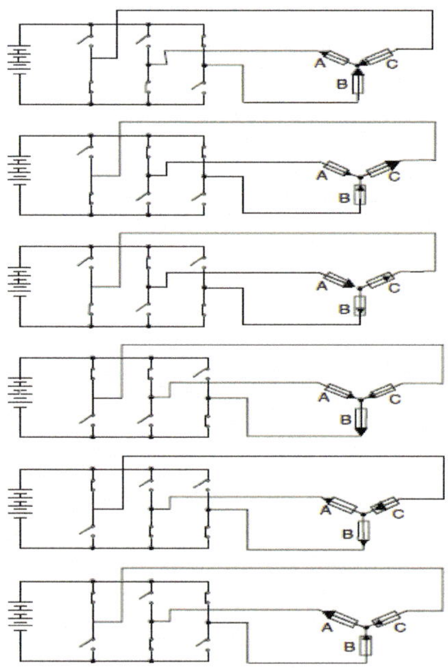

[그림 5.22] 인버터 스위칭 패턴을 사용하여 직류 전원에서 3상 교류를 생성

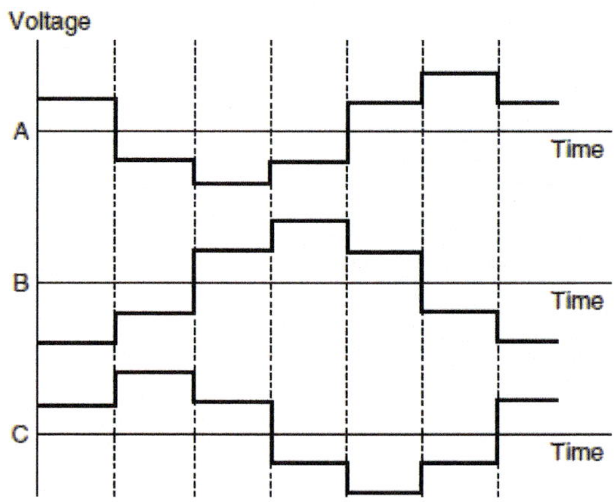

[그림 5.23] PWM 제어

5.4.2 Sensor

(1) Resolver Sensor

모터 및 발전기 스위칭을 정확하게 수행하기 위해 전력제어 전자 장치는 모터의 상태와

정확한 속도 및 위치를 알아야 하기 때문에 속도 및 위치 정보는 릴럭터 링(Reluctor Ring)과 함께 케이싱에 장착된 하나 이상의 센서에 의해 제공된다.

[그림 5.24]에 표시된 시스템은 30개의 센서 코일과 8개의 로브(Lobe) 릴럭터 링을 사용한다. 로브가 코일에 접근함에 따라 출력 신호가 변경되고 이는 제어 장치에서 인식된다. 코일은 직렬로 연결되며 철심 주변의 1차 권선과 2개의 2차 권선으로 구성되어 있고, 릴럭터가 움직일 때 각 2차 권선의 신호가 증폭되기 때문에 별도의 권선은 서로 다른 신호를 생성하게 된다([그림 5.25]).

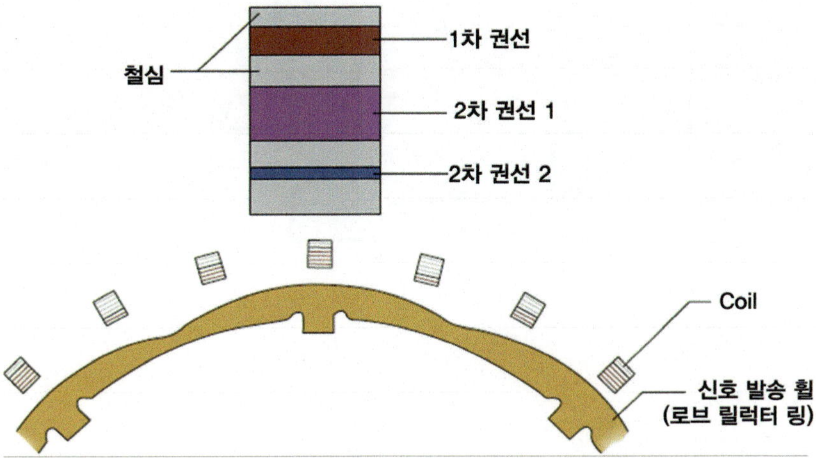

[그림 5.24] 로터 위치 센서

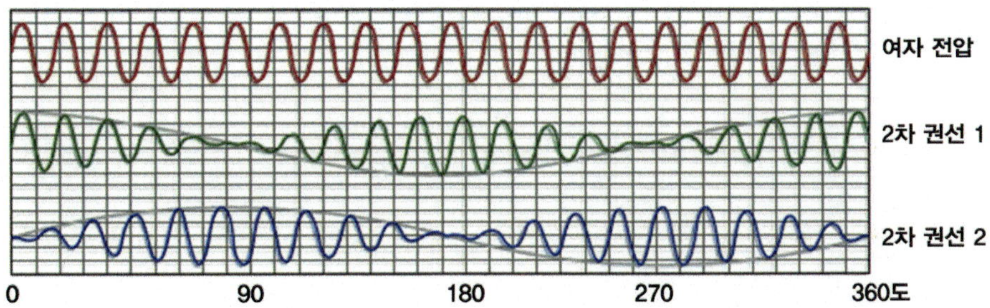

[그림 5.25] 센서 신호

(2) 모터 온도 센서

구동 모터 온도 센서가 일반적으로 사용되며 전기 구동 제어 장치에도 신호를 보낸다. 일반적으로 구동 모터의 전력은 약 150[℃] 이상의 온도에서 제한되며 경우에 따라 180[℃] 이상의 경우 과열에서 보호하기 위해 드라이브를 사용하지 못할 수도 있다. 이 온도 센서는 부특성 서미스터(NTC : Negative Temperature Coefficient)를 사용한다.

5.4.3 Regenerative Brake

회생제동(Regenerative Brake)이란 토크력으로 움직이고 있는 전동기가 폐회로 상태가 됐을 때의 관성력을 이용해 바퀴 등에 달려 있는 회전자를 돌려 전동기를 발전기 기능으로 작동하게 함으로써 운동 에너지를 전기 에너지로 변환해 회수하여 제동력을 발휘하는 전기 제동 방법을 통칭하는 말이다. 발전 시의 회전저항을 제동력으로 이용할 수도 있다.

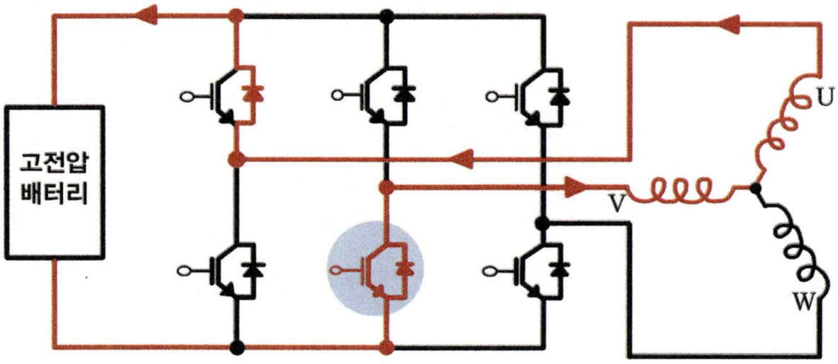

[그림 5.26] 회생제동 회로

5.5 구동 모터 교환

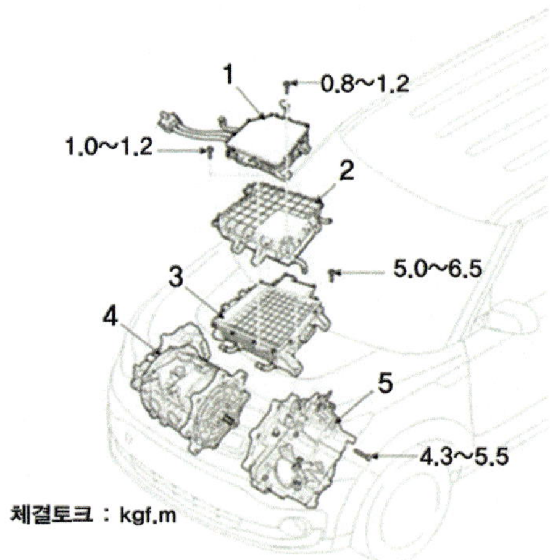

1. 고전압 조인트 박스
2. 완속 충전기(OBC)
3. EPCU(VCU+MCU+LDC)
4. 구동 모터
5. 감속기

[그림 5.27] 구동 모터 구성(아이오닉)

① 고전압을 차단한다.

② 12V 보조 배터리 및 트레이를 탈거한다.

③ 파워 일렉트릭 커버를 탈거한다.

④ 완속 충전기(OBC)를 탈거한다.

⑤ 전력 제어 장치(EPCU)를 탈거한다.

⑥ (+) 와이어링 케이블(A)을 분리한다.

⑦ 리저버 호스 파이프 고정 볼트(A)를 탈거하고 전자식 인히비터 스위치 커넥터(B)를 분리한다.

[그림 5.28] 구동 모터 교환(아이오닉)

⑧ 에어컨 컴프레서 고전압 케이블(A)을 분리한다.

⑨ 리저버 호스 파이프 고정 볼트(A)를 탈거하고 에어컨 컴프레서 커넥터 브라켓 고정 볼트(B)를 탈거한다.

[그림 5.29] 구동 모터 교환(아이오닉)

⑩ 프런트 드라이브 샤프트를 분리한다.

⑪ 에어컨 컴프레서 고정 볼트를 풀고 에어컨 컴프레서(A)를 로어암 측면에 위치한다.

⑫ 모터 위치 및 온도 센서 커넥터(A)를 분리하고 고정 볼트(C)를 풀어 3상 냉각수 밸브(B)를 분리한다.

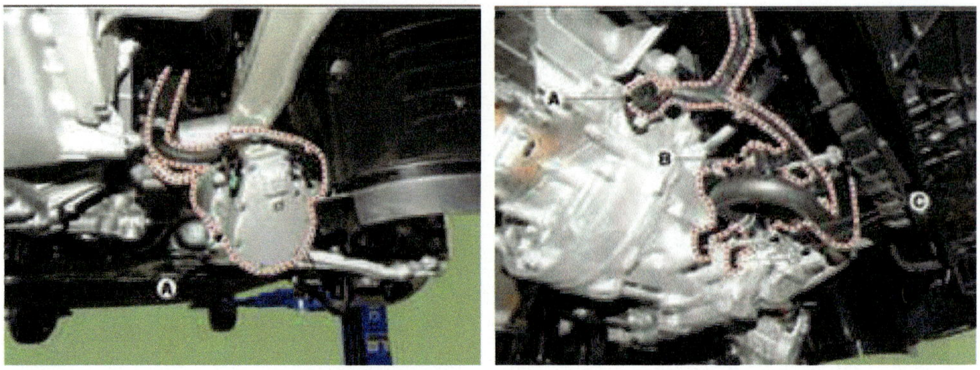

[그림 5.30] 구동 모터 교환(아이오닉)

⑬ 냉각수 인렛 호스(A) 및 아웃렛 호스(B)를 분리한다.
⑭ 고전압 케이블(A)을 분리한다.

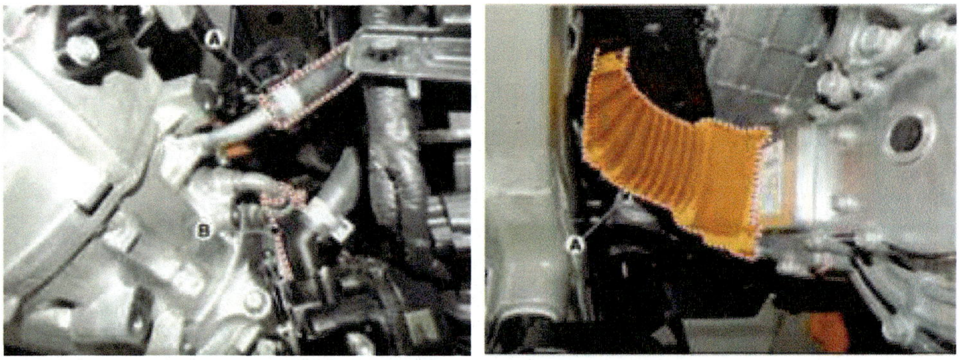

[그림 5.31] 구동 모터 교환(아이오닉)

⑮ 모터 하부에 잭을 받친다.
⑯ 모터 마운팅 브라켓 관통 볼트(A)를 탈거한다.

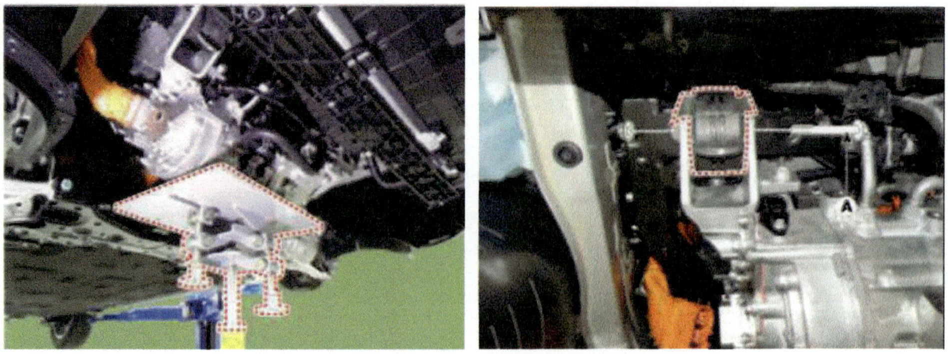

[그림 5.32] 구동 모터 교환(아이오닉)

⑰ 감속기 마운팅 브라켓 관통 볼트(A)를 탈거한다.

⑱ 리어롤 마운팅 브라켓 관통 볼트(A)를 탈거한다.

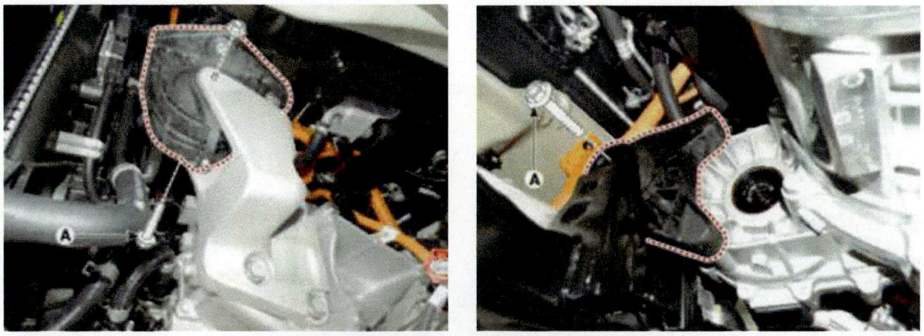

[그림 5.33] 구동 모터 교환(아이오닉)

⑲ 차량을 서서히 들어 올려 모터 및 감속기 어셈블리를 차상에서 탈거한다.

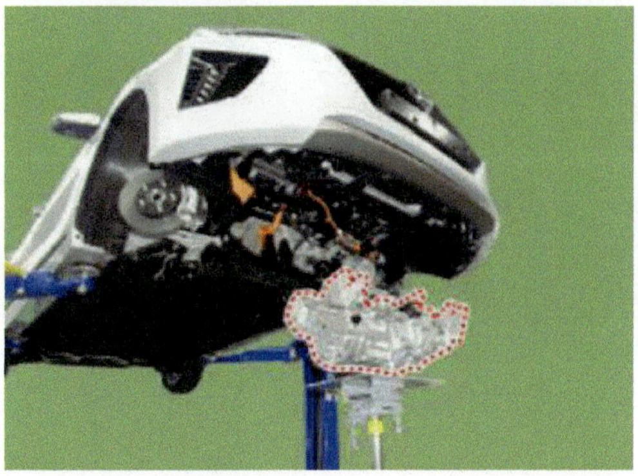

[그림 5.34] 구동 모터 교환(아이오닉)

⑳ 모터에서 감속기(A)를 탈거한다.

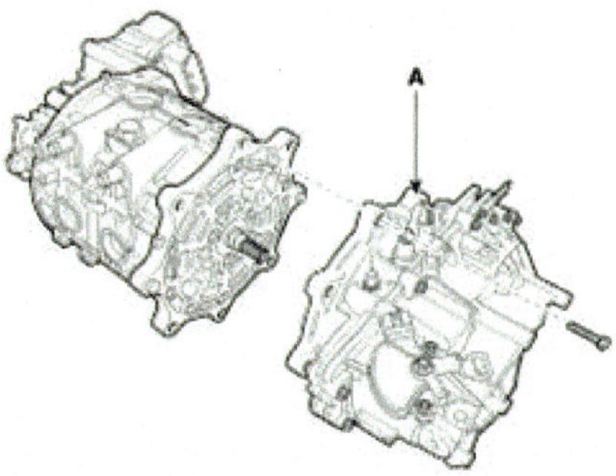

[그림 5.35] 구동 모터 교환(아이오닉)

㉑ 조립은 분해의 역순으로 한다.

5.6 모터 검사

5.6.1 모터 선간 저항 검사

멀티 테스터기를 이용하여 각 선간(U, V, W)의 저항을 점검한다.

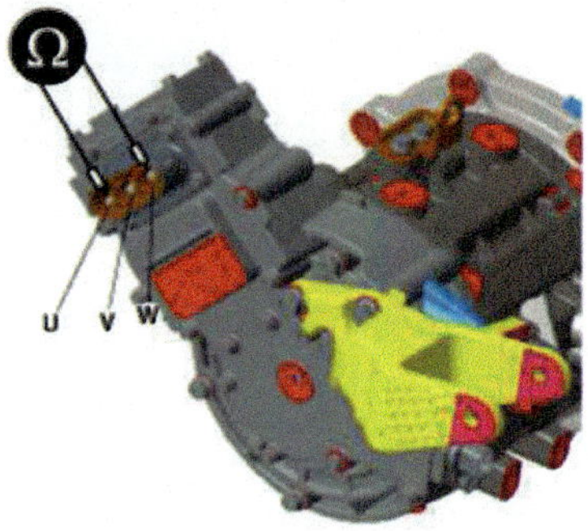

[그림 5.36] 모터 선간 저항 검사(아이오닉)

[표 5.1] 모터 선간 저항 규정값

항목	점검부위	규정값	비고
선간 저항	U–V	22.42~24.78 [mΩ]	상온(20℃)
	V–W		
	W–U		

5.6.2 모터 절연 저항 검사

① 절연 저항 시험기를 이용하여 절연 저항을 점검한다.
② 절연 저항 시험기의 (-) 단자와 하우징, (+) 단자와 상(U, V, W)에 연결한다.
③ 1분간 DC 540V를 인가하여 측정값을 확인한다.

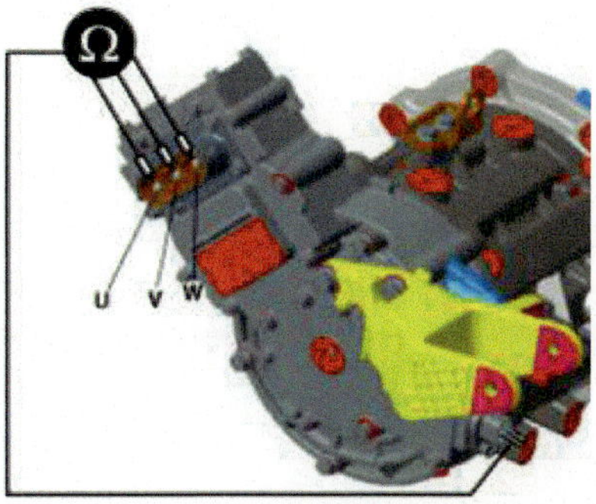

[그림 5.37] 모터 절연 저항 검사(아이오닉)

[표 5.2] 모터 절연 저항 규정값

항목	점검부위	규정값	비고
절연 저항	하우징-U	10 [MΩ] 이상	DC 540 [V] 1분간
	하우징-V		
	하우징-U		

5.6.3 모터 위치 및 온도 센서 선간 저항

① 모터 위치 및 온도 센서 커넥터(A)를 분리한다.

② 멀티 테스터기를 이용하여 선간 저항을 점검한다.

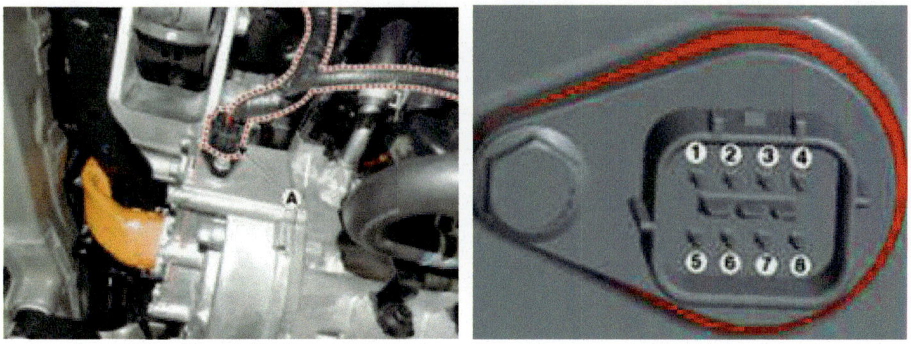

[그림 5.38] 모터 위치 및 온도 센서 선간 저항 검사(아이오닉)

[표 5.3] 모터 위치 및 온도 센서 선간 저항 규정값

<table>
<tr><th>항목</th><th>점검부위</th><th colspan="2">규정값</th><th>비고</th></tr>
<tr><td rowspan="5">선간 저항</td><td rowspan="3">모터 위치 센서</td><td colspan="2">1–5 : 26.5[Ω] ± 10%</td><td rowspan="3">15.06[℃]
~25.1[℃]</td></tr>
<tr><td colspan="2">2–6 : 87.0[Ω] ± 10%</td></tr>
<tr><td colspan="2">3–7 : 76.0[Ω] ± 10%</td></tr>
<tr><td rowspan="2">모터 온도 센서</td><td rowspan="2">4–8</td><td>12.12[kΩ]</td><td>20[℃]</td></tr>
<tr><td>8.322[kΩ]</td><td>30[℃]</td></tr>
</table>

CHAPTER 06

전력 변환 시스템

6.1 개요

전력 변환이란 전력[(전압, 전류, 주파수, 상(Phase)]의 형태를 사용하는 용도에 따라 변환하는 것을 말한다. 전기자동차 기준으로 보면 EPCU 내부의 VCU, 컨버터, 인버터, LDC 그리고 OBC는 전력 변환 장치이다. 우리 일상에서 사용되는 전력 변환 장치는 휴대폰 충전기, 노트북 어댑터 등이 있으며 AC를 DC로 변환한다.

전기자동차 PE 시스템(Power Electric System)은 전기자동차 구동을 위한 모터와 감속기, 모터를 제어하는 인버터, 에너지를 담고 있는 배터리로 구성된다. 이 동력 시스템인 PE 시스템을 원활하게 구동하기 위해서는 전력 변환 장치가 필요하다.

V2G(Vehicle to Grid)의 개념 중 하나인 V2L(Vehicle to Load)은 야외에서 캠핑을 하거나 비상시 차량의 전력으로 가전제품 등을 사용할 때도 ICCU에서 전력 변환하여 사용된다.

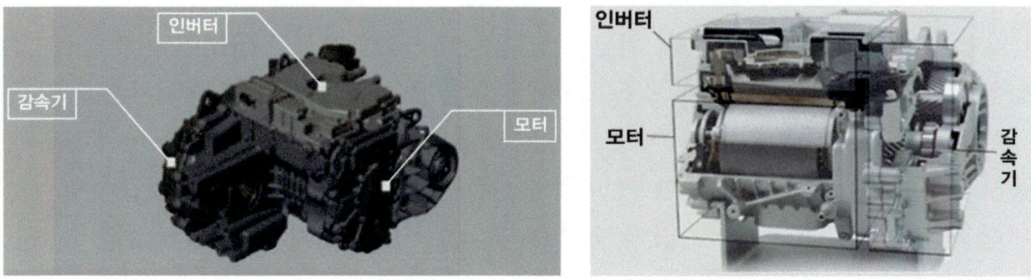

[그림 6.1] 일체형 PE 시스템

6.2 OBC의 기초

OBC(On Board Charger)는 차량 탑재용 충전기로서 전기자동차 고전압 배터리 충전 시 가정용 AC 110 [V] / 220 [V] 전원을 변압기를 통해 승압하고 정류기를 통해 직류(DC)전원으로 변환하여 고전압 배터리에 충전하는 역할을 한다.

급속 충전기는 직류(DC)전원(380 [V] 200 [A])을 고전압 축전지에 직접 충전하고, 50 [kW], 100 [kW], 350 [kW], 500 [kW]급으로 완전 방전상태에서 80 [%] 충전까지 약 30 [min]이 소요된다. 완속 충전기(6~7 [kW])는 가정용 교류(AC)전원을 OBC로 거쳐(360 [V]로 변환해) 고전압 배터리에 직접 충전하며 완전 방전에서 95 [%] 충전까지 4~5 [시간]이 소요된다.

고전압 정션 박스의 역할은 예상치 못한 높은 충전 전압이 입력 시 완만하게 충전 또는 충전된 배터리 전력을 완만하게 사용할 시에 안전장치이며 일종의 퓨즈(Fuse) 박스 역할을 한다.

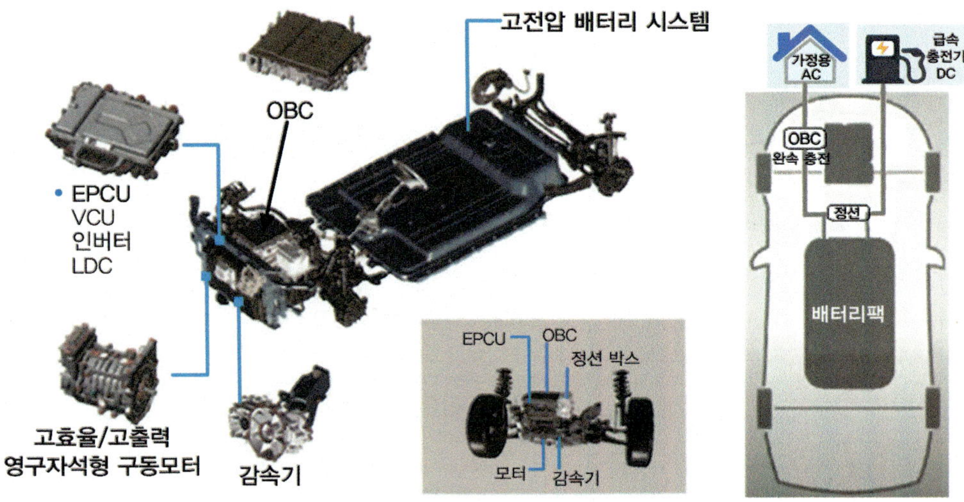

[그림 6.2] 차량 탑재용 OBC

OBC는 [그림 6.3]과 같이 4가지 기능을 담당하는 각각의 회로로 나누어 생각할 수 있다. OBC는 충전소 AC 전압이 전력 품질을 높여주는 역할을 하는 입력 필터를 거치게 되고, 또한 정류기를 거쳐서 AC 전압을 DC 전압으로 변경하여 PFC를 통해 충전 효율을 높여주게 된다. 아울러 만들어진 DC 전압을 DC-DC 컨버터를 통하여 높은 전압으로 전환하여 고전압 배터리 충전에 용이하도록 한다. 이 각각의 역할을 제어하는 제어회로 등으로 구성되어 있다.

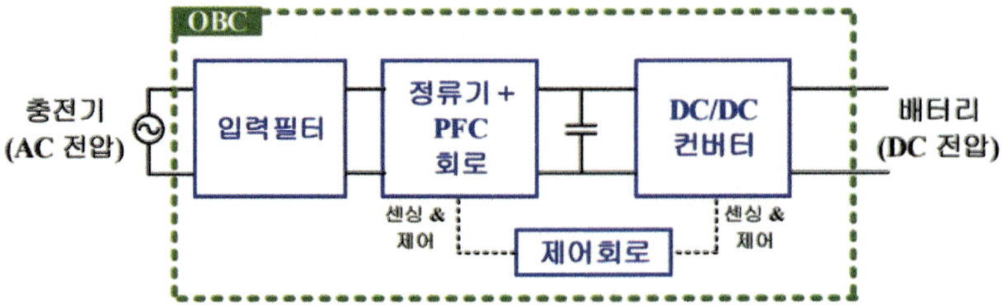

[그림 6.3] OBC 주요 회로

6.2.1 입력 필터

입력 필터(input filter)는 OBC 내의 각종 회로에서 생성되는 스위칭 노이즈들이 충전기 쪽으로 넘어가지 않도록 하고, 반대로 충전기에서 발생되는 노이즈를 OBC 쪽으로 이동하지 않게 해주는 역할을 한다. 즉 원하는 주파수 대역의 전력만 공급함으로써 전력 품질을 우수하게 해주는 회로이다.

[그림 6.4]에서 바리스타(varistor)는 예상치 못한 고전압을 자신 스스로 흐르게 하여 뒷단의 회로를 보호하는 장치이다. 일종의 퓨즈(Fuse)와 같은 성질을 가지고 있다.

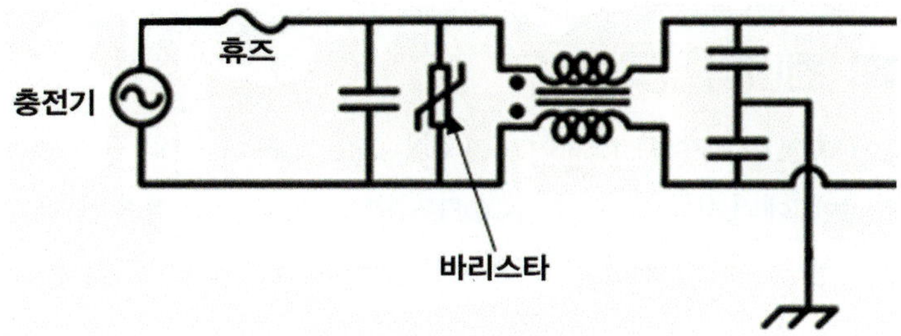

[그림 6.4] 입력 필터

6.2.2 정류기+PFC(역률보상회로) 회로

정류기의 역할은 [그림 6.5]와 같이 시간에 대해서 맥동하는 전압을 4개의 다이오드로 구성된 정류기를 거쳐 평균적인 전압값을 가지는 리플이 생긴 DC전압으로 만들어 주는 것이다.

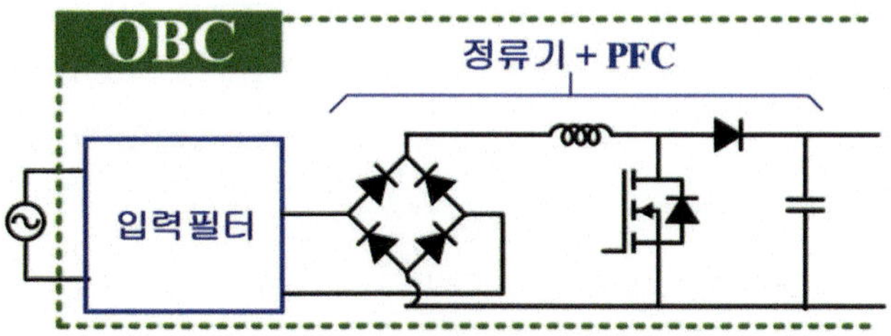

[그림 6.5] 정류 및 PFC

앞에서 정류기가 만들어준 전류와 전압의 위상이 많이 틀어지게 되면 전력이 (+)와 (-)를 번갈아가며 생기면서 전력을 제대로 공급해 줄 수 없는 현상이 발생하므로 PFC는 전압과 전류의 위상을 전력공급에 유리하게끔 위상을 변화시켜서 [그림 6.6] ⓑ에서 볼 수 있듯이 (-)로 내려가는 부분을 적게 만들어서 배터리 쪽으로 전력을 효과적으로 넘길 수 있게 해주는 회로가 된다.

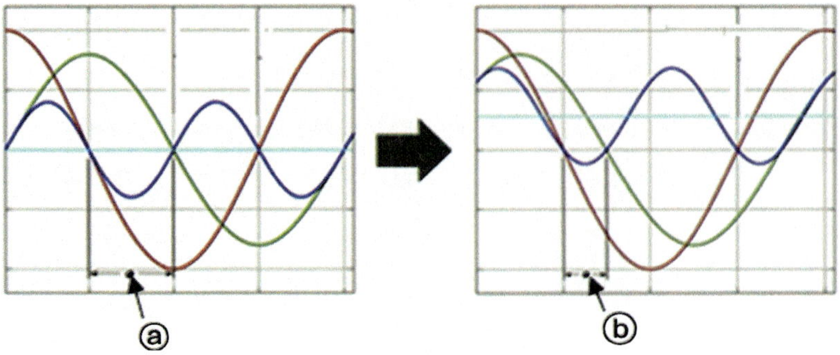

[그림 6.6] PFC의 기능

6.2.3 DC-DC 컨버터

[그림 6.7] 회로에서 보면 MOSFET 제어하면 ON-state, OFF-state로 구분된다. MOSFET이 ON 되면 코일(Inductor)에 에너지를 공급한 후 OFF되면 Inductor에 저장된 에너지를 다이오드를 지나 출력단 전압을 상승시키게 된다. 이 ON/OFF-state가 1초에 수천 번을 제어기가 제어한다.

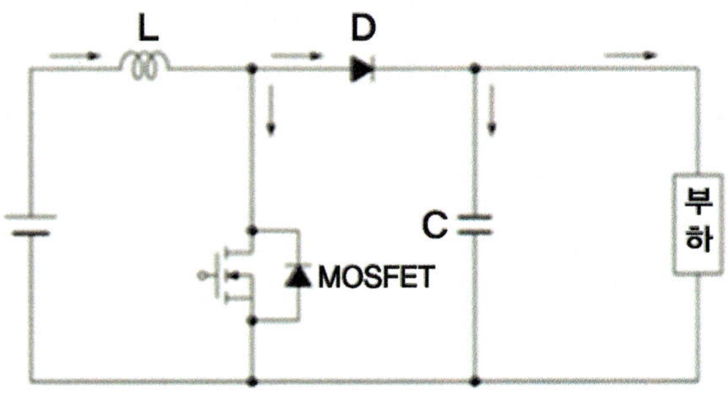

[그림 6.7] DC-DC 컨버터 회로(Booster 컨버터)

6.2.4 제어회로

제어기(controller)는 OBC회로에 있는 MOSFET를 실시간으로 제어하기 위한 인터페이스 구성했다고 생각하면 된다. ON/OFF 스위치를 제어하기 위해서는 각 회로들 상태를 센싱(sensing)하고 그 센싱된 것을 처리하기 위한 회로가 제어회로이다.

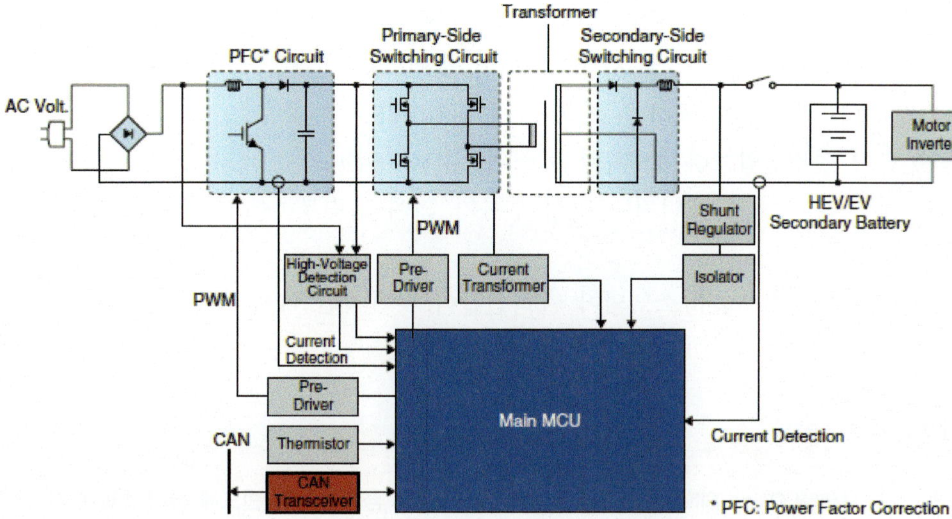

[그림 6.8] 배터리 충전기 제어 회로(source : http://www.renesas.eu)

6.3 LDC의 기초

LDC(Low voltage DC-DC Converter)는 저전압 직류변환 장치이다. 전기자동차에는 발전기가 없어서 보조 배터리로 충전하는 시스템도 없기 때문에 이를 보완하기 위해 LDC가 장착되어 있다.

또한 유틸리티 모드(Utility mode)를 지원하는데 이 모드로 진입하면 고전압 배터리에서 LDC를 거쳐 차량의 전기·전자장치에 전력을 공급한다. 이 때문에 내연기관 차량에서와 같은 보조 배터리 방전의 위험이 없어지게 된다. [그림 6.9]는 LDC의 작동 순서를 나타낸 것이다.

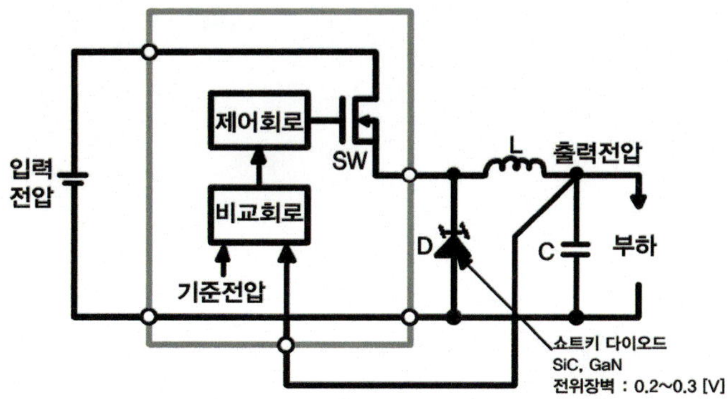

[그림 6.9] LDC 감압회로(Buck 컨버터)

① 출력전압이 설정전압에 도달했는지 기준전압과 비교한다.
② 설정전압보다 낮은 경우 스위치가 ON되어 출력으로 전력을 공급한다.
③ 이때 인덕터(L)에 자기 에너지($1/2LI^2$)가 축적된다.
④ 출력전압이 설정전압보다 높은 경우 스위치가 OFF된다.
⑤ 인덕터에 축적된 자기 에너지는 관성 전류가 되어 출력부하에 공급되고 다시 인덕터로 피드백된다.
⑥ 인덕터의 자기 에너지가 소모되어 출력전압이 낮아지면 다시 스위치가 ON 된다.

Handy hint

▣ **MOSFET(Metal Oxide Silicon Field Effect Transistor : 금속 산화막 반도체 전계 효과 트랜지스터)**
소비 전력이 작고, 고속스위칭 · 고전압화 · 고전류화가 가능한 스위칭(switching) 소자(素子)이다.

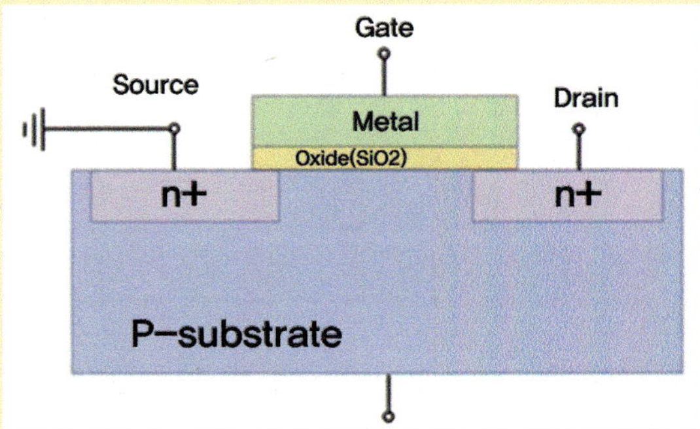

[MOSFET의 구조]

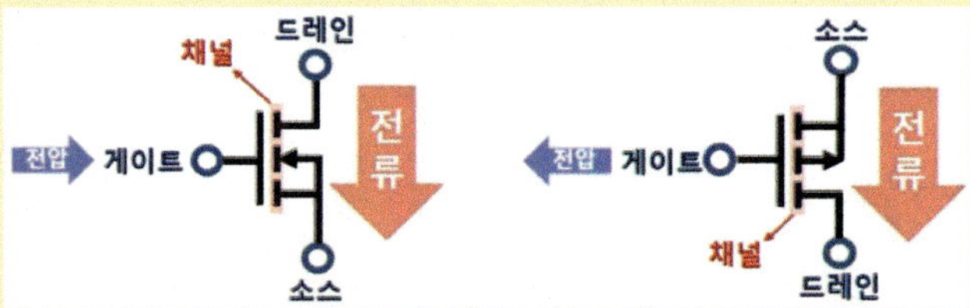

[NMOS 기호] [PMOS 기호]

6.4 인버터의 기초

인버터(Inverter)는 MCU(Motor Control Unit)라고도 하며, 고전압 배터리에서 받은 DC(직류) 전원을 3상 교류(AC) 전원으로 변환시킨 후 전기자동차 통합 제어기인 VCU의 명령을 받아 구동 모터를 제어하는 기능을 담당한다.

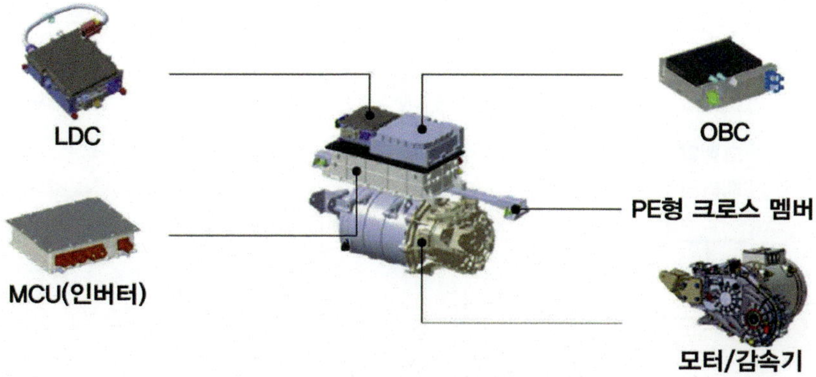

[그림 6.10] MCU 제어 구성(기아 쏘울)

배터리에서 구동 모터로 에너지를 공급하고 감속 및 제동 시에는 구동 모터를 발전기 역할로 변경시켜 구동 모터에서 발생한 에너지, 즉 AC 전원을 DC 전원으로 변환하여 고전압 배터리로 에너지를 회수함으로써 항속 거리를 증대하는 기능을 한다. 또한 인버터는 고전압 시스템의 냉각을 위해 장착된 EWP의 제어 역할도 담당한다.

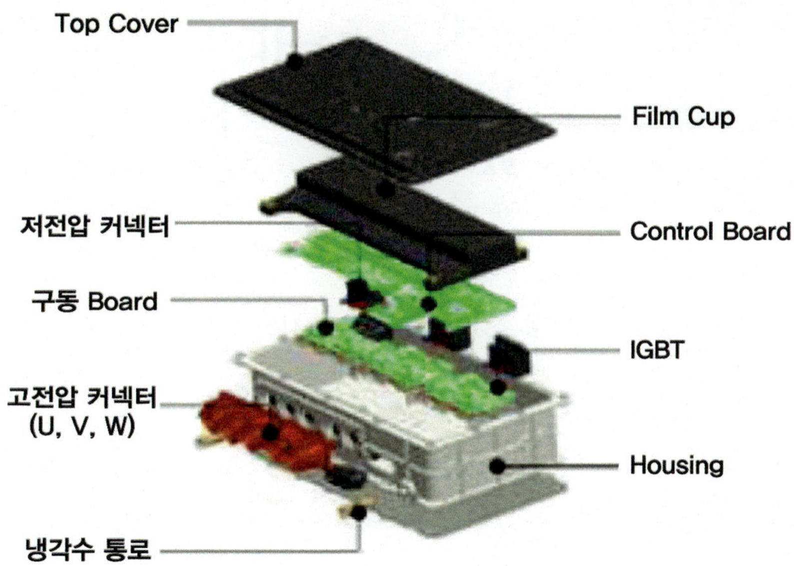

[그림 6.11] 인버터 내부(쏘울)

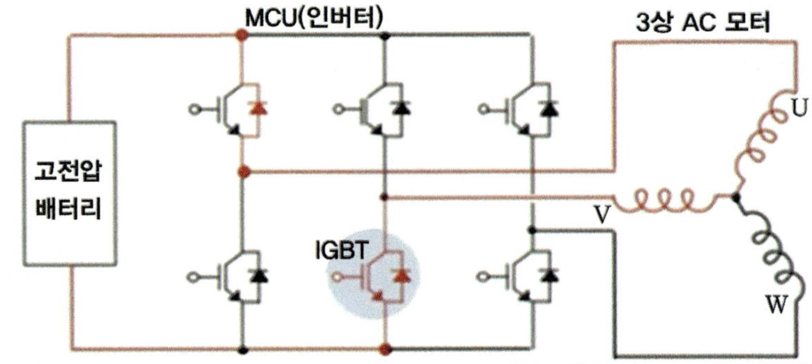

[그림 6.12] IGBT 결선

Handy hint

▣ IGBT(Insulated Gate Bipolar Mode Transistor : 절연 게이트 쌍극선 트랜지스터)

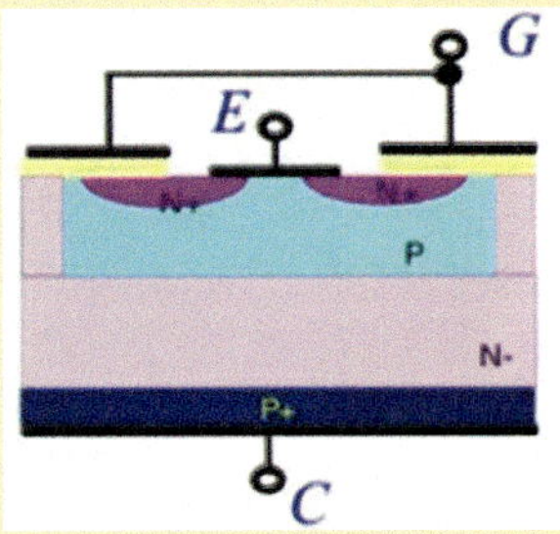

[IGBT 구조]

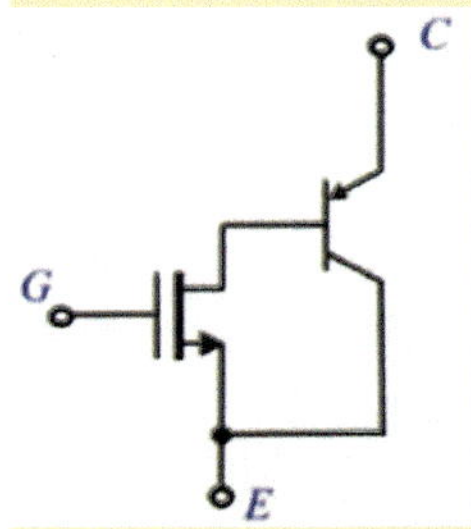

[IGBT 회로]

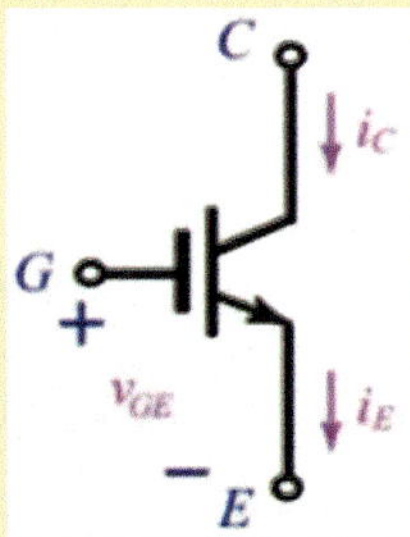

[IGBT 기호]

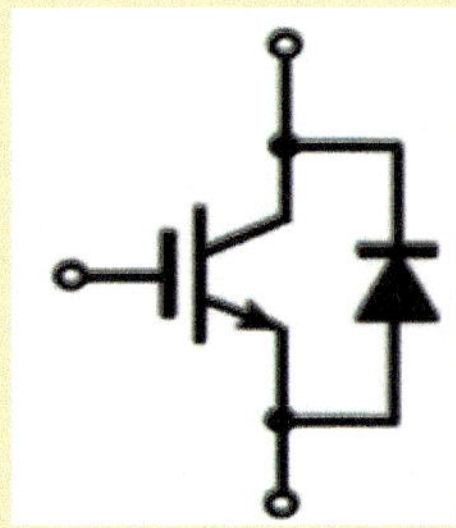

[인버터에 사용한 IGBT]

인버터 시스템에 사용되는 반도체 소자의 손실은 곧 시스템의 효율과 연관되기 때문에 손실이 적게 발생되는 고효율 소자 제품의 개발이 필요하다.

기존 실리콘(Si) 기반의 IGBT 또는 MOSFET은 내압이 600 [V], 1,200 [V] 혹은 그 이상도 있지만 스위칭 손실이 커서 빠른 스위칭 주파수를 사용하기 어려운 반면, 스위칭 손실이 낮으면서 높은 스위칭 주파수를 사용할 수 있는 SiC(실리콘 카바이드), GaN(질화갈륨) 반도체 스위칭 소자를 개발하여 현재 적용하고 있다. SiC은 1,200 [V] 200 [A] 모터용량 240 [kW]까지 안정적으로 제어 가능한 전력량이다.

6.5 EWP

EWP(Electronic Water Pump)는 전기식 워터펌프로서 LDC, MCU, 모터, OBC를 냉각하기 위해 냉각수를 강제 순환하기 위한 장치이다. 반도체의 특성상 일정 온도 이상의 고온에서는 도체가 되어버릴 수 있어(전기적으로 항상 ON) 정상적인 작동이 불가능할 수 있다. 따라서 관련 부품을 적절히 냉각시켜 주는 것이 매우 중요하다.

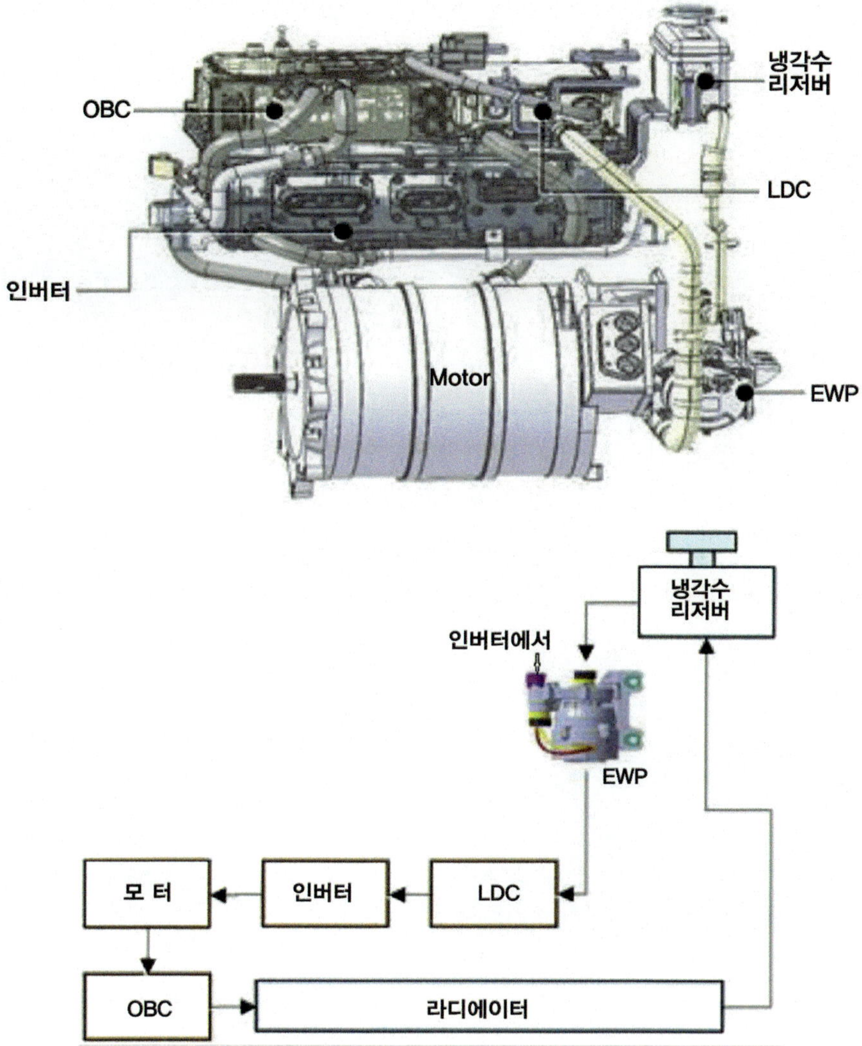

[그림 6.13] EWP 구성 및 냉각수 흐름(기아 쏘울)

6.6 ICCU

ICCU(Integrated Charging Control Unit)는 차량에 있는 고전압 배터리와 저전압 축전지(12 [V] 납산 및 보조 배터리)를 충전 가능하도록 새롭게 개발된 통합 충전 제어 시스템이다. E-GMP에서 처음 적용된 시스템으로, 저전압 충전도 가능하다는 의미는 기존 OBC에 LDC를 통합한 개념으로 이해하면 된다.

기존 OBC는 단방향 충전만 가능하여 외부 전력에 의한 차량 내부로의 충전만 가능했다. 하지만 ICCU가 적용되면서 차량 충전관리 시스템(VCMS)과 함께 양방향 전력 변환이 가능하여 V2L 기능이 구현된다. 즉 별도의 제어 혹은 장치가 없어도 110 [V], 220 [V] 일반 전원 공급이 가능하다. 아이오닉5에서 특히 강점으로 내세웠던 V2L의 핵심 부품으로 볼 수 있다.

[그림 6.14] ICCU

[그림 6.15] VCMS

전기자동차 통합 충전 시스템에서 ICCU SMPS Board([그림 6.16])는 SMPS 트랜스에 의한 보조 전원을 생성하고 AC-DC 전력 변환 후 DC Link 커패시터에 의해 평활되고, ICCU Filter Board([그림 6.17])는 입 · 출력 단자 노이즈 제거, 상시 동작이 아닌 Relay ON 시 특정 시점에서만 동작한다. ICCU Power Board([그림 6.18])는 LDC, OBC 회로 각각 MOSPET 스위칭을 통해 DC-AC 전력 변환, MOSPET에 스위칭 신호를 공급한다.

[그림 6.16] ICCU SMPS Board

[그림 6.17] ICCU Filter Board

[그림 6.18] ICCU Power Board

✍ Handy hint

▣ E-GMP(Electric-Global Modular Platform)

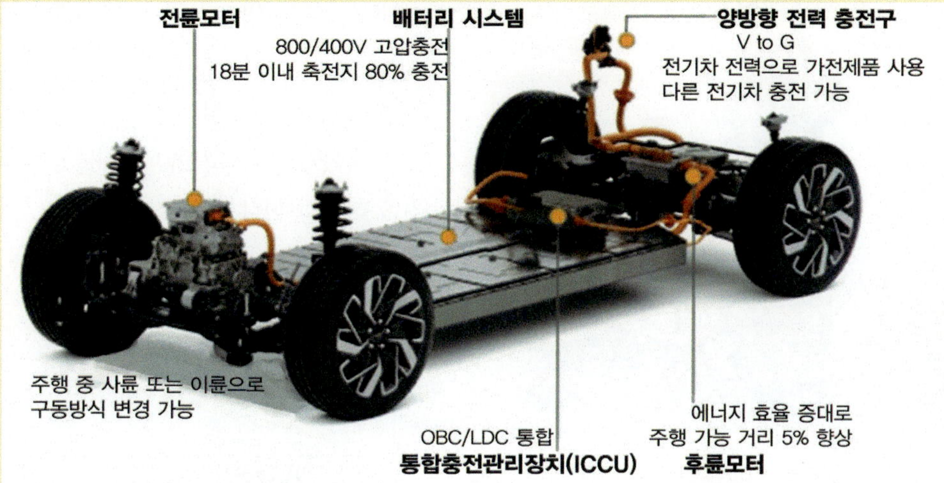

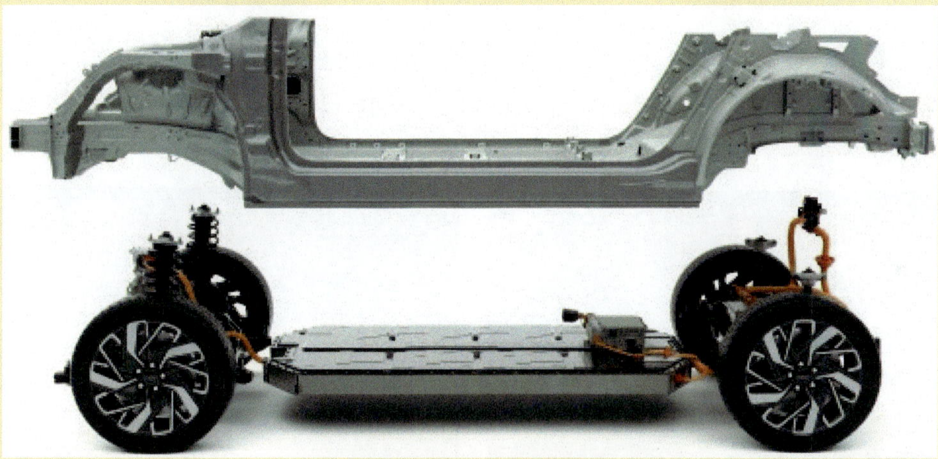

[그림 6.19] E-GMP

6.7 고전압 분배 시스템(EPCU) 교환

1. 고전압 조인트 박스
2. 에어컨 컴프레서 고전압 커넥터
3. EPCU 고전압 케이블
4. 완속 충전기(OBC) 고전압 케이블 커넥터
5. PTC 히터 고전압 케이블
6. 고전압 배터리 어셈블리 고전압 케이블
7. 고전압 조인트 박스 커넥터
8. 급속 충전 고전압 케이블

[그림 6.20] 고전압 분배 시스템 구성(아이오닉)

① 장착 볼트를 풀고 리저버 탱크(A)를 고전압 정션 박스에서 분리한다.
② 고전압 배터리 어셈블리 고전압 케이블(A)를 분리한다.

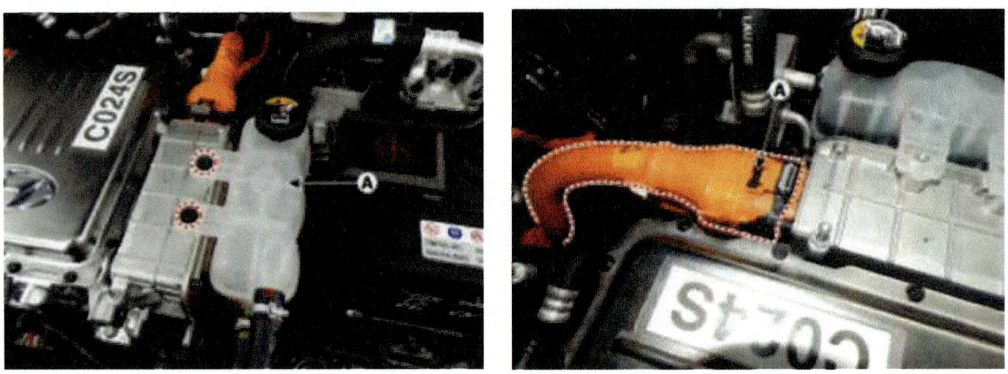

[그림 6.21] 고전압 분배 시스템 교환(아이오닉)

③ PTC 히터 고전압 커넥터(A)를 분리한다.
④ 차량 탑재형 충전기(OBC) 케이블 커넥터(B)를 분리한다.
⑤ 고전압 조인트 박스 커넥터(A)를 분리한다.

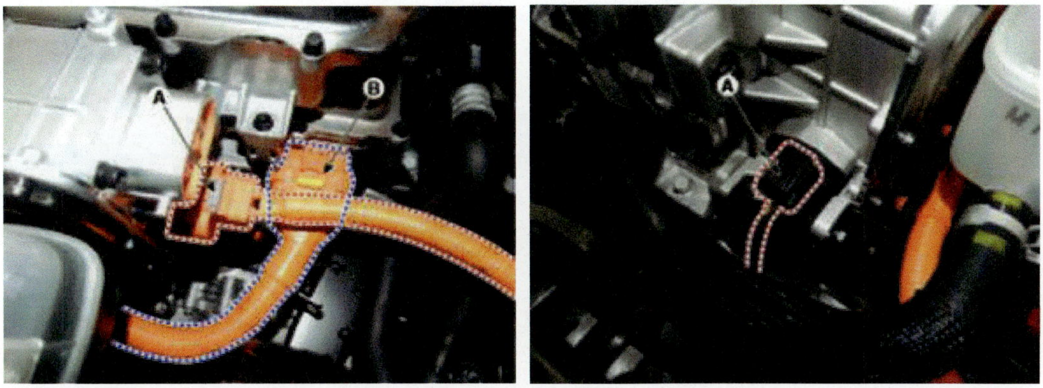

[그림 6.22] 고전압 분배 시스템 교환(아이오닉)

⑥ 전력 제어 장치(EPCU) 커넥터(A)를 분리한 후, 저전압 직류 변환 장치(LDC) '-' 케이블(B)과 '+' 케이블(C)을 분리한다.

⑦ 전력 제어 장치(EPCU) 측 파워케이블 커넥터(A)를 분리한다.

[그림 6.23] 고전압 분배 시스템 교환(아이오닉)

⑧ 전력 제어 장치(EPCU) 냉각호스(A)를 분리한 후, 차량 탑재형 충전기(OBC) 냉각호스(B)를 분리한다.

⑨ 고정 볼트를 풀고, 고전압 정션 박스, 전력 제어 장치(EPCU), 차량 탑재형 충전기(OBC) 어셈블리를 탈거한다.

[그림 6.24] 고전압 분배 시스템 교환(아이오닉)

⑩ 조립은 분해의 역순으로 한다.
조립 후 진단 장비를 설치하여 각 항목들을 체크한다.

[표 6.1] VCU 서비스 데이터 의미 및 분석

항 목	내 용	
보조 배터리 전압	의미	보조 배터리 전압을 나타냄
	분석	12 [V] 배터리 전압이 6.5 [V] 이하 또는 16 [V] 이상일 경우 VCU 동작 불가
메인 배터리 전압	의미	메인 배터리 전압을 나타냄
	분석	고전압 배터리 가용 전압은 237 ~ 378 [V]
메인 배터리 전류 보정값	의미	메인 배터리 전류 사용량을 [A]로 나타냄
	분석	최대 -500 ~ 500 [A] 나타냄
액셀 포지션 센서1-전압	의미	APS-1의 출력 전압으로 페달을 밟으면 전압 증가함(기준 전압은 5V). APS-1 전압은 APS-2 전압의 2배가 되어야 함
	분석	공회전 : 0.7 [V], 최고 : 4.1 [V]
액셀 포지션 센서2-전압	의미	APS-2의 출력 전압으로 페달을 밟으면 전압 증가함(기준 전압은 5V). APS-2 전압은 APS-1 전압의 1/2이 되어야 함
	분석	공회전 : 0.4 [V], 최고 : 2.0 [V]
액셀 페달 위치 센서	의미	액셀 페달의 열림량을 백분율로 나타낸 값 (APS-1,2 값을 이용)
	분석	
브레이크 페달 위치	의미	브레이크 페달의 위치를 [mm] 단위로 표시
	분석	브레이크 페달 OFF 시 0 [mm]

차속	의미	차량 전륜 속도
	분석	정지 0, 전진 최고속도 130 [km/h], 후진 최고속도 40 [km/h]
모터 회전수	의미	분당 모터 회전속도
	분석	정지 0, 역회전 -12000 [rpm], 정회전 12000 [rpm]
이모빌라이저 적용	의미	이모빌라이저 적용 여부를 표시
	분석	이모빌라이저 시스템이 적용되었으면 ON, 적용되지 않았으면 OFF
SMARTRA2 적용	의미	SMARTRA2 적용 여부를 표시
	분석	이모빌라이저 시스템이 적용되었으면 ON, 적용되지 않았으면 OFF
SMARTRA3 적용	의미	SMARTRA3 적용 여부를 표시
	분석	SMARTRA3 시스템이 적용되었으면 ON, 적용되지 않았으면 OFF
SMART Key 적용	의미	SAMRT Key 적용 여부를 표시
	분석	SMART Key 시스템이 적용되었으면 ON, 적용되지 않았으면 OFF
변속기어 P단	의미	변속 레버 Parking
	분석	Parking 위치일 때 ON, 그 외일 때 OFF
변속기어 R단	의미	변속 레버 후진
	분석	R일 때 ON, 그 외일 때 OFF
변속기어 N단	의미	변속 레버 중립
	분석	N일 때 ON, 그 외일 때 OFF
변속기어 D단	의미	변속 레버 전진
	분석	D일 때 ON, 그 외일 때 OFF
변속기어 E단	의미	변속 레버 E
	분석	E일 때 ON, 그 외일 때 OFF
변속기어 B단	의미	변속 레버 B
	분석	B일 때 ON, 그 외일 때 OFF
브레이크등 스위치	의미	제동 시 브레이크 램프 점등
	분석	제동 시 ON
브레이크 스위치	의미	브레이크 밟힘에 따른 신호 연동
	분석	브레이크 밟았을 때 ON

스타트 키	의미	Key ST에 위치
	분석	Key ST일 경우에만 ON
EV 준비사항	의미	차량 주행 가능 상태
	분석	주행 가능 시 Ready 점등
VCU 준비사항	의미	VCU hardware 전원 인가 상태
	분석	VCU에 전원이 인가되어 준비가 되었을 때 YES
메인 릴레이 중지 명령	의미	차량 보호를 위해 고전압 배터리 연결을 끊는 명령
	분석	메인 릴레이 중지시킬 때 YES
인버터 사용 가능 상태	의미	인버터가 정상 작동 가능한 상태
	분석	인버터 사용 가능 상태 정상일 때 YES
직류 변환기 중지 명령	의미	차량 상태에 따라 직류 변환장치의 작동을 결정
	분석	직류 변환기 작동 중지 시 YES
와이퍼 작동 상태	의미	와이퍼 작동 여부를 표시
	분석	작동 시 ON, 고장 시 FALSE
MCU 고장 상태	의미	모터, 인버터 및 MCU의 문제로 인한 고장 상태 표시
	분석	CAN 상으로 고장 시 YES
MCU 제어 가능 상태	의미	모터 인버터 및 MCU 정상 작동 가능한 상태
	분석	CAN 상 정상적일 때 YES
서비스램프 요청 from MCU	의미	모터 인버터 MCU 고장으로 인해 cluster에 표시
	분석	CAN 상 정상적일 때 YES
BMS 고장	의미	배터리 BMS 고장 상태
	분석	CAN 상으로 고장 시 YES
메인 배터리 사용 가능 상태	의미	배터리 MCU 정상 상태 표시
	분석	CAN 상 정상적일 때 YES
메인 릴레이 상태	의미	고전압 배터리를 절환하는 릴레이의 연결 상태
	분석	CAN 상 정상적일 때 YES

메인 배터리 충전 상태	의미	완속 충전기의 차량에 연결되어 있는지를 표시
	분석	완속 충전기로 충전 중일 때 YES
서비스 램프 요청 from BMS	의미	배터리 BMS 고장 상태를 cluster에 표시
	분석	BMS에서 CAN 상으로 서비스 램프 요청 시 YES
메인 배터리 급속 충전 상태	의미	급속 충전기의 차량에 연결되어 있는지를 표시
	분석	급속 충전기로 충전 중일 때 YES

[표 6.2] MCU 서비스 데이터 의미 및 분석

항 목	내 용	
실제 모터 회전수	의미	현재 모터의 회전수를 표시
	분석	모터 회전에 따라 변화
규정 모터 토크	의미	MCU에서 수신된 토크 지령 데이터 (데이터의 +는 어시스트를, -는 충전을 의미)
	분석	가속, 감속, SOC 등 운전 조건에 따라 변화
실제 모터 토크	의미	MCU 내부에서 계산된 토크값 (데이터의 +는 어시스트를, -는 충전을 의미)
	분석	가속, 감속, SOC 등 운전 조건에 따라 변화
모터 상 전류	의미	현재 출력중인 모터 전류의 값을 의미. 이 값을 통해 현재 모터에 얼마의 전류가 흐르고 있는지 알 수 있음
	분석	이 값을 통해 현재 모터에 얼마의 전류가 흐르고 있는지 알 수 있음
캐패시터 전압	의미	모터를 구동하는 데 필요한 고전압 배터리의 전압이 인버터로 전달되고 있는 양을 의미함
	분석	BMS가 제어하는 메인 릴레이가 연결되어 있을 경우 고전압 배터리의 전압값과 동일하게 되며, 메인 릴레이가 차단되면 배터리에서 고전압을 공급받지 못하게 되므로 모터 구동이 불가하여 캐패시터 전압과 고전압 배터리의 전압값은 상이함
모터 온도	의미	모터 내의 온도 센서에서 검출한 현재 모터의 온도
	분석	모터 온도에 따라 가변
인버터 온도	의미	MCU에 있는 온도 센서에서 검출한 인버터의 온도
	분석	MCU 내부 온도에 따라 가변
보조 배터리 전압	의미	12 [V] 배터리 전압
	분석	장시간 차량 방치 시 배터리 방전
U상 전류 센서 OFFSET	의미	0 [A] 전류 시, U상 전류 센서 출력값을 0으로 조절하는 값
	분석	전류 센서 오프셋이 부정확할 경우 제어 불안정
V상 전류 센서 오프셋	의미	0 [A] 전류 시, V상 전류 센서 출력값을 0으로 조절하는 값
	분석	전류 센서 오프셋이 부정확할 경우 제어 불안정

리졸버 캘리브레이션 명령	의미	리졸버의 위치 오프셋 조정
	분석	리졸버 오프셋이 부정확할 경우 제어 불안정
리졸버 이상 카운터	의미	리졸버 신호 에러 발생 시 카운트
	분석	리졸버 신호선 점검 필요
MCU 메인 릴레이 컷 오프 요청	의미	MCU(인버터) 입력 고전압 라인 릴레이 OFF 요청
	분석	작업 시, 고전압 감전 방지 목적
MCU 제어 가능 상태	의미	MCU(인버터)가 모터 구동 가능 상태
	분석	제어보드 및 고전압 입력 정상
MCU 준비	의미	MCU(인버터)의 제어보드 정상 상태
	분석	인버터 고전압 입력과 상관없이 제어보드(12V) 정상 상태
서비스 램프 요청	의미	제어상 문제 발생
	분석	인버터 고전압 입력과 상관없이 제어보드(12V) 정상 상태
전동식 워터펌프 ON/OFF 상태	의미	전동식 워터펌프(EWP) 작동 여부
	분석	전동식 워터펌프 작동 시 ON, 비작동 시 OFF
라디에이터 팬 ON/OFF 상태	의미	라디에이터 팬 작동 여부
	분석	라디에이터 팬 작동 시 ON, 라디에이터 팬 비작동 시 OFF
MCU 토크 제한 운전 상태	의미	온도 및 제어 불안정할 경우 모터 출력을 강제로 제한
	분석	토크 제한 조건 파악 후, 점검 필요
MCU 고장 상태	의미	MCU 고장 상태 표시
	분석	고장인 경우 경고등 표시

[표 6.3] LDC 서비스 데이터 의미 및 분석

항 목	내 용	
LDC에 의한 서비스램프 점등 요구	의미	LDC의 고장 상태를 운전자에게 알리는 램프 점등 요청 신호
	분석	ON이면 LDC 고장 상태로 LDC 관련 DTC(P0A94/P0C3A/P0C3B/P1A88/P1A89)가 발생하거나 또는 VCU로부터 CAN 통신을 수신하지 못하면 서비스 램프 점등을 요청함
LDC 고장 상태	의미	LDC 자체 고장이 아닌 외부 요소에 의한 고장 상태를 나타냄
	분석	ON이면 LDC의 고장 상태로 LDC 출력을 제한하거나 작동을 중지함
LDC 출력 제한 상태	의미	LDC의 출력 제한 상태를 나타냄
	분석	ON이면 LDC의 내부 요인(과온, 센서 고장 등)에 의해 출력 제한 상태임을 나타냄
LDC 출력 전압	의미	LDC의 출력 전압
	분석	LDC 동작 가능한 입력 전압이 공급되어야 출력 전압도 정상적으로 나옴
LDC 제어기 준비	의미	LDC 제어기 사용할 준비가 완료되었음을 의미(내부 및 외부)
	분석	OFF면 LDC가 작동 금지, ON이면 작동 준비 상태
LDC 작동 준비 가능 상태	의미	LDC가 작동할 준비가 완료되었음을 의미
	분석	OFF면 LDC가 비정상 작동 상태라는 것을 나타내므로 보조 배터리 및 LDC 상태를 확인한다. 추가로 메인 배터리 상태
LDC PWM 출력 상태	의미	LDC의 제어를 위한 PWM 출력 상태
	분석	OFF면 PWM 중지 상태로 제어 중단 상태를 의미. LDC 자체 고장(DTC 및 LDC Fault flag 활용)으로 인해 동작하지 않는 상태인지 확인하거나, LDC 자체 고장은 아니지만 동작할 수 없는 상태(메인 릴레이 Off or VCU의 동작 금지 명령)인지 확인함
LDC 저전압 제어 상태	의미	LDC의 저전압 제어 상태
	분석	OFF면 LDC가 정상 출력 중임을 의미. ON이면 부하 상태 및 LDC 내부 상태에 의해 저전압 제어 상태(12.8V)임을 나타냄. ON이라도 고장은 아니며 LDC는 정상 동작함.

6.8 OBC 교환

① 고전압을 차단한다.

② 고전압 조인트 박스를 탈거한다.

③ 드레인 플러그를 풀고 냉각수를 배출한다.

④ 완속 충전기(OBC) 케이블 커넥터(A)와 완속 충전기(OBC) 신호 커넥터(B)를 분리한다.

⑤ 커넥터 브라켓 장착 볼트(C)를 풀고, 커넥터 브라켓(D)을 완속 충전기(OBC)에서 탈거한다.

⑥ 완속 충전기(OBC) 냉각호스(A)를 분리한다.

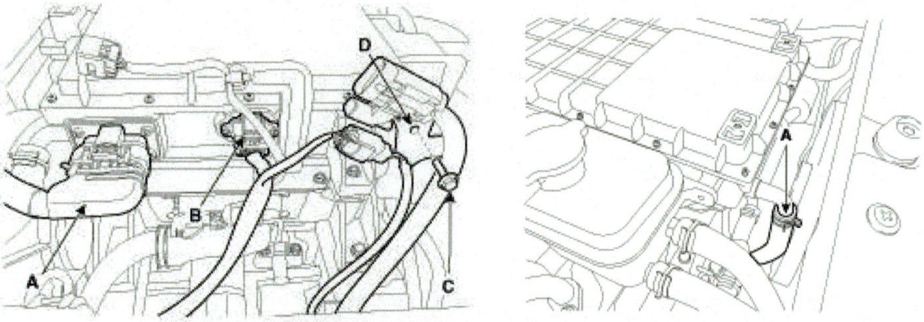

[그림 6.24] OBC 교환(쏘울)

⑦ 장착 볼트를 풀고 리저버 탱크(A)를 완속 충전기(OBC)에서 분리한다.

⑧ 에어컨 어큐뮬레이터 장착 볼트(A)를 푼다(Heat Pump 적용 사양).

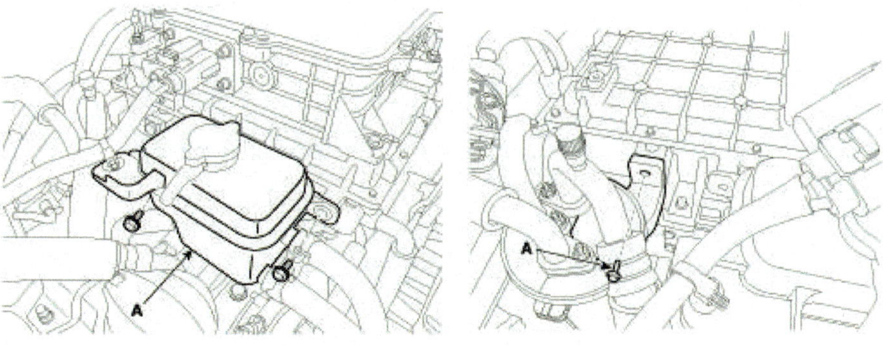

[그림 6.25] OBC 교환(쏘울)

⑨ 완속 충전기(OBC) 고정 볼트(A)를 풀고 완속 충전기(OBC)를 탈거한다.

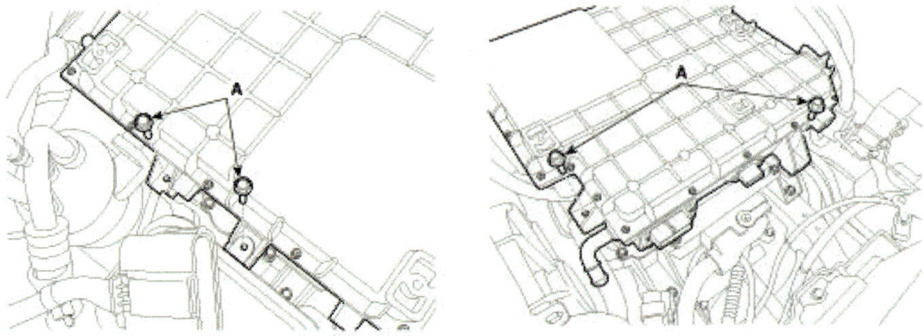

[그림 6.26] OBC 교환(쏘울)

⑩ 조립은 분해의 역순으로 한다.

[표 6.4] OBC 서비스 데이터 의미 및 분석

항 목	내 용	
입력 전압	의미	AC 전원의 입력 전압을 의미
	분석	통상 220 [V] 또는 110 [V]
OBC 내부 고전압	의미	2차 측 동기 정류 이후 전압
	분석	DC 80~150 [V]
출력 전압	의미	완속 충전 시 OBC에서 출력되는 DC 전압
	분석	통상 DC 270~370 [V]
인덕터 전류	의미	OBC 내부 전류
	분석	최대 50 [A]
출력 전류	의미	완속 충전 시 OBC에서 출력되는 전류
	분석	통상 7~10 [A]
1차 측 온도	의미	1차 전력 변환 스위칭부 온도
	분석	OBC 내부의 1차 전력 변화 회로부의 스위칭부 온도를 ℃로 나타냄
부스터 온도	의미	부스터부 온도
	분석	부스터 회로부의 온도를 ℃로 나타냄

CHAPTER 07
제어 시스템

7.1 개요

전력 통합제어 장치 EPCU(Electric Power Control Unit)는 전기자동차의 통합 제어기인 VCU, 구동 모터로 보내주기 위해 고전압 직류를 교류로 변환하는 장치인 인버터(MCU), 고전압 배터리 전압을 차량용 12 [V]로 변환하는 장치인 LDC와, 그리고 외부의 220 [V] 교류 전원을 전기자동차용 360 [V] 직류로 변환해주는 완속 충전기인 OBC 등으로 구성되어 있다.

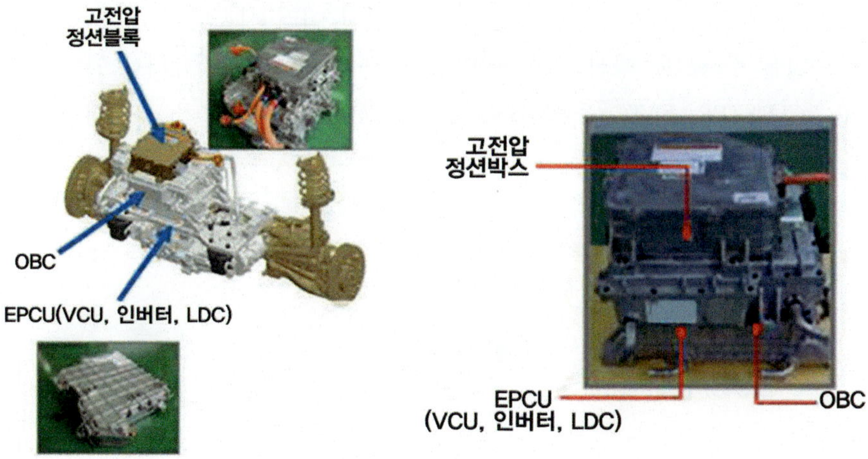

[그림 7.1] EPCU 구성

7.2 OBC

OBC(On Board Charger)는 차량 주차 상태에서 AC 110 [V] / 220 [V] 전원으로 차량의 고전압 배터리를 완속으로 충전하는 차량 탑재형 충전기이다. BMS와 협조 제어를 통해 배터리 충전 방식(정전류, 정전압)을 내부적으로 제어하고 있다.

추가적으로 Key Off(IG3) 상태에서 충전 케이블 연결 시 충전에 필요한 제어기(EPCU, VCU, MCU, BMS, 계기판 등)을 깨우는 역할도 OBC가 하고 있다.

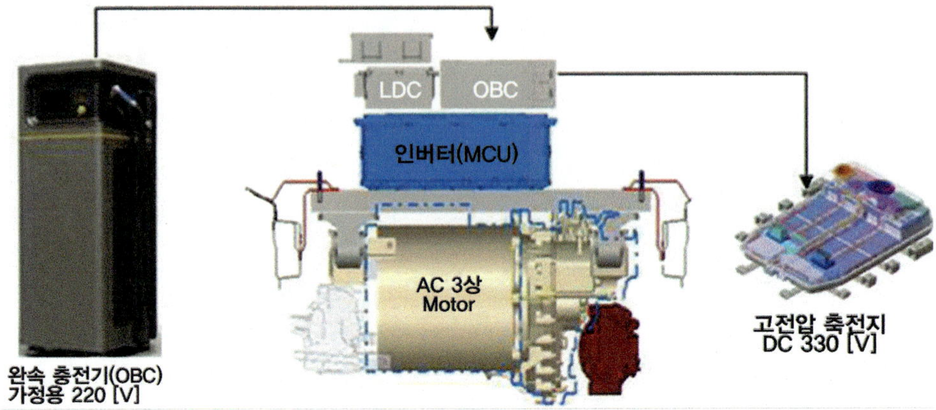

[그림 7.2] 완속 충전 흐름(기아 쏘울)

7.3 VCU

VCU(Vehicle Control Unit)는 EV의 주행과 관련된 여러 시스템이 최적의 성능을 유지할 수 있도록 역할을 수행하는 핵심 제어기이다. VCU는 EV의 메인 컴퓨터로 인버터, BMS, LDC, OBC, AHB, CLUSTER, FATC 등과 협조 제어를 통해 각종 기능을 수행한다.

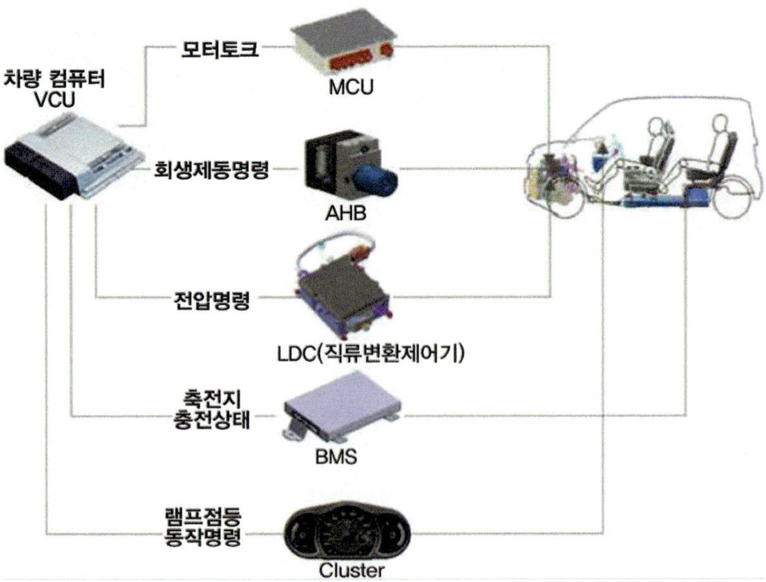

[그림 7.3] VCU 제어도(기아 쏘울)

VCU는 엔진룸 배터리 뒤쪽에 자리 잡고 있고, 모든 제어기를 종합적으로 제어하는 최상위 마스터 컴퓨터이다. 운전자의 요구 사항을 입력받아 차량의 속도와 배터리의 정보를 종합하여 연산 후 각종 제어기를 제어한다. 하위 제어기들은 VCU에서 명령을 받아 작동하여 작동 여부를 피드백한다.

7.3.1 모터 토크 제어

VCU는 BMS, MCU와 정보 교환을 통해 모터 구동 제어를 한다. BMS는 고전압 배터리의 전압, 전류, 온도, SOC 값을 알아내어 현재 고전압 배터리 가용 파워를 VCU에게 전달한다.

VCU는 BMS에서 받은 정보를 기본으로 하여 운전자의 요구(APS, Brake S/W, Shift Lever)를 고려한 모터의 명령 토크를 계산한다.

MCU는 현재 모터가 사용하고 있는 토크와 사용 가능한 토크를 연산하여 VCU에게 제공한다. VCU는 BMS와 MCU에서 받은 정보를 종합하여 최종적으로 모터 토크를 명령한다.

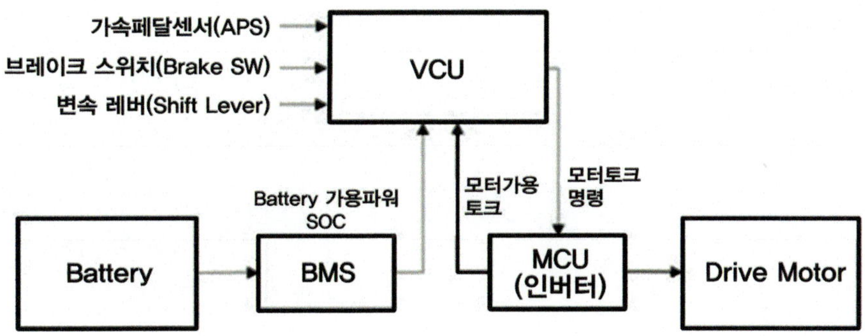

[그림 7.7] 모터 토크 제어 흐름도

7.3.2 회생제동 제어

VCU는 AHB, MCU, BMS와 정보 교환을 통해 회생제동 제어를 한다. AHB 시스템은 운전자의 요구 제동량을 BPS(Brake Pedal Sensor)에서 받아 연산하여 이를 유압 제동량과 회생제동 요청량으로 분배한다. VCU는 각 컴퓨터에서 정보를 종합한 후 모터의 회생제동 실행량을 연산하여 MCU에 최종적으로 모터 토크('-' 토크)를 제어한다. AHB 시스템은 회생제동 실행량을 VCU에서 받아 유압 제동량을 결정하고 유압을 제어한다.

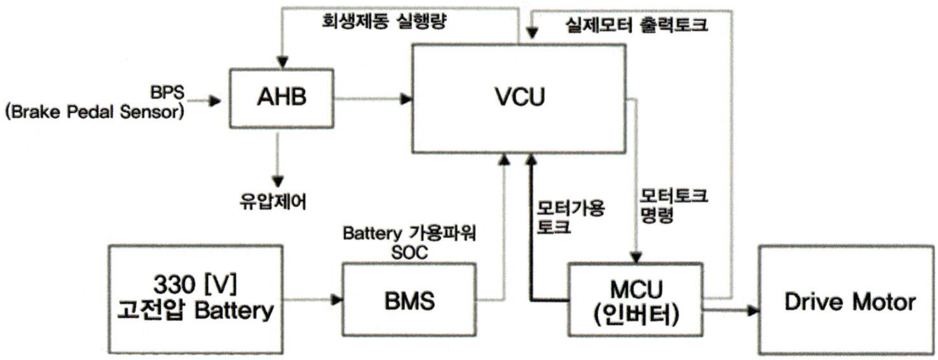

[그림 7.8] 회생제동 제어 흐름도

7.3.3 공조 부하 제어

VCU는 FATC, BMS와 정보 교환을 통해 공조 부하 제어를 한다. FATC는 운전자의 냉·난방 요구 시 차량 실내 온도와 외기 온도 정보를 종합하여 냉·난방 파워를 요청한다. FATC는 VCU가 허용하는 범위 내에 전력으로 에어컨 컴프레서와 PTC 히터를 제어한다.

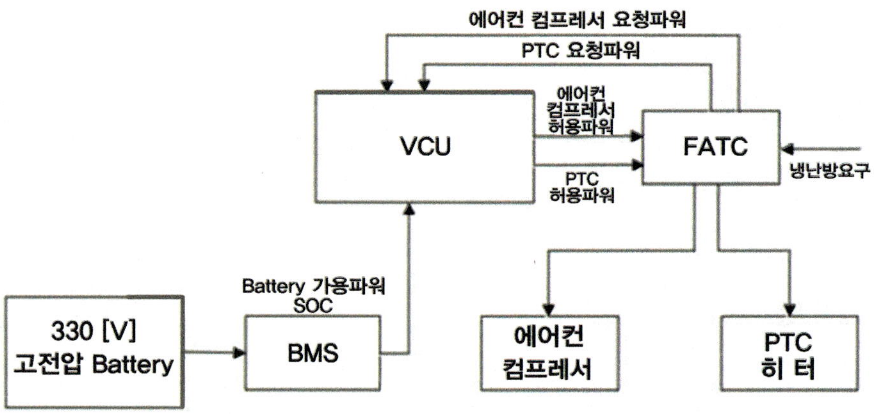

[그림 7.9] 공조 부하 제어 흐름도

Handy hint

▣ HVAC(Heating Ventilation and Air Conditioning : 냉난방공기조화) 시스템

온도, 습도, 유해 기체 농도, 분진 농도 등을 조절하는 설비로, 온·습도 조절을 위해 기동되며 유해 기체나 분진 등은 여과 장치로 제거된다.

7.3.4 전장 부하 전원 공급 제어

VCU는 LDC, BMS와 정보 교환을 통해 전장 부하 전원 공급 제어를 한다. VCU는 운전자의 요구 토크 양 정보와 회생제동량 변속 레버의 위치에 따른 주행 상태를 종합적으로 판단하여 LDC에 충·방전 명령을 LDC에 보낸다. LDC는 VCU에서 받은 명령을 기본으로 보조 배터리에 충전 전압과 전류를 결정하여 제어한다.

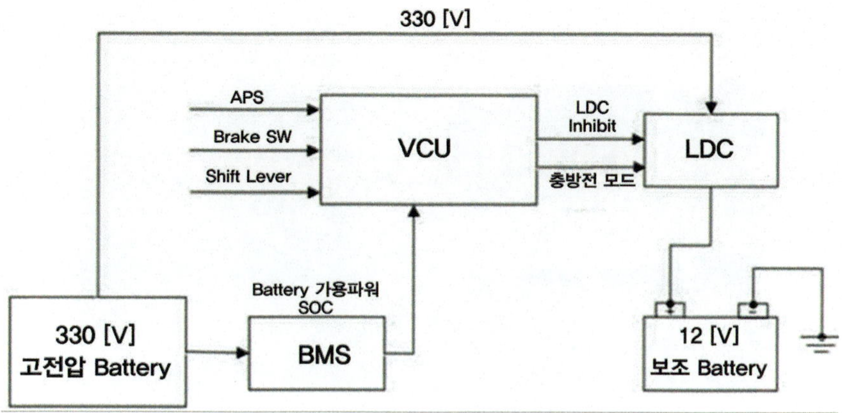

[그림 7.10] 전장 부하 전원 공급 제어 흐름도

7.3.5 클러스터 점등 램프 제어

VCU는 하위 제어기에서 받은 모든 정보를 종합적으로 판단하여 운전자가 쉽게 알 수 있도록 클러스터 램프 점등 제어를 한다. 시동키를 ON 하면 차량 주행 가능 상황을 판단하여 'READY' 램프를 점등하도록 클러스터 명령을 내려 주행 준비가 되었음을 표시한다.

[그림 7.11] 클러스터 램프 제어(기아 쏘울)

7.4 BMS의 기초

BMS(Battery Management System)는 전기자동차의 최적 배터리 제어를 통한 주행거리 향상 및 안전성을 확보해 주는 필수 요소로서 열에 약한 배터리를 균등 냉각하여 동일한 성능 구현이 가능하도록 한다. 또 배터리의 각 상태를 판단하여 최적 효율점에서 작동하게 하는 SOC(State Of Charge) 제어를 한다.

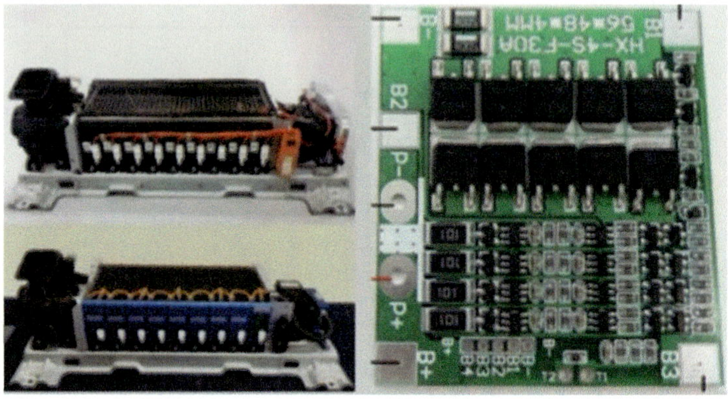

[그림 7.12] BMS

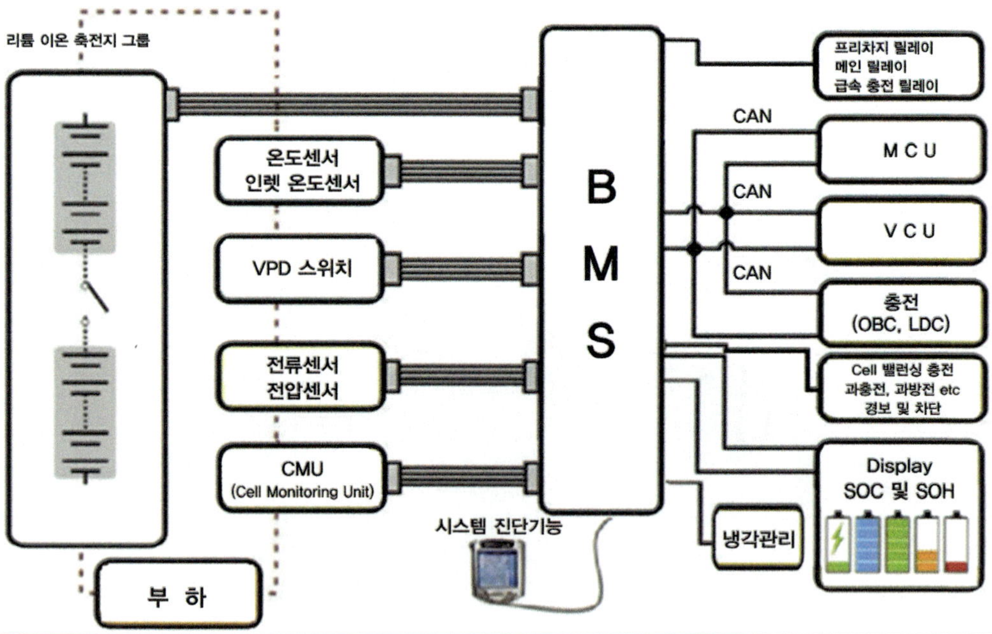

[그림 7.13] BMS 제어계통

7.4.1 배터리 충전 상태

배터리 충전 상태(SOC : State Of Charge)는 모든 셀 균등(cell balance) 충전 상태를 유지하여 최적의 배터리 성능을 유지하도록 한다.

[표 7.1] SOC

항 목	적 용
데이터 검출 기능	Cell/Pack의 전압, 전류, 온도
SOC(잔존 용량)	초기 SOC 측정, AH 누적법 등
SOH(잔존 수명, 열화 판정)	용량 감소율, 내부 임피던스 등
알람/차단 보호 기능	과충전, 과방전, 과온(60℃ 이상, -20℃ 이하)
Cell balancing 기능	Cell의 전압 균등화
통 신	CAN 2.0 통신 500Kbps
냉각 제어	FAN Relay 제어 등

Handy hint

▣ SOC 측정법

① 화학측정법(Chemical method)
배터리 전해질의 비중이나 산도(pH)를 측정하여 계산한다. 액체전해질에 직접 접근이 가능한 축전지에만 사용가능한 측정법이다.

② 전압측정법(Voltage method)
배터리 전압을 측정하고 방전곡선과 대조하여 계산한다.

③ 전류적분법(Current integration method)
쿨럼 카운팅(Coolum counting)이라고도 하며 배터리의 전류를 측정한 후 시간에 따라 적분하여 계산한다.

④ 압력측정법(Pressure method)
니켈 수소 축전지의 잔존용량을 측정하는 데 사용되며, 배터리 내부의 압력을 측정하여 계산한다.

7.4.2 배터리 관리 시스템 지원 소프트웨어

① 전압, 전류, 온도 등을 계측하는 알고리즘

② 충전량 계산(SOC : State Of Charge calculation)

③ 수명 예측(SOH : State Of Health estimation)

④ 셀 밸런싱 알고리즘(Cell balancing algorithm)
⑤ 온도 관리(Thermal management)
⑥ 진단 알고리즘(Diagnostic algorithm)
⑦ 방호 알고리즘(Protection algorithm)
⑧ 차량 내 통신(Communication with vehicle)

7.4.3 배터리 관리 시스템 하드웨어

① VITM(Voltage, Current, Temperature, Measure) 모듈
② Cell balancing 모듈
③ 마이크로프로세서(Micro processor)

7.4.4 셀 밸런싱의 원리

배터리 사용 중 여러 가지 이유로 인해 배터리들 간의 전압 차가 발생한다. 이는 배터리의 수명과 배터리 Pack의 용량 감소 등 여러 문제로 연결된다. 이 문제점을 해결하기 위해 주 전원 배터리의 셀 밸런싱(Cell balancing) 기능이 필요하다.

셀 밸런싱에는 [그림 7.13]과 같이 Passive resistive과 Active capacitive가 있다. Passive resistive는 최고 전압 셀의 SW ON 에너지를 저항을 이용해 열로 변환하여 손실시키면서 최저 전압 셀들과 최고 전압 셀이 같은 수준이 될 때 SW를 OFF시키는 방법이다. Active capacitive는 셀 사이에 외부 에너지 장치인 Capacitor를 연결하여 에너지를 셀들과 외부 에너지 장치 사이를 왕복시켜 주 전원 배터리 셀 밸런싱을 한다.

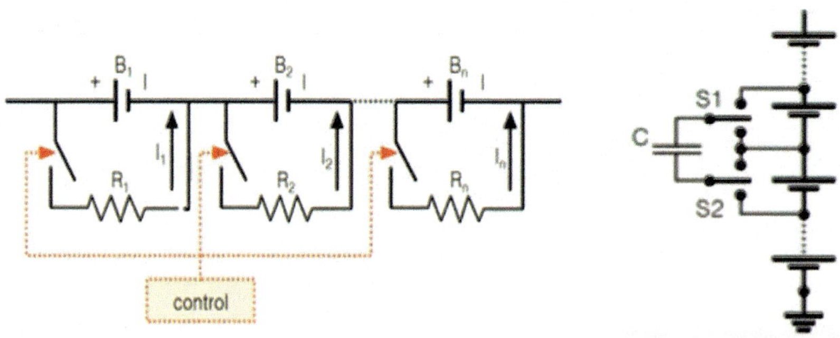

(a) Passive resistive (b) Active capacitive

[그림 7.14] 셀 밸런싱의 원리

7.4.5 Passive와 Active 셀 밸런싱 비교

[표 7.2] 셀 밸런싱의 비교

Passive cell balance (수동 셀 밸런스)	Active cell balance (능동 셀 밸런스)
신뢰성이 높음	시스템이 복잡함
비용이 적게 듦	비용이 증가함
에너지 효율이 떨어짐	에너지 효율이 우수함
열에 의한 문제가 생김	열에 의한 문제가 적음

7.4.6 배터리 제어 회로

배터리 제어 시스템은 배터리 잔량 관리 및 배터리 충전 제어에 사용된다. 개별 셀의 전압이 모니터링되고 배터리 셀 모니터 CMU 및 리튬 이온 배터리 셀 모니터 집적 회로(IC)에 의해 균형이 제어된다.

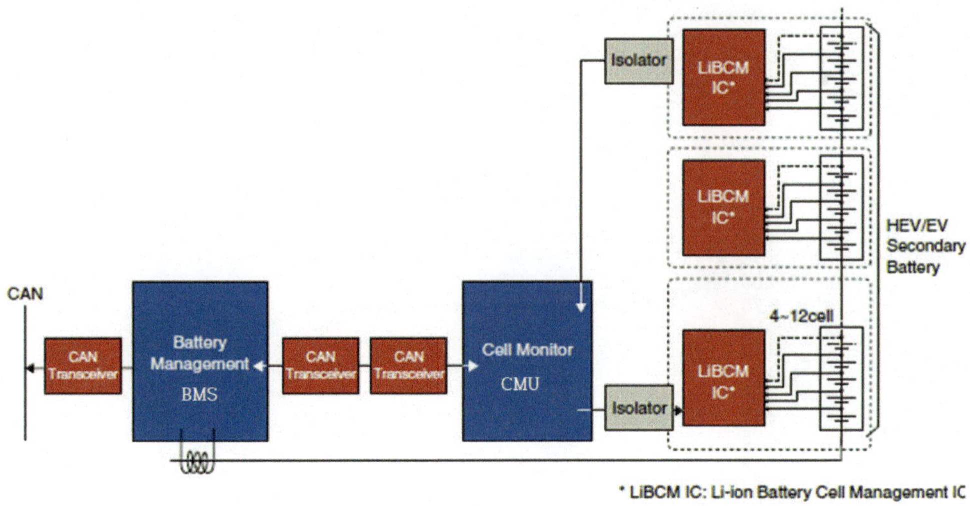

[그림 7.14] 배터리 제어 시스템(source : http://www.renesas.eu)

7.4.7 전기자동차의 배터리 과충전

SOC 100 [%] 상태에서 충전이 계속되어 정격용량을 초과하는 현상이다. 배터리가 감당 가능한 수준 이상의 과충전을 하게 될 경우에는 배터리 온도가 급격하게 상승하게 되고, 이로 인해 배터리 온도 상승→배터리 내부 전해질 끓음→분리막 녹으면서 양극과 음극이 직접 연결→스웰링 및 열폭주 발생 가능하다.

과충전 방지 보호회로 및 관련 BMS이 고장 나거나, 배터리의 실제 SOC가 100 [%]인 상태에서 주행할 경우 회생제동으로 인한 잉여 전기에너지가 과다하게 발생하여 과충전 현상이 발생된다.

특히 과충전 방지 보호회로는 PCM(Protection Circuit Module)이라는 배터리 보호회로 모듈 중 하나의 회로이며, PCM은 배터리의 과충전뿐만 아니라 과방전, 과전류, 단락 등을 사전에 차단해 배터리를 보호하는 역할을 담당한다.

7.4.8 과충전을 예방할 수 있는 가장 보편적인 방법

(1) 사용자 측면

과충전을 예방할 수 있는 가장 보편적인 방법은 월 1회 정도 100 [%] 완속 충전하며 여러 개의 배터리 셀이 균일하게 충전될 수 있도록 하여 배터리의 전반적인 성능을 유지하도록 한다.

리튬 이온 배터리는 총 배터리 용량의 80 [%] 수준으로 유지하는 것이 가장 이상적이며, 배터리 잔량을 20 ~ 80 [%]로 유지하면 배터리의 열화를 줄여 성능 지속 유지 가능하나 100 [%] 완충보다는 90 [%] 정도로 충전시켜 사전에 과충전을 방지하도록 한다. [그림 7.15]처럼 배터리 과충전(Overcharge)으로 인한 폭발 알고리즘은 충전이 지속됨에 따라 음극판에 리튬 이온(+) 과다 퇴적하여 음극판이 깨지고, SEI도 분리되어 폭발하게 된다.

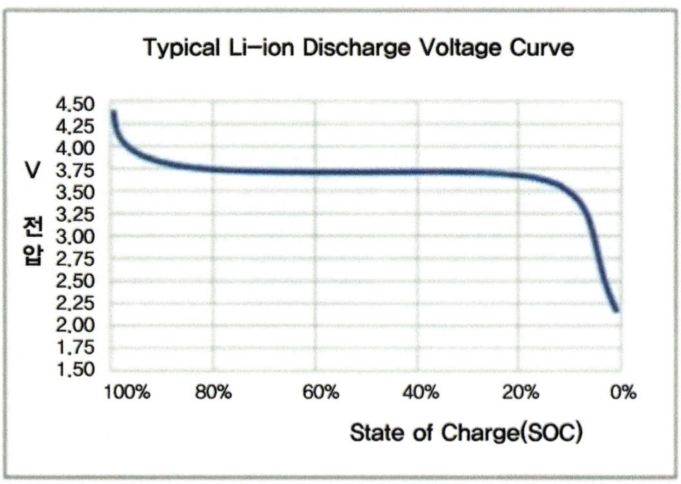

[그림 7.15] SOC 20~80 [%] 유지 이유

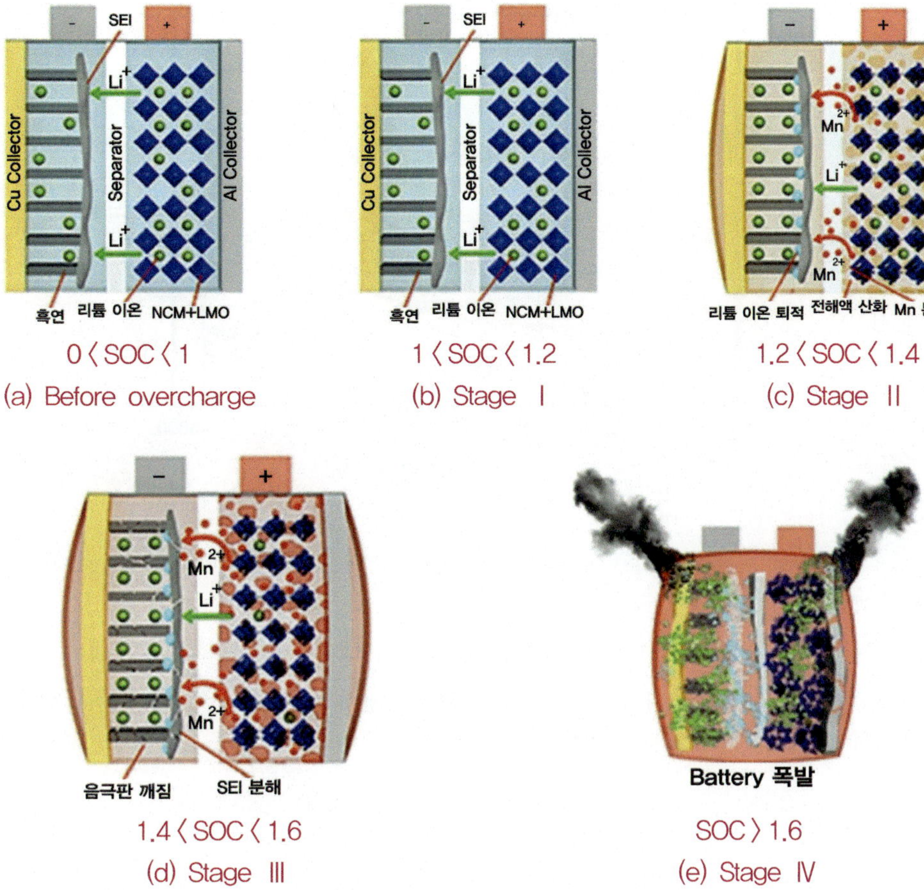

$0 < SOC < 1$
(a) Before overcharge

$1 < SOC < 1.2$
(b) Stage Ⅰ

$1.2 < SOC < 1.4$
(c) Stage Ⅱ

$1.4 < SOC < 1.6$
(d) Stage Ⅲ

$SOC > 1.6$
(e) Stage Ⅳ

[그림 7.16] 과충전으로 인한 배터리 폭발 알고리즘

(2) 제작사 측면

완성차 및 배터리 제작사는 과충전 등의 안전성과 주행거리 및 전비 등의 차량 성능을 동시에 고민하며 개발하고 설계하는 중이다. 안전성을 고려한다면 PCM 및 BMS, 충전시스템 등에 적용되는 관련 회로를 더욱 개발(Develop)해야 하며, 배터리 양극재 내 니켈 비중을 높이거나 과충전 등이 발생했을 경우 화재 발생을 지연시키기 위한 외부 보호재, 내화재 등을 더 부착해야 할 것이다.

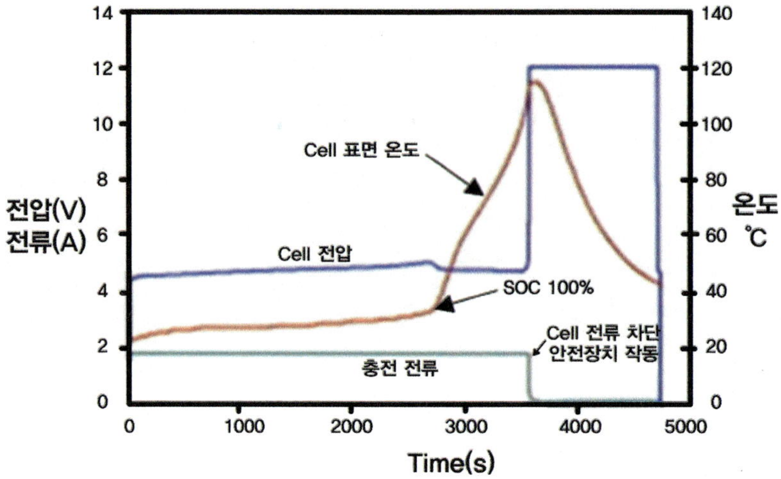

[그림 7.17] 배터리 과충전 방지 설계

(3) 정부 차원

① 과충전 등을 예방 가능한 기능이 탑재된 충전기에 대한 보조금 추가 지원

추가 보조금 지원 개정안에 'PLC모뎀', '화재경보기' 문구를 명시하여 과충전을 예방할 수 있는 충전기에 대한 추가 지원 명확화

② 전기자동차 사후관리 측면에서 배터리 안전진단 서비스 강화

전기자동차검사 시 전기자동차 대상으로 배터리 성능 및 안전 진단 후 해당 정보를 차량 소유자에게 제공, '22년 8월 11일부터 시행

7.5 PRA

PRA는 Power Relay Assembly의 약자로, 고전압 배터리와 고전압을 사용하는 부품을 연결하고 차단하는 일종의 스위치 역할을 한다.

아이오닉은 DC 360 [V]의 고전압을 사용하기 때문에 갑자기 전원을 컨트롤러 및 모터 등으로 바로 전달하면 모터나 고전압 부품들이 손상을 입게 된다. 따라서 PRA의 릴레이에 프리차지 저항을 두어 돌입전류에 의한 손상을 방지하고 있다.

[그림 7.18] 아이오닉 PRA

[그림 7.18]과 같이 메인 릴레이 (-)가 먼저 작동되고 프리차지 릴레이가 작동되어 (+)가 프리차지 저항을 거쳐 인버터 내 캐패시터로 전원 인가되고 안정되면 메인 릴레이(+)가 작동되고 프리차지 릴레이는 OFF 된다.

그외 C/R(급속 충전 릴레이)도 PRA에 포함되어 충전될 때 릴레이 구동을 하며, 완속 충전은 OBC가 담당하게 된다.

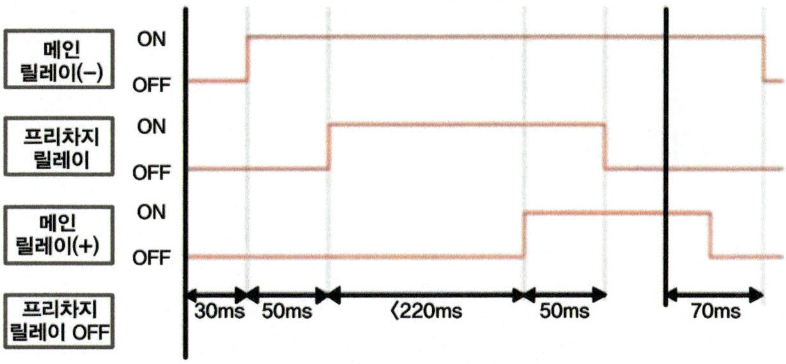

[그림 7.19] PRA 타임 차트

7.6 VPD 제어

VPD는 Voltage Protection Device의 약어로 고전압 축전지가 비정상적 동작으로, 즉 축전지 과충전 시, 높은 온도 영향, 축전지 자체 불량 등으로 고전압 배터리가 스웰링(Swelling) 현상을 일으킨다.

VPD 스위치 신호 정보를 이용해 고전압 축전지 팽창을 판단하고 메인 릴레이를 차단하여 고전압 배터리의 전기가 외부로 출력되지 못하도록 차단한다. VPD 스위치는 고전압 배터리 팩만큼 직렬로 연결되어 동작한다.

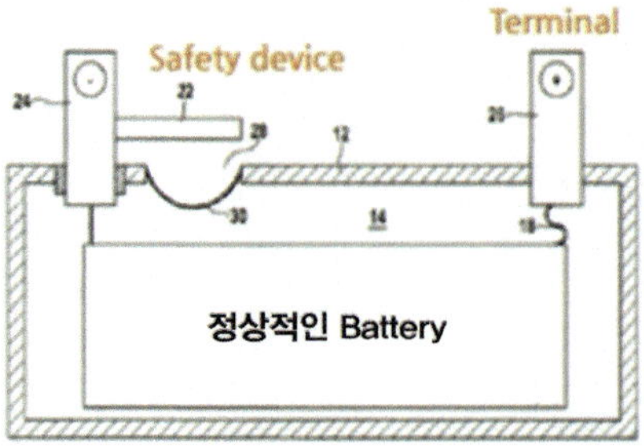

(a)

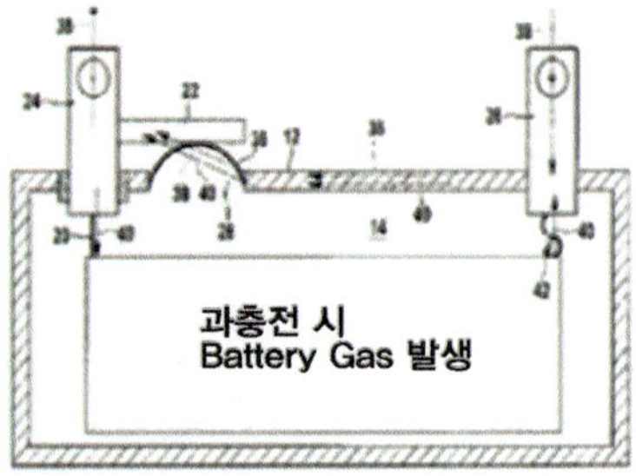

(b)

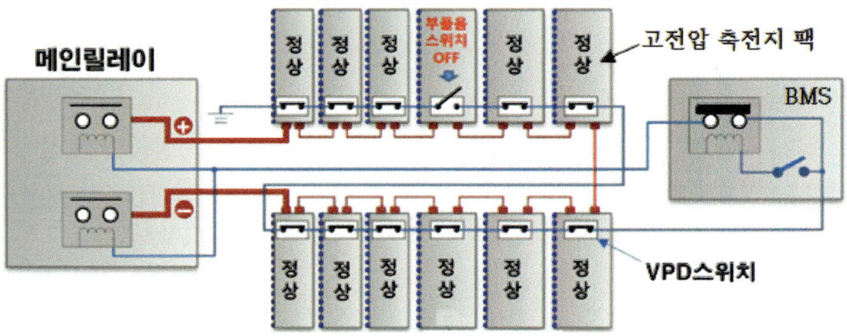

(c)

[그림 7.20] 직렬로 연결된 VPD 스위치

7.7 고전압 배터리 냉각제어

고전압 배터리 쿨링 시스템은 공냉식을 적용하고 있으며, 실내의 공기를 쿨링 팬(Cooling FAN)으로 흡입하여 고전압 배터리 팩(Pack) 어셈블리를 냉각하는 역할을 한다.

시스템 온도는 1~8번 모듈에 장착된 8개 온도 센서 신호를 바탕으로 BMS ECU에 의해 계산되며, 고전압 배터리 시스템이 항상 정상 작동 온도를 유지할 수 있도록 제어된다. 또한 쿨링 팬은 차량의 상태와 소음, 진동 상태에 따라 9단으로 제어된다.

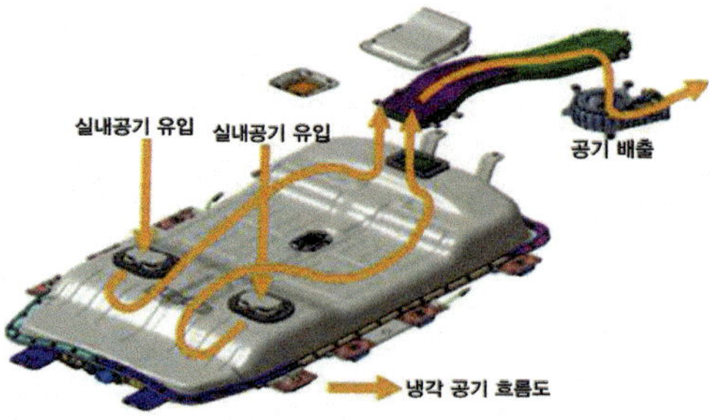

(a) 냉각 공기 흐름(기아 쏘울)

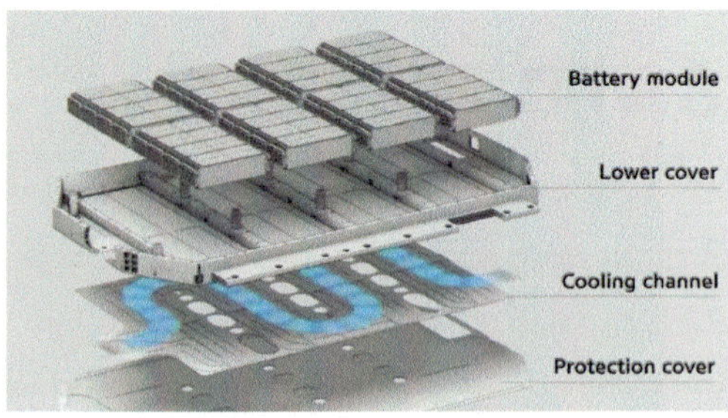

(b) 냉각수 흐름도(아이오닉5)

[그림 7.21] 고전압 배터리 냉각제어

7.8 자기진단 제어

자기진단 기능을 갖는 배터리 매니지먼트 시스템(Battery Management System) 및 제어방법에 관한 것이다. 하나 이상의 전지 셀이 전기적으로 연결되는 배터리와 상기 배터리의 전압과 온도 및 전류를 감지하는 하나 이상의 센서를 자체적으로 진단하여 이상 여부를 디스플레이에 출력하는 BMS를 포함하고, 상기 BMS는 다수의 센서에서 출력된 전기적 신호를 설정된 전기적 신호로 변환한 후 설정된 범위와 비교하여 센서의 고장 여부를 판단할 수 있어 배터리의 관리가 용이하다. 또한 BMS의 오작동을 방지하는 자기진단 기능을 갖고 있다.

7.9 기타 제어 시스템

[그림 7.22] 아이오닉 EV 배터리

7.9.1 고전압 배터리 주요 구성요소

(1) CMU(Cell Monitoring Unit)

각 모듈 측면에 설치되어 고전압 배터리 모듈의 온도, 전압, VDP를 측정하여 BMS로 전달하는 역할을 한다.

(2) 안전 플러그

기계적 분리로 고전압 배터리 내부의 회로를 차단하여 고전압 감전을 방지하기 위해 설치된 안전장치이다.

(3) 메인 릴레이(-)

BMS 제어 신호에 의해 고전압 조인트 박스와 고전압 배터리 팩 간의 고전압 전원, 고전압 접지 라인을 연결하고, 또 과충전 시에는 메인 릴레이, 프리차지 릴레이 작동을 금지시킨다.

(4) 급속 충전 릴레이(-)

BMS 제어 신호에 의해 고전압 배터리 팩과 고압 조인트 박스 사이에서 DC 360 [V] 고전압을 ON, OFF하여 급속 충전 시 공급되는 고전압을 배터리 팩에 공급해 주는 스위치 역할을 한다. 또한 과충전을 방지하는 역할을 한다.

(5) 완속 충전

완속 충전기(OBC)를 통해서 가정용 110 [V] / 220 [V] 교류전원을 직류전원으로 변환 후 고전압 배터리에 충전한다.

(6) 급속 충전

차량 외부 충전소기를 통해 직류전원을 고전압 배터리에 충전한다. 급속 충전을 제어하는 것은 BMS와 IG3 릴레이로 제어한다.

(7) 인렛 온도 센서

고전압 배터리 1번 모듈 상단에 장착되어 배터리 시스템 내부 공기온도를 감지한 후 쿨링 팬 작동 유무를 결정한다.

(8) 배터리 온도 센서

각 고전압 배터리 모듈에 장착되어 배터리 모듈의 온도를 측정하여 CMU에 전달한다.

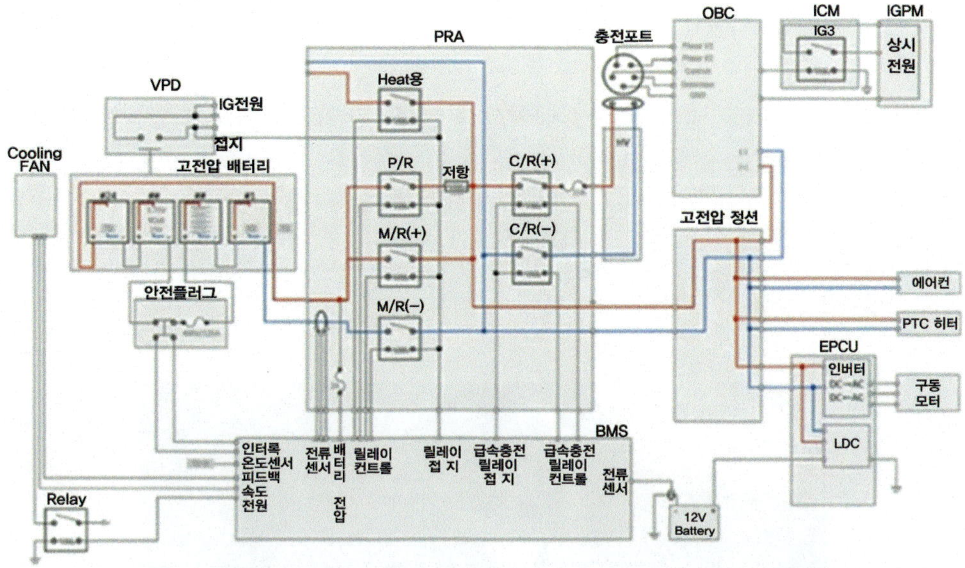

[그림 7.23] 전기자동차 고전압 제어회로(아이오닉)

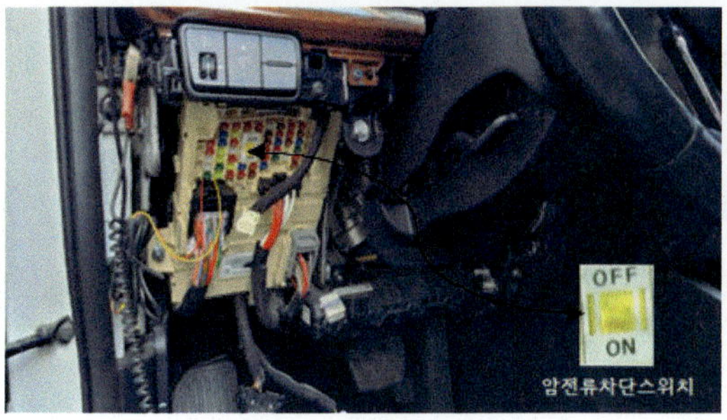

[그림 7.24] IGPM 장착위치

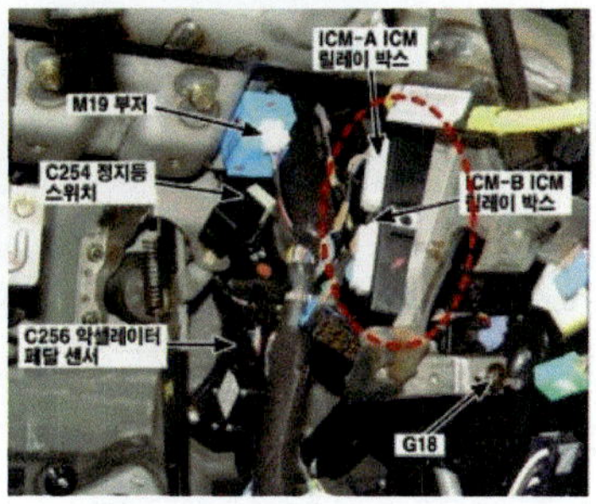

[그림 7.25] ICM 장착위치

7.9.2 패들 스위치 또는 패들 쉬프트

회생제동을 통해 고전압 배터리를 충전할 수 있는 장점이 있는 반면, 내연기관과 다르게 가속 페달만 놓았을 때도 느껴지는 회생제동 때문에 감속도로 운전자뿐만 아니라 동승자까지도 멀미할 것 같다고 불만을 이야기하는 운전자가 종종 있다.

이 경우 [그림 7.25]처럼 조향 핸들 뒤에 있는 패들 스위치를 사용하여 회생제동이 가장 낮은 0단계에서 가장 큰 3단계까지 운전자의 성향에 맞게 조절할 수 있다. 왼쪽 패들 스위치를 당기면 회생제동량이 증가하고, 오른쪽 패들 스위치를 당기면 회생제동량이 감소한다. 참고로 내연기관의 자동변속기에서 패들 스위치는 변속 단을 수동으로 조절하는 기능을 하지만, 전기자동차는 회생제동의 단계(0~3단계)를 조절한다. 회생제동 단계 조절 및 회생제동 작동은 D-레인에서만 가능하다.

회생제동은 좌/우를 동시에 조작하거나 풋 브레이크를 사용한 제동 시, SCC(Smart Cruise

Control) 사용 중에는 조절할 수 없으며, 0.5초 이상 당기고 있으면 최대 또는 최소값으로 즉시 변경된다.

운전자가 풋 브레이크를 밟지 않은 상태에서 회생제동만으로 감속도가 발생한 경우 브레이크 램프는 점등된다.

- 회생제동 0 또는 1단계는 감속도가 낮아 브레이크 램프 미작동
- 감속도 0.7 [m/s^2] 이하에서 소등
- 감속도 1.3 ~ 0.7 [m/s^2] 이상의 감속도에서 점등

[그림 7.26] Paddle switch(shift)

7.9.3 스마트 회생 시스템

운전자가 주행 상황에 맞게 패들 스위치를 조작하여 전방 도로의 구배(내비게이션 정보) 또는 전방 차량과의 거리(전방 레이더 신호)에 따라 회생제동의 단계를 자동으로 조절해 주는 시스템이다. 불필요한 브레이크 및 가속 페달 작동을 최소화하여 연비를 향상시키고, 운전자의 피로를 줄여주는 편의 기능이다. D-레인지에서 차속 10 [km/h] 이상에서만 작동한다.

이 기능을 사용하기 위해서는 USM에서 스마트 회생 시스템을 선택해야 하며, 오른쪽 패들 스위치를 길게 당겨 ON/OFF할 수 있다. 기능 ON 시 AUTO 문자가 흰색(작동 대기)으로 점등되며 이때 도로 구배가 크다면 회생제동 단계를 높게, 낮으면 낮게 자동으로 조절한다.

그리고 전방 레이더가 전방 차량을 인식하면 AUTO 문자가 파랑색(작동 중)으로 변경되며 자차와 거리가 가깝다고 판단하면 안전을 위해 회생제동 단계를 높게, 멀어지면 기존 설정값으로 자동 변경한다.

[그림 7.27] 스마트 회생 시스템

(1) 스마트 회생 시스템 선택

인포테인먼트 시스템 설정 → EV → 스마트 회생 시스템 → 내비게이션 연동에서 선택/해제할 수 있다.

운전자의 감속 성향(강하게/보통/부드럽게)에 맞춰 스마트 회생 강도를 조절한다. 인포테인먼트 시스템 설정 → EV → 스마트 회생 시스템에서 선택할 수 있다.

(2) 스마트 회생 시스템 해제

주행 중 스마트 회생 시스템 기능을 해제하고 싶을 경우, 오른쪽 패들 스위치 레버를 1초 이상 당기면 해제된다. 이때 계기판의 AUTO 문구 대신 단계별 표시등으로 전환되고, 스마트 회생 시스템 기능이 해제된다.

7.9.4 회생제동 단계 조절이 안 되는 경우

패들 스위치를 아무리 조작해도 회생제동 단계가 조절되지 않는 정비 사례가 있다. 패들 스위치의 신호는 EPCU 내부의 VCU가 입력 받아 회생제동 단계를 조절하는데, 기본적으로 유압 제동이나 SCC 작동 중이 아니어야 한다.

제동에 대한 신호는 브레이크 스위치를 사용해서 확인할 수 있지만 환경차의 경우 운전자의 제동 의지 확인을 위해 브레이크 페달 스트로크 센서가 추가로 장착되어 있다. 이 센서는 악셀 포지션 센서와 유사하게 제동 시 페달 이동 거리를 판단한다([9장 제동장치 참고]).

스트로크 센서 또는 통합 다이나믹 브레이크(IEB) 정비 후 영점 설정을 해야 하는데, 설정이 잘못되어 미제동 시에도 신호 값이 출력되면 VCU는 제동 중이라 판단하여 패들 스위치가 작동되지 않는다. 그래서 패들(회생제동 단계 조절)이 작동되지 않는다면 브레이크 페달 스트로크 센서의 출력 값도 확인해봐야 한다.

추가로 회생제동이 작동하지 않는 조건은 아래와 같다.

① 전기자동차 시스템 고장
② SOC 100 [%]에서
③ ABS 또는 ESC(VDC) 작동 및 바퀴(휠) 슬립 발생 시
④ 회생제동 0단계 설정 시 또는 변속단 P/R/N 선택 시

7.9.5 DTE 이득 거리

앞서 전기자동차의 감속 및 제동 시 구동 모터가 발전기가 되어 고전압 배터리를 충전하는 회생제동에 대해 학습했다. 그렇다면 어느 정도의 전기 에너지가 충전되고, 또 이 에너지를 거리로 환산하여 보여준다면 어떻게 될까? 이 기능이 바로 DTE 이득 거리이다.

이 표시는 ECO 및 ECO+모드에서 감속 및 제동 시에만 일시적으로 보이며, 가속 또는 완전 정차 시 사라진다. 그리고 회생제동의 단계가 높을수록 이득 거리를 확인할 수 있다. 또한 DTE 이득 거리 표시를 통해 운전자에게 연비 운전을 유도하고, 드라이빙 Fun 요소로 활용할 수 있다.

7.9.6 원 페달 드라이빙

패들 스위치는 회생제동의 단계를 조절하는 기능 외에 숨겨진 기능이 있다. 왼쪽 패들 스위치의 경우 타력 주행 중 당기고 있으면 풋 브레이크를 사용하지 않더라도 회생제동에 의해 감속 및 정지 그리고 정지 유지까지도 가능하다.

풋 브레이크(유압 브레이크)와 무관하게 구동 모터의 회생제동량을 최대로 증대하여 작동하는 기능으로 가속 페달로 주행하고 브레이크 페달은 사용하지 않아도 된다는 의미로 원 페달 드라이빙 기능이라고 한다. 이 기능은 기본적으로 모든 도어가 닫히고, 운전석 안전벨트 체결 및 타력 주행 중 패들 스위치를 당기고 있는 동안만 작동한다. 스위치를 당겨 감속 중 차속 3 [km/h] 이하에서는 스위치를 놓아도 정지 및 정지 유지까지 가능하다.

만약 원 페달 드라이빙에 의해 정지 유지 상태에서 운전자가 안전벨트 해제 후 운전석 도어 열림, 변속단 N으로 변경, 후드 열림, 테일게이트 열림, 정차 후 5분 경과 등 안전을 위해 자동으로 전동식 주차 브레이크(EPB)가 작동한다.

원 페달 드라이빙 기능은 차량 상태, 도로 상태 등에 따라 완전 정차 및 감속이 불가능할 수 있기 때문에 전방 도로 상황 등에 따라 안전하게 사용해야 하며, 주 브레이크가 아닌 보조 브레이크의 역할로 이해해야 한다.

7.9.7 가상 엔진음 시스템(VESS)

VESS(Virtual Engine Sound System)는 전기 모터로 구동되는 차량[(P)HEV, EV, FCEV]은 내연기관 차량처럼 별도의 엔진 작동 음이 발생하지 않는다. 이에 발생할 수 있는 보행자와의 사고를 방지하기 위해 가상의 엔진 음을 출력하도록 법규에 적시되어 있다.

정식적인 법규는 2020년 7월부터 적용되었다. P-레인지 이외의 위치에서 차속 0 [kph]부터 30 [kph]까지 56 [dB] 이상 출력되어야 한다. 그리고 비록 차량 정지 상태라고 하더라도 P-레인지 이외의 위치는 바로 차량이 움직일 수 있는 위치이기 때문에 안전을 위해 가상음이 출력된다.

CHAPTER 08

하이브리드 전기자동차 시스템

8.1 개요

하이브리드 전기자동차(HEV : Hybrid Electric Vehicle)는 잡종이라는 의미를 담고 있으며, 성질이 서로 다른 것들이 결합해서 새로운 것을 창조한다는 의미로 사용된다. 다시 말해서 엔진의 동력과 전기 모터의 2개의 동력원을 함께 사용해서 유해 배출가스를 저감하고, 연비를 향상시키는 것으로 정의할 수 있다.

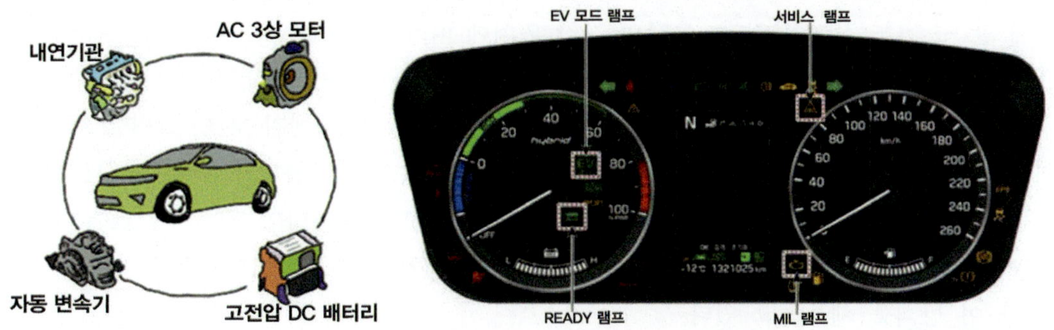

[그림 8.1] 하이브리드 자동차의 주요 구성품

하이브리드 자동차는 계기판에 READY 램프 점등(ON) 시 정상 주행이 가능하고, 소등(OFF) 시 주행이 불가능하며, 점멸 시(blinking) 비상모드 주행이 가능하다. 또한 운전석 계기판에 'CHARGE' 표시등이 점등되면 모터가 차량의 여유 동력을 발전 제어하여 배터리를 충전하는 상태이고, 'ASSIST'가 점등되면 모터가 엔진을 보조하여 차량 성능을 향상시키는 상태이다.

하이브리드 리튬-폴리머 이온 배터리는 15년 30만 [km]의 내구성을 갖고 있고, 보증 기간은 10년 20만 [km]다. 무게는 22 [kg]으로 일반 차량 대비 공차중량이 많이 나가는 것은 사실이나, 하이브리드 차량은 엔진 기동을 최적점에서 운행하고, 모터 주행 가능 시 엔진을 OFF시켜 전기로 주행하기 때문에 불필요한 엔진 기동을 줄여 가솔린차 대비 연비가 좋아지게 된다.

8.2 하이브리드 자동차의 분류

8.2.1 직렬형 하이브리드 시스템

직렬형(series type)은 [그림 8.2]와 같이 기관을 가동하여 얻은 전기를 축전지에 저장만 하고, 차체는 순수하게 전동기의 힘만으로 구동하는 방식이다.

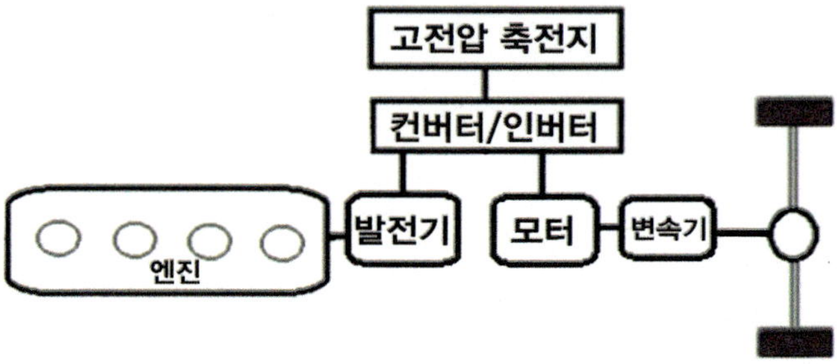

[그림 8.2] 직렬형 하이브리드

8.2.2 병렬형 하이브리드 시스템

병렬형은 엔진과 구동축이 기계적으로 연결되어 변속기가 필요하고, 구동용 모터의 용량을 작게 할 수 있는 장점이 있다. 모터의 장착 위치에 따라 FMED(Flywheel Mounted Electric Device) 방식과 TMED(Transmission Mounted Electric Device) 방식으로 구분된다.

FMED 방식은 모터가 엔진 측에 장착되어 모터로 엔진 시동, 엔진 보조, 그리고 회생제동 기능을 수행한다. 이 방식은 엔진과 모터가 직결되어 있으므로 전기자동차 주행(모터 단독 구동)이 불가하다. 비교적 작은 용량의 모터 탑재로 마일드(mild) 타입 또는 소프트(soft) 타입 HEV 시스템이라고도 불린다. 혼다(시빅, 어코드), 기아(포르테, 프라이드), 현대(아반떼, 베르나)가 이 방식을 채용하고 있다.

반면에 TMED 방식은 모터가 변속기에 직결되어 있고 전기자동차 주행(모터 단독 구동)을 위해 엔진과는 클러치로 분리되어 있다. FMED 방식 대비 연비가 우수한 이유도 전기차 주행이 가능하기 때문인데 전기자동차 주행이 가능한 방식을 풀 HEV(Full Hybrid Electronic Vehicle) 타입 또는 하드(hard) 타입 HEV 시스템이라고 한다.

기존 변속기 사용이 가능하여 투자비용을 절감할 수 있으나 정밀한 클러치 제어가 요구된다. 그리고 모터가 엔진과 분리되어 있기 때문에 주행 중 엔진 시동을 위해 별도의 Starter(HSG)가 필요하다. 현대(쏘나타, 그랜저), 기아(K5, K7), 푸조, 폴크스바겐, 아우디 그리고 포르셰 등이 이 방식을 채용하고 있다.

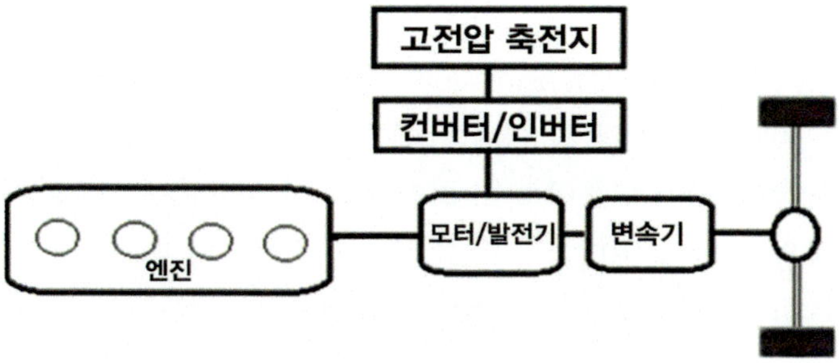

[그림 8.3] 병렬형 하이브리드

(1) 소프트 타입

소프트 타입(soft type)은 FMED(Flywheel Mounted Electric Device) 방식을 사용하며, [그림 8.4]와 같이 출발 시 모터와 엔진을 사용하고 평지 주행 시는 엔진만으로 주행하고 있다. 가속/등판과 같이 큰 출력이 요구되는 상황에서는 엔진과 모터를 사용하며, 감속 시 기존 차량에서 브레이크에 의해 버려지는 감속 에너지를 모터가 회생시킴으로써 에너지를 회수하여 배터리에 충전한다. 마지막 신호대기 또는 정차 시 엔진을 정지시켜 전혀 연료소비를 하지 않는 Auto-Stop 기능을 보여주고 있다.

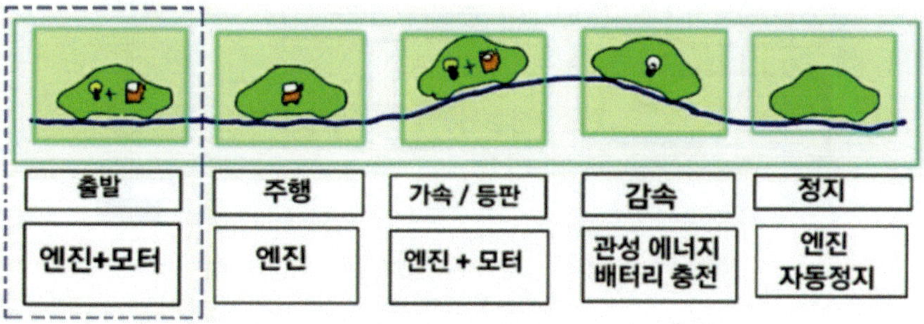

[그림 8.4] 소프트 타입

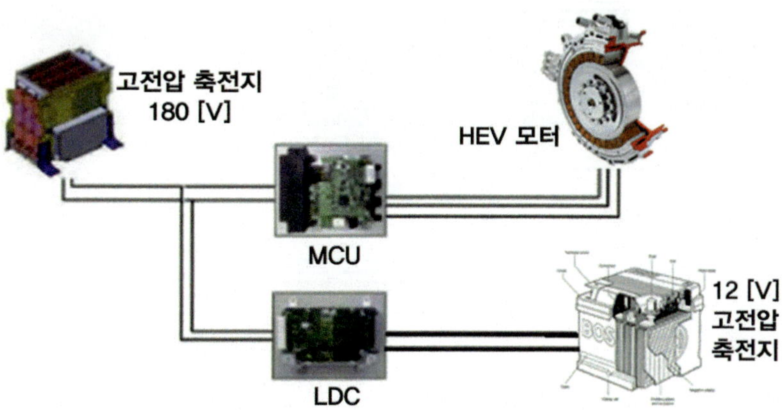

[그림 8.5] 소프트 방식의 고전압 회로

(2) 하드 타입

하드 타입(hard type)은 TMED(Transmission Mounted Electric Device) 방식이며, [그림 8.6]과 같이 처음 출발과 저속 주행 시 일체의 엔진을 사용하지 않고 모터로만 주행을 하고 있다. 순수 전기구동(EV) 모터가 있으면 하드 타입이다. 고산지나 약 7 [km] 계속되는 오르막과 같은 곳을 오르는 경우, 고전압 배터리의 충전량은 떨어지고 등판력 확보 및 배터리 충전을 위해서 엔진이 기동된다. 엔진 동력으로 인하여 등판은 가능하다.

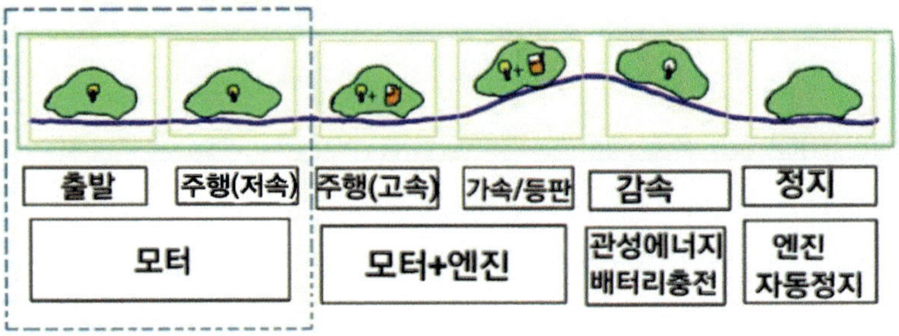

[그림 8.6] 하드 타입

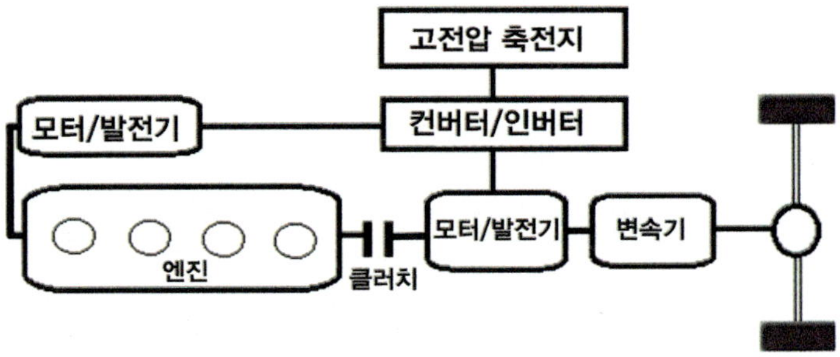

[그림 8.7] 하드 타입의 병렬형 하이브리드

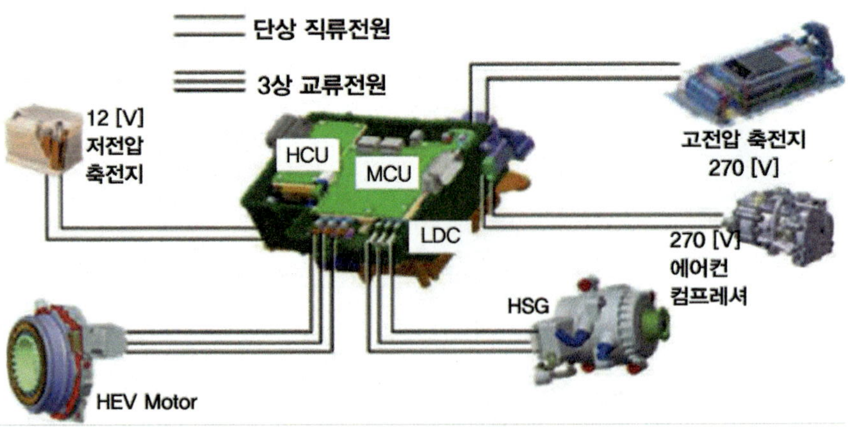

[그림 8.8] 하드 타입 고전압 회로

8.2.3 직 · 병렬형 하이브리드 시스템

직 · 병렬 하이브리드를 복합형 또는 Power Split Type라고도 하며, 토요타가 처음 개발하였다. THS(Toyota Hybrid System)로도 불리는 Power Split은 엔진과 2개의 모터를 유성기어로 연결하는 방식으로, 변속기 대신 유성기어와 모터 제어를 통해 차속을 제어한다.

전기자동차 주행이 가능하므로 Hard type HEV이다. 고용량 모터가 필요한 단점이 있으나 효율성과 운전성이 우수하다. 토요타, 포드, GM, BMW 그리고 벤츠가 이 방식을 채용하고 있다.

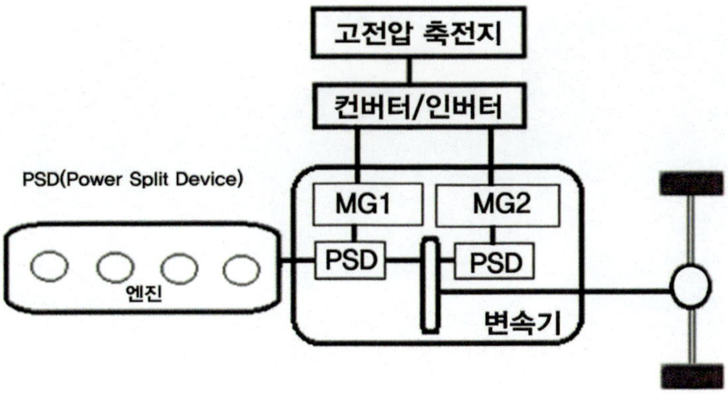

[그림 8.9] 직 · 병렬형 하이브리드

[그림 8.10] 토요타 하이브리드 구조

8.2.4 플러그인 하이브리드 자동차

플러그인 하이브리드 자동차(PHEV : Plug-in Hybrid Electric Vehicle)는 대용량 배터리와 외부 충전 장치를 가지고 있어서 전기만으로도 일정 거리를 달릴 수 있는 하이브리드 자동차이다. 차량 추진 에너지를 공급하기 위해서 외부 전원에서 에너지를 끌어와서 저장한다. 모터(주)와 연료 엔진(보조)이 조합되어 구동하는 원리이며, 하이브리드 자동차와 전기자동차의 장점을 결합하였다.

[그림 8.11] RAV4 플러그인 하이브리드

플러그인 하이브리드 자동차는 외부 전원을 사용한다는 점에서 자체 엔진과 발전기에서 생산한 전기만을 저장하여 활용하는 하이브리드 자동차와 차이가 있다. 특히 외부 전원을 이용하기 때문에 하이브리드 자동차보다 긴 구간을 모터만으로 주행이 가능하다는 특징이 있다.

플러그인 하이브리드 자동차는 가정용 전기나 외부 전기콘센트에 플러그를 꽂아 충전한 전기로 주행하다가 충전한 전기가 모두 소모되면 가솔린 엔진으로 움직인다. 즉, 내연기관 엔진과 고전압 배터리의 전기 동력을 동시에 이용하는 자동차로서, 하이브리드 자동차보다 진일보한 방식이다.

플러그인 하이브리드 자동차는 여전히 가솔린 엔진을 쓴다는 점에서 '탄소 제로'의 완벽한 대안은 될 수 없지만 수소연료전지 자동차를 완성하기 위한 전 단계로 인식된다.

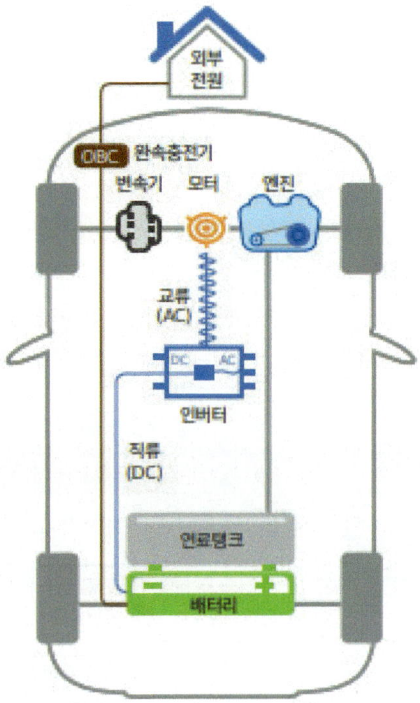

[그림 8.12] PHEV 충전

Handy hint

▣ **PHEV의 특징**

PHEV는 완속 충전만 가능하며 EV 모드로 40 [km] 주행 가능하다. 그 이유는 고전압 배터리의 용량이 전기차 64 [kWh]에 비해 매우 낮은 약 9 [kWh]여서 급속 충전 전력량을 감당하기 어렵기 때문이다.

ECO 모드 : 회생제동 단계 조절 / SPORTS 모드 : 기어 단수 수동 조절

SPORTS 모드를 선택하면 큰 힘이 필요하기 때문에 EV 모드 없이 엔진 시동이 ON되어 있는 HEV 모드로만 주행된다. 차량 정지 상태라고 하더라도 P-레인지 이외의 위치에서 보행자와 사고를 방지하기 위해 가상음(56dB 이상)을 출력한다. 2020년 7월부터 적용되었다.

8.3 Energy 흐름

차량이 주행 중에 HEV 시스템은 고전압 배터리의 상태를 모니터링하고 필요할 경우 HEV모터를 이용하여 충전을 한다.

또한 차량이 감속하거나 제동 시에 버려지는 운동에너지를 HEV 모터를 이용해 전기에너지로 변환하여 충전하며, 제동하기 위해 필요한 제동량은 기계적 제동량(유압)과 회생제동량(모터)을 적절히 분배하여 사용한다.

EV 모드로 주행을 하거나 정차 중에 고전압 배터리의 충전량이 낮다고 판단될 경우 엔진클러치를 차단시키고 엔진을 구동시켜 HSG의 발전 기능으로 배터리를 충전한다.

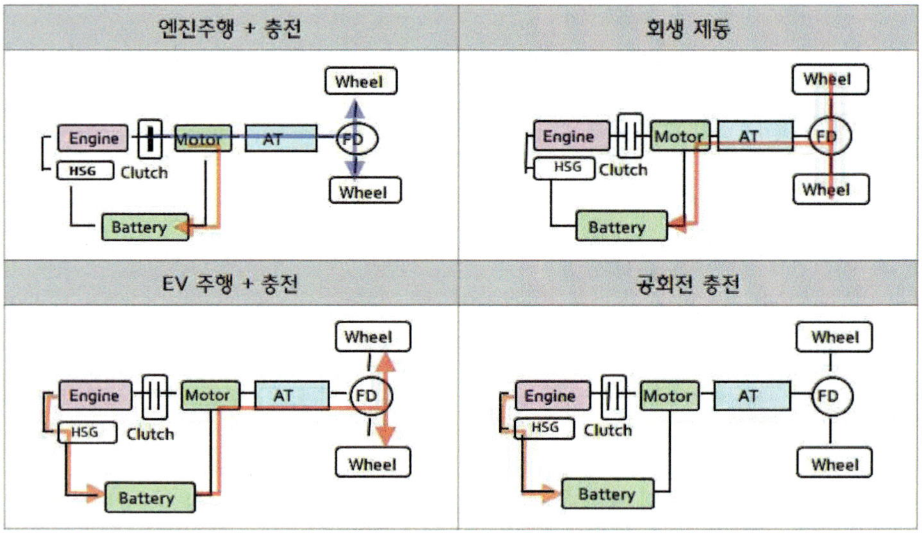

[그림 8.13] 에너지 흐름

8.4 고전압 회로

고전압 배터리의 직류를 통합 제어기인 HPCU(MCU, LDC, HCU)에서 교류로 변환하여 HEV 모터, HSG, A/C 컴프레서, OPU(Oil Pump Unit)로 보낸다. 또한 LDC에서 저전압으로 변환하여 12 [V] 보조 배터리로 공급한다.

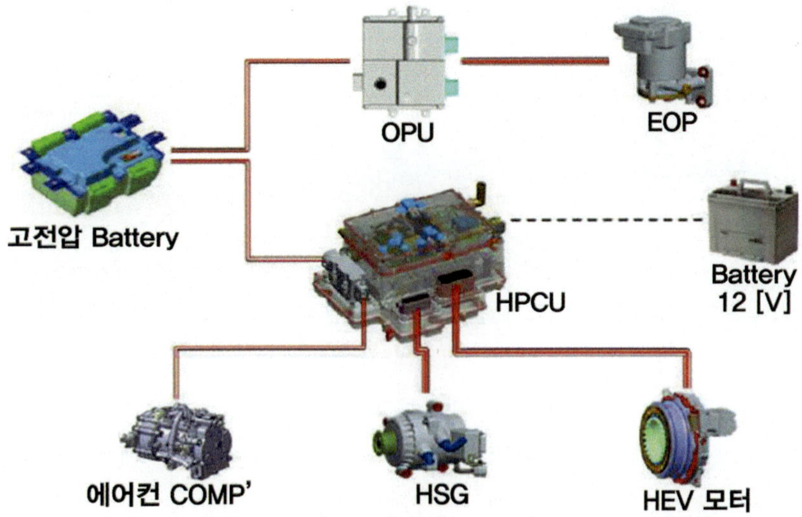

[그림 8.14] 고전압 회로

Handy hint

→ ISG(Idle Stop & Go) 기능을 OFF하면 자동변속기의 오일 펌프가 엔진 회전에 의해 변속기 내 오일 펌프에 유압을 형성한다. 그러나 ISG 기능을 사용하면 엔진이 꺼질 경우 자동변속기에는 유압이 생성되지 않아 만약 브레이크 페달을 떼고 출발하면 문제가 발생한다. 따라서 엔진 정지 시에는 별도로 EOP(Electronic Oil Pump)를 작동시켜 자동변속기 유압을 공급하는 시스템으로 구성되어 있다.

8.5 하이브리드 자동차 용어 설명

[표 8.1] 하이브리드 자동차 용어 설명

용어	영문	국문	비고
HEV	Hybrid Electric Vehicle	하이브리드 전기자동차	
HCU	Hybrid Control Unit	하이브리드 종합 제어기	실내 조수석에 장착
MCU	Motor Control Unit	모터 컴퓨터 (인버터라고 함)	IPM 내부에 장착(180V) (고전압 직류를 삼상교류로 전환하여 모터 구동)
BMS	Battery Management System	고전압 배터리 관리 시스템	충전상태(soc), 파워제한, 셀 밸런싱, 냉각제어, 고전압 릴레이 제어, 자기진단 등 수행
LDC	Low DC-DC Converter	DC-DC 변환기	IPM 내부에 장착하며 높은 전압을 낮은 전압으로 변환하여 12V 배터리에 충전
ECU	Engine Control Unit	엔진 컴퓨터	에어클리너 옆에 장착
IFB	Inter Face Box	LPI 컴퓨터	운전석 A-필러 하단 장착
TCU	Transmission Control Unit	자동변속기 컴퓨터	브레이크 부스터 옆
TMK	Tire Mobility Kit	타이어 펑크 수리 키트	아반떼 HEV 미적용
CAS	Creep Aid System	밀림 방지 시스템	
CVT	Continuously Variable Transmission	무단 변속기	
MDPS	Motor Driven Power Steering	전동식 모터 조향장치	
PRA	Power Relay Assembly	고전압 릴레이 어셈블리	IPM 내부에 장착 (고전압계 고장으로 인한 안전사고 방지)
IPM	Integrated Package Module	통합 패키지 모듈 (배터리, 인버터, LDC)	
SOC	State Of Charge	배터리 충전상태	

리졸버	Resolver	모터위치 센서	모터 내부에 장착 (회전자의 위치 및 속도 정보로 MCU가 가장 큰 토크로 모터를 제어하기 위함)
안전 플러그	Safety Plug	고전압 차단 플러그	IPM 내부에 장착
HSG	Hybrid Starter Generator	스타트 & 충전 모터	별도 엔진 시동기능과 발전기능을 수행, 감속 시 배터리 충전(하드 타입)
FMED	Flywheel Mounted Electric Device	모터가 플라 휠에 장착	소프트 타입 의미 (병렬연결 HEV)
TMED	Transmission Mounted Electric Device	모터가 변속기에 장착	하드 타입 의미 (병렬연결 HEV)
플러그-인	Plug-in Hybrid Electric Vehicle	가정용 등 별도의 외부 전원을 사용하여 배터리를 충전할 수 있는 HEV	
NI-MH	Nickel-Metal Hybrid	니켈-수소 배터리 셀당전압 : 1～1.6V(1.2V)	리튬-폴리머 배터리보다 수명이 짧고, 메모리효과 있음
Li-PB	Lithium-Polymer	리튬 이온-폴리머 배터리 셀당전압 : 2.5～4.3V(3.75V)	자기방전이 거의 없음 내부 수소가스 없음

8.6 HEV 종합 제어

8.6.1 HCU

HCU(Hybrid Control Unit)는 하이브리드 자동차에서 자동차의 운전상태와 각 장치의 상태를 파악하여 차량의 최적 조건에서 운전될 수 있게 제어하는 하이브리드 컴퓨터가 적용되었다.

HCU는 차량의 메인 컴퓨터로서 ECU(엔진 컴퓨터), TCU(변속기 컴퓨터), MCU(모터 제어 컴퓨터), BMS(고전압 배터리 관리 컴퓨터), LDC(Low DC-DC 컨버터 : 12 [V] 배터리 충전용 직류변환장치) 등을 제어한다.

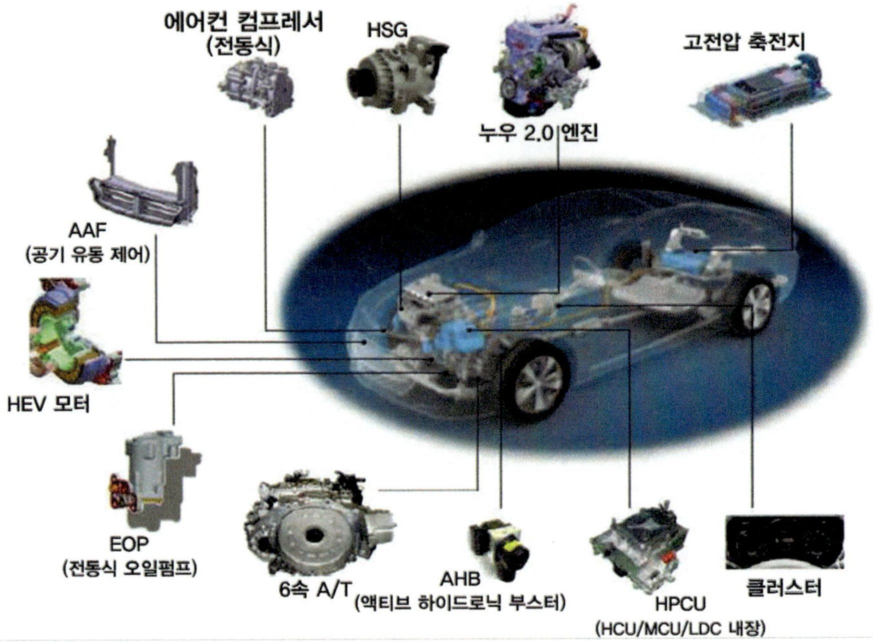

[그림 8.15] 하드 타입 시스템 구성

8.6.2 HCU 입력 구성요소

(1) 보조 배터리 전원

HCU는 보조 배터리(12V) 전원을 공급받아 제어기를 구동할 수 있는지 판단한다. 보조 배터리 전압이 7 [V]보다 낮을 경우가 30초 이상 지속 시 보조 배터리 경고등을 점등시킨다.

[그림 8.16] 보조 배터리 전원 회로

(2) 브레이크 스위치

브레이크 스위치는 브레이크 페달 상부에 장착되어 있으며 브레이크 페달의 작동상태를 감지한다. 이 스위치가 고장 나면 오토-스톱을 금지시킨다.

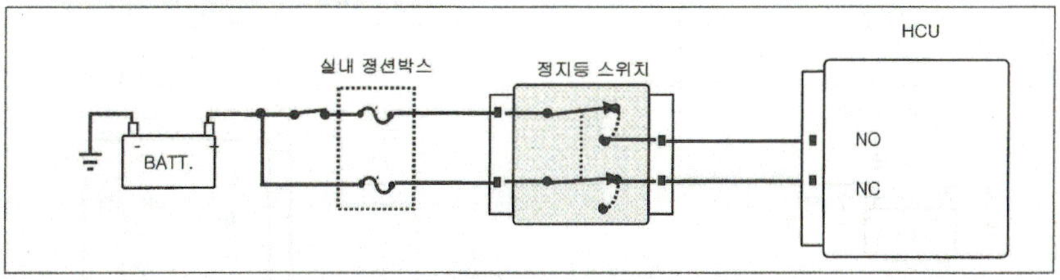

[그림 8.17] 브레이크 스위치 회로

(3) 스타트 컷 릴레이

스타트 컷 릴레이는 오디오 뒤쪽에 장착되어 있다. HCU가 스타트 컷 릴레이를 제어하면 하이브리드 모터로 엔진 시동이 가능하고, 스타트 컷 릴레이를 제어하지 않으면 엔진 스타트 모터로 엔진 시동이 가능하다. HCU는 시스템이 정상일 경우 스타트 컷 릴레이를 항상 접지 제어하여 하이브리드 모터로 엔진 시동이 가능하도록 제어한다. 접지 제어를 하는 이유는 HCU가 고장 시 스타트 릴레이를 작동시킬 수 있어 스타트 모터로 시동을 하기 위함이다.

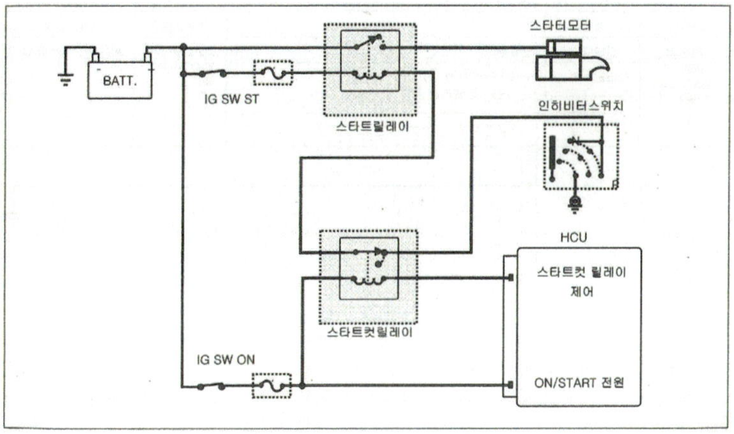

[그림 8.18] 스타트 컷 회로

(4) 브레이크 부스터 압력 센서

브레이크 부스터 압력 센서는 브레이크 부스터에 장착되어 있으며, 브레이크 부스터 압력을 측정한다. 브레이크 부스터 내 부압이 부족하여 비정상적인 브레이크 제동을 방지하기 위하여 부압이 형성되도록 제어한다.

아이들 상태에서 부압이 부족할 경우 엔진의 부하 토크를 감소시켜 스로틀 밸브를 닫힘 방향으로 제어하여 부압이 생성되도록 하는데, 부압의 크기와 출력전압은 비례한다. 오토 스톱 상태에서 부압이 부족할 경우 오토 스톱을 해제 제어(엔진 시동)을 하여 부압이 생성되도록 한다.

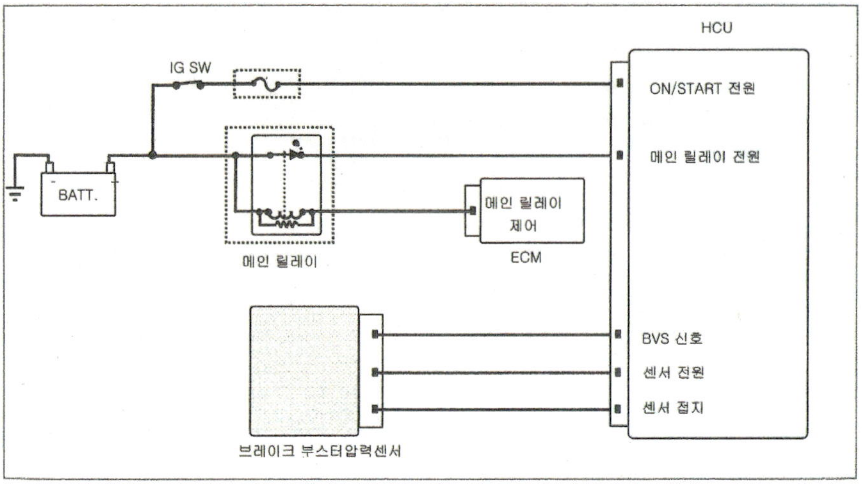

[그림 8.19] 브레이크 부스터 압력제어 회로

(5) 경사각 센서

경사각 센서는 히터 코어 아래에 장착되어 있으며, 차량의 경사도를 측정한다. 차량이 경사로 등에서 뒤로 밀리지 않도록 밀림방지 제어를 하는 데 중요한 신호로 사용된다. 차량이 언덕길에 정차하여 오토 스톱 상태가 된 후 출발 시 차량이 뒤로 밀리는 경우가 있는데, 이를 방지하기 위하여 브레이크 페달을 뗀 후에도 경사도에 따라 일정시간 동안 제동장치가 작동하도록 제어한다. 밀림방지 제어를 하기 위해서는 경사각 센서, 브레이크 스위치, ABS 모듈, HCU 등이 필요하다.

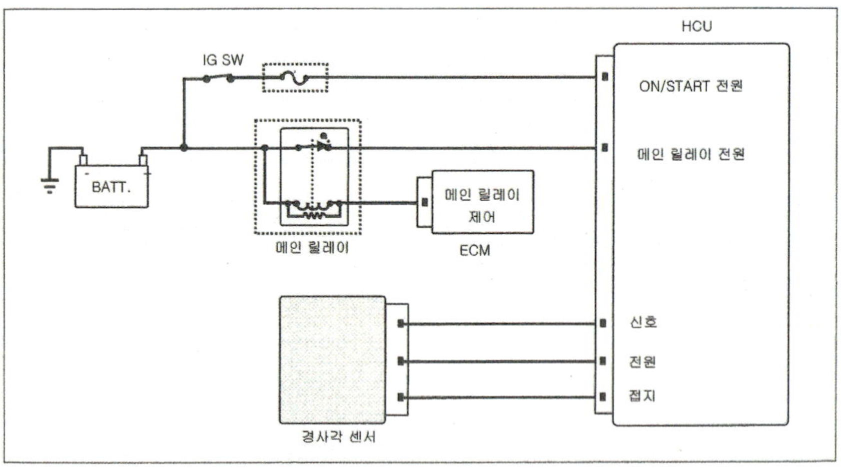

[그림 8.20] 경사각 제어 회로

(6) 알터네이터 L 릴레이

알터네이터 릴레이는 계기판 뒤쪽 ICM 릴레이박스 내에 장착되고, HCU는 LDC가 정상적으로 12 [V]를 발생시켜 보조 배터리를 충전시키는지 확인한다. 만약 LDC가 비정상일 경우 보조 배터리에 충전이 안 되며, HCU는 알터네이터 릴레이를 제어하여 보조 배터리 충전 경고등이 점등되고, 에탁스로 신호를 보내며 에탁스는 부하가 큰 전장품을 OFF 제어하도록 한다.

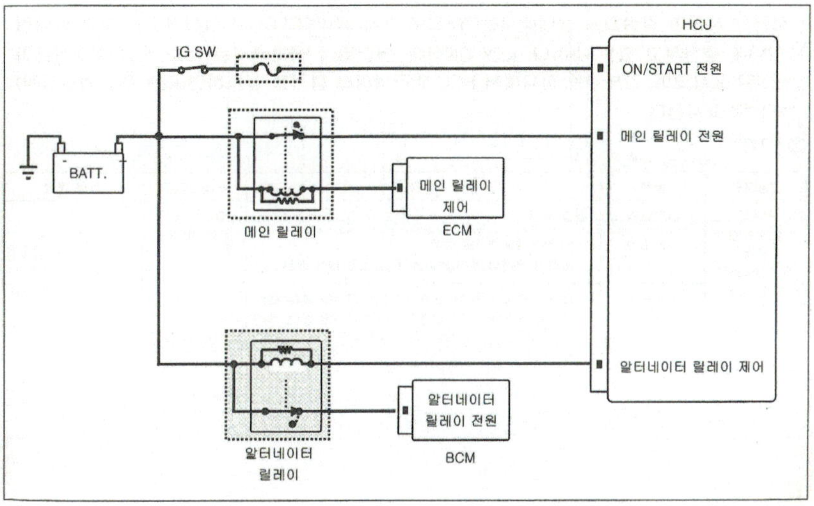

[그림 8.21] 알터네이터 제어 회로

(7) 에어백 신호

에어백이 전개되었을 경우 에어백 ECU에서 HCU로 에어백이 전개되었다는 신호를 보낸다. 이 경우 HCU는 운전자 및 차량의 안전을 위해서 하이브리드 고전압 시스템을 중지시킨다.

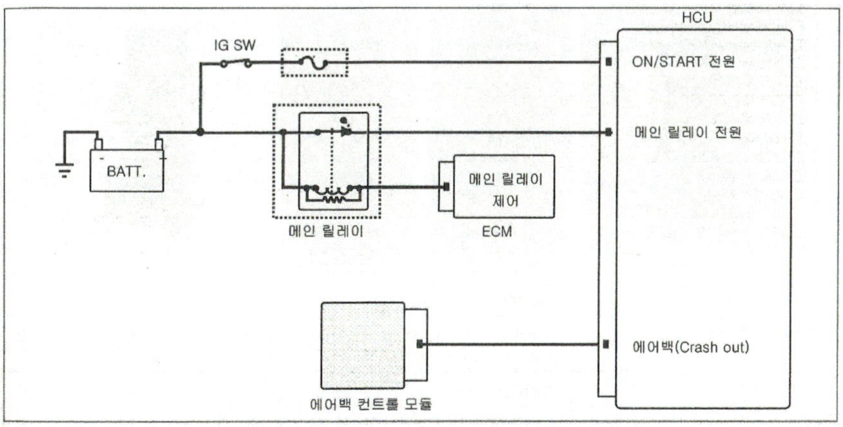

[그림 8.22] 에어백 제어 회로

8.6.3 HCU 제어 기능

(1) HEV 모터 시동

IG KEY 시동 혹은 오토 스톱 이후 HEV 모터를 이용하여 시동하고, HEV 모터 작동 불가 시에는 스타터 모터(Key)로 시동이 가능하게 한다. 또 장시간 오토 스톱 후 시동 시 자동변속기 유압발생을 위해 시동 rpm을 상승하게 한다. 하이브리드 모터 시동 금지조건은 아래와 같다.

① 배터리/모터 방전 제한 값(엔진의 시동 토크보다 적을 때)
② 배터리 온도가 낮을(-10 [℃]) 때
③ 배터리 온도가 높을(45 [℃] 이상) 때
④ MCU(모터조절기)가 94 [℃] 이상일 때
⑤ 냉각수 온도가 -10 [℃] 이하 시
⑥ SOC(고전압 배터리 충전율)가 18 [%] 이하일 때
⑦ ECU/MCU/BMS 고장 시(CAN 통신 고장)

(2) HEV 모터 보조

가속 시 HEV 모터 구동을 통한 엔진 토크를 보조한다.

(3) HEV 모터 회생제동

감속 시 HEV 모터 발전을 통한 전기에너지를 회수하여 고전압 배터리를 충전한다.

(4) 변속기 변속비 제어

주행 상태에 따른 최적 변속비 제어를 실행한다.

(5) 오토 스톱 제어

오토 스톱은 차량이 정지할 경우 연료 소비를 줄이고 배기가스를 저감시키기 위해 엔진을 자동으로 정지시키는 기능이다(공조 시스템은 일정시간 유지 후 정지). 오토 스톱이 해제되면 모터 크랭킹과 엔진 연료분사를 재개하여 엔진을 재시동한다. 즉, D단 주행 후 브레이크 정차 시 엔진정지, 브레이크 페달 OFF 혹은 가속 페달 ON 시 엔진 재시동을 가능하게 한다. 동작조건은 9 [km/h] 이상의 속도로 2초 이상 운행 후 브레이크 페달을 밟은 상태로 4 [km/h] 이하가 되면 엔진을 정지하고, 브레이크 페달을 떼고 차속이 발생하고 구배가 17 [%](경사각 10°) 이상이면 해제한다.

오토 스톱이 작동되면 AUTO STOP 램프가 점멸하고, 오토 스톱이 해제되면 AUTO STOP 램프가 소등된다. 또한 AUTO STOP 스위치가 눌려 있지 않은 경우 AUTO STOP OFF 램프가 점등된다. IG OFF 후 IG ON할 경우 AUTO STOP 스위치는 ON 상태로 된다. AUTO STOP 금지 조건은 아래와 같다.

① 엔진 냉각수 온도가 50 [℃] 이하
② 오토 스톱 스위치가 OFF인 경우
③ Main 배터리 충전량이 낮은(18% 이하) 경우
④ 브레이크 부압이 낮은 경우(250mmHg, 680hPa)
⑤ 12 [V] 배터리 전압이 낮은 경우(전기 부하가 클 때)
⑥ 가속 페달을 밟은 경우
⑦ 변속레버가 P 또는 R단인 경우
⑧ 관련 시스템(배터리, 모터)의 Fault가 검출된 경우
⑨ 급감속시(기어 비 추정 로직)
⑩ ABS 작동 시

AUTO STOP 스위치는 기존 차량의 'ECO' 스위치로 표시되었으며, 이 스위치를 OFF하면 경제적인 운전을 하지 않겠다는 운전자의 의지를 나타낸 것이다.

(6) 브레이크 밀림방지 장치

브레이크 밀림방지 장치(CAS : Creep Aid System)는 경사로 등에서 출발 시 차량이 밀리는 현상을 방지하기 위한 장치이다. 아이들 스톱 후 해제 시 엔진 재시동이 되어 엔진 creep 토크가 발생하기까지 차량이 밀리는 현상을 최소화하기 위해 경사도에 따라 밀림방지 장치를 동작시킨다. 차량 정지 상태(오토 스톱 후)에서 브레이크 페달을 밟았을 때 동작하기 시작하여 브레이크 페달에서 발을 뗀 후에도 경사도에 따라 일정시간 동안 제동 장치가 작동하도록 한 뒤 동작이 해제된다.

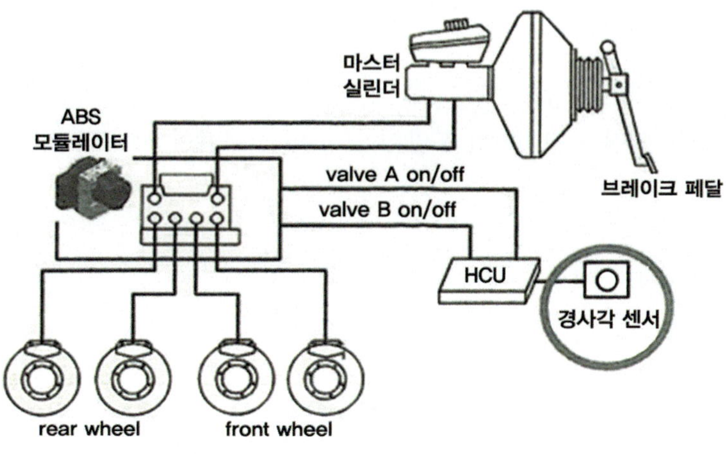

[그림 8.23] 브레이크 밀림방지 장치

(가) 동작조건

① 정지상태

② 변속기어 위치 D단, R단, L단

③ 브레이크 페달 스위치 ON

④ 차량 정지 시

(나) 해제조건

① 브레이크 페달 OFF시 경사도에 따라 일정시간 지연 후 밀림방지 장치 작동 해제

② 차량 정지 1.2초 후 평지로 판단할 경우 CAS 작동 해제

(7) 연료 컷 및 분사 허가

시동 시 연료분사를 허가하고 SOC와 변속비 조건에서 연료 컷 금지 및 연료분사 금지를 요구한다.

(8) 모터 및 배터리 보호

180 [V] 배터리 과충전 방지, 토크 제한, 보조 배터리(12V)의 과방전 방지 제어를 하고, 과방전 시 오토 스톱을 금지한다.

(9) 브레이크 부압 보조

하이브리드 차량은 브레이크 부압이 부족할 경우가 있다. 부압이 부족하다고 판단되면 부압을 회복하기 위해 아래와 같이 제어한다.

(가) 엔진 시동이 OFF된 경우

오토 스톱 경우에 엔진이 정지하면 부압이 낮아진다. 부압이 낮다고 판단되면 엔진 시동을 건다.

(나) 엔진 시동이 ON된 경우

① LDC 충전전압(12.8V)을 낮추어 부압을 확보한다.

② 에어컨의 부하가 클 때(ETC밸브가 열려 있어 부압 저하) 에어컨을 OFF하여 부압을 확보한다.

③ CVT 발진 클러치 초기출발 토크확보를 위해(ETC밸브가 열려 부압 저하) 열려 있던 ETC밸브를 닫는다.

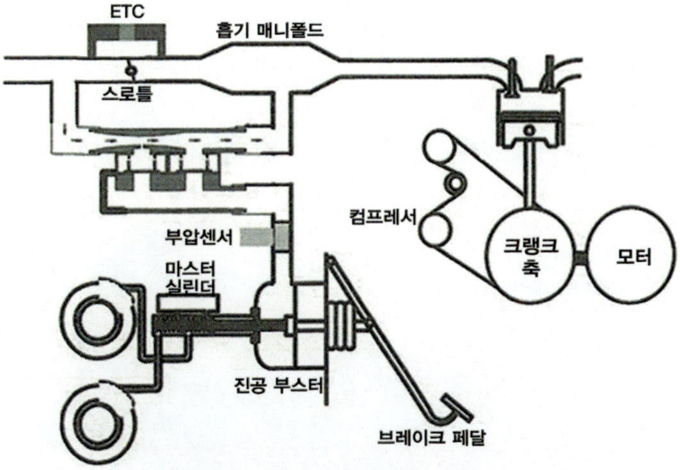

[그림 8.24] 브레이크 부압 보조

(10) LDC 제어

HEV 차량은 전장전원을 공급하는 장치로 기존의 발전기를 대처하는 LDC를 적용함으로써 오토 스톱 시에 원활한 전장전원 공급이 가능하고, 발전기보다 효율이 높아 연비 향상에 기여하게 되었다. 즉, 180 [V] 높은 전압을 낮추어 보조배터리(12V)에 충전하는 역할을 하는 것이다. LDC를 Low DC-DC 변환기라고도 한다.

(11) 서비스 램프제어

HCU, BMS, MCU, TCU, LDC 등이 고장 시 계기판에 점등시키고, 서비스 램프가 점등되면 하이브리드 시스템 작동은 중지하고 엔진동력으로만 운행하도록 한다.

(12) 경제운전 안내

E(economic)단으로 D레인지에서 변속레버를 오른쪽으로 이동하면 출력을 감소시키고 연비를 향상시키는 주행패턴으로 변경하여 주행속도별 rpm 감소, APS에 대한 rpm 반응성 저하, 엔진과 모터 토크 저감, 회생제동량이 증대된다. 즉, 경제적인 운전 영역에서 운행할 수 있도록 유도하며 연비 악화로 인한 불만 해소 및 연비 향상을 안내한다.

8.7 고전압 배터리 시스템

8.7.1 구성

고전압 배터리는 리튬 이온 폴리머 배터리로 DC 270 [V]로 트렁크룸에 장착된다. BMS는 각 셀의 전압, 전체 충·방전 전류량 및 온도값을 받고, BMS에서 계산된 SOC는 HCU로 보내며,

HCU는 이 값을 참조로 고전압 배터리를 제어한다. PRA(Power Relay Assembly)는 IG OFF 상태에서는 메인 릴레이를 차단한다. 고전압 배터리의 온도가 최적으로 유지될 수 있도록 냉각팬이 적용되어 있다.

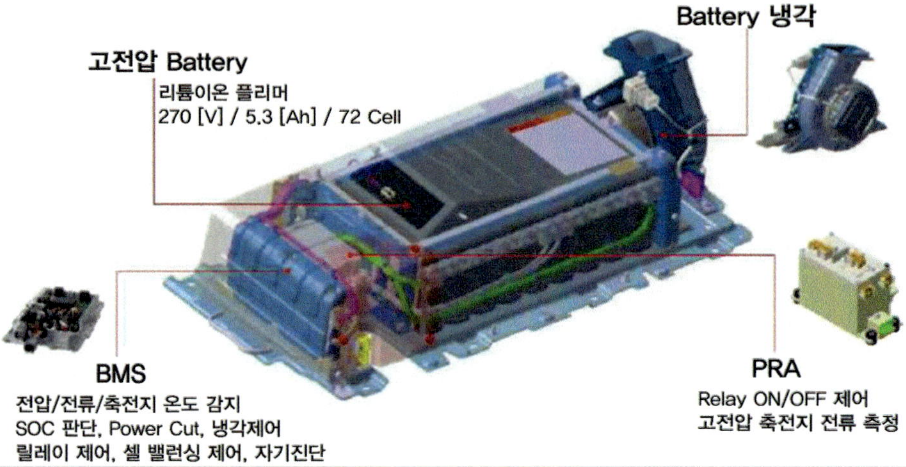

[그림 8.25] 고전압 Battery 구성(YF 쏘나타)

고전압 배터리는 72셀(8셀×9모듈)이다. 각 셀의 전압은 3.75 [V] DC이며, 따라서 배터리 팩의 정격 용량은 270 [V] DC이다.

기존 차량에 장착되어 사용해 왔던 DC 12 [V] 배터리의 경우 하이브리드 전기자동차에서는 일반 바디전장이나 각종 제어 ECU 동작을 위한 보조 배터리의 개념으로 이해해야 하며, 고전압 배터리 시스템은 12 [V] 보조 배터리와는 완전히 분리되는 독립적인 전원 시스템임을 주지해야 한다.

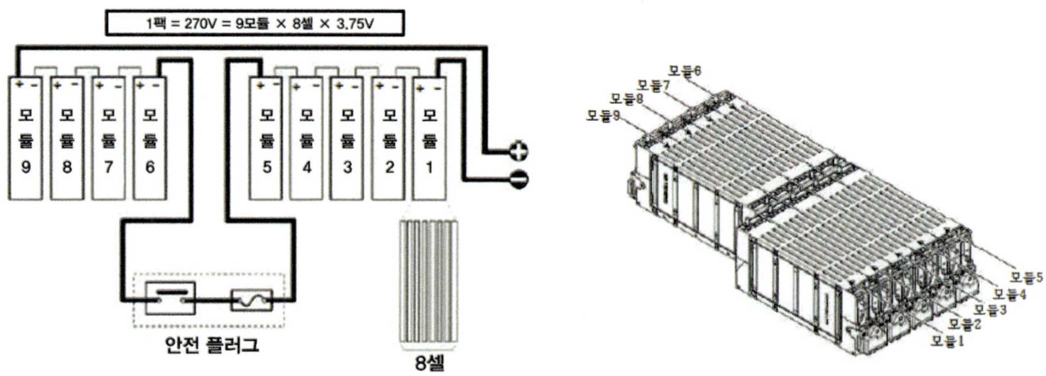

(a) 회로도 (b) 모듈 번호

[그림 8.26] 고전압 배터리 내부 구성(LF 쏘나타)

8.7.2 각 배터리의 특성

[표 8.2] 각 배터리의 특성

<table>
<tr><td>Ni-수소
배터리</td><td>셀당 전압 : 1~1.6V(1.2V)</td><td>• 리튬-폴리머 배터리보다 수명이 짧음
• 메모리 효과 발생</td></tr>
<tr><td>Li-이온
배터리</td><td rowspan="2">셀당 전압 : 2.5~4.3V(3.75V)</td><td>• 전해액이 액체이므로 누설 시 폭발 위험
• 기계적인 강성이 요구됨
• 메모리 효과가 없음</td></tr>
<tr><td>Li-폴리머
배터리</td><td>• 자기방전이 거의 없음
• 메모리 효과가 없음
• 내부 수소가스 없음
• 전해액이 젤이므로 충돌 시 누설이 없어 안전함</td></tr>
</table>

※ 메모리 효과 : 완전히 방전되지 않은 상태에서 충전을 반복하면 최대 용량이 줄어듦

8.7.3 HEV 고전압 배터리의 비교

[표 8.3] 니켈 수소 배터리와 리튬 이온 폴리머 배터리의 비교

항목	Ni-MH (니켈 수소)	Li-PB (리튬 이온 폴리머)	비고
셀당 전압	1.0~1.6 [V](1.2V)	2.5~4.3 [V](3.75V)	동일 전압으로 갈 때 부피가 작아짐
수명	보통	우세	
특징	내부 수소가스 발생	내부 수소가스 없음	가스 배출 없음
자기방전 (self discharge)	보통	거의 없음	
메모리 효과	있음	없음	
사용 차종	혼다 시빅 / MC / JB / 토요타 프리우스	아반떼 / 포르테	

[표 8.4] 리튬 이온 배터리와 리튬 폴리머 배터리의 비교

항목		리튬 이온		리튬 폴리머
형상		원통형	각형	파우치
재질	케이스	SUS/Al CAN		Al film
	양극재	삼성분계(Ni+Co+Mn)		망간계(안전성 유리)
	전해질	액상 전해액		겔 폴리머 전해질(누액 없음)
	분리막	다공성 필름		다공성 필름+세라믹 코팅 (내부 단락 방지)
패키지 설계		우세(기계적 강성 우수)		열세(강성재 보강 필요)
내구 수명		열세(발열 특성 취약)		우세(발열 특성 우수)
안전성		열세(내압 강성이 크고 폭발 가능성 있음)		우세(폭발 가능성 없음)
기술 확장성		열세(대용량 설계 불리)		우세(대용량, 대면적 설계 유리)
메모리 효과		없음		없음

8.7.4 고전압 배터리 시스템 용어

[표 8.5] 고전압 배터리 용어 정리

SOC	• SOC는 Start Of Charge의 약자로서 배터리 사용 가능 에너지(충전상태, 잔존용량)를 표시한 양 • 배터리 정격용량(Norminal Capacity) 또는 비율용량(Rated Capacity) 대비 방전 가능한 잔존량의 백분율로 표시된다. 예) 100 [%] : 만충전 상태, 0 [%] : 심 방전 상태
가용파워	배터리로 입 · 출력할 수 있는 제한 값으로 전류에 대한 전압 값으로 표시
전류센서	배터리로 입 · 출력되는 에너지, 전류량을 측정하기 위한 센서로서 SOC 및 가용파워 계산에 사용됨
셀 밸런싱	전압 편차가 생긴 셀을 동일한 전압으로 매칭
PRA	PRA(Power Relay Assembly)는 400 [V] / 60 [A] 사양으로 고전압 배터리의 기계적인 분리(암전류 차단), 고전압 회로 과전류 보호(Fuse), 전장품 보호(초기충전회로 적용), 고전압 정비 시 작업자 보호를 위해 안전 스위치가 적용되어 있음

8.7.5 온도 센서

배터리 팩 상단에 장착된 외기온도 센서는 부특성 서미스터(NTC) 소자를 사용하며, 배터리 냉각 유입 온도를 감지하여 BMS ECU로 입력시킨다.

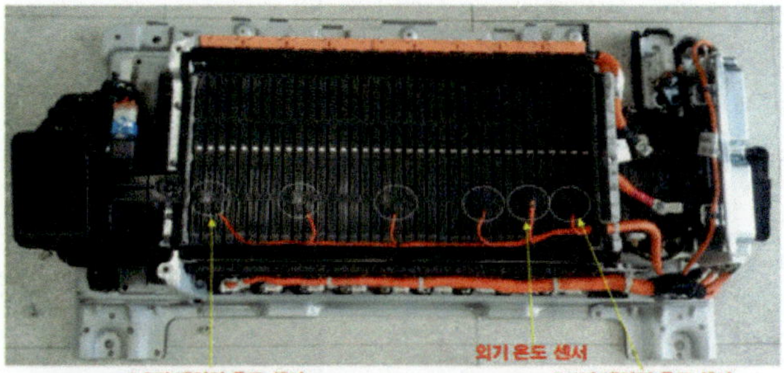

[그림 8.27] 고전압 배터리 온도 센서 장착위치

고전압 배터리 가용온도는 -30 [℃] ~ 55 [℃]이나 평균온도 30 [℃]로 유지한다. BMS 제어 금지 조건은 다음과 같다.

① 고전압 배터리 온도가 -10 [℃] 이하
② 고전압 배터리 온도가 50 [℃] 이상
③ 고전압 배터리 충전율(SOC)이 20 [%] 이하 시(충전 제한 영역은 20~70%)
④ ECU, MCU, BMS ECU Fail 시

8.7.6 고전압 메인 릴레이

파워 릴레이 어셈블리(PRA)는 (+), (-) 메인 릴레이, 프리차지 릴레이, 프리차지 레지스터, 배터리 전류 센서로 구성되어 있다. PRA는 배터리 팩 어셈블리 내에 위치하고 있으며, 고전압 배터리와 BMS ECU의 제어 신호에 의한 인버터의 고전압 전원 회로를 제어한다.

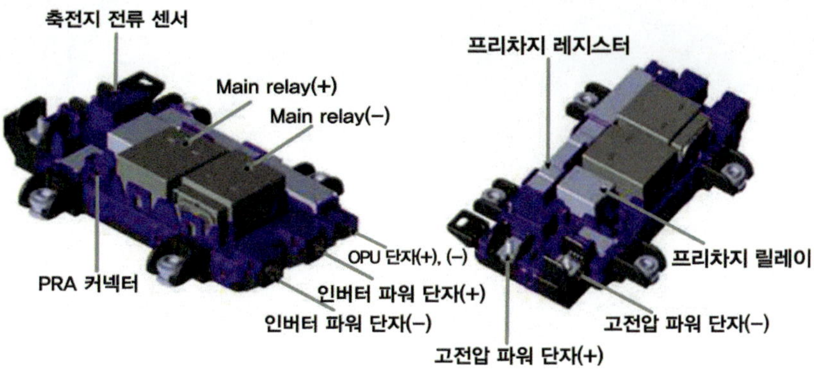

[그림 8.28] PRA 구조 및 작동(LF 쏘나타)

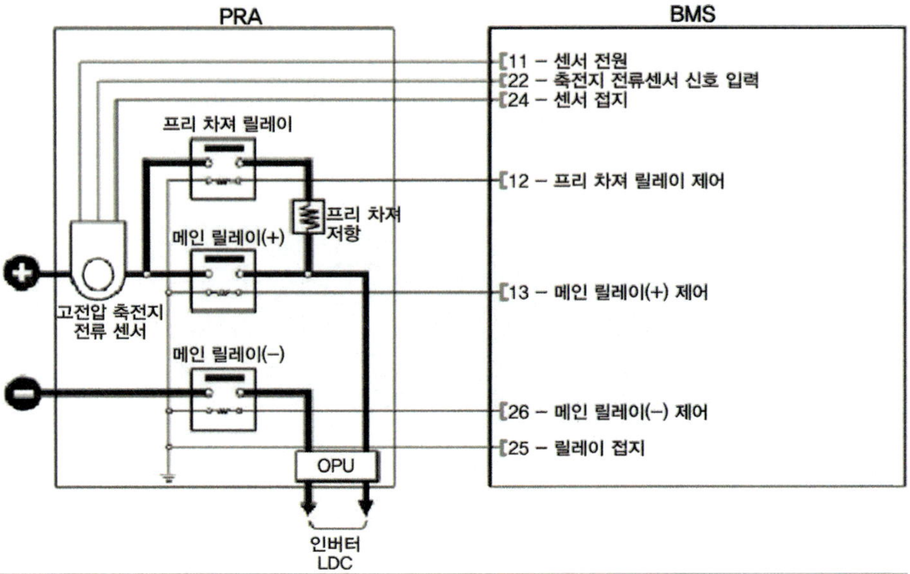

[그림 8.29] PRA 회로 구성(LF 쏘나타)

8.7.7 안전 플러그

안전 플러그는 고전압 배터리의 뒤쪽에 위치하고 있으며 하이브리드 시스템의 정비 시 고전압 배터리 회로 연결을 기계적으로 차단하는 역할을 한다.

고전압계 부품으로는 고전압 배터리, 파워 릴레이 어셈블리, 하이브리드 구동 모터, 인버터, 파워 케이블 전동식 컴프레서 등이 있다.

그리고 안전 플러그 내부에는 과전류로부터 고전압 시스템 관련 부품을 보호하기 위해 고전압 메인 퓨즈가 장착되어 있다.

[그림 8.30] 안전 플러그 위치 및 구조(LF 쏘나타)

8.7.8 HEV 고전압 회로

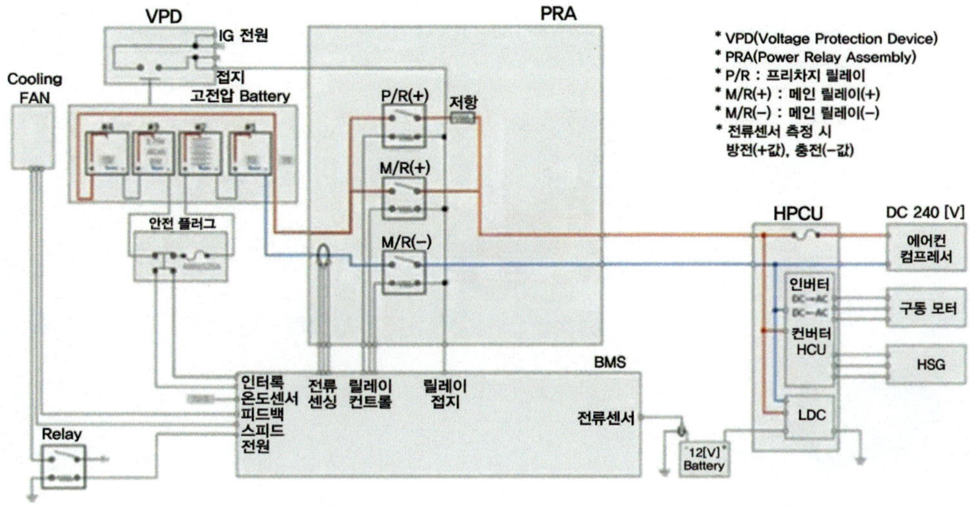

[그림 8.31] HEV 고전압 회로(니로 2017)

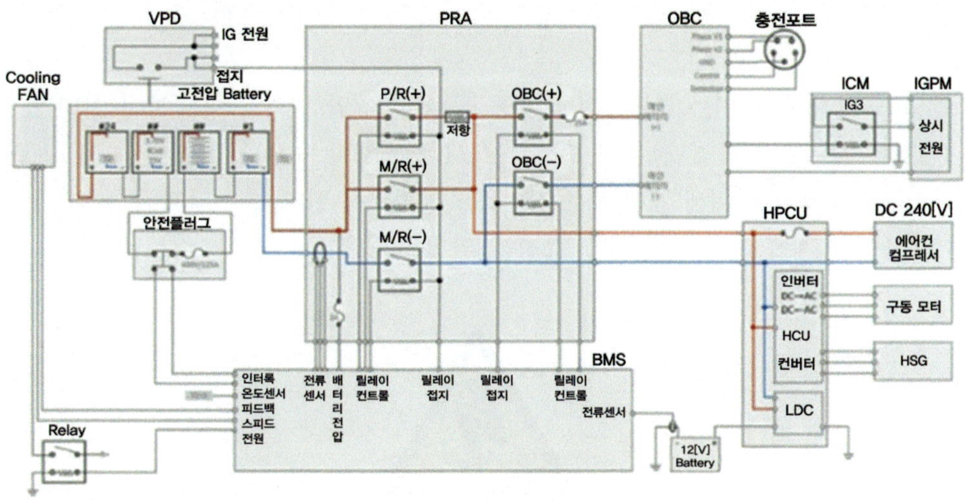

[그림 8.32] PHEV 고전압 회로(아이오닉 2021)

8.8 고전압 시스템 안전 진단

하이브리드 자동차는 고전압 배터리를 포함하고 있어서 시스템이나 차량을 잘못 건드릴 경우 심각한 누전이나 감전 등 사고로 이어질 수 있다. 그러므로 고전압 시스템 작업 전에는 반드시 안전 진단을 해야 한다.

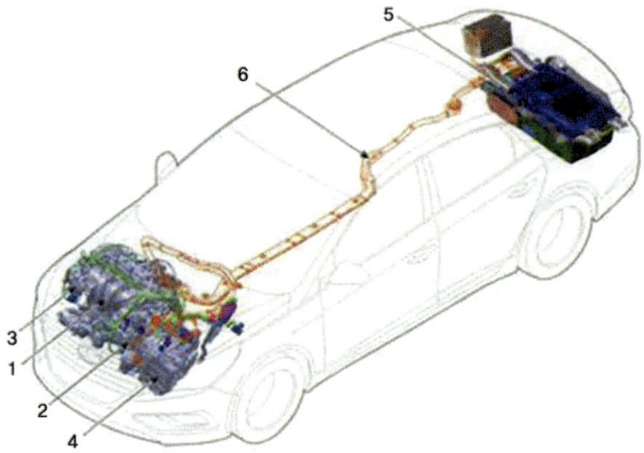

1. 엔진
2. 하이브리드 구동 모터
3. HSG(하이브리드 스타터 제너레이터)
4. 변속기
5. 고전압 배터리 시스템
6. 파워 케이블

[그림 8.33] 고전압 부품 차량 구성도(LF 쏘나타)

금속성 물질(시계, 반지, 기타 금속성 제품 등)은 고전압 단락을 유발하여 인명과 차량을 손상시킬 수 있으므로 작업 전에 반드시 몸에서 제거해야 하며, 고전압 시스템 관련 작업 전에는 안전사고 예방을 위해 개인 보호 장비를 착용하도록 한다. 고전압계 부품 작업 시 고전압 위험 차량 표시를 하여 타인에게 고전압 위험을 주지시킨다.

[그림 8.34] 고전압 위험 경고

8.9 고전압계 정비 시 사전 작업

8.9.1 고전압 차단

① 점화스위치를 OFF하고, 보조 배터리(12V)의 (−) 케이블을 분리한다.
② 고전압 시스템을 점검하거나 정비하기 전에, 반드시 안전 플러그를 분리하여 고전압을 차단한다.
③ 트렁크 내 고전압 배터리에서 장착 볼트(A)를 풀고, 안전 플러그 커버(B)를 탈거한다.
④ 잠금 후크 (A)를 들어 올린 후, 화살표 방향으로 레버(B)를 잡아당겨 안전 플러그(C)를 탈거한다.

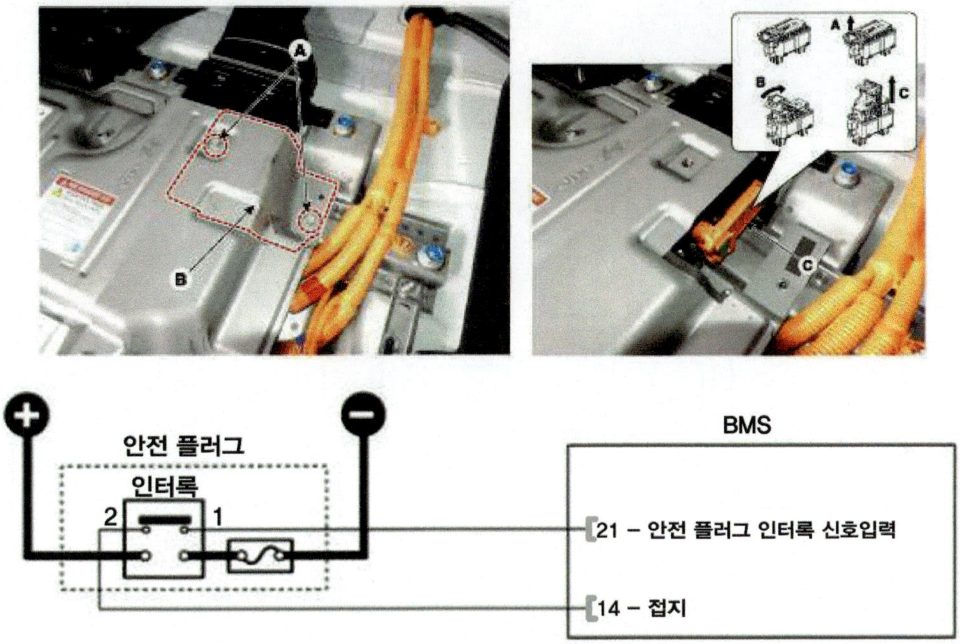

[그림 8.35] 안전 플러그 탈거(LF 쏘나타)

[표 8.8] 사전작업 기록표

점검 항목	내 용	판 정
준비 사항	보조 축전지(12V) 접지선 탈거	
고전압 차단	절연장갑 착용 후, 안전 플러그 탈거	

8.9.2 잔존 전압 점검

① 인버터 커패시터 방전 확인을 위하여 인버터 단자 간 전압을 측정한다.

② 인버터의 (+) 단자와 (−) 단자 사이의 전압값을 측정한다. 측정값이 30 [V] 이하이면 고전압 회로가 정상적으로 차단된 것으로 판단하고 30 [V] 초과이면 고전압 회로에 이상이 있는 것으로 점검해야 한다.

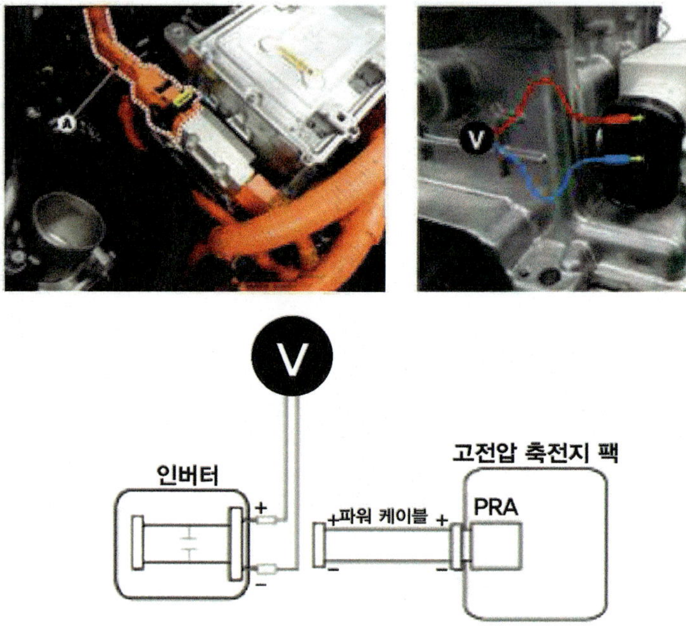

[그림 8.36] 인버터 잔존 전압 측정(LF 쏘나타)

8.9.3 메인 퓨즈 검사

메인 퓨즈 검사 방법은 먼저 안전 플러그 레버(A)를 탈거하고, 안전 플러그 커버(B)를 탈거한 후, 메인 퓨즈(C)를 탈거한다. 메인 퓨즈 양 끝단 사이의 저항을 측정하여 규정값인 1 [Ω] 이하(20℃)로 측정되는지 확인한다.

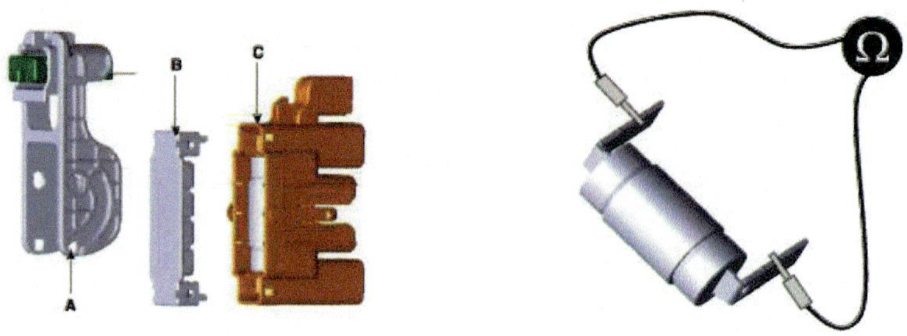

[그림 8.37] 메인 퓨즈 단선 검사

8.10 고전압 배터리 검사

8.10.1 SOC 검사

고전압 배터리 SOC 검사 방법은 먼저 점화스위치를 ON 후, 서비스 데이터의 SOC 항목을 확인한다. 이때 규정 범위에 있는지 확인한다(SOC : 20%~90%).

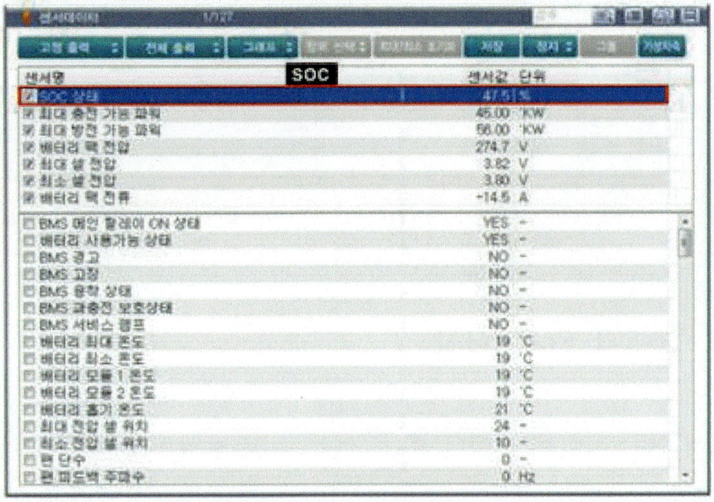

[그림 8.38] 서비스 데이터 SOC 검사

8.10.2 전압 검사

고전압 배터리 전압 검사 방법은 먼저 점화 스위치를 ON 후, 서비스 데이터의 셀 및 팩 전압 항목을 확인한다. 이때 셀 범위 전압(2.5~4.3 [V]) 및 팩의 전압(180~300 [V])이 규정 범위 내에 있는지 확인한다.

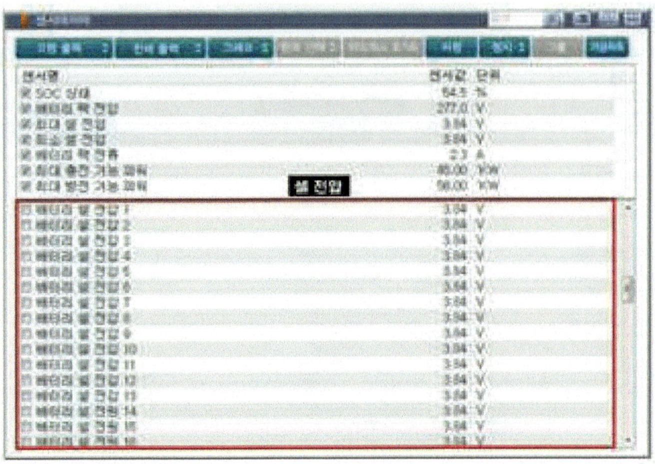

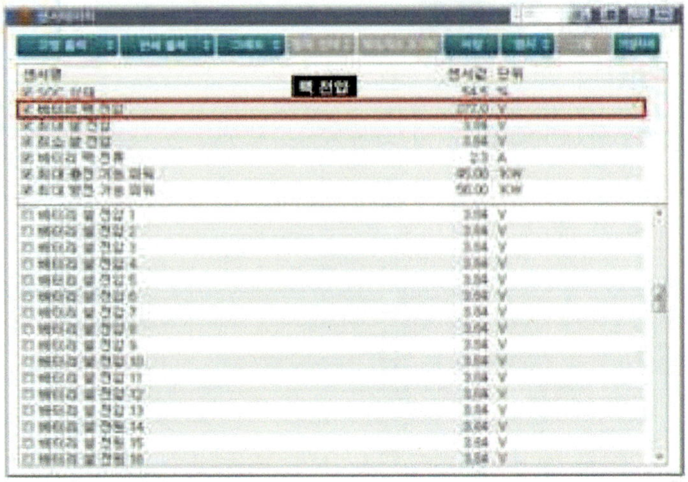

[그림 8.39] 고전압 배터리 셀 및 팩 전압

8.10.3 메인 릴레이 융착 검사

배터리 팩 어셈블리를 안전하게 탈거하기 위해서는 작업 전에 고전압 메인 릴레이 융착 상태 점검을 실시하며, 서비스 데이터 또는 직접 측정 방식으로 확인이 가능하다.

(1) 서비스 데이터로 검사

서비스 데이터를 통해 BMS 융착 상태가 NO로 되어 있는지 확인한다.

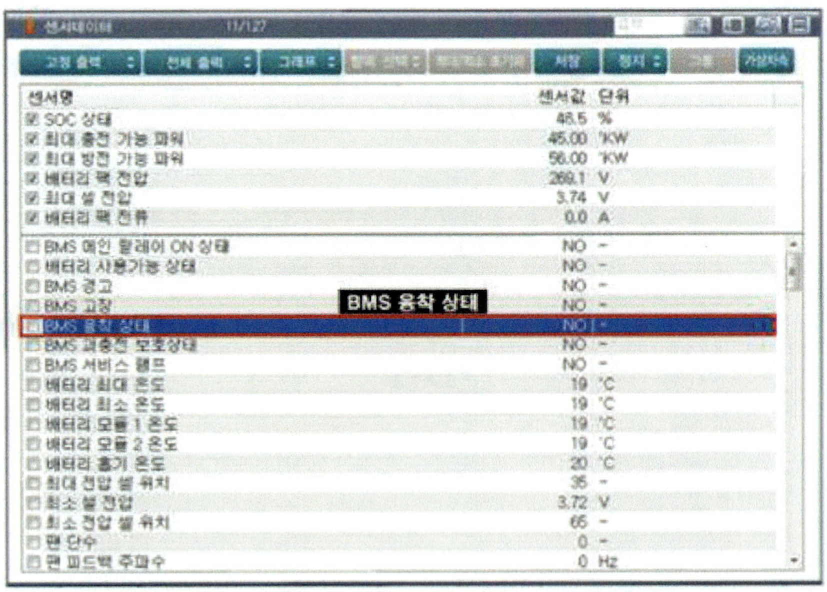

[그림 8.40] 서비스 데이터 융착 검사

(2) 멀티미터로 검사

멀티미터 검사는 먼저 고전압 차단 절차를 수행한다. 장착 볼트(A)와 너트(B)를 풀고, 고전압 배터리 상부 커버(C)를 탈거 후, 고전압 (−) 커넥터(A)와 고전압 (+) 커넥터(B)를 분리한다.

[그림 8.41] PRA 커넥터 탈거(K7)

준비가 되었으면, 고전압 메인 릴레이의 저항을 측정하여 융착 상태 점검을 실시하여 규정값 내에 있는지 확인한다(규정값 : ∞ [Ω](20℃)).

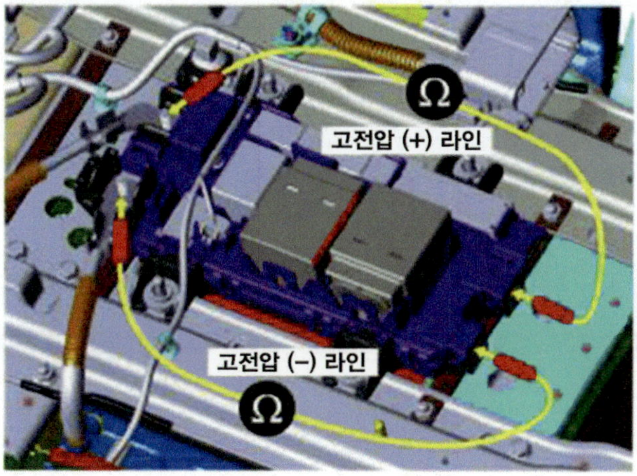

[그림 8.42] 멀티미터로 융착 검사

8.10.4 메인 릴레이 작동 검사

메인 릴레이 작동 검사 방법은 먼저 점화스위치를 ON 후, 진단 장비를 통해 강제 구동을 실시하여 메인 릴레이 등 해당 항목을 ON시킨다. 이때 해당 릴레이 ON 시, 릴레이 작동음인 '틱 톡'이 발생하는지 확인한다.

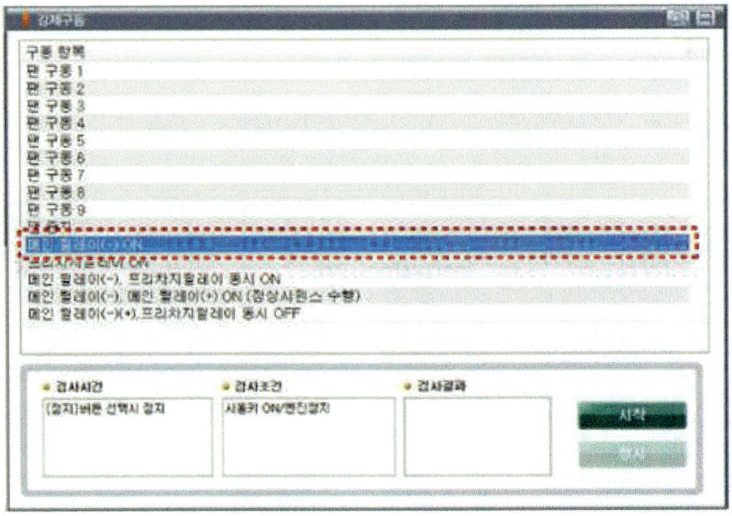

[그림 8.43] 고전압 메인 릴레이 강제 구동

8.10.5 고전압 배터리 절연 저항 검사

고전압 배터리 절연 저항 검사는 서비스 데이터 또는 직접 측정 방식으로 확인이 가능하다.

(1) 서비스 데이터에서 검사

서비스 데이터에서 절연 저항값을 확인한다.

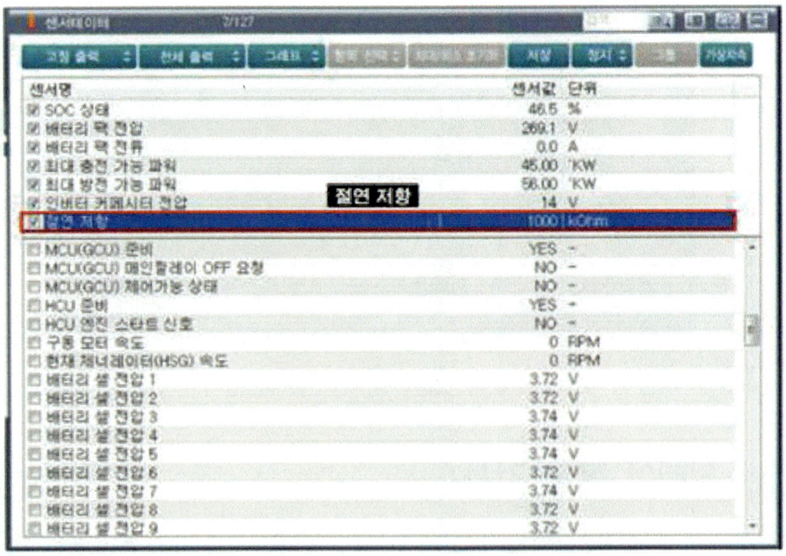

[그림 8.44] 고전압 배터리 절연 저항 감사(서비스 데이터)

(2) 메가옴 테스터로 검사

메가옴 테스터 검사는 먼저 고전압 차단 절차를 수행하고, 장착 볼트(A)와 너트(B)를 풀고, 고전압 배터리 상부 커버(C)를 탈거 후, 절연 저항계의 (+) 단자 (A)를 배터리 시스템 케이스(또는 접지부)에 연결한다. 다음으로 절연 저항계 (+) 단자를 고전압 배터리 (+), (−)에 각각 연결한 후 저항값을 측정한다.

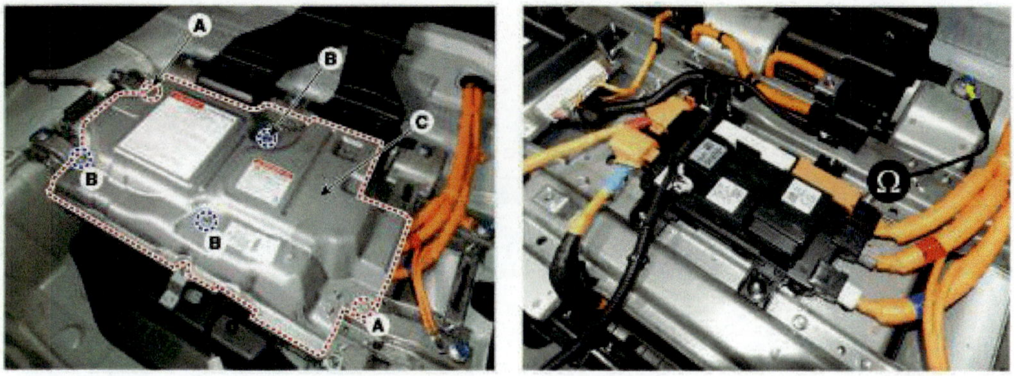

[그림 8.45] 메가옴 테스트기로 절연 저항 검사

8.10.6 고전압 배터리 냉각장치 검사

(1) 냉각장치 구성

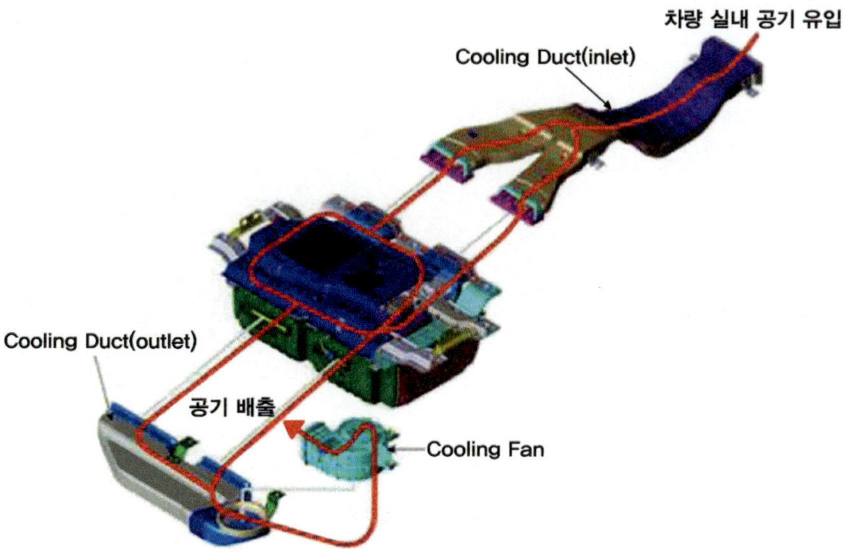

[그림 8.46] 냉각장치 구성 및 공기 흐름

(2) 쿨링 팬 강제 구동

쿨링 팬 강제 구동 방법은 먼저 점화 스위치를 ON하고, 진단 장비를 이용하여 강제 구동 실시 후 '팬 구동 단수에 따른 전류'를 점검한다.

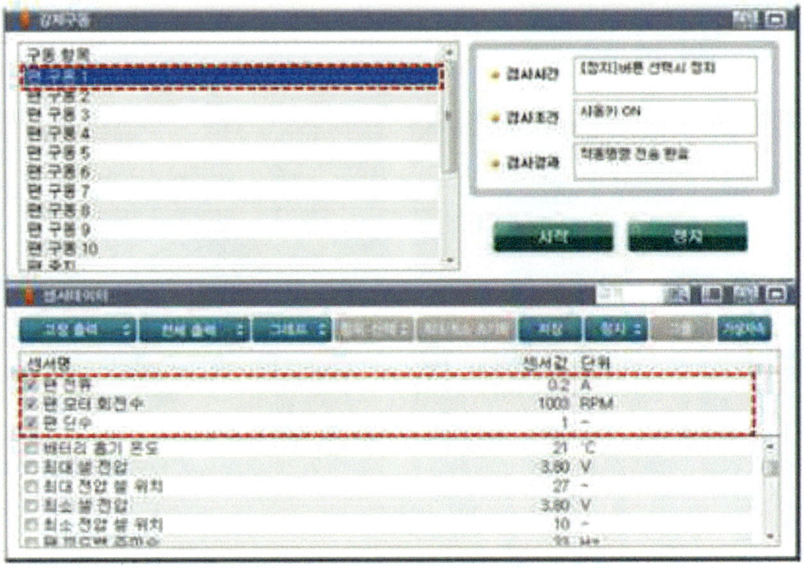

[그림 8.47] 단수별 쿨링 팬 강제 구동

8.11 BMS

BMS(Battery Management System)는 SOC 추정, 파워제한, 냉각제어, 릴레이 제어, 셀 밸런싱, 고장진단 등을 수행하고 배터리 에너지 상태 정보를 HCU 또는 인버터(MCU)로 송신하는 역할을 한다. BMS 기능은 [표 8.6]과 같다.

[표 8.6] BMS 기능

항목	제어 내용
SOC	• 배터리의 전압, 전류, 온도를 측정하여 배터리의 SOC를 계산하고 차량제어기에 전송하여 적정 SOC 영역 관리 • SOC : 배터리의 사용 가능한 에너지(배터리 정격용량 대비 방전 가능한 전류량의 백분율) • SOC 최대제한영역은 20~80 [%] 이내이며, 평상시에는 SOC 영역이 55~65 [%] 범위를 벗어나지 않게 제어한다.

파워 제한	• 배터리 보호를 위해 상황별 입 · 출력 에너지 제한 값을 산출하여 차량제어기로 정보 제공 • 배터리 가용파워 예측, 배터리 과충(방)전 방지, 내구 확보, 배터리 충(방)전 에너지 극대화
셀 밸런싱	• 배터리 충 · 방전과정에서 전압 편차가 생긴 셀을 동일한 전압으로 매칭 • 배터리 내구 수명 증대, 사용 가능 에너지 용량 증대, 배터리의 에너지 효율 증대 • 셀 밸런싱을 통해 48개 셀 SOC 값을 제어
냉각 제어	• 최적의 배터리 동작 온도를 유지하기 위한 냉각 팬을 이용하여 배터리 온도 유지 관리 • 배터리 최대 온도 및 배터리 최대, 최소 온도 편차에 따라 팬 속도 제어
고전압 릴레이 제어	• IG key ON/OFF 시 고전압 배터리단과 고전압을 사용하는 PE부품 전원공급 및 전원 차단 • 고전압계 고장으로 인한 안전사고 방지 • 프리차지 릴레이 또는 프리차지 저항 : BMS는 메인 릴레이를 작동시키기 이전에 프리차지 릴레이를 먼저 동작시켜 고전압 배터리 전원을 인버터측으로 인가하게 되는데, 이때 프리차지 릴레이가 작동되면 저항을 통해 180[V] 고전압이 인버터측으로 공급되기 때문에 순간적으로 돌입전류에 의한 인버터 손상 방지할 수 있음 • 메인 릴레이 : IG ON 시 고전압 배터리의 전원을 MCU, LDC로 공급하여 모터를 이용한 엔진 시동을 준비하는 릴레이
고장진단	• 배터리시스템 고장 진단, 데이터 모니터링, 소프트웨어 다시쓰기 • fail safe level을 분류하여 출력 제한치를 규정 • 차량측 제어 이상 및 전지 열화에 의한 배터리의 안전사고를 방지하기 위해 릴레이 제어

8.12 하이브리드 모터

하이브리드 전기자동차는 소형 경량, 고출력이면서 고효율인 모터 구동 시스템이 필요하다. 이러한 요구에 대응하기 위해 기존 하이브리드 자동차의 모터 구동 기술을 바탕으로, 고출력이면서 고효율을 실현한 모터 구동 시스템을 개발하였다. 전기모터는 주 동력원으로 사용하는 구동 모터와 엔진의 시동과 발전기 역할을 수행하는 기동발전기(HSG)가 있다.

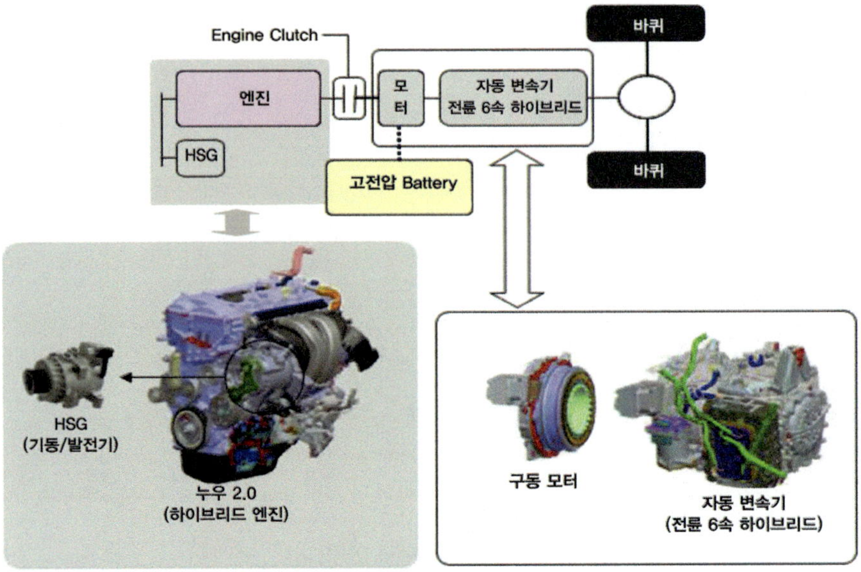

[그림 8.48] 하이브리드 모터 구성(YF 쏘나타)

8.12.1 구동 모터

구동 모터(Drive Motor)는 차량 출발 또는 저속과 정속 구간에서 모터로만 차량을 운행하는 전기자동차 모드(EV 모드)에서 구동 출력을 발생시키는 역할을 수행하며, 하이브리드 모드(HEV 모드)에서는 엔진 출력을 보조하는 역할을 수행한다. 또한 감속 시나 제동 시에는 감속에너지를 전기에너지로 전환하는 발전 기능(회생제동 모드)에 의해 배터리로 충전한다.

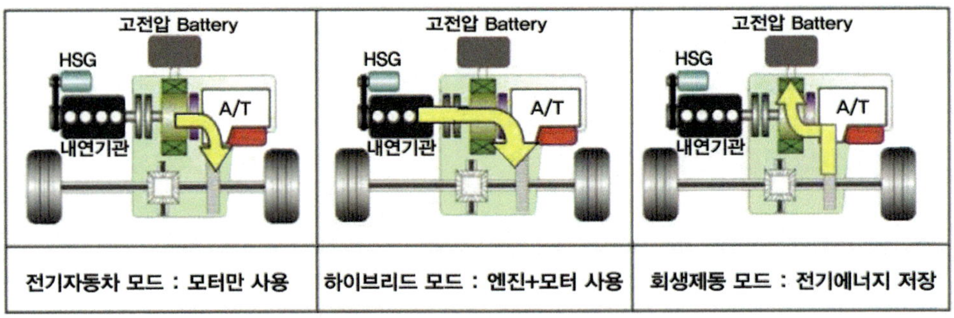

[그림 8.49] 조건별 구동 모터 작동 흐름

모터가 가열되면 영구자석 및 고정자의 코일 등의 변형 및 성능 저하가 발생된다. 이를 방지하기 위해 모터 내부에 온도 센서를 장착하여 모터 온도에 따라 제어하도록 되어 있다.

구동 모터 냉각은 AT 방식은 자동변속기 오일에 의해 냉각되고, DCT 방식은 수냉식으로 구성되어 있다.

엔진의 CMPS(캠 포지션 센서)를 이용하여 피스톤 상사점을 검출하고 ECU는 상사점에서 연료분사 및 점화를 시켜 엔진의 가장 큰 힘을 출력한다. 모터도 마찬가지로 가장 큰 힘으로 제어하기 위해 회전자와 고정자의 위치를 정확하게 알아야만 한다. 즉, 회전자의 위치 및 속도 정보로 MCU가 가장 큰 토크로 모터를 제어하기 위해 리졸버(Resolver)가 장착된다.

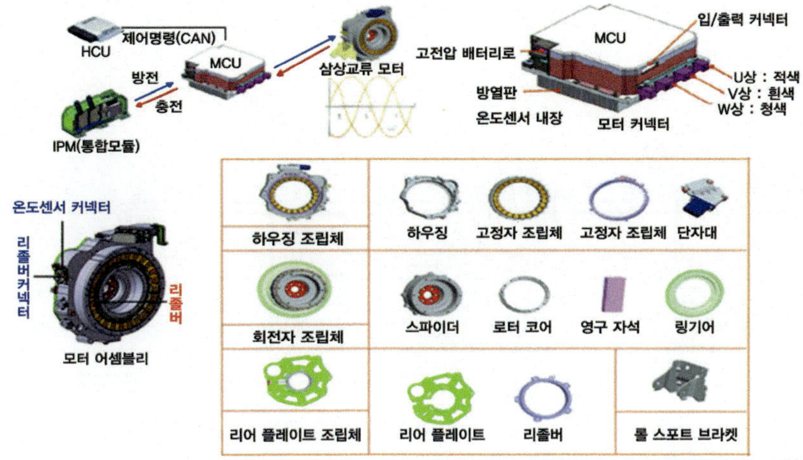

[그림 8.50] 모터제어기 입 · 출력과 모터 구성 부품

8.12.2 HSG(Hybrid Starter Generator)

HSG는 주행 중 엔진과 HEV 모터(변속기)를 충격 없이 연결시켜 주는 장치이다. EV모드로 주행 중 동력원을 HEV로 전환할 때 HCU는 HSG를 구동하여 엔진 속도를 변속기 입력축 속도까지 높여 주고 엔진의 속도와 변속기의 속도가 비슷해지면 HCU는 TCU로 엔진클러치 작동 신호를 보낸다.

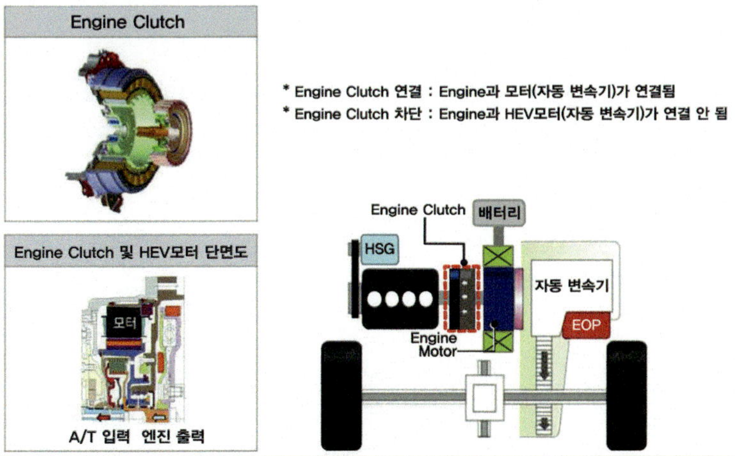

[그림 8.51] HSG의 기능

8.13 모터 검사

8.13.1 모터 회로

고용량 파워 모듈은 고전압에 사용되는 2개의 주요 모터에 적용되고, 파워 모듈은 IGBT와 DIODE 회로와 격리된 하이 스피드 스위칭으로 구성되어 있다. 고전압 배터리 용량은 약 270 [V]이지만, 안정성과 신뢰를 확실히 하기 위해서 파워 모듈은 최대 650 [V]의 전압의 고용량 파워를 사용해야 한다.

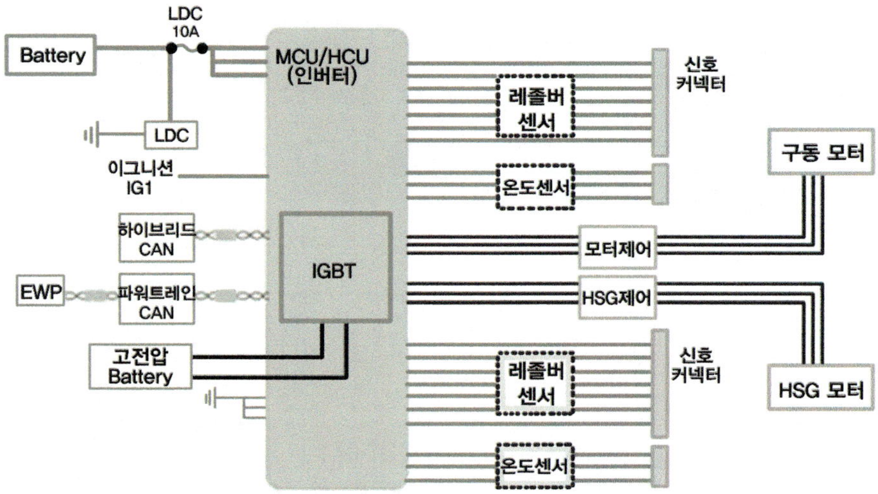

[그림 8.52] 모터 관련 회로

8.13.2 절연 저항 검사

먼저 안전 플러그 탈거 후 5분 이상 대기하고, HPCU 상단의 모터 커넥터를 탈거한 후, 메가옴 테스터의 흑색 프로브는 모터 하우징 또는 차체에 연결하고, 적색 프로브는 U, V, W의 단자에서 각각 측정하여 절연 저항을 측정한다(측정 조건 : DC 500V).

다만, 로브를 바꾸어 측정할 경우 고전압으로 차량(특히 컴퓨터)에 손상을 줄 수 있으므로 주의해야 하며, 프로브를 통해 고전압이 인가되고 있으므로 안전을 위해 프로브를 손으로 잡지 않아야 한다.

절연 저항이 10 [MΩ] 이상(또는 OL) 시 모터 절연 상태는 정상으로 판정하고, 절연 저항이 10 [MΩ] 이하 시 모터 절연이 불량이므로 모터를 교체한다.

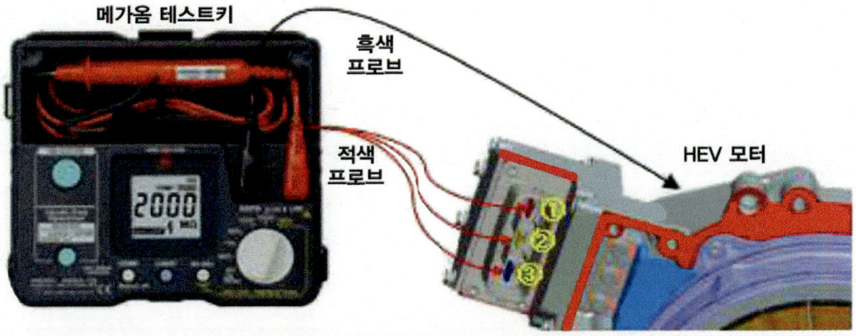

[그림 8.53] 메가옴 테스트

8.13.3 선간 저항 검사

밀리옴 [mΩ] 테스터기를 이용하여 U-V-W 상의 선간 저항을 측정하여 규정값이 측정되는지 확인한다.

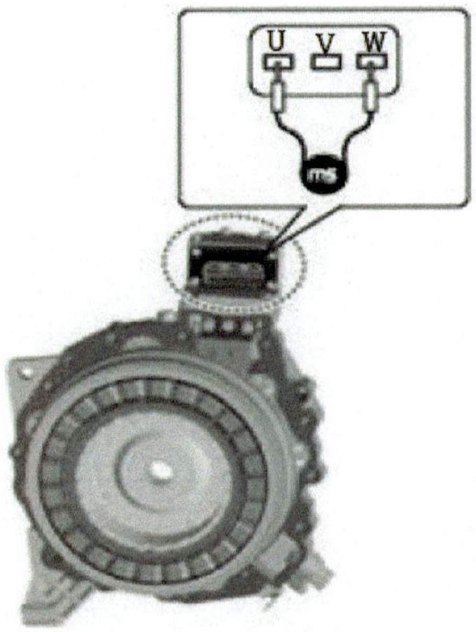

항 목	점검 부위	규정값	비 고
라인–라인 저항	U–V	22~25[mΩ]	측정 온도 20~30[℃]
	V–W		
	W–U		

[그림 8.54] 모터 선간 저항 검사

8.13.4 온도 센서 저항 검사

멀티 테스터를 이용하여 온도 센서 저항을 측정하여 규정값이 측정되는지 확인한다.

항 목	점검부위
저항(kΩ)	핀 4-8
규정값	비 고
120.5~130.1 [kΩ]	측정온도 20~30 [℃]

[그림 8.55] 모터 온도 센서 저항 검사

8.13.5 리졸버 센서 저항 검사

멀티 테스터를 이용하여 모터 속도 센서(리졸버)의 저항을 측정하여 규정값이 측정되는지 확인한다.

항 목	비 고
저항(kΩ)	측정온도 20~30 [℃]
점검 부위	규정값
핀 1-5	10.5~12.9 [Ω]
핀 2-6	28.8~35.2 [Ω]
핀 3-7	24.3~29.7 [Ω]

[그림 8.56] 리졸버 센서 저항 검사

8.13.6 파워 케이블 검사

(1) 단선 검사

파워 케이블 단선 검사 방법은 고전압에 주의하여 모터 케이블을 탈거하고, 커넥터 양 끝단의 단자에 멀티미터를 사용하여 각 상의 케이블의 저항을 측정한다(U-U상, V-V상, W-W 상간 저항 측정).

각 상 단자 간의 저항이 1 [Ω] 이하이면 정상이고, 1 [Ω] 이상이면 케이블 또는 단자에 접촉 저항이 증가 또는 케이블이 단선된 것으로 판단한다. 케이블이 단선 또는 비정상으로 판단되면 케이블 어셈블리를 교체한다.

(2) 단락 검사

파워 케이블 단락 검사 방법은 고전압에 주의하여 모터 케이블을 탈거하고, 케이블의 한쪽 커넥터의 상 단자 간의 저항을 [그림 8.58]과 같이 측정한다(U-V상, V-W상, U-W상 간 저항 측정). 각 상 단자 간의 저항이 무한대(또는 10MΩ 이상)이면 정상이고, 이하이면 케이블 또는 단자에 비정상적 접촉 부위가 존재하는 것으로 판단하며, 케이블이 단락 또는 비정상으로 판단되면 케이블 어셈블리를 교체한다.

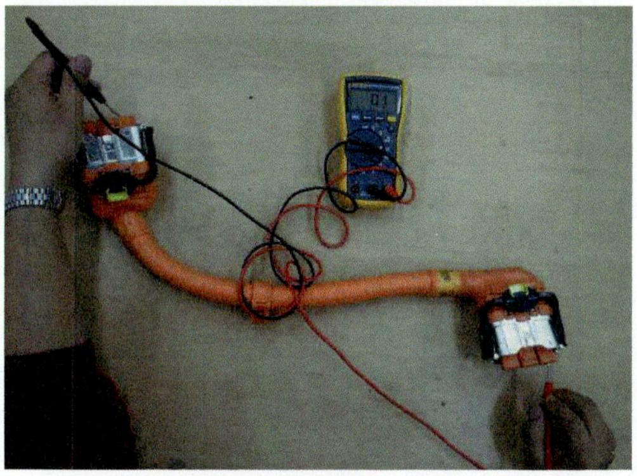

[그림 8.57] 단선 검사

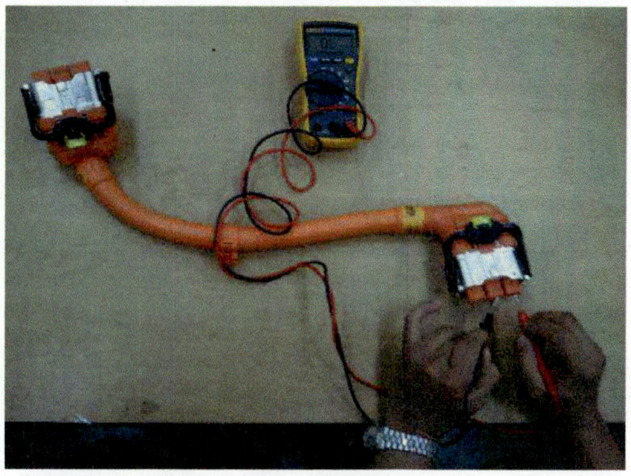

[그림 8.58] 단락 검사

8.14 리졸버 보정

리졸버(Resolver) 보정 작업은 엔진, 인버터(MCU), 구동 모터, HSG를 교체하거나, 제거 및 재장착할 때마다 진단 장비를 이용하여 리졸버 보정 절차에 따라 보정을 해야 한다.

(a) 구동 모터 리졸버 센서

(b) HSG 모터 리졸버 센서

[그림 8.59] 리졸버 센서

8.15 엔진클러치

엔진클러치(Engine Clutch) 제어란 차량이 EV 모드로 주행하다가 엔진 동력으로 전환할 때 정지 상태의 엔진을 작동 중인 HEV 모터와 충격 없이 연결하는 기술로 HEV의 핵심 제어 기술 중 하나이다.

엔진클러치는 엔진과 HEV 모터 사이에서 엔진의 동력을 HEV 모터로 연결하는 핵심 부품이며 자동 변속기 어셈블리 내부에 있다.

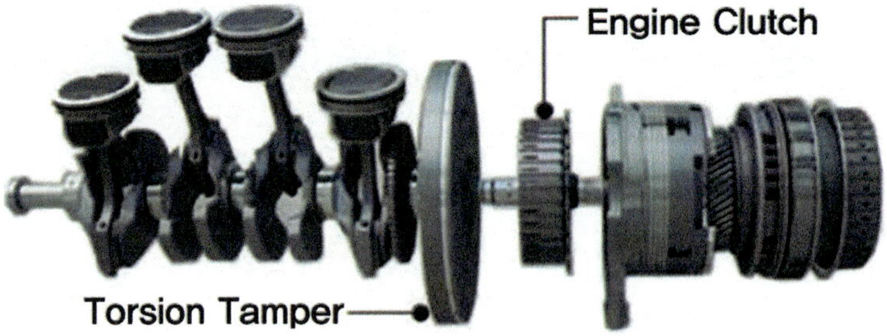

[그림 8.60] 엔진클러치 구성

EV 모드 주행 중 동력원을 HEV 모터에서 엔진으로 전환할 때 HCU는 시동 모터인 HSG를 구동하여 시동을 하고 엔진의 회전 속도를 변속기 입력 축 속도까지 신속히 높여 준다.

이때 엔진과 변속기의 속도 차가 거의 없는 상태가 되면 HCU는 엔진클러치 연결에 필요한 목표 유압을 TCU로 명령한다. 목표 유압은 차량 토크와 변속기 오일 온도를 고려하여 설정되며, TCU는 변속기 밸브보디 내 엔진클러치 솔레노이드를 제어한다.

HCU 고장 시나 통신 문제 발생 시에는 TCU 단독적으로 엔진클러치를 제어한다. TCU 고장 시나 엔진클러치 솔레노이드 밸브 고장 시에는 엔진클러치는 차단 상태가 된다. 따라서 엔진에 의한 주행은 불가하며 HEV 모터에 의해 주행한다. 만약 엔진이 정지 상태이면 재시동하여 HSG에 의한 고전압 배터리 충전을 시행한다.

8.15.1 엔진클러치 유압 보정

HCU는 엔진의 동력이 변속기에 연결될 때의 충격을 최소화하기 위해 클러치 양쪽의 접촉점에 대한 학습이 필요하다. 따라서 엔진, 하이브리드 구동 모터, HCU, CPS를 장착한 후에는 반드시 진단 장비로 조건을 만족한 후 클러치 압력 센서의 유압 보정을 실시해야 한다.

8.15.2 압력 검사

엔진클러치 압력 검사 방법은 주행을 하면서 EV 및 HEV 상태에서 클러치 압력을 확인하는 것이다.

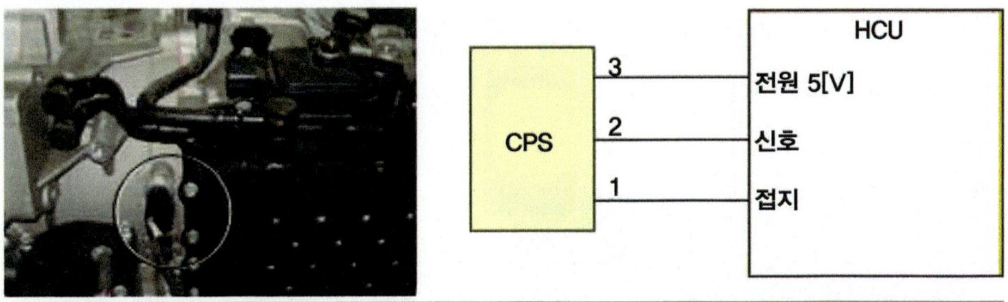

센서명	EV 주행		HEV 주행	
엔진클러치 유압	0.000	bar	10.039	bar
LDC 지령 전압	12.8	V	12.8	V
메인배터리(270V) 충전용량	48.5	%	48.5	%

[그림 8.61] 엔진클러치 작동 유압 변화

8.15.3 엔진클러치 강제 구동

엔진클러치 강제 구동 방법은 먼저 자기진단 커넥터(DLC)에 진단 장비를 연결하고, 점화 스위치를 ON(레디 상태) 상태에서 강제 구동을 실시하여 엔진클러치 유압이 상승되는지 확인하는 것이다.

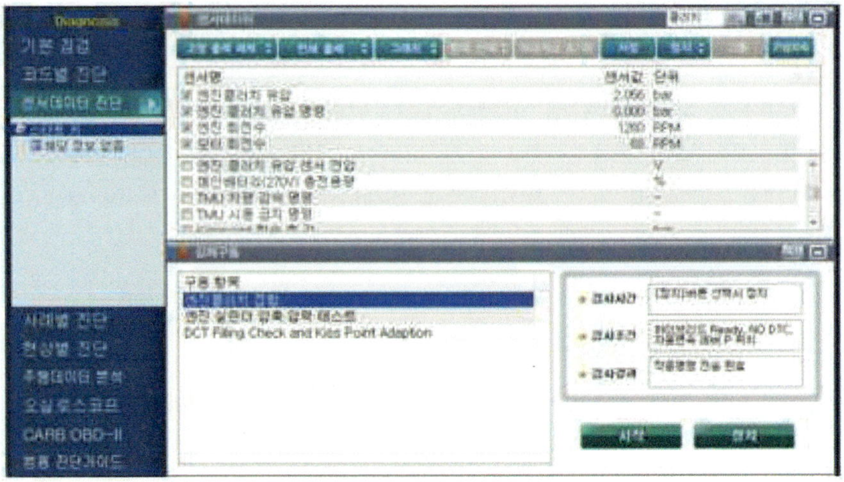

[그림 8.62] 엔진클러치 강제 구동

8.16 HPCU

HPCU(Hybrid Power Control Unit)는 전력 변환의 핵심 부품으로서, 메인 제어 유닛인 HCU와 MCU, LDC가 함께 내장되어 있으며, 이상 고온에 의한 내부 소손을 방지하기 위해 수냉식 냉각 방열판이 적용되었다. 그리고 내부 구성품 중 HCU는 메인 컴퓨터로서 ECU, TCU, MCU, BMS, LDC 등을 상위에서 제어하는 컨트롤 타워 역할을 수행한다.

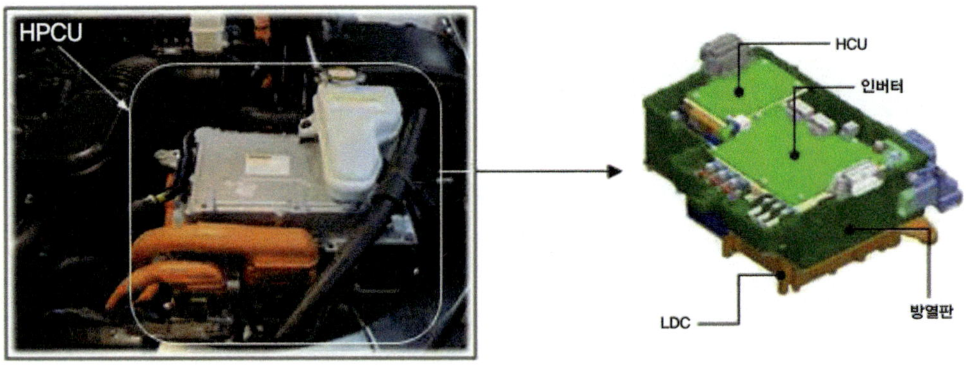

[그림 8.63] HPCU 장착위치 및 내부구조(K7)

1. Hybrid Control Unit(HCU)
2. 인버터
3. 저전압 직류 변환 장치(LDC)
4. 커넥터(↔ 고전압 배터리)
5. 커넥터(↔ 고전압 모터)
6. 커넥터(↔ HSG)
7. 저전압 전원 아웃렛 단자
8. DC 퓨즈

[그림 8.64] HPCU 구성(아니오닉 하이브리드)

하이브리드 차량을 제어하는 핵심 부품인 HPCU 내부에는 다량의 반도체 소자가 적용되어, 작동 시 열 발생을 피할 수 없다. 이를 위해 기존 엔진 냉각 라인과는 별도로 수냉식 냉각 라인이 설치되어 있다. 엔진 냉각 라인과 공용으로 사용하지 않는 이유는 기계적인 내연기관의 냉각 온도 구간과 고전력 반도체 부품의 냉각 온도 구간이 서로 다르기 때문에 공용으로 활용할 수 없기 때문이며, 따라서 EWP(12V)라는 전기식 워터펌프가 적용되었다.

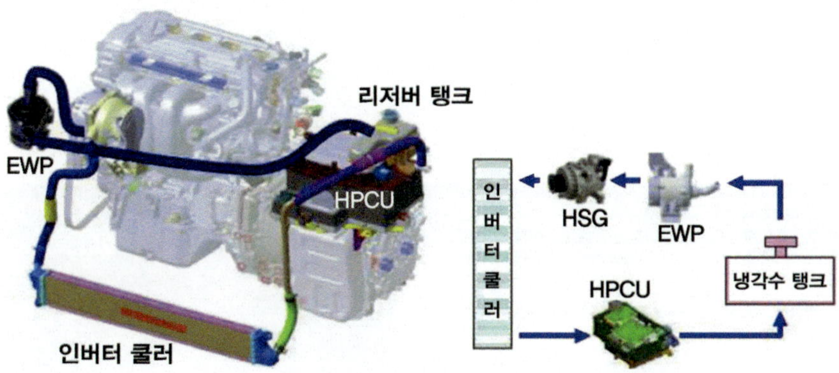

[그림 8.65] 고전압 냉각장치(K7)

8.17 LDC 검사

8.17.1 LDC 회로

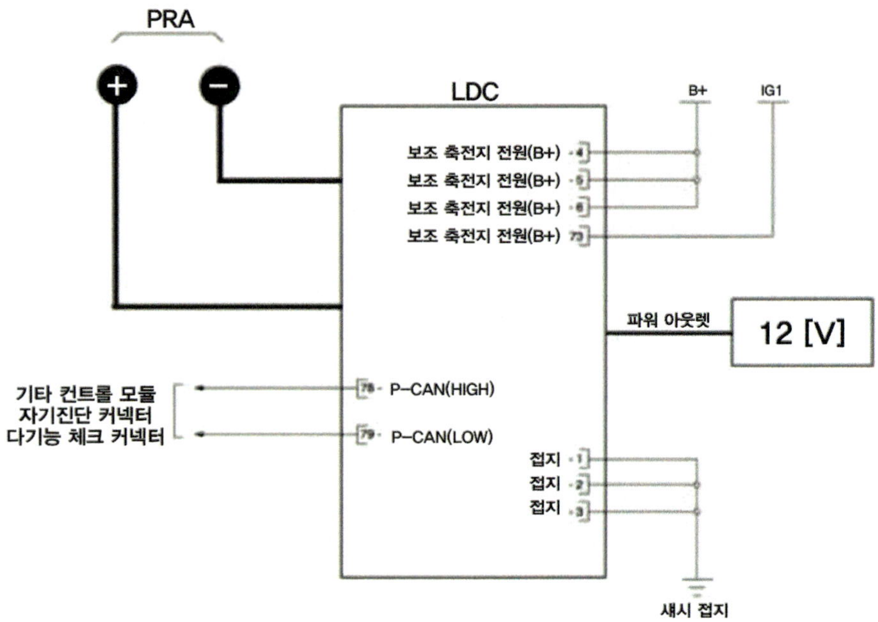

[그림 8.66] LDC 관련 회로

8.17.2 LDC 강제 구동

LDC 활성화 테스트를 통해서 보조 배터리(12V)로 충전되는지 확인한다.

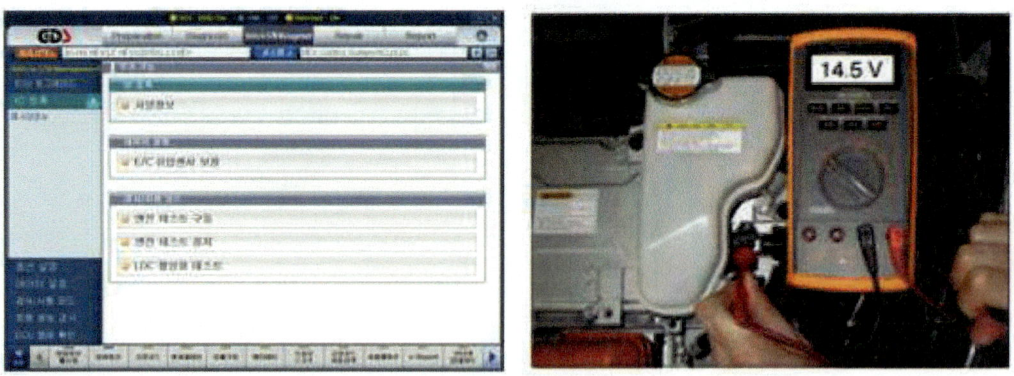

[그림 8.67] LDC 강제 구동 전압 측정

8.18 하이브리드 클러스터

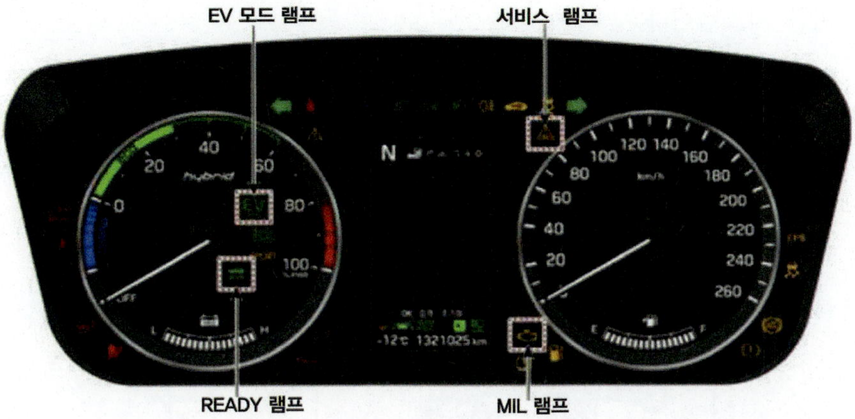

[그림 8.68] 하이브리드 클러스터 특징(LF 쏘나타)

[표 8.7] 하이브리드 관련 경고등

항 목	개 요	관련 모듈
MIL 램프 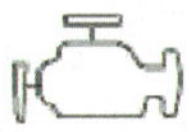	• 램프 ON : 엔진제어 시스템(EMS) 오류 • MIL(Malfunction Indicator Lamp)	ECM, TCM, OPU, HCU, MCU, BMS, AAF
서비스 램프  	램프 ON : 하이브리드 관련 시스템 오류	HCU, MCU, BMS, LDC, OPU
READY 램프 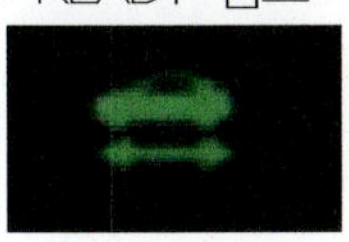	[점화 스위치 START 후] • 램프 ON : 하이브리드 정상 주행 가능 • 램프 OFF : 하이브리드 정상 주행 불가 [주행 중] • 램프 ON : 하이브리드 정상 주행 가능 • 램프 점멸 : 시스템 이상으로 인한 제한적 모드로 주행 • 램프 OFF : 하이브리드 정상 주행 불가	HCU
EV 모드 램프  	• 램프 ON : EV 모드 주행 중(전기 모터만 구동) • 램프 OFF : HEV 모드(엔진 구동)	HCU

8.19 AHB

액티브 하이드로닉 부스터(Active Hydraulic Booster)는 전기자동차 주행 구간에서 제동력을 확보하기 위한 시스템이다.

전기자동차가 주행할 때는 엔진 시동이 OFF 상태이기 때문에 진공 부압을 이용한 제동력을 확보할 수 없다. 그래서 AHB를 적용하였고, 진공 배력식 브레이크에 익숙한 운전자에게 거부감을 없애기 위해 페달 답력을 만들어 주는 페달 시뮬레이터(Pedal simulator)가 적용되었다.

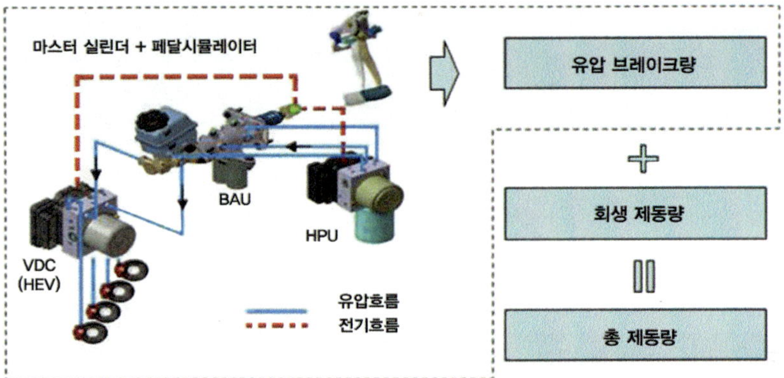

[그림 8.69] AHB 구성(LF 쏘나타)

8.20 AAF(Active Air Flap)

공기 유동 제어기인 AAF(12V)는 앞 범퍼 그릴과 라디에이터 사이에 개폐 가능한 플랩(Flap)을 장착하여 차량 상태에 따라 엔진룸 내부로 흐르는 공기량을 제어함으로써 연비, 공력 성능, 엔진 워업 성능이 향상되었다. 플랩을 닫아 공기 저항을 감소시키고, 엔진룸 내의 온도가 상승하면 플랩을 개방하여 온도를 낮추는 기능을 한다.

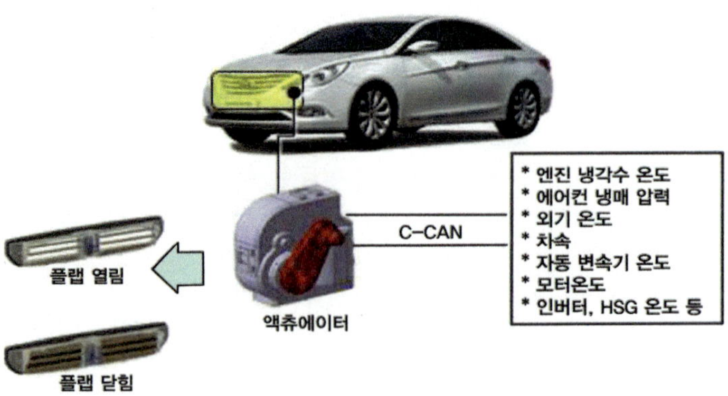

[그림 8.70] AAF 구성(LF 쏘나타)

8.21 전동식 A/C 컴프레서

EV 주행 중 엔진이 정지되어 있어도 운전자의 요구에 따라 에어컨을 작동시켜야 한다. 엔진 시동이 걸리지 않은 상태에서도 냉방을 해야 하기 때문에 엔진의 보기류 벨트에 의해 구동되었던 기존 컴프레서가 아니라 단독으로 구동할 수 있는 고전압 전동식 컴프레서가 적용되었다.

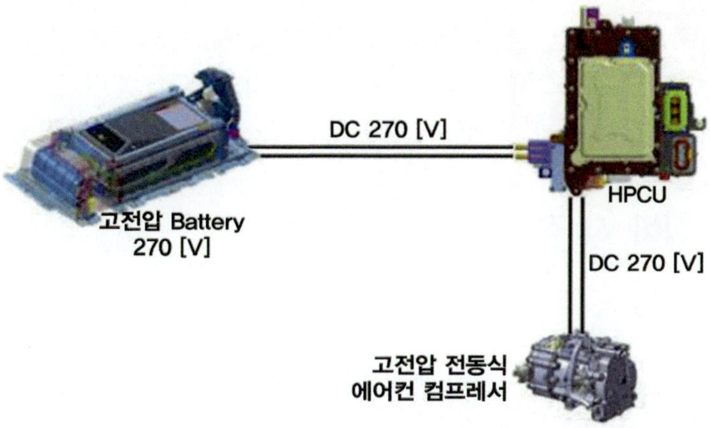

[그림 8.71] 전동식 A/C 컴프레서 구성(LF 쏘나타)

8.22 하이브리드 자동차 작업 시 주의 사항

하이브리드 시스템은 일반 배터리(12V)도 있지만 고전압(140~380V) 시스템으로 구성되어 있으므로 아래 주의사항을 준수하지 않을 경우 쇼트, 감전, 누전 등으로 심각한 부상을 입거나 장비에 악영향을 끼칠 수 있다.

8.22.1 작업 전 준비사항

① 안전복, 절연장갑, 고무장갑, 보호 안경 및 안전화를 준비한다.

② ABC 소화기를 준비한다(다량의 물을 사용하는 것은 무방하나 소량일 경우 위험하다).

③ 전해질을 닦을 수 있는 수건을 준비한다.

8.22.2 고전압 시스템 점검 시 주의사항

① 취급 기술자는 고전압 시스템에 대한 검사와 서비스 교육이 선행되어야 한다.

② 모든 고전압 시스템을 취급하는 단품에는 고전압이라는 라벨이 붙어있다.

③ 고전압 작업 시 절연장갑을 착용하고, 차량 고전압 차단을 위한 안전 스위치를 OFF한다.

- 안전 스위치는 후석 시트 등받이를 제거하고, 경고문구가 있는 안전 커버를 제거하면 ON/OFF 스위치가 보인다.

④ 안전 스위치를 탈거하고 5분 경과 후에 작업해야 한다(MCU 인버터 내의 콘덴서에 충전되어 있는 고전압 방전 시간 필요).

⑤ 작업 시 금속성 물질은 몸에서 탈거해야 한다(시계, 반지, 금속성 필기구 등)

⑥ 고전압 케이블(주황색) 금속부 작업 시 반드시 전압계를 사용하여 0.1 [V] 이하인지 확인한다.

⑦ 고전압 터미널부 체결 시 반드시 규정 토크를 준수한다.

⑧ 정비/점검 시 주의 : '고전압 흐름. 작업 중 촉수 금지' 경고판으로 알릴 필요가 있다.

- 고전압 관련 주요부품은 고전압 배터리, MCU&인버터, LDC, 모터 등으로, 특히 모터는 강한 영구자석이므로 신용카드 · 핸드폰 · 시계 등을 가까이 대면 손상될 수 있다.

8.22.3 차량 정비 시 작업 준수

① 이그니션(점화스위치 : Key) 스위치 : OFF

② 후석 시트 등받이 제거한다.

③ 절연장갑을 착용한 상태에서 12 [V] 배터리(보조 배터리) (-)케이블을 제거한다.

④ 안전 스위치를 OFF한다.

⑤ 안전 스위치 OFF 후 고전압 부품을 취급하기 전에 5~10분 이상 대기한다.

8.22.4 차량 사고 시 조치사항

① 고전압 케이블(절연피복이 벗겨진 상태)은 손대지 말 것(불가피할 경우 차체와 케이블에 고전압 통전상태인지 확인할 것).

② 차량 화재 시 ABC 소화기로 진압할 것.

③ 차량이 반쯤 침수 상태일 경우 차량의 안전 스위치 등에 일절 접근하지 말 것.

④ 차량에 손을 댈 필요가 있을 경우 물에서 차량을 완전히 안전한 곳으로 이동하여 주차한 후 조치할 것.

⑤ 고전압 배터리 전해질 누수 발생 시는 피부에 접촉하지 말 것.

⑥ 리튬 폴리머 배터리는 겔(Gel) 타입의 전해질 적용으로 액상 전해질 미적용(누수 가능성은 희박하나 전해질 피부 접촉 시 비눗물로 깨끗이 씻는다).

⑦ 차량 파손으로 고전압 차단이 필요 시 다음 순서로 작업 조치할 것.

- 차량 정지 후 P단으로 위치하고 사이드 브레이크를 작동시킬 것
- IG Key 제거 후 보조 배터리의 접지(-)를 탈거할 것
- 절연장갑을 착용한 후 안전 스위치를 OFF할 것(차량 파손으로 불가능할 경우 IG 릴레이 또는 배터리 퓨즈를 제거할 것)

8.22.5 차량 도색 건조 시 주의 사항

① 고전압 배터리 통합 패키지 모듈(IPM : Intergreated Package Module(배터리, 인버터, LDC))를 탈거하고 고온 건조 작업을 한다.

② 고전압 배터리 통합 패키지 모듈의 탈거가 불가피할 경우에는 70 [℃]에서 30분 초과하지 말고 80 [℃]에서 20분 초과하지 말 것

8.23 구동 모터 교환

8.23.1 탈거

① 자동변속기를 탈거한다.

② 모터 어셈블리 장착 볼트(A)를 탈거한다.

③ 모터 어셈블리에 탈/장착 지그(09365-G8100)를 장착한다.

[그림 8.72] 모터 장착 볼트 탈거 및 지그 장착

④ 모터 장착 가이드(09450-3D200)를 장착한다.

⑤ 탈/장착 지그(09365-G8100)의 볼트(A)를 조여 자동변속기에서 모터 어셈블리를 분리한다.

[그림 8.73] 모터 장착 가이드 장착 및 모터 어셈블리 분리

⑥ 코끼리 잭 등을 이용해 모터 어셈블리(A)를 자동변속기(B)에서 탈거한다.

⑦ 코끼리 잭을 이용해 모터 어셈블리(A)를 자동변속기(B)에서 탈거한다.

✍ Handy hint

- ➟ 모터 코일부에 이물질이 들어가지 않도록 한다.
- ➟ 모터 코일부가 바닥에 닿지 않도록 주의한다.
- ➟ 모터 어셈블리에 충격을 주면 손상될 수 있으므로 충격에 주의한다.

[그림 8.74] 모터 어셈블리 탈거 및 스페이서 탈거

⑧ 자동변속기에서 스페이서(A)를 탈거한다.

⑨ 스크래퍼 등을 이용하여 자동변속기 모터 하우징의 잔여 실런트를 깨끗이 제거한다.

✍ **Handy hint**

- 실런트 제거 시 하우징 조립 면에 흠집이 생기지 않도록 주의한다.
- 청정도를 유지하기 위해 잔여 실런트가 자동변속기 모터 하우징 쪽으로 들어가지 않도록 비닐 등으로 테이핑 후 작업한다.
- 하우징 조립 면에 실런트 제거 후 에어로 인해 세척 시 이물질이 유입될 수 있으므로 주의한다.
- 모터 어셈블리 및 자동변속기를 보관할 때는 먼지 및 이물질이 들어가지 않도록 비닐 등으로 씌워 놓는다.

[그림 8.75] 실런트 제거

⑩ 모터 어셈블리에서 탈/장착 지그(09365-3D630)를 탈거한다.

8.23.2 장착

① 신품의 모터 어셈블리에 탈/장착 지그(09365-G8100)를 장착한다.

② 자동변속기에서 탈거한 스페이스(A)를 장착한다.

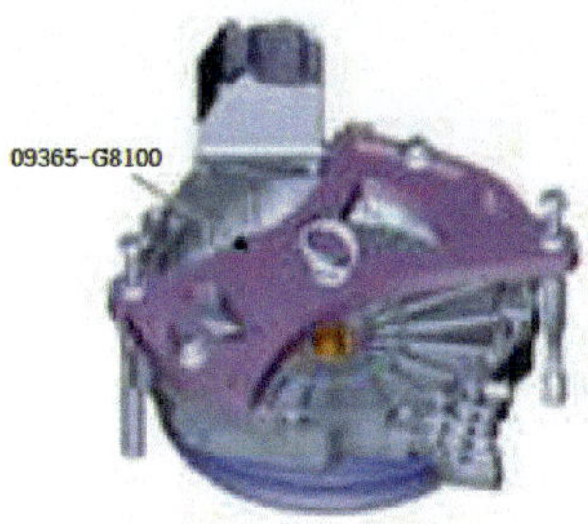

[그림 8.76] 탈장착 지그 조립 및 스페이스 장착

③ 자동변속기 모터 하우징 안쪽 면(A)에 그리스를 도포한다[규정 그리스 : CASMOLYL 9508, KLUBER 9R100 또는 EQUIVALENT].

④ 자동변속기에 모터 탈/장착 가이드(09450-3D200)를 장착한다.

⑤ 모터 어셈블리 커버 측에 실런트를 볼트 홀 내측에 도포한다.
[규정 실런트 : 0TB1281(THREE-BOND사) 또는 FMD-546(LOCTITE사) 비드경 : 1.6 ± 0.1mm].

✍ Handy hint

➟ 실런트 도포 전 모터 어셈블리의 커버 면을 깨끗이 닦아낸다.

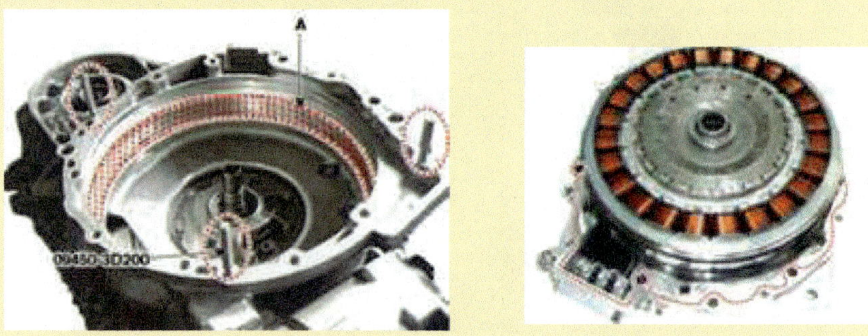

[그림 8.77] 구리스 도포/탈장착 가이드 장착 및 실런트 도포

⑥ 코끼리 잭 등을 이용해 모터 어셈블리를 자동변속기에서 장착한다.

⑦ 모터 어셈블리에서 탈/장착 지그(09365-3D620)를 탈거한다.

[그림 8.78] 모터 어셈블리 장착 및 모터 탈장착 가이드 탈거

✍ **Handy hint**

➡ O 링 손상을 방지하기 위해 모터 어셈블리를 수평 상태를 유지하며 천천히 자동 변속기 모터 하우징에 안착한다.

⑧ 로터 회전 공구(09365-3D400)를 스플라인에 장착 후 스패너를 이용하여 1클릭씩 회전시켜 엔진클러치 스플라인을 맞춘다.

⑨ 모터 장착 가이드(09450-3D200)를 탈거한다.

⑩ 모터 어셈블리 장착 볼트(A)를 조인다(규정 토크 : 2.0~2.6kgf.m).

✍ **Handy hint**

➡ 반드시 엔진클러치 스플라인 취합을 확인한 후 볼트를 조립한다.

➡ 아래 순서로 가체결 후 규정 토크로 조인다.

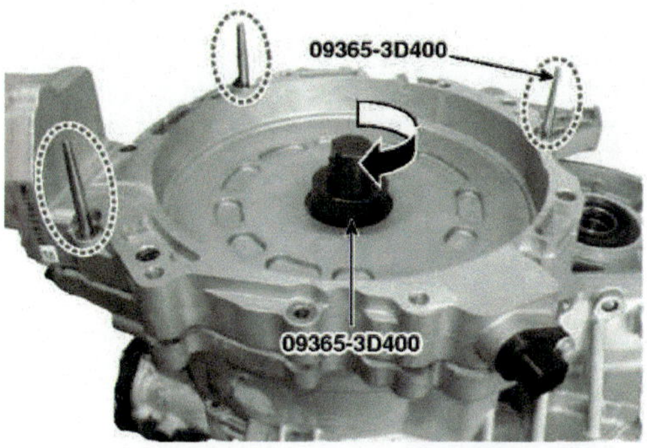

[그림 8.79] 엔진클러치 스플라인 맞춤 및 모터 어셈블리 볼트 조립

⑪ 엔드 플레이 측정 지그(09365-3D900)를 장착한다.

⑫ 다이얼 게이지를 엔드 플레이 측정 지그(09365-3D900) 위에 설치한 후 스플라인(A) 위에 0점 세팅한다.

⑬ 모터 어셈블리 스플라인을 위로 잡아 당겨 엔드 플레이 값을 측정한다(엔드 플레이 규정값 : 0.05~0.2mm).

[그림 8.80] 엔드 플레이 측정 지그 장착 및 측정

⑭ 엔드 플레이 측정값이 규정치를 벗어나면 다시 모터 어셈블리 탈거 후, 알맞은 스페이스로 교환한다.

⑮ 엔드 플레이 측정값이 정상값이면 오일 씰 인스톨러(09365-3D500)를 이용해서 모터오일 씰(A)을 장착한다.

Handy hint

➡ 쇠망치로 타격하면 모터 어셈블리에 충격이 갈 수 있으므로 고무망치로 타격하여 장착한다.

[그림 8.81] 오일 씰 장착

8.24 하이브리드 HSG 교환

8.24.1 탈거

① 고압 회로를 차단하고, 드라이브 벨트를 탈거한다.
② 드레인 플러그를 풀고, 인버터 냉각수를 드레인한다.
③ 하이브리드 스타터 제너레이터(HSG)에서 냉각 호스(A)를 분리한다.
④ 하이브리드 스타터 제너레이터(HSG) 고압 파워 케이블 커넥터(A)를 분리한다.

[그림 8.82] HSG 냉각수 호스 분리 및 고압 파워케이블 커넥터 분리

⑤ 하이브리드 스타터 제너레이터(HSG) 센서 커넥터(A)를 분리한다.
⑥ 흡기 매니폴드를 탈거하고, 드라이브 벨트를 제거한다.
⑦ 하이브리드 스타터 제너레이터(HSG) 어셈블리(A)를 탈거한다.

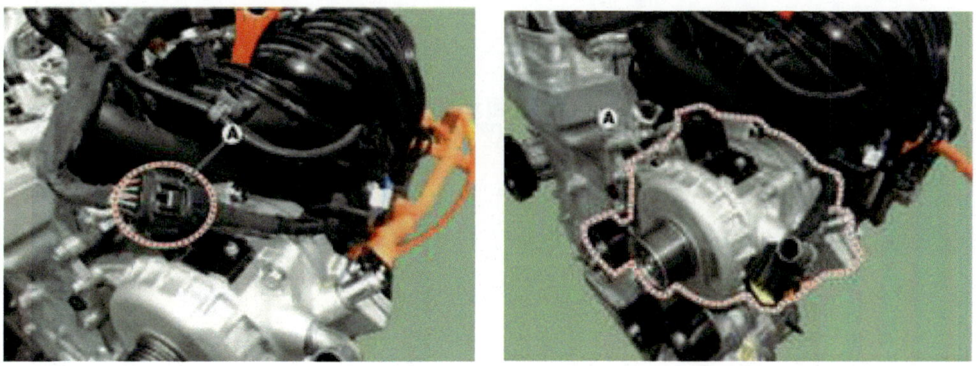

[그림 8.83] HSG 센서 커넥터 분리 및 HSG 어셈블리 탈거

8.24.2 장착

장착은 탈거의 역순으로 하며, 고전압 부품 냉각수 공기 빼기를 절차에 따라 실시한다.

8.25 고전압 부품 냉각수 교환 및 공기 제거

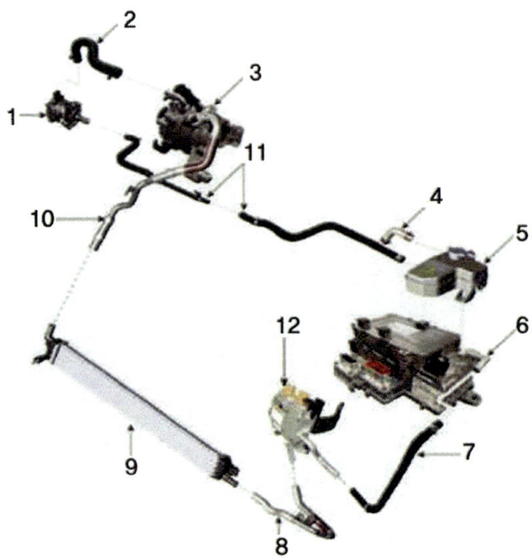

1. 전동식 워터 펌프(EWP)
2. EWP 배출 호스
3. 하이브리드 스타터 제너레이터(HSG)
4. 리저버 유입 호스
5. 리저버
6. 하이브리드 전원 컨트롤 유닛(HPCU)
7. 인버터 라디에이터 유입 호스
8. 인버터 라디에이터 하부 호스 및 파이프 어셈블리
9. 인버터 라디에이터
10. 인버터 라디에이터 상부 호스
11. EWP 유입 호스 및 파이프 어셈블리
12. 오일펌프 컨트롤 유닛(OPU)

[그림 8.84] 고전압 부품 구성

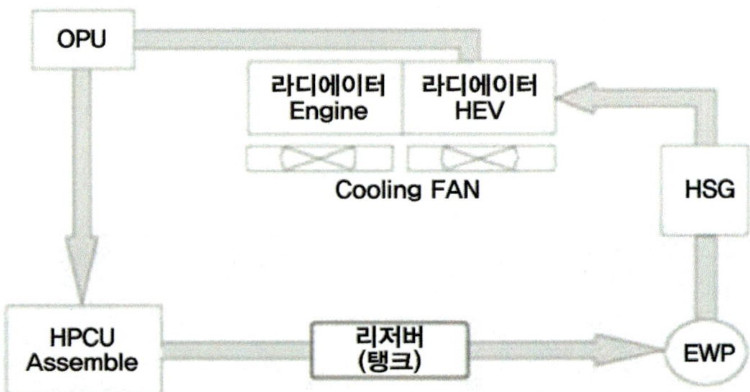

[그림 8.85] 시스템 흐름

8.25.1 냉각수 배출

냉각수를 빠르게 배출시키기 위해 리저버 캡을 제거하고, 인버터 라디에이터 드레인 플러그(A)를 풀고, 냉각수를 배출시킨 후 다시 조인다.

[그림 8.86] 냉각수 배출

8.25.2 냉각수 주입 및 공기 빼기

① IG ON에서 진단 장비를 이용해서 전자식 워터 펌프(EWP)를 강제 구동시킨다.

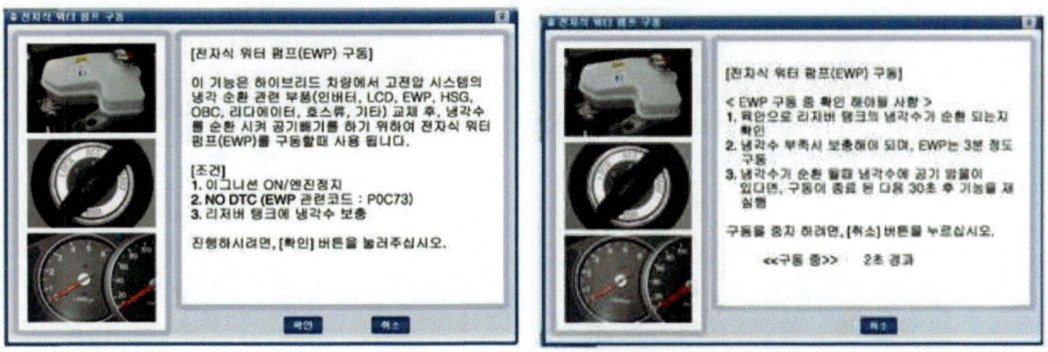

[그림 8.87] 진단 장비에 의한 공기 빼기

② 드레인된 물이 깨끗해질 때까지 반복한 후, 부동액과 물 혼합액(45~50%)을 리저버 캡을 통해 천천히 채운다.

③ EWP의 작동 소리가 점점 작아지고 리저버에서 공기방울이 보이지 않는다면 공기 빼기 작업을 끝낸다.

8.26 고전압 파워 케이블 교환

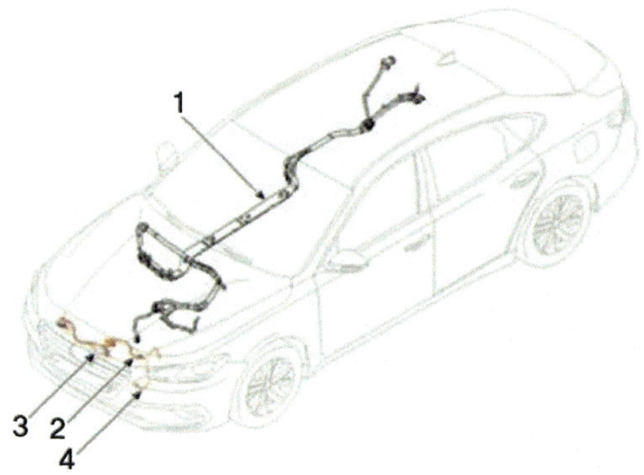

[그림 8.88] 고전압 파워 케이블 구성 (IG 하이브리드)

1. 파워 케이블
   [엔진룸 퓨즈 및 릴레이 박스&오일펌프 유닛(OPU) ↔ 12V 보조배터리&고전압배터리 시스템 어셈블리]

2. 파워 케이블
   [HPCU(인버터) ↔ 하이브리드 모터]

3. 파워 케이블
   [인버터 ↔ HSG & 에어컨 전동식 컴프레서]

4. 파워케이블
   [오일펌프 유닛(OPU) ↔ 전동오일 펌프(EOP)]

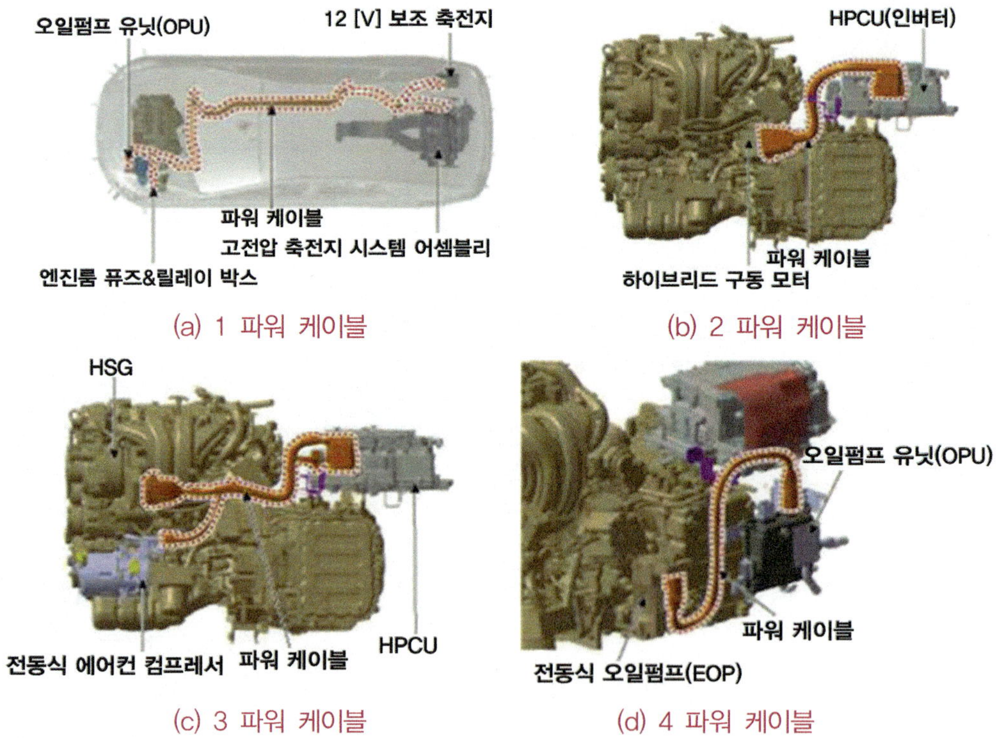

[그림 8.89] 고전압 파워 케이블 상세 구성(IG 하이브리드)

8.26.1 탈거

① 고전압 회로를 차단한다.
② 장착 너트를 푼 후 인버터 파워 케이블 커넥터(A)을 탈거한다.
③ 장착 볼트를 푼 후 PRA 접지(B)를 분리한다.
④ 보조 배터리에서 플러스 케이블(C)을 분리한다.

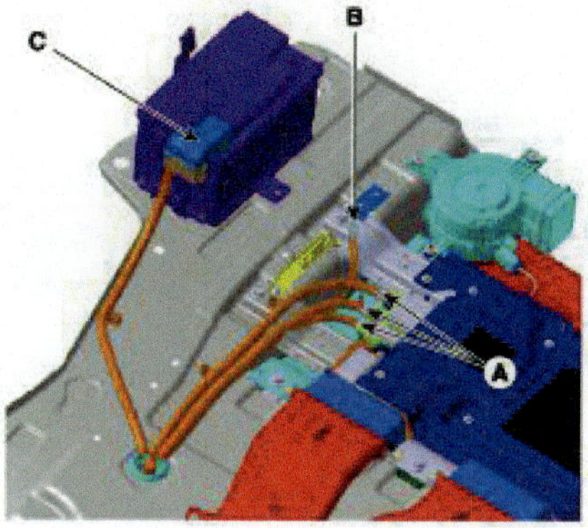

[그림 8.90] 트렁크 내 고전압 케이블 분리

⑤ HPCU를 탈거한다.
⑥ 엔진룸 퓨즈 & 릴레이 박스에서 플러스 케이블 (A)를 탈거한다.
⑦ 고정 후크를 해제하고, 파워 케이블 브라켓(A)을 탈거한다.

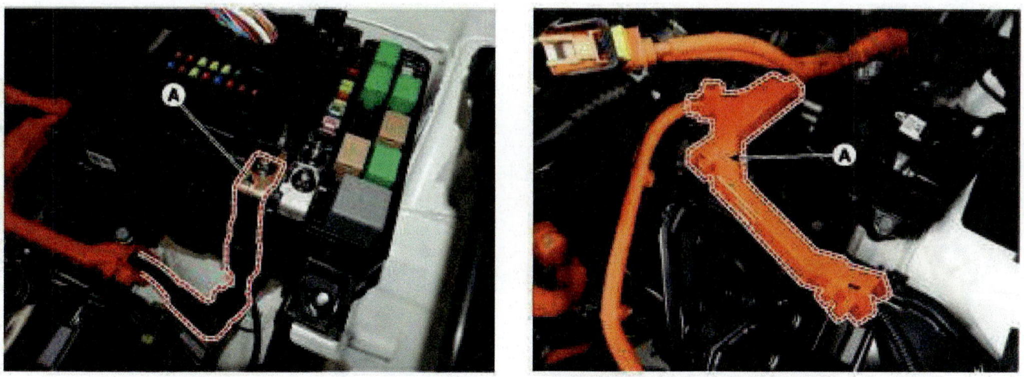

[그림 8.91] 엔진룸 내 고전압 케이블 분리(IG 하이브리드)

⑧ 연료 탱크를 탈거한다.
⑨ 장착 너트(A)를 탈거한 후, 파워 케이블을 탈거한다.

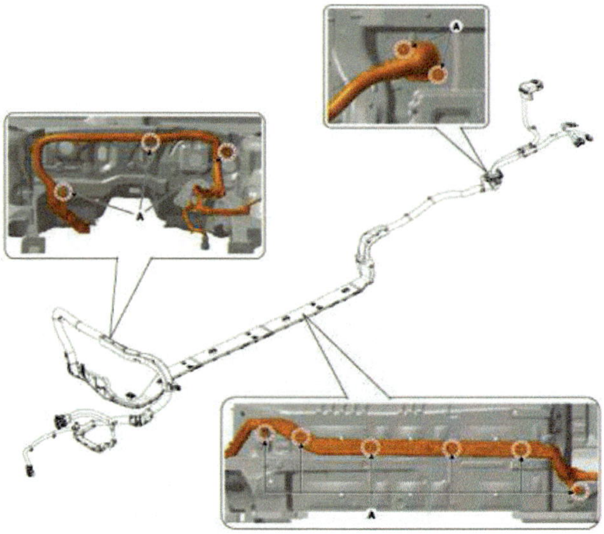

[그림 8.92] 고전압 파워 케이블 탈거

8.26.2 장착

장착은 탈거의 역순으로 하며, 고전압 감전 등에 주의한다(고전압 관련 케이블은 주황색 표시).

8.27 고전압 축전지 교환

8.27.1 탈거

① 고전압 회로를 차단한다.
② 쿨링 팬 커넥터(A)을 분리한다.
③ 장착 너트(A)를 풀고, 쿨링 팬을 탈거한다.

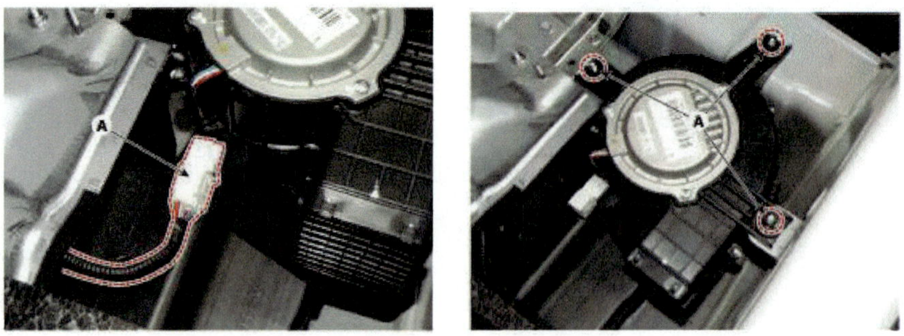

[그림 8.93] 고전압 배터리 쿨링 팬 탈거

④ 장착 볼트(A)와 너트(B)를 풀고, 고전압 배터리 상부 커버(C)를 탈거한다.

⑤ PRA 커넥터(A)를 분리한다.

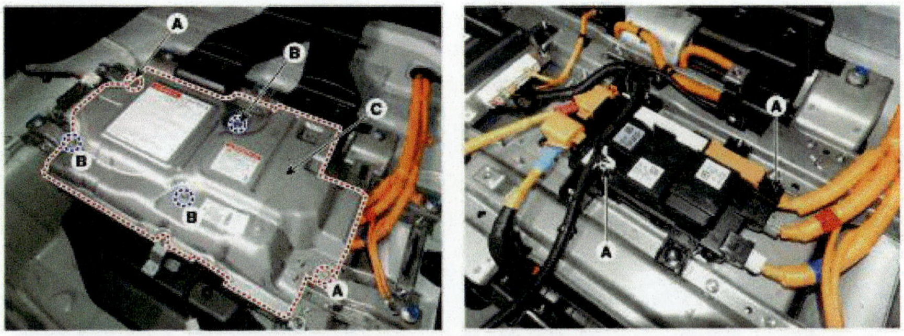

[그림 8.94] 고전압 파워 릴레이 커넥터 분리

⑥ 인버터 파워 케이블의 (+) 커넥터(A)와 (−) 커넥터(B)를 탈거한다.

⑦ 조임 너트를 풀고, 고전압 파워 케이블의 (+) 단자 (C)와 (−) 단자 (D)를 탈거한다.

⑧ 장착 너트(E)를 풀고, PRA를 고전압 배터리 팩 어셈블리에서 탈거한다.

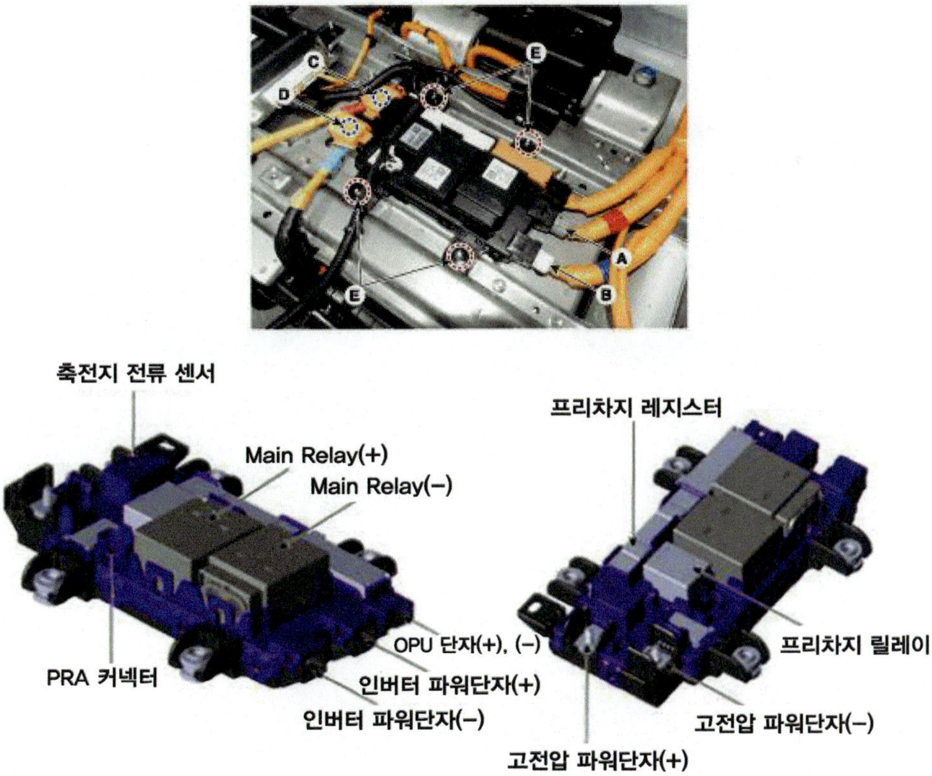

[그림 8.95] 고전압 파워 릴레이 탈거 및 명칭

⑨ BMS 커넥터(A)를 분리한다.
⑩ 장착 너트(B)를 푼 후, BMS를 탈거한다.
⑪ 장착 볼트(B)를 푼 후, 접지를 분리한다.
⑫ 장착 볼트(A)를 풀고 고전압 배터리 팩 어셈블리를 탈거한다.

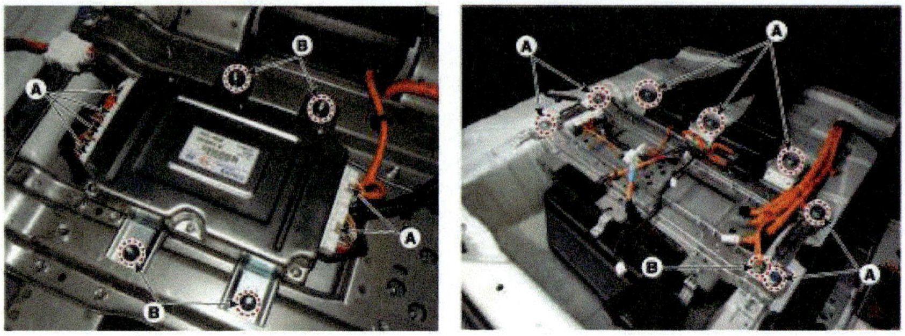

[그림 8.96] BMS 탈거 및 고전압 배터리 팩 어셈블리 탈거

8.27.2 분해

① 장착 볼트(A)를 풀고, 고전압 배터리 수밀 케이스를 탈거한다.
② 장착 볼트와 너트를 풀고, 배터리 팩 프레임(A)를 탈거한다.

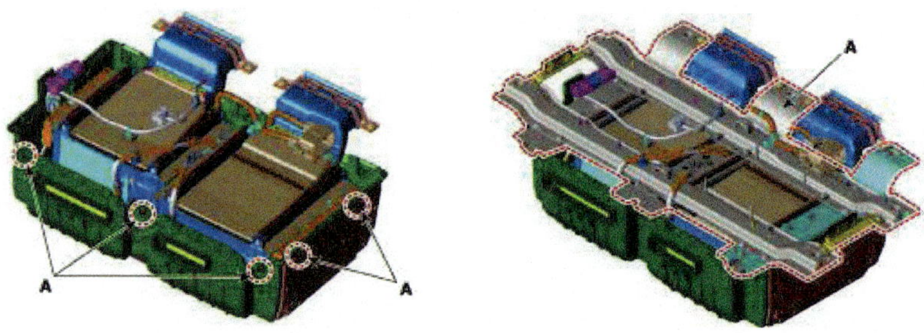

[그림 8.97] 수밀 케이스 탈거 및 프레임 탈거

③ 장착 볼트를 푼 후, 배터리 모듈 커버(A)를 탈거한다.

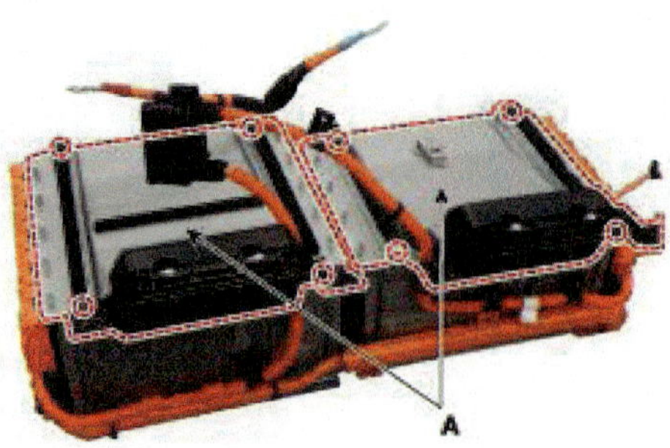

[그림 8.98] 모듈 커버 탈거

④ 장착 너트를 풀고 파워 케이블의 (+) 단자 (A)와 (−) 단자 (B)를 분리한다.

⑤ 배터리 모듈 커넥터(C)를 분리한다.

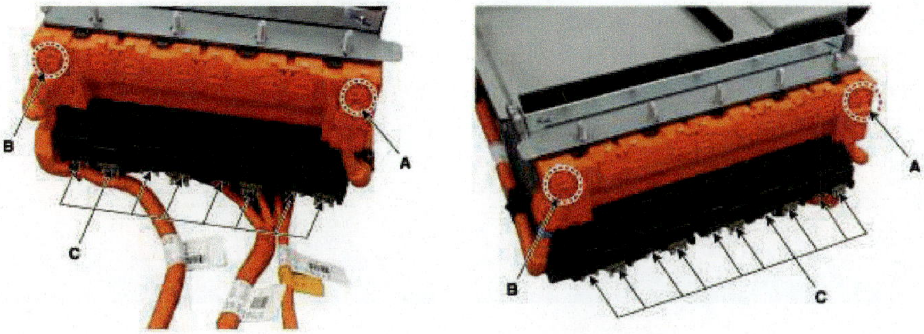

[그림 8.99] 파워 케이블 단자 및 모듈 커넥터 분리

⑥ 배터리 온도 센서(A)를 탈거한다.

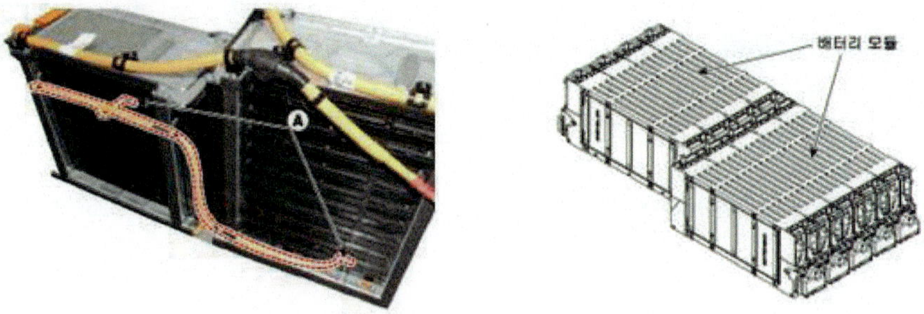

[그림 8.100] 배터리 온도 센서 탈거

8.27.3 조립 및 장착

장착은 탈거의 역순으로 하며, 고전압 감전 등에 주의한다(고전압 관련 케이블은 주황색 표시).

8.28 HPCU 교환

8.28.1 탈거

① 고전압 회로를 차단한다.

② 하이브리드 모터 냉각 시스템의 냉각수를 빼낸 후 HPCU 상단에 장착되어 있는 리저버를 탈거한다.

③ HPCU 프로텍터(A)를 탈거한다.

④ HPCU에서 파워 케이블(A)과 인버터 파워 케이블(B)을 분리한다.

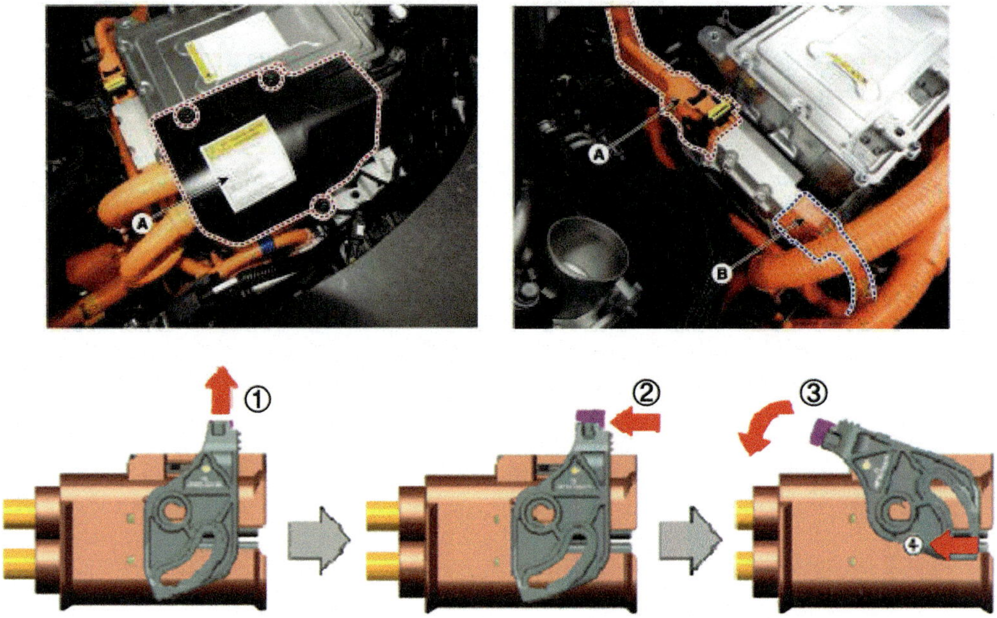

[그림 8.101] HPCU 케이블 분리

⑤ 레버(B)를 잡아당긴 후, 레버(C)를 회전식으로 들어 올려서 커넥터를 분리하여 모터파워 케이블(A)을 분리한다.

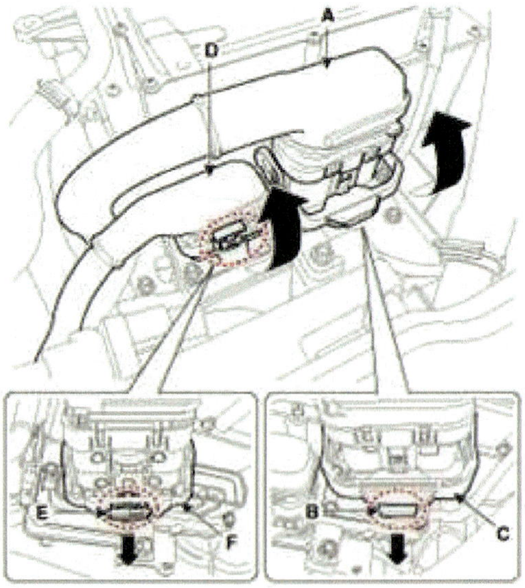

[그림 8.102] HPCU 케이블 분리

⑥ HCU & MCU 통합 커넥터(A)를 분리한다.

⑦ 냉각수 아웃렛 호스(A)를 분리한다.

⑧ LDC 파워 아웃렛 케이블(B)과 접지 케이블(C)을 분리한다.

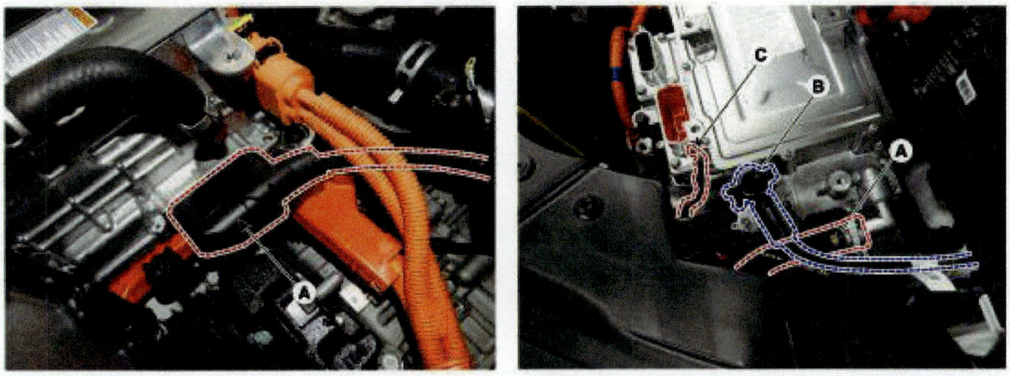

[그림 8.103] HCU&MCU 커넥터 및 LDC 케이블 분리

⑨ 씰 커버(A)를 탈거한다.

⑩ 장착 볼트를 풀고 DC 퓨즈를 HPCU에서 탈거한다.

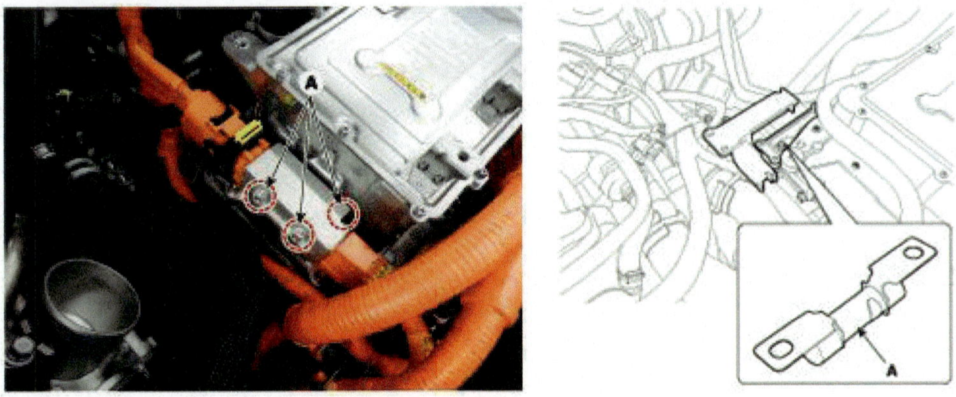

[그림 8.104] DC 퓨즈 탈거

⑪ 파워 케이블 고정 브라켓(A)을 탈거한다.

⑫ 장착 볼트(A)를 탈거하고, 차량에서 HPCU를 탈거한다.

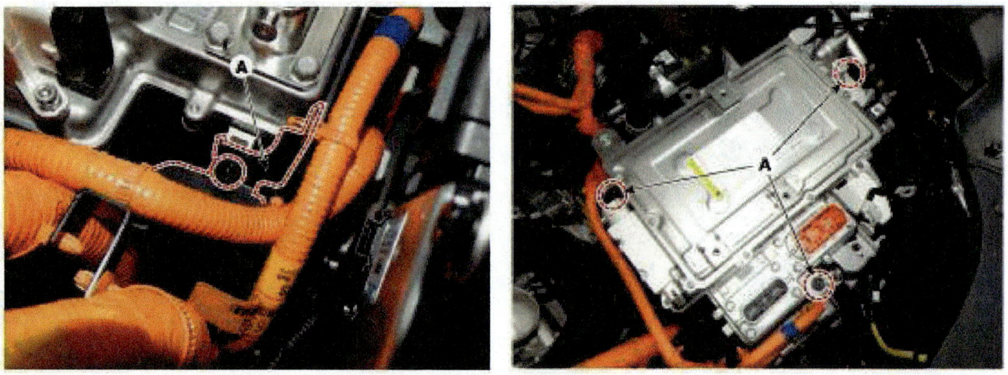

[그림 8.105] HPCU 탈거

8.28.2 장착

탈거의 역순으로 HPCU를 장착하고, 하이브리드 모터 쿨링 시스템의 냉각수를 보충하고 진단 장비를 이용해 공기 빼기 작업을 한다.

CHAPTER 09

난 · 냉방 및 섀시 시스템

9.1 개요

한 장소의 공기 상태를 사람에게 가장 쾌적한 상태로 하여 자동차 안전운행을 확보하기 위해 설치한 장치를 난 · 냉방장치, 즉 공기조화(air conditioning : 공조)라 한다. 공조장치는 온도, 습도, 풍속, 청정도 등을 제어하는 것이다.

또한 자동차가 도로 위를 주행하기 위해서 자동차의 진행 방향을 운전자가 의도하는 바에 따라서 임의로 조작할 수 있는 조향장치(Steering System), 차축과 차체를 연결하여 주행할 때 차축이 노면에서 받는 진동이나 충격이 차체에 직접 전달되지 않도록 하여 차체나 화물의 손상을 방지하고 승차 감각을 향상시키는 현가장치(Suspension System), 자동차의 운동을 요약하면 달리고, 돌고, 정지하는 것이다.

사람이든 자동차든 무조건 달리기만 한다고 능사는 아니다. 위급하거나 필요 시에는 감속, 주차, 정지가 필요한데 이러한 역할을 제동장치(Brake System)가 하고 있다.

9.2 히트 펌프

① 냉매 순환 : 컴프레서 → 실내 콘덴서 → 오리피스 → 실외 콘덴서 순으로 진행한다.
② 실내 콘덴서 : 고온의 냉매와 실내 공기의 열 교환을 통해 방출된다.
③ 실외 콘덴서 : 오리피스를 통해 공급된 저온의 냉매와 외부 공기와 열 교환을 통해 열을 흡수한다.
④ 히트 펌프 시스템에는 실내 콘덴서가 추가된다.

9.2.1 히트 펌프의 장점

난방 시 고전압 PTC 사용을 최소화하여 소비 전력 저감으로 주행 거리가 증대함은 물론 전장품(EPCU, 모터 냉각수)의 폐열을 활용하여 극저온에서도 연속적인 사이클을 구현한다.

9.2.2 히트 펌프의 작동 온도

히트 펌프 작동 영역은 -20 [℃]에서 15 [℃]이며, 작동 영역 이외는 고전압 PTC를 활용하여 난방한다.

[표 9.1] 히트 펌프의 작동 온도

작동 영역(외기온도)	비 고
-20 [℃]~15 [℃]	작동 영역 이외의 외기온도에서는 고전압 PTC를 활용하여 난방

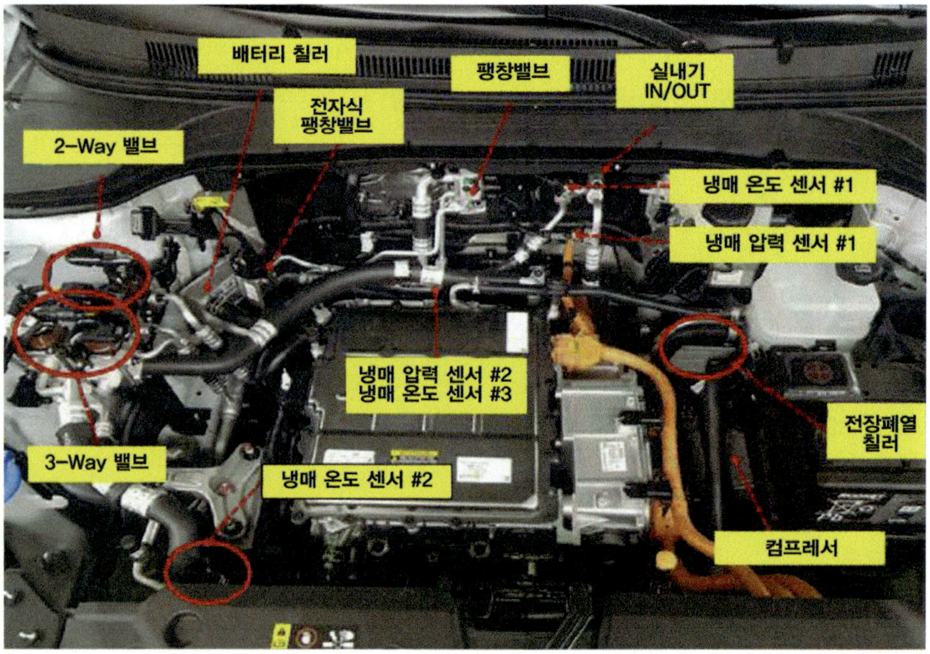

[그림 9.1] 히터 펌프 실차 부품 위치(코나)

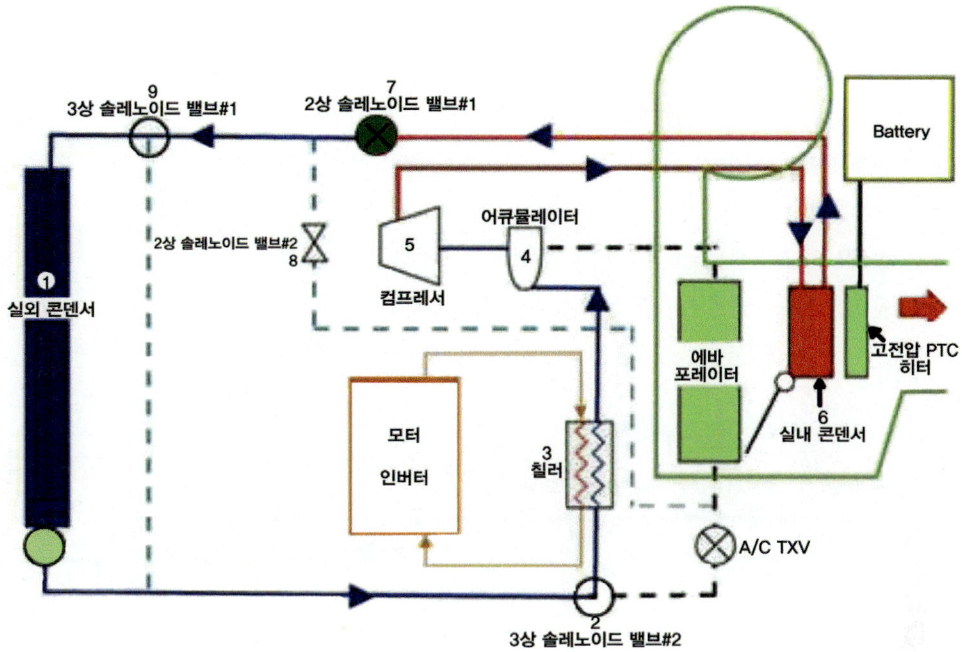

[그림 9.2] 난방 시 냉매 흐름

9.2.3 히트 펌프의 냉매 흐름

(1) 난방 시 냉매 흐름

(가) 실외 콘덴서 : 액체 상태의 냉매를 증발시켜 저온저압의 가스 냉매로 만든다.

(나) 3상 솔레노이드 밸브#2 : 히트 펌프 작동 시 냉매의 방향을 칠러 쪽으로 바꿔 준다.

(다) 칠러(Chiller) : 저온저압 가스 냉매를 모터의 폐열을 이용하여 2차 열 교환을 한다.

(라) 어큐뮬레이터 : 컴프레서로 기체 냉매만 유입될 수 있게 냉매의 기체와 액체를 분리한다.

(마) 전동 컴프레서 : 전동 모터로 구동되며 저온저압 가스 냉매를 고온고압 가스로 만들어 실내 콘덴서로 보낸다.

(바) 실내 콘덴서 : 고온고압 가스 냉매를 응축시켜 고온고압의 액상 냉매로 만든다.

(사) 2상 솔레노이드 밸브#1 : 냉매를 급속 팽창시켜 저온저압의 액상 냉매가 되게 한다.

(아) 2상 솔레노이드 밸브#2 : 난방 시 제습 모드를 사용할 경우 냉매를 에바포레이터로 보낸다.

(자) 3상 솔레노이드 밸브#1 : 실외 콘덴서에 착상이 감지되면 냉매를 칠러로 바이패스시킨다.

(2) 냉방 시 냉매 흐름

(가) 실외 콘덴서 : 고온고압 가스 냉매를 응축시켜 고온고압의 액상 냉매로 만든다.

(나) 3상 솔레노이드 밸브#2 : 에어컨 작동 시 냉매의 방향을 팽창 밸브 쪽으로 흐르게 만든다.

(다) 팽창 밸브 : 냉매를 급속 팽창시켜 저온저압의 기체가 되게 한다.

(라) 에바포레이터 : 안개 상태의 냉매가 기체로 변하는 동안 블로어 팬의 작동으로 에바포레이터

핀을 통과하는 공기 중의 열을 빼앗는다.

(마) 어큐뮬레이터 : 컴프레서로 기체 냉매만 유입될 수 있게 냉매의 기체/액체를 분리한다.

(바) 전동 컴프레서 : 전동 모터로 구동되며 저온저압 가스 냉매를 고온고압 가스로 만들어 실내 콘덴서로 보낸다.

(사) 실내 콘덴서 : 고온고압 가스 냉매가 지나가는 경로이다.

(아) 2상 솔레노이드 밸브#2 : 에바포레이터로 냉매 유입을 막는다.

(자) 3상 솔레노이드 밸브#1 : 실외 콘덴서로 냉매를 순환시킨다.

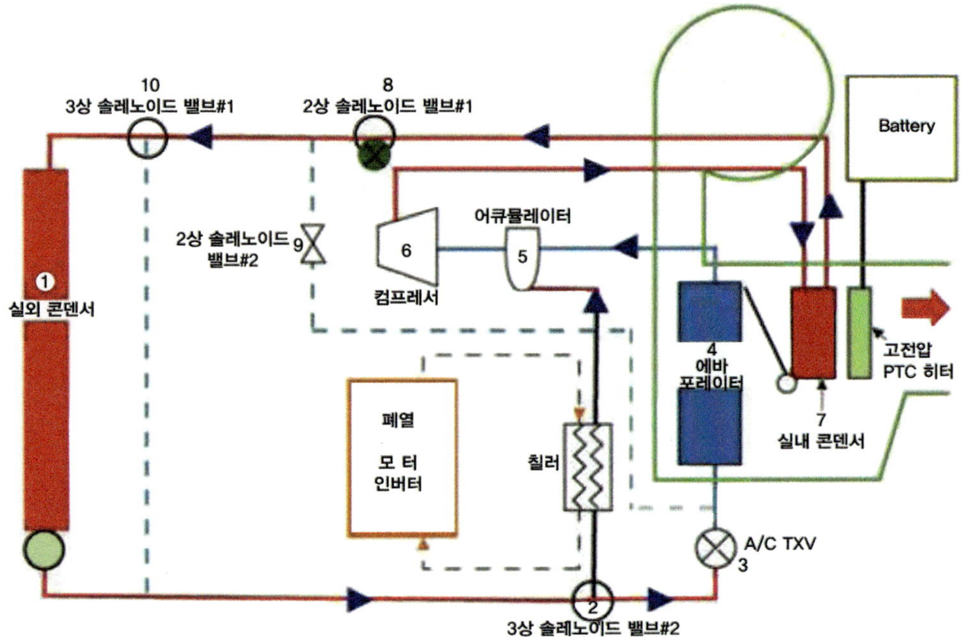

[그림 9.3] 냉방 시 냉매 흐름

전기자동차의 배터리 성능을 최적하기 위해 배터리 온도를 적정하게 유지하는 장치인 배터리 냉각 및 승온 장치가 장착되어 있다.

고전압 배터리 모듈 아래쪽에 가정에서 쓰는 온수 매트와 같은 매트에 호스를 넣어 그 호스에 흐르는 물의 온도를 조절하는 장치가 있어서 배터리 온도가 낮으면 승온을, 배터리 온도가 높으면 냉각을 한다.

냉각은 에어컨을 가동하여 배터리 칠러에서 냉각수를 식혀서 배터리 안쪽으로 넣어 온도를 내려주고, 승온은 히터에서 고전압 전기로 가열한 냉각수를 온수 매트 호스 안쪽으로 넣어서 배터리의 온도를 올려 준다.

배터리 수냉각 시스템은 2018년 출시된 니로EV 이후 모든 전기자동차에 적용되었다. 그 이전 차량에는 공냉식 냉각 방식이 적용되었다.

9.3 전동식 조향장치

전동식 조향(MDPS : Motor Drive Power Steering)장치는 조향 휠(Steering Wheel)의 조작을 기존의 유압식에서 벗어나 모터를 구동하여 파워스티어링(Power Steering) 기능을 수행하는 장치이다.

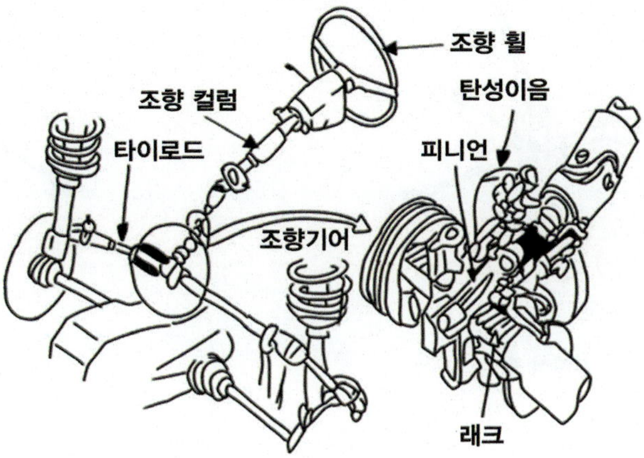

[그림 9.4] 조향장치의 기본 구조

유압식 동력 조향장치는 파워 펌프를 통해 유압을 발생시키고 이 유압으로 운전자의 힘을 증폭시킨다. 이때 이 파워 펌프는 엔진 힘을 이용하기 때문에 엔진 동력손실이 생겨 연비가 나빠진다. 또 MDPS는 오일을 사용하지 않아 오일 누유, 교환 등이 필요 없으며 유압식 대비 장치 중량이 낮아 자동차 전체 중량에 있어 이득을 본다. 전동식 조향장치의 종류로는 [그림 9.5]와 같이 컬럼 · 피니언 · 랙 구동방식 등이 있다.

C-MDPS는 [그림 9.5] (a)와 같이 스티어링 휠 바로 아래에 위치한 컬럼에 모터를 장착한다. 이 방식의 가장 큰 장점은 저렴한 제작단가와 가벼운 스티어링 휠 조작감이다. 단점은 스티어링 휠과 모터 사이의 거리는 짧지만 차축까지 거리가 멀어 운전자가 원하는 즉각적인 반응은 어렵다. 또 모터가 실내와 가깝게 위치하여 일부 소음 문제가 생길 가능성이 있다.

R-MDPS는 [그림 9.5] (c)와 같이 랙에 장착되는 형태이다. 모터와 운전자 사이의 거리가 멀어 소음에서 보다 자유로울 수 있다. 또 C-MDPS에 비해 조향감각이 즉각적이고 우수하다. 그리고 고속에서는 무거워지고 저속에서는 가벼워지는 기본 기능에 충실하다. 다만 모터가 조향 축과 엔진에 가깝게 위치해 있기 때문에 열과 이물질로부터 내구성을 확보해야 하는데, 이는 제작 단가가 높아진다는 단점으로 연결된다.

최근 출시되는 차량은 과거 유압식 스티어링 휠을 사용했던 것과 달리 전동식 파워스티어링 휠을 사용하면서 반자율주행이 가능해졌다. 스티어링 휠에 모터가 장착되기 때문에 별다른 조작 없이 스티어링 휠 스스로 조향을 주도할 수 있으므로 미래 자율주행차가 보급되기 위해서는 필수적인 장치다.

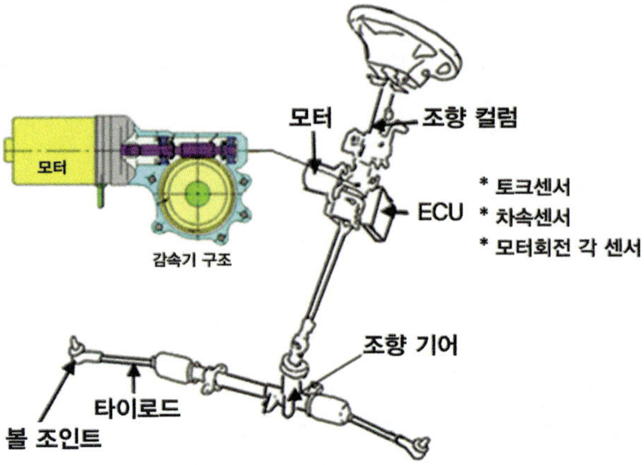

(a) 컬럼 구동방식

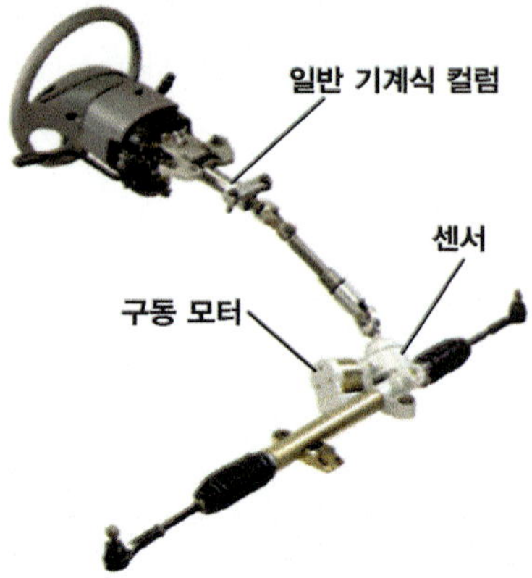

(b) 피니언 구동방식

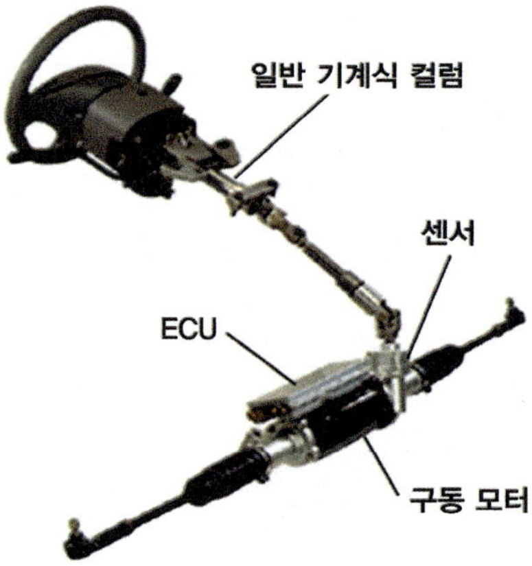

(c) 랙 구동방식

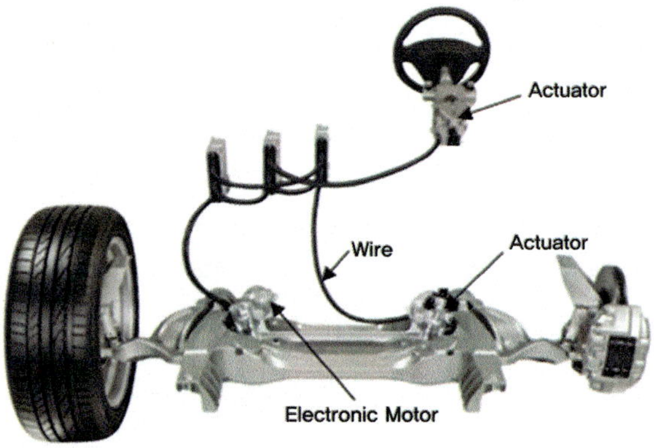

(d) Steer By Wire

[그림 9.5] MDPS의 종류

9.4 현가장치

현가장치(Suspension System)는 차량이 주행할 때 차축이 노면에서 받는 충격을 차체나 탑승자에게 직접 전달되지 않도록 하여 차체의 손상을 방지하고 승차감을 좋게 하는 장치이다. 최근에는 강성이 높은 알루미늄 합금을 이용하여 소음과 진동을 차체의 다른 부위들로 빠르게 전달해서 효과적으로 해소함으로써 승차감을 좋게 하는 추세이다.

차량에 스프링만 설치되어 있다면 노면에서 충격을 받을 때 원만하게 흡수하지 못하고 바퀴 또한 진동이 심하게 발생하므로 승차감이 떨어진다. 이 노면에서 발생한 스프링의 진동을 흡수하여 승차감을 향상시키고 동시에 스프링의 피로를 감소시키기 위해 장착되는 기구가 바로 쇽 업소버(Shock Absorber)이다.

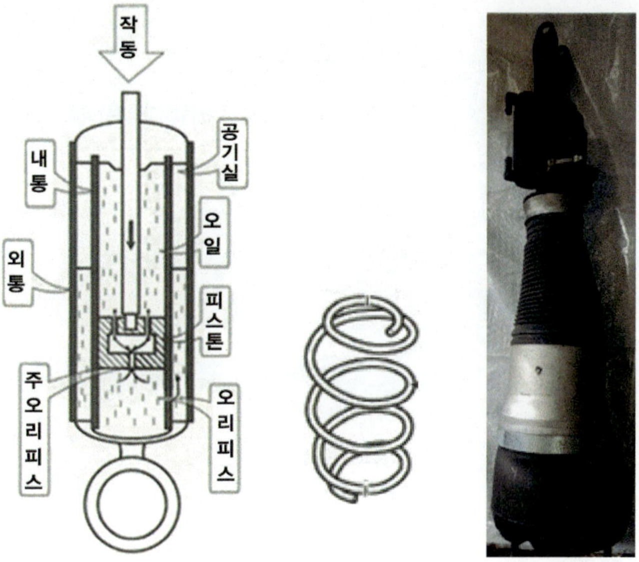

(a) 텔리스코핑형 (b) 코일 스프링 (c) 공기식

[그림 9.6] 쇽 업소버의 구조

쇽 업소버는 스프링이 압축될 때는 급격히 압축되고 늘어날 때는 천천히 작용해 스프링의 상하 운동 에너지를 열에너지로 변환하는 일을 한다. 이때 스프링의 고유진동을 감쇠시킴으로써 바퀴를 지면에서 떨어지지 않도록 접지성(Road Holding)을 높여 승차감을 향상시킨다.

현재 대부분의 쇽 업소버는 [그림 9.6] (a)과 같이 작동 유체로서 오일을 내장한 통형 구조의 오일 댐퍼로 만들어진다.

쇽 업소버의 종류에는 단순히 감쇠력을 발생하는 통형, 가스를 부가적으로 사용하는 드가르봉식, 레버형 피스톤식, 또한 차의 강도 부재로서의 기능과 감쇠력 발생 기능을 동시에 갖는 서스펜션 스트럿 등이 있다.

9.4.1 위시본 형식

위시본 형식(Wishbone Type)은 위와 아래에 각각 V자 모양으로 갈라진 컨트롤 암과 쇽업소버, 스프링으로 바퀴를 지지하는 방식이다. V자 모양으로 갈라진 컨트롤 암의 모양이 새의 쇄골을 닮아서 위시본이라고 하며 이 위시본이 한 쌍으로 존재하여 더블 위시본이라고 한다.

가격이 비싸고 구조가 복잡하기 때문에 큰 공간이 필요한 단점이 있지만 상하 컨트롤 암의 모양이나 배치에 따라 가속 혹은 감속 시 자동차의 자세를 비교적 자유롭게 조정할 수 있다는 장점이 있다. 그리고 얼라이먼트 폭이 넓은 편이고, 횡방향 강성이 매우 우수하기 때문에 조종안정성을 중시하는 고급 승용차에 많이 이용되고 있다.

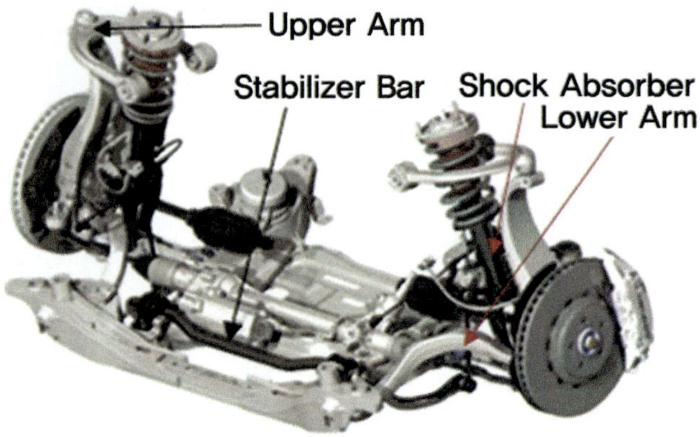

[그림 9.7] 더블 위시본 형식

9.4.2 맥퍼슨 형식

맥퍼슨 형식(Macpherson Type)은 더블 위시본 서스펜션을 개량한 형태의 서스펜션이다. 더블 위시본에서 어퍼암을 제거하고 댐퍼의 하단을 너클에 붙인 형태로서 독립식 서스펜션 구조 중 하나다.

어퍼암이 없어지면서 바퀴에 가해지는 횡력을 댐퍼와 스프링이 버텨야 해서 댐퍼와 스프링에 걸리는 하중 부담이 크고 서스펜션 움직임에 따른 휠 얼라이먼트 변화가 제한적이다.

차량 선회 시 발생하는 하중이 스트럿에 작용하기 때문에 스트럿과 코일 스프링에 각도를 주어 이 현상을 완화하기도 한다.

한 개의 컨트롤 암에 차체의 하중이 실리기 때문에 주행하는 동안 서스펜션이 부하를 받기 쉽고 구조상 코너를 돌 때 바퀴가 전부 접지하지 못한다는 단점이 있다.

맥퍼슨 스트럿의 장점으로는 구조가 단순하고 가벼워 공간 확보에 이점이 있고, 안티 다이버 효과가 우수하고, 스프링 밑 질량이 작아 로드 홀딩이 우수하고, 가격 또한 저렴하다.

최근에는 맥퍼슨 스트럿에서 로우암을 분할해 멀티링크 구조와 맥퍼슨 구조를 섞어놓은 더블 조인트 맥퍼슨(듀얼링크 맥퍼슨) 타입 서스펜션도 있다. 주로 소형차나 엔진룸의 공간 확보가 필요한 전륜구동 차량에서 볼 수 있다.

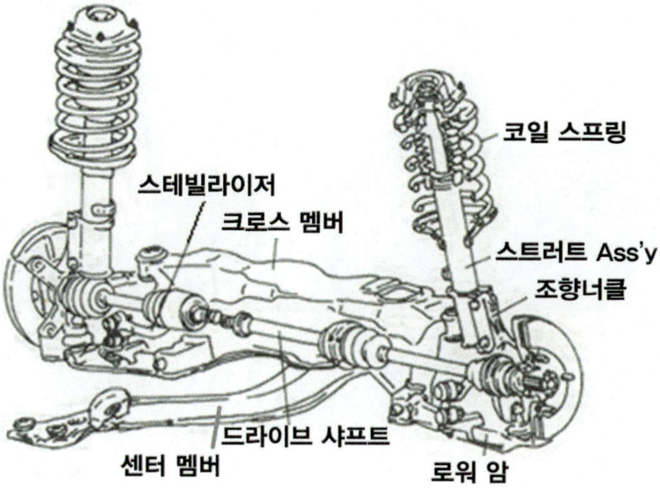

[그림 9.8] 맥퍼슨 스트럿 형식

[그림 9.9] 듀얼링크 맥퍼슨 형식

9.4.3 멀티 링크 형식

멀티 링크 형식(Multi-link Suspension)은 더블 위시본을 여러 개로 나누어 더욱 복합적인 움직임을 만든 서스펜션 구조로 독립된 여러 개의 링크와 암으로 구성되어 설계의 자유가 크다. 노면의 추종성이 좋아 고출력 전륜구동 차량의 앞바퀴 접지력 확보를 위해 전륜에 사용되기도 하지만 대부분 후륜 서스펜션에서 볼 수 있다.

정교한 설계로 서스펜션 움직임에 따른 얼라이먼트 변화를 최적으로 제어할 수 있지만 설계가 어렵고 생산단가가 높다는 단점이 있다.

정확하고 세심하게 설계하였을 경우 멀티 링크 서스펜션의 구조적인 성능은 더블 위시본이나 맥퍼슨보다 우수하지만, 설계가 까다로워 더블 위시본 서스펜션이 더 자주 사용되기도 한다.

[그림 9.9] 멀티 링크 형식

9.4.4 토션 빔 액슬 형식

토션 빔 액슬 형식(Torsion Beam Rear Suspension)은 [그림 9.10]과 같이 두 개의 트레일링 암(Trailing Arm)을 연결한 래터럴 로드(Retral Rod)로 구성되며 평소 운전 시 노면의 충격은 스프링과 댐퍼에서 흡수하고 자동차가 선회할 때 래터럴 로드의 비틀림 강성으로 차체의 롤을 조정한다.

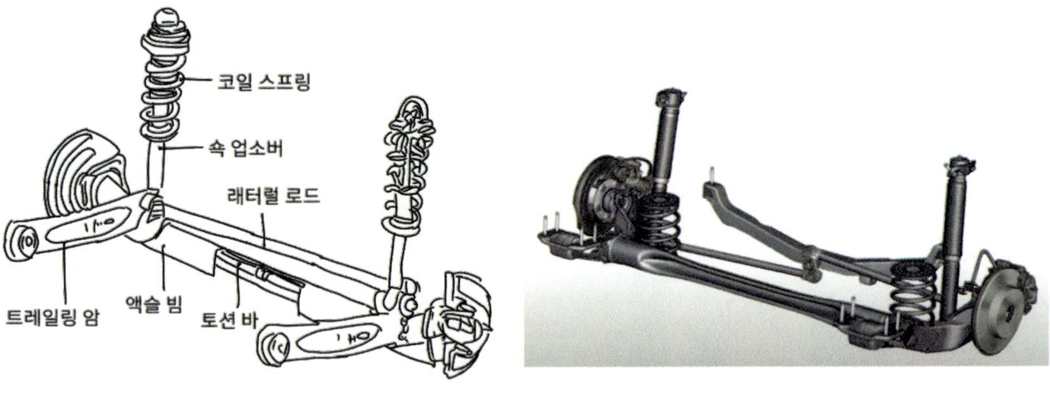

(a) 토션 빔 (b) AM 링크

[그림 9.10] 토션 빔 액슬 형식

토션 빔 형식은 구조가 단순하여 생상단가가 저렴하고 차지하는 공간이 적어 실내 공간 확보에 유리하지만 독립식 서스펜션에 비해 승차감이 나쁘고 토션 빔의 비틀림을 이용하기 때문에 정밀한 움직임을 제어하기 어렵다.

토션 빔 액슬의 단점을 보완한 Z 링크나 AM 링크도 있다. 주로 실내 공간과 트렁크 공간 확보에 유리하기 때문에 뒤 차축에 많이 적용된다.

탄성체의 비틀림 강성을 이용한 토션 바 스프링 서스펜션과 토션 빔 스프링을 혼동하는 사람이 많아 정확한 구분이 필요하다.

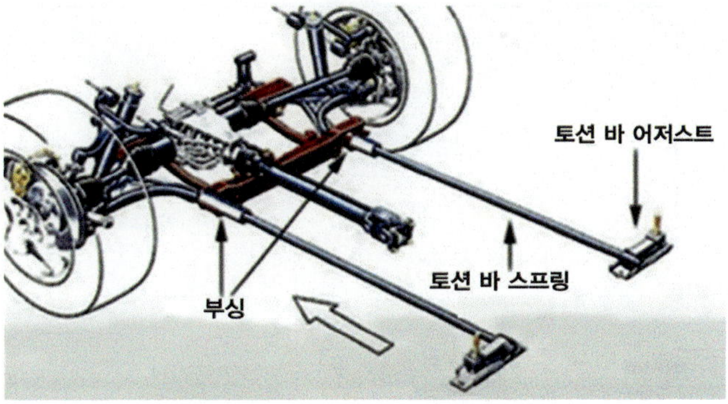

[그림 9.11] 토션 바 형식

9.4.5 스윙 차축 형식

스윙 차축 형식(Swing axle type)은 주로 뒤 차축에 사용되는 독립 현가방식이고, 이 형식은 액슬의 중앙에서 좌우로 분할하고 분할점을 중심으로 바퀴가 상하로 움직이도록 한 구조이다. 타이어 마멸이 가장 심하나 언더 스티어링 효과가 발생하므로 안정적이다.

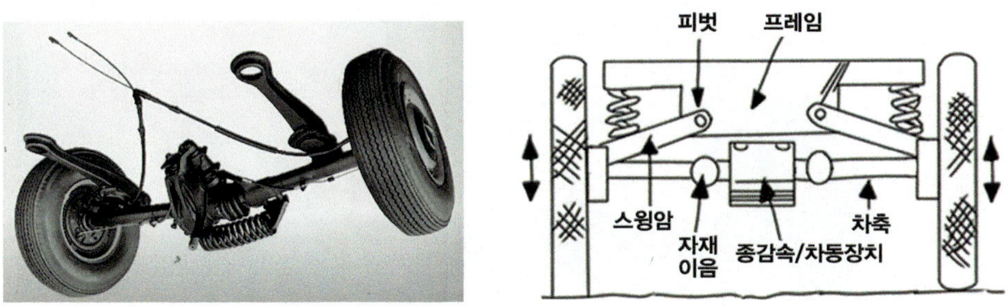

[그림 9.12] 스윙 차축 형식

9.4.6 리지드 액슬 형식

리지드 액슬 형식(rigid axle type)은 좌우의 바퀴가 하나의 축(일체차축)으로 연결되어 있고, 수평 판스프링에 연결되어 사용되는 방식이다. 구조가 간단하고 가격이 저렴하며 강도가 높은 장점이 있다. 하지만 하나의 차축으로 이어져 있는 특징 때문에 한쪽 바퀴가 요철을 지나거나 코너에 진입했을 때 반대쪽 바퀴가 뜨는 상황이 생길 수 있어서 승차감과 안정성은 떨어진다. 주로 트럭이나 버스 혹은 오프로드 차량에 사용된다.

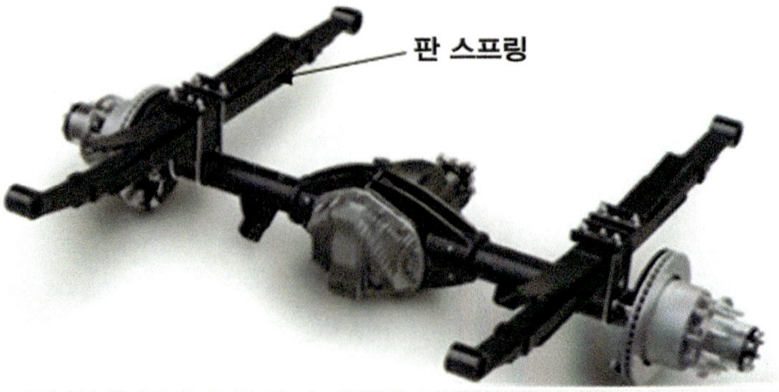

[그림 9.13] 리지드 액슬 방식

9.4.7 에어 서스펜션

에어 서스펜션(Air Suspension)은 승차감과 노면 접지력이 가장 우수한 서스펜션으로 최고급 사양의 자동차에 적용되어 서스펜션으로서의 기능은 우수하나 소모품이고 가격이 비싸다는 단점이 있다. 또한 상용차와 철도 차량은 예전부터 에어 서스펜션이 많이 쓰였다.

상용차와 철도 차량은 자체 중량부터 승용차와는 차원이 다르고, 또한 수많은 승객이나 화물을 운송하다 보니 금속 스프링으로는 버틸 수 없는 하중인 경우가 많아 대부분 에어 서스펜션을 사용한다.

[그림 9.14] 에어 서스펜션

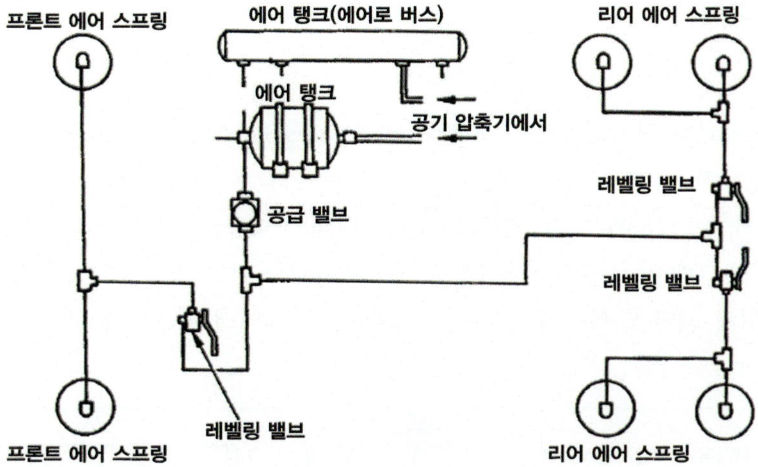

[그림 9.15] 에어 서스펜션의 구성

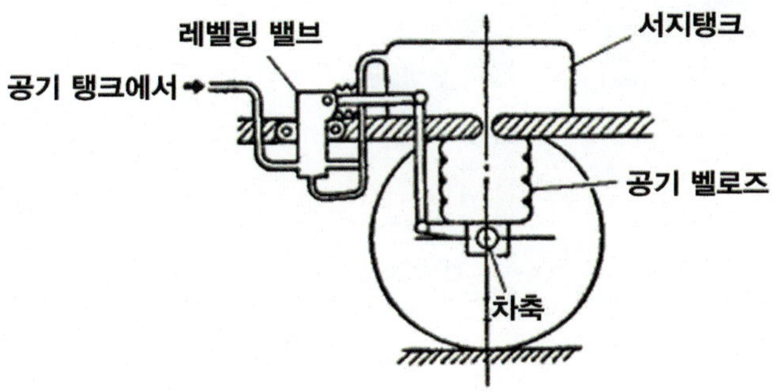

[그림 9.16] 바퀴측의 구성

에어 서스펜션의 장점은 다음과 같다.

① 매우 유연한 스프링을 비교적 쉽게 얻을 수 있다.

② 하중이 변하여도 차량의 높이를 일정하게 유지하여 좌우의 기울기를 방지한다.

③ 하중 증감에 관계없이 고유진동수를 거의 일정하게 유지한다. 즉 차량에 짐을 실었을 때나 빈 차일 때의 승차감이 별로 달라지지 않는다.

④ 공기스프링 자체에 감쇠성이 있으므로 작은 진동을 흡수하여 승차감이 우수하다.

9.5 제동장치

9.5.1 Active Hydraulic Booster

액티브 하이드로닉 부스터(AHB : Active Hydraulic Booster)는 전기자동차 주행 구간에서 제동력을 확보하기 위한 시스템이다.

전기자동차가 주행할 때 엔진 시동이 OFF 상태이기 때문에 진공 부압을 이용한 제동력을 확보할 수 없다. 그래서 AHB를 적용하였고, 진공 배력식 브레이크에 익숙한 운전자에게 거부함을 없애기 위해 페달 답력을 만들어 주는 페달 시뮬레이터(Pedal simulator)가 적용되었다.

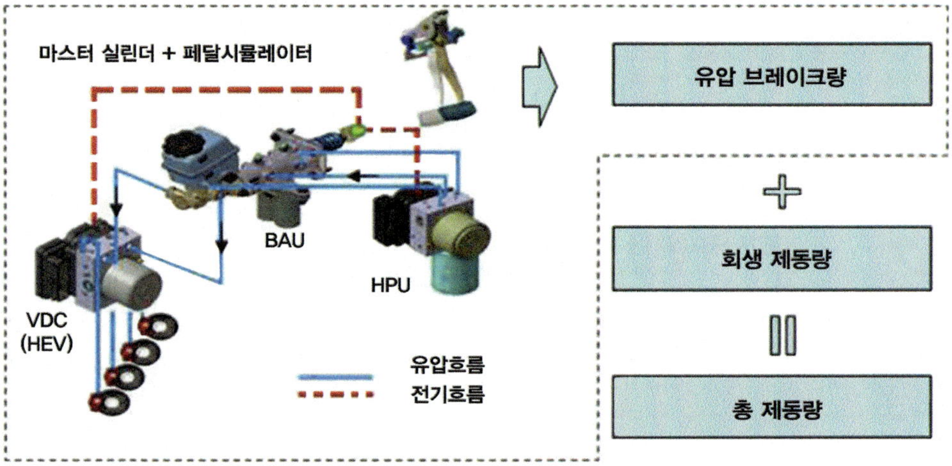

[그림 9.14] Active Hydraulic Booster System

Handy hint

① BAU : Brake Actuation Unit
② HPU : Hydraulic Power Unit
③ PSU : Pressure Source Unit : 180 [bar] 제동압력 생성/저장
④ iBAU : 유압제어/회생제동 압력 제어/페달 답력 생성/ABS/TCS/VDC

9.5.2 iBAU Electronic Brake

iBAU(Integrated Brake Actuation Unit)는 BAU와 HPU를 합쳐서 통칭한 것이다. PSU(모터/펌프)가 분리되어 중량 감소, 회생제동 효율 향상, 소음 및 진동 개선, 시스템 고장 시에 제동능력 확보, 시스템 통합에 따른 응답성 증대 및 차량 제어, ABS제어 시 킥백 현상 없음 등 전체적인 성능을 향상시켰다.

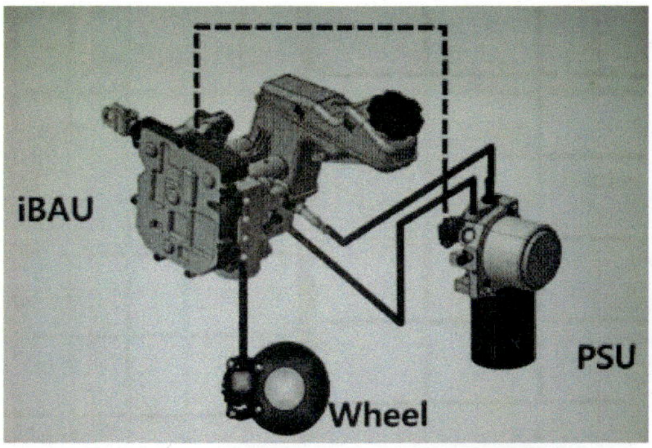

(a) iBAU 회로

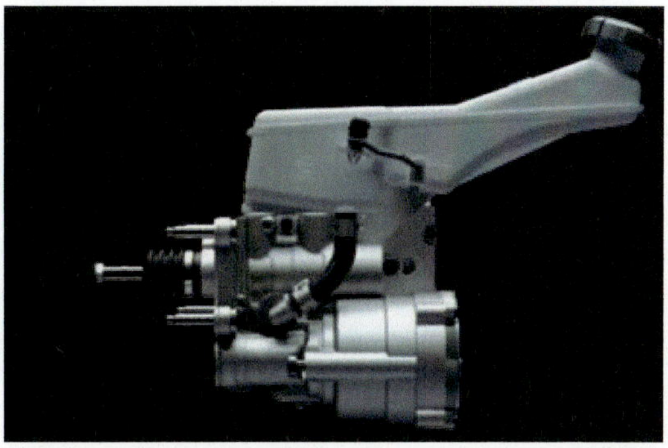

(b) 완제품

[그림 9.15] iBAU System 및 구조

9.5.3 IDB

IDB(Integrated Dynamic Brake)은 위급 상황에서 운전자가 브레이크 페달을 밟지 않아도 모터가 자동으로 브레이크를 작동시키는 일체형 통합 브레이크 장치이다.

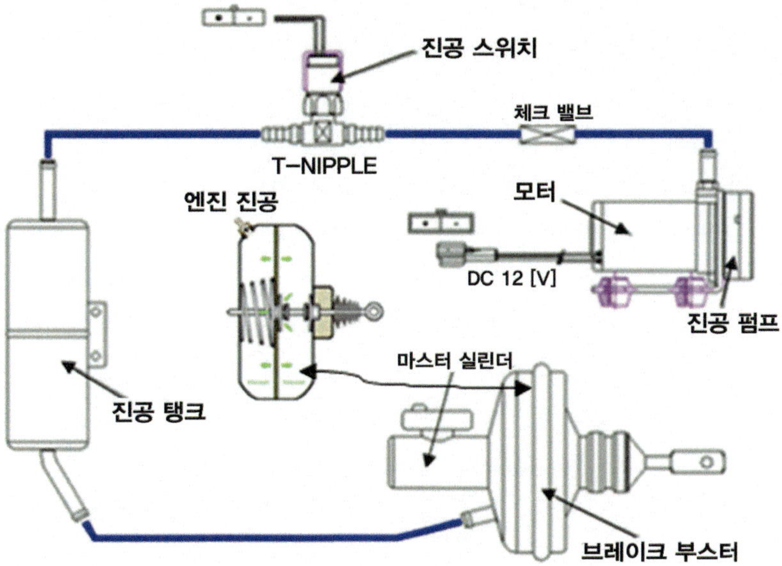

[그림 9.16] 진공펌프를 이용한 제동 시스템

[그림 9.17] IDB 외관

9.5.4 Brake by Wire

브레이크 바이 와이어(Brake by Wire) 시스템은 현재 전기자동차에 많이 적용되고 있는 제동 시스템이다. 작동 원리는 운전자가 브레이크 페달을 밟으면 페달 답력을 느끼기 위해 Pedal Simulator에 유압이 전달된다.

실제 차량의 제동력은 운전자가 브레이크 페달을 밟는 변위량(Travel Sensor)을 Brake Control Unit가 인식하여 브레이크 시스템을 작동시키고, 운전자가 브레이크 페달을 밟는 변위량이 회생제동만으로도 충분한 제동 가능하다고 판단될 시에 Brake Control Unit은 Drive Control Unit와의 CAN 통신을 통해 회생제동만으로 차량을 정지시킨다.

위급 시에는 브레이크 페달 변위량이 증가되어 Brake Control Unit이 Pressure generator unit에 유압 발생 명령이 내려진다. 이때 Pressure generator unit에서 발생된 유압으로 컨트롤 밸브를 작동시켜 각 바퀴에 유압이 가해져 차량이 정지하게 되는 시스템이다. 시스템 고장 시에는 마스터 실린더 유압이 각 바퀴에 전달되어 기계적으로 제동된다.

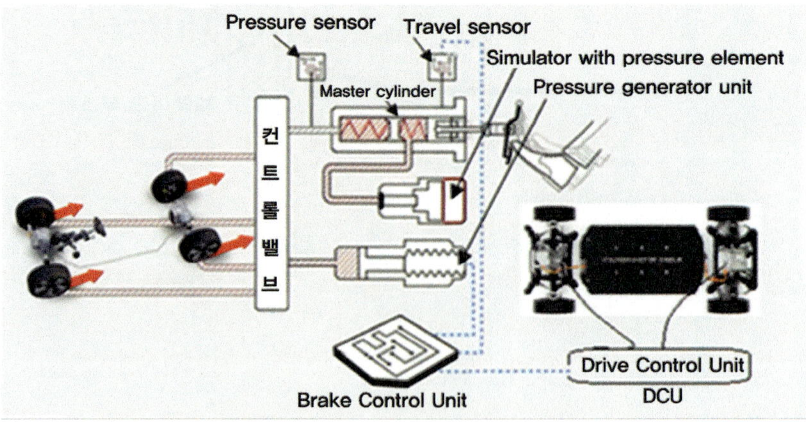

[그림 9.18] BBW 방식의 제동장치

9.6 전자식 주차 제동장치

EPB(Electronic Parking Brake)는 전자 파킹 브레이크라고 한다. 이 EPB는 페달 또는 레버로 케이블을 당겨 주차 브레이크를 작동시키는 기존의 주차 브레이크 시스템과 달리, 운전자의 간단한 버튼 스위치 조작에 의해서 전기 신호가 EPB 유닛으로 전달되어 EPB 유닛이 각 캘리퍼에 있는 EPB 액추에이터(모터)를 구동시켜 캘리퍼 내의 피스톤을 밀어서 제동력을 발생시키는 시스템이다.

EPB의 주요 기능으로는 차량 정지 상태(3~5 km/h 이내)에서 스위치 조작으로 주차 브레이크를 작동 및 해제하는 정차 기능, 유압 브레이크 고장 등으로 인한 위급상황에서 EPB로 제동을 하는 비상제동 기능, 차량 정지 시 점화스위치 OFF되면 자동으로 주차 브레이크가 체결되는 자동체결 기능, 가속페달을 밟으면 주차 브레이크 즉시 해제 기능 등이 있다.

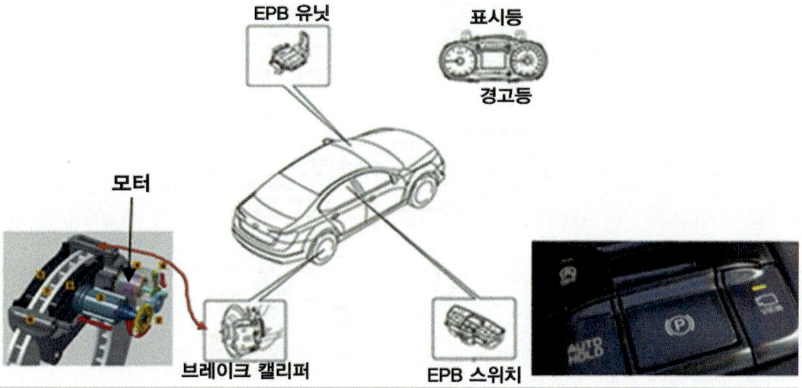

(a) 캘리퍼에 장착된 모터

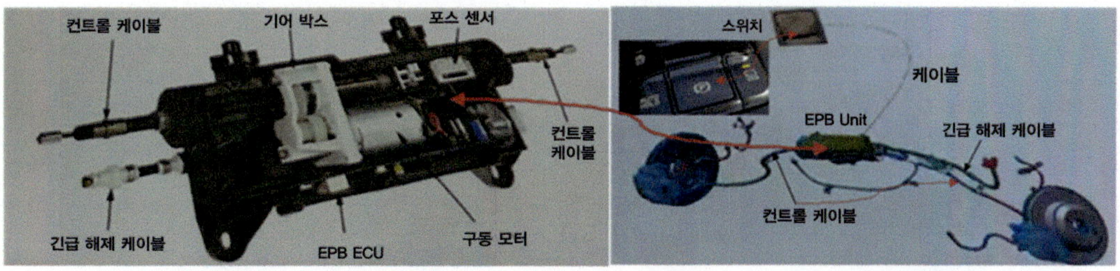

(b) 뒤차축 서브 프레임에 장착된 모터

[그림 9.19] EPB 구성부품

✍ **Handy hint**

▣ 전자 파킹 브레이크(EPB) 미작동 조건

① Hood 열림 시 ② 도어 열림 시 ③ 안전벨트 미착용 시

▣ Auto Hold란?

AVH(Auto Vehicle Hold)라고도 부르며 운전자가 정차 또는 정차 후 브레이크 페달을 밟았을 때(기어 N/D단) 오토 홀드 기능이 활성화되어 있으면(클러스터에 점등) 오토 홀드 기능 활성화를 위한 유압 이상의 유압이 발생했을 때 이를 ABS ECU가 판단해 바퀴에 제동력을 가하는 장치이다. 즉, 신호대기 시 자동으로 바퀴에 제동력을 가해 운전자의 편의성을 제공하고, 가속페달을 밟는 즉시 해제되는 시스템이다. 단, Hood가 열릴 경우, 도어가 열릴 경우, 안전벨트를 착용하지 않았을 경우에는 작동하지 않는다.

9.7 타이어

전기자동차의 타이어(Tire)는 내연기관의 타이어와 여러 모로 다르다. 전기자동차의 타이어가 특별해야 하는 이유는 ① 차량의 중량 증가로 하중 지수가 높은 타이어를 사용해야 하고, ② 회생제동 시스템(60~70% 정도 회수) 때문에 타이어에서 회전저항이 발생되어 마모되기 때문이고, ③ 전기자동차의 소음은 모터 작동음, 공기 소음, 지면과 차량 바퀴에서 발생되는 마찰음이기 때문이고, ④ 빠른 가속력으로 타이어와 지면 사이에서 강력한 마찰이 발생하여 저항이 강할수록 좋겠지만 이 역시 타이어의 마모를 촉진시키기 때문이다.

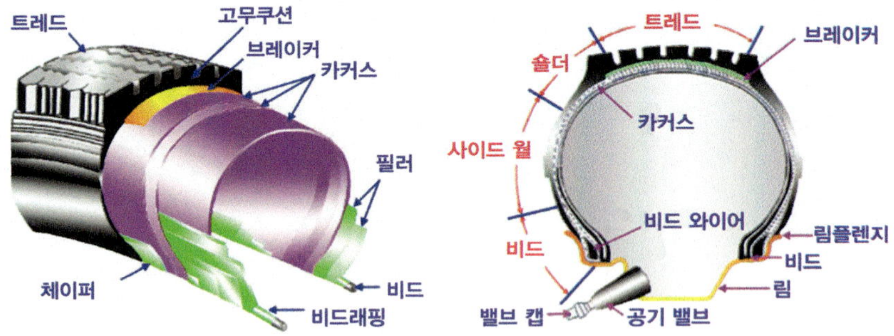

[그림 9.20] 레이디얼 타이어의 구조

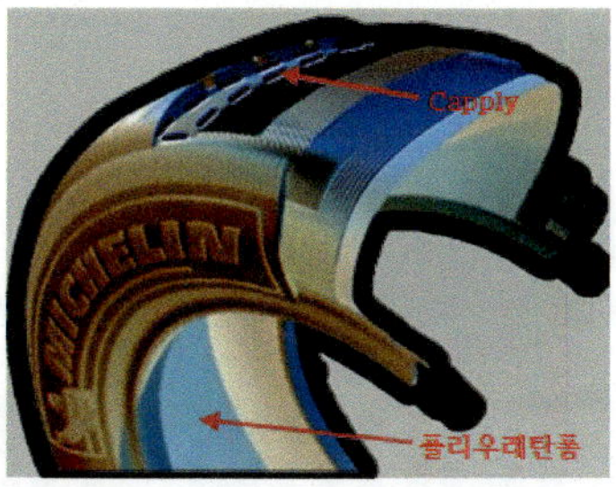

[그림 9.21] 전기자동차 타이어의 구조

[그림 9.22] 횡방향 그루브

전기자동차 타이어의 마모와 슬립을 줄이기 위해서는 노면과의 접지력을 높이는 것이 중요하다. 때문에 고기능성 폴리머 친환경 소재 및 고그립 부여제를 적용하고, 실리카 함량을 높인 소재를 적용하여 다양한 노면 조건에서 접지력을 극대화했다. 한편으로는 타이어의 슬립 현상을 억제하여 트레드 마모를 최소화하고, 또한 높은 접지력을 유지하여 빠르고 민첩한 핸들링과 제동성을 확보함으로써 안전성을 향상시켰다.

마지막으로 전기자동차의 정숙성이다. 전기자동차의 소음은 로드 노이즈(Rod Noise)가 전체 소음 중 약 40 [%], 풍절음(Wind Noise)이 약 30 [%], 전기모터 소음이 약 15 [%], 기타 소음이 15 [%]이다.

타이어 소음을 저감시키는 기술은 트레드 패턴과 피치 배열 그리고 타이어와 지면이 닿는 접지 형상을 최적화로 소음을 감소시킬 수 있다. 특히 [그림 9.22]와 같이 횡방향 그루브의 설계 형상에 따라 노이즈 저감 효과가 드러나며 타이어 트레드 블록 내부의 홈을 가공해 노이즈 주파수를 상쇄하는 기술도 있다.

또 [그림 9.21]과 같이 타이어 내부에 스펀지 같은 흡음재인 폴리우레탄폼이 회절음과 공명음을 흡수해 쾌적하고 소음이 적은 환경을 구현하고 있다.

✍ Handy hint

▣ 캡플라이어(Capply)

주행 시 성능 향상을 위하여 브레이크 벨트 위에 부착되는 특수 코드지로 벨트 움직임을 최소화하고 트레드 강성을 더해 골격 유지를 보조해 주는 부품(나일론을 직조해서 만듦).

▣ 회절음

타이어 내부에서 공기가 진동하여 만들어 내는 소리

▣ 공명음(Cavity Noise)

타이어와 노면과의 접촉이 타이어 내부의 공기가 진동을 일으켜 차축을 통해 실내로 침입할 때 나는 소리

CHAPTER 10

에어백 시스템

10.1 개요

에어백(airbag)은 차량이 충돌할 때 그 충격에서 운전자와 탑승자를 보호하는 2차 충격 흡수장치이다. SRS(Supplement Restraint System : 보조 구속 장치)라고도 불리는 에어백은 안전벨트를 착용해야만 시스템의 효과를 최대화할 수 있다.

에어백의 센서 및 전자제어장치는 자동차가 충돌할 때 충격력을 감지하여 압축 질소 가스로 백(Bag)을 부풀려 승객에게 가해지는 충격을 완화시킨다. 최근에는 승객의 안전벨트 착용 유무, 탑승자의 무게, 소아(小兒)의 유무, 측면·정면충돌 구분, 차량 전복 등을 감지하는 센서들과 그에 따른 컴퓨터가 에어백의 적절한 양의 가스를 적절한 시간과 압력에서 발생시키게 하는 장치가 달린 에어백이 개발되었다.

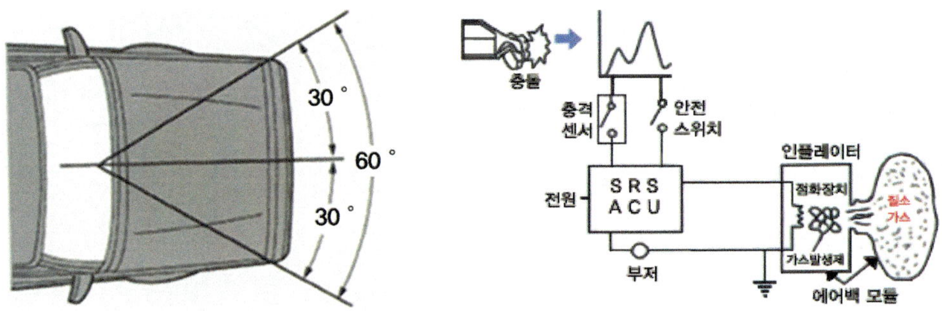

[그림 10.1] 에어백의 작동 과정

에어백의 작동 조건은 에어백의 종류와 차종에 따라 조금씩 차이가 있는데, 정면충돌 에어백은 대체로 정면에서 좌우 30° 이내의 각도에서 유효 충돌속도가 약 20 ~ 30 [km/h] 이상일 때 작동한다.

에어백은 충격 감지시스템과 에어백이 터지도록 하는 기체 팽창장치(Inflater), 에어백으로 이루어진 에어백 모듈 등으로 구성되어 있다.

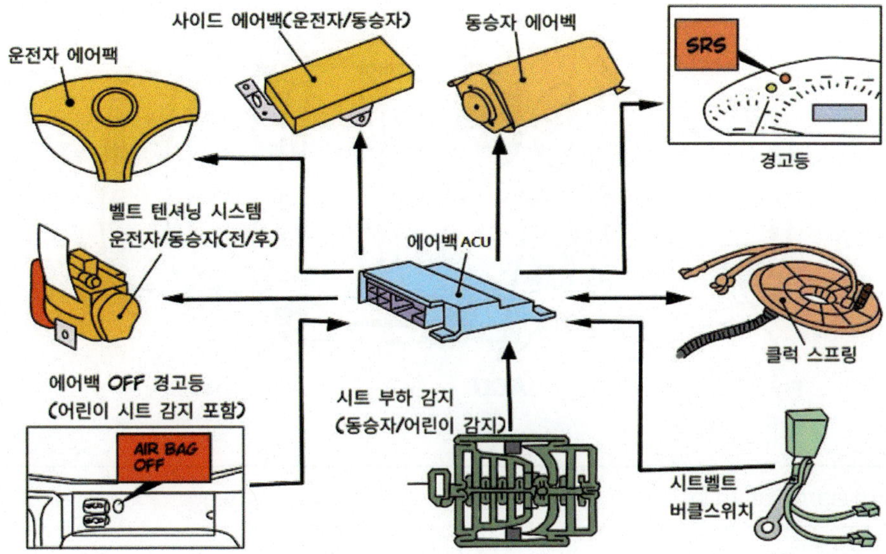

[그림 10.2] 에어백의 시스템

10.1.1 에어백의 발전 역사

[표 10.1] 에어백 변천 과정

SRS 에어백(supplemental restraint system airbag)
일정한 수준의 충격이 오면 터지는 에어백으로, 초기 에어백 시스템

디파워드 에어백(depowered airbag)
어린이나 체구가 작은 사람을 보호하며 SRS 에어백의 팽창력을 20~30% 감소시킨 에어백

스마트 에어백(smart airbag)
센서로 충돌의 정도와 운전자의 위치를 판단하여 팽창력과 시점을 제어하는 에어백

어드밴스 에어백(advanced airbag)
스마트 에어백에 무게 감지 센서까지 추가하여
탑승자(6세 이하 어린이) 등에 따라 에어백 팽창률을 제어하는 에어백

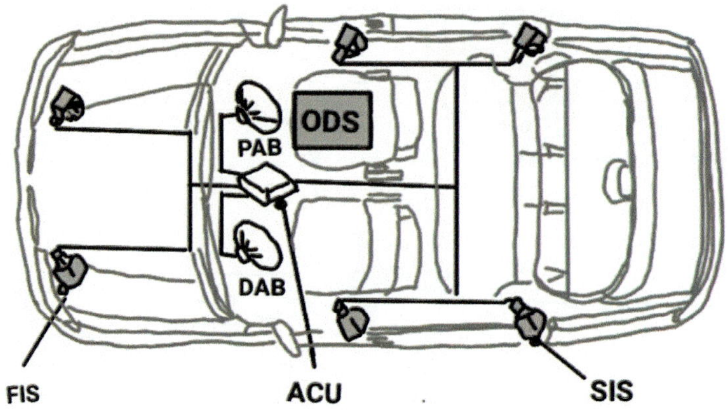

ACU : Airbag Control Unit	PAB : Passenger Airbag
F(S)IS : Front(Side) Impact Sensor	SAB : Side Airbag
DAB : Driver Airbag	CAB : Curtain Airbag
KAB : Knee Airbag(무릎 에어백)	ODS : Occupant Detection System(승객 감지 시스템)

[그림 10.3] advanced airbag 시스템 구성도

10.1.2 에어백의 구성요소

(1) 충돌 감지 센서

충돌 감지 시스템은 안전센서(리드 스위치 : 기계식)와 전자센서(G센서 : 중력가속도센서 : 가·감속 값을 산출) 두 부분으로 되어 있는데 기계식은 차가 일정속도 이상으로 충돌하는 순간 충돌 센서의 롤러는 관성의 법칙에 따라 앞쪽으로 구르면서 스위치를 누르게 된다. 이때 회로에 전류가 흘러 가스 발생장치(Inflater)에 폭발이 일어나게 한다. 이때까지 걸리는 시간은 0.01 [초]이다.

기계식 안전 센서는 전자 센서 오판을 방지하기 위하여 기계적으로 작동하여 최종적으로 컴퓨터는 충돌을 감지한다. 점화가 되면 질소 가스가 발생하여 에어백 안으로 순식간에 들어간다. 가스 발생장치의 작동과 함께 에어백을 잘 접어 넣어둔 용기가 완전히 부풀기까지는 약 0.05 [초] 이내의 시간이 걸린다.

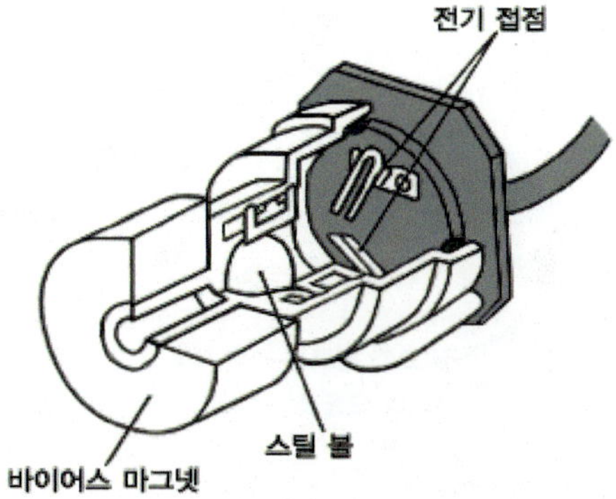

[그림 10.4] 기계식 충돌 센서

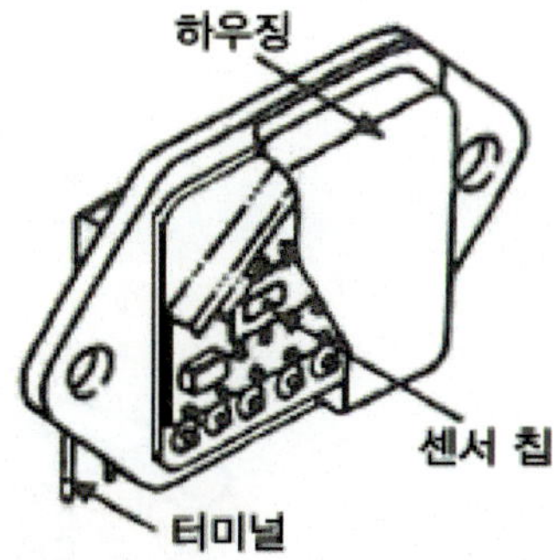

[그림 10.5] 전자식(G) 센서

(2) 승객 감지 센서

승객 감지 센서(PPD : Passenger Presence Detect)는 압력에 민감한 저항소자(압전소자 : 피에조)들을 결합하여 제작한 센서로서, 매트(mat) 상의 압력분포에서 ACU는 승객의 몸무게와 착석 위치 및 움직임을 계산한다. 승객이 없으면 조수석 및 측면 에어백을 전개시키지 않는다.

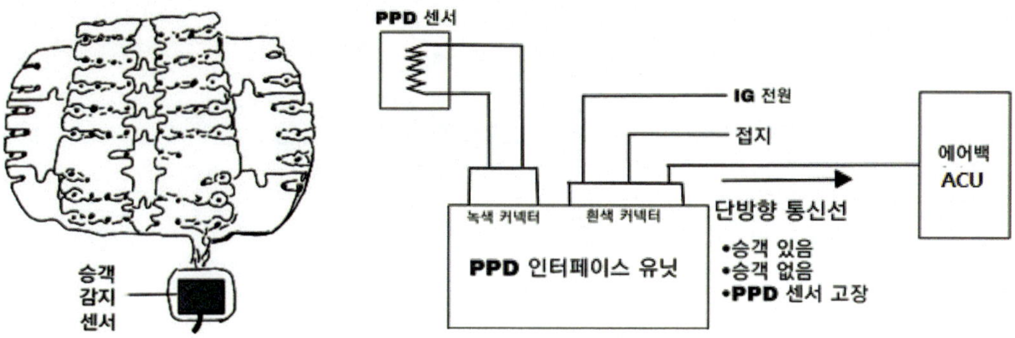

[그림 10.6] 승객 감지 센서의 구조와 제어회로

(3) 클럭 스프링

클럭 스프링(clock spring)은 [그림 10.7]과 같이 조향핸들과 조향 칼럼 사이에 설치되며 에어백 컴퓨터(ACU)와 에어백 모듈을 연결하는 장치이다. 이 스프링은 조향핸들과 함께 회전하므로 반드시 중심위치를 일치시켜야 한다.

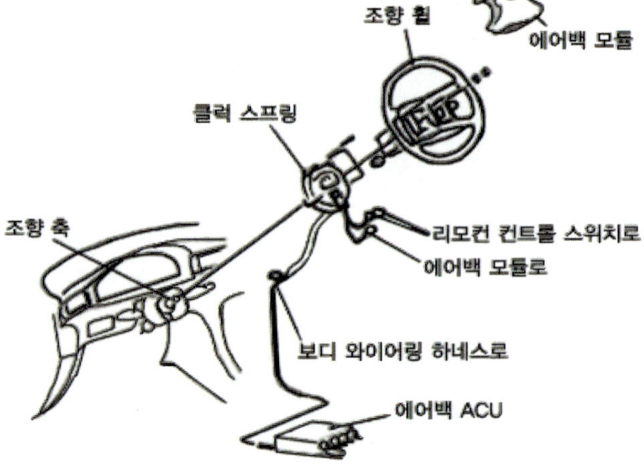

[그림 10.7] 클럭 스프링 장착위치

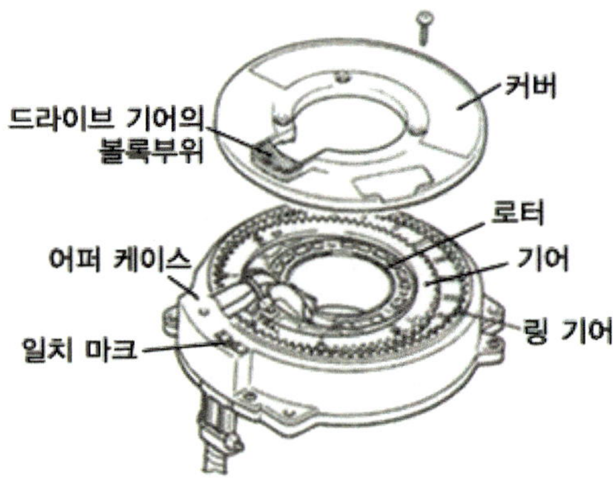

[그림 10.8] 클럭 스프링의 주요부

(4) 에어백 모듈

에어백 모듈은 [그림 10.9]와 같이 가스발생기(또는 인플레이터), 에어백, 클럭 스프링 등으로 구성된다. 대부분의 에어백 모듈은 분해하지 않도록 제작되어 있으며, 한 번 작동하고 나면 전체를 신품으로 교환해야 한다.

에어백은 고무가 코팅된 나일론 섬유제의 주머니로서 용량은 각기 다르나, 운전자 에어백의 경우 에어백 모듈은 약 50 ~ 60 [리터]이다.

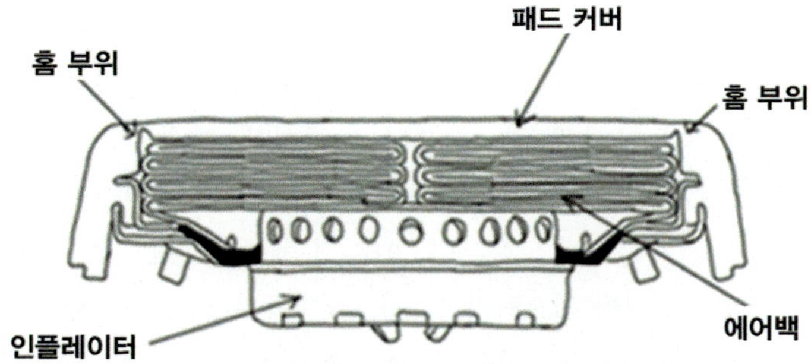

[그림 10.9] 에어백 모듈의 구성요소

(5) 인플레이터

인플레이터(Inflater)에는 에어백을 순간적으로 부풀리는 데 사용하는 물질인 나트륨과 질소로 이루어진 아지드화나트륨(NaN_3, sodium azide)이라는 물질이다.

에어백이 장착된 운전대에는 접혀 있는 에어백과 아지드화나트륨 캡슐, 약간의 산화철(Fe_3O_2) 그리고 기폭 장치가 들어있다.

충돌 시에 스위치가 작동하여 전류가 기체발생장치 내의 점화기(Ignition)를 작동시키면 순간적으로 높은 열이 발생하여 불꽃이 생긴다. 이때 아지드화나트륨 캡슐을 터뜨려 산화철과 반응하게 만들어 아지드화나트륨을 나트륨과 질소로 분해한다. 그러면 여기서 나오는 질소 가스가 에어백을 채워 부풀게 한다.

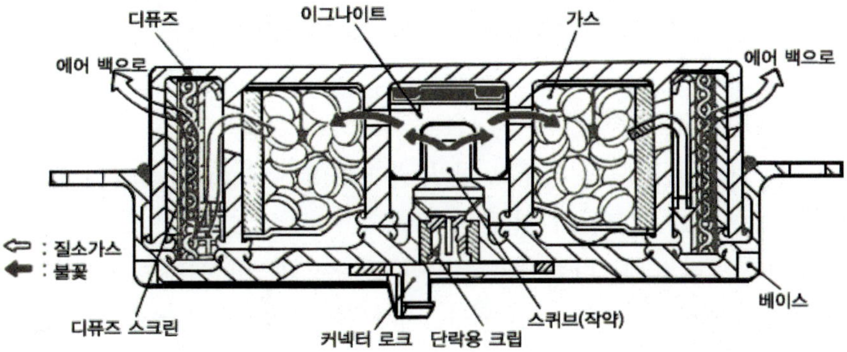

[그림 10.10] 인플레이터

(6) 시트 벨트 버클 센서

시트 벨트 버클 센서는 마이크로 스위치 또는 홀(hall) 센서를 이용하여 탑승자가 안전벨트를 착용하였는지 여부를 확인할 수 있다. 탑승자가 안전벨트를 착용하지 않았을 경우에는 에어백 트리거링(triggering) 값이 낮아진다.

(7) 벨트 프리 텐셔너

벨트 프리 텐셔너(belt pre tensioner)는 사고가 발생했을 때, 탑승자의 부상을 최소화하기 위해서 탑승자들은 반드시 안전벨트를 착용하고 있어야 한다.

50 [km/h]의 속도로 주행 중에 정면충돌할 경우, 안전구조 차체일지라도 탑승자는 30 ~ 50 [g](1g = 9.81m/s^2)의 중력가속도에 노출된다. 따라서 체중이 70 [kg]이라면 중력가속도에 대항하기 위해서는 약 30 [kN]의 힘이 필요하다. 그러므로 충돌사고가 발생했을 때 좌석벨트 텐셔닝 시스템은 안전벨트를 잡아당겨 탑승자의 상반신이 전방으로 튀어나가는 것을 방지한다.

(8) 단락 바

단락 바(short bar)는 SRS ACU와 클릭 스프링 사이에 연결되어 ACU 또는 중간 커넥터를 탈거 시 정전기에 의한 에어백 폭발을 방지하기 위해 단락 바를 설치하여 커넥터 분리 시 HIGH선과 LOW선을 단락시켜 에어백 경고등을 점등시키고 에어백 전개를 방지한다.

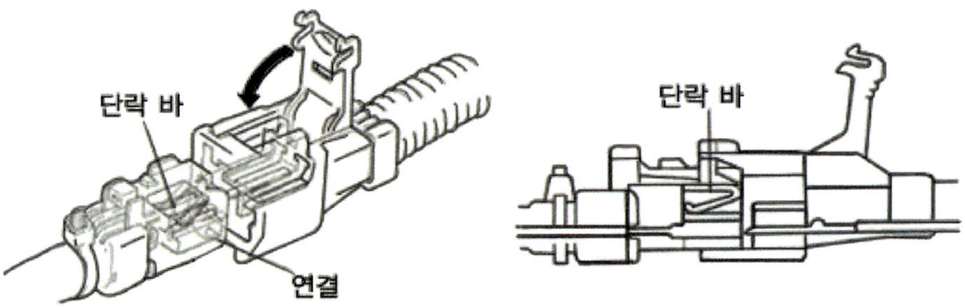

[그림 10.11] 단락 바 커넥터

(9) 에어백 ACU

에어백 ACU는 자기진단기능을 갖추고 있다. ACU가 SRS-시스템에 고장이 있음을 감지하면 고장은 ACU에 수록되고 경고등이 점등된다.

저장된 고장기록은 전용 테스터를 이용하여 판독할 수 있으며, 서비스 정보 또는 충돌 전/후 에어백의 상태를 확인하는 자료로 이용된다. 저장되는 정보들에는 충돌 횟수, 경고등 상태, 경고지속기간, 경고 후 시동횟수 등이 있다.

(10) 경고등

점화 스위치를 'ON'시키면, 일정 시간(예 : 최대 약 6초)동안 점등되었다가 소등된다. 이는 시스템에 저장된 결함이 없다는 것을 뜻한다. 시스템이 비정상일 경우에는 경고등은 계속 점등 상태를 유지하고, 고장 내용은 ECU에 저장된다.

10.1.3 에어백 시스템 취급 시 주의사항

에어백 취급 시 주의사항은 다음과 같다.

① 작업 전에 배터리의 (-)선을 제거하며, ACU 내부에 있는 데이터를 유지하기 위한 내부 콘덴서에 충전되어 있는 전하량을 방전시키기 위해 30초 경과 후 작업을 하고 에어백 모듈은 분해 혹은 소각해서는 안 된다.
② 에어백 모듈은 탈거 후 패드 면이 상향(전기배선은 아래)으로 보관해야 한다.
③ 클럭 스프링은 탈·부착 혹은 교환 시 중심 마크를 일치시킨다.
④ 에어백 모듈에 저항을 아날로그 시험기로 측정해서는 안 된다.
⑤ 에어백 모듈에 충격을 가하지 않는다.
⑥ 충돌 센서에 충격을 가하거나 충돌 센서를 분해해서는 안 된다.
⑦ 1.5 [m] 이상에서 자유낙하 정도의 충격이 없어야 한다.
⑧ 배선 및 커넥터에 10 [kgf] 이상의 인장력을 가하지 말아야 한다.

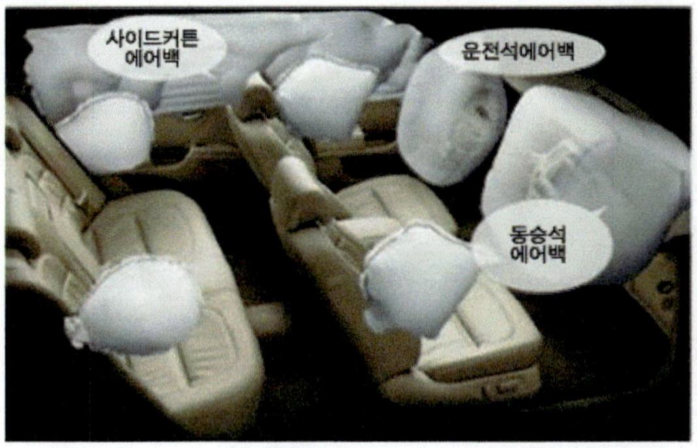

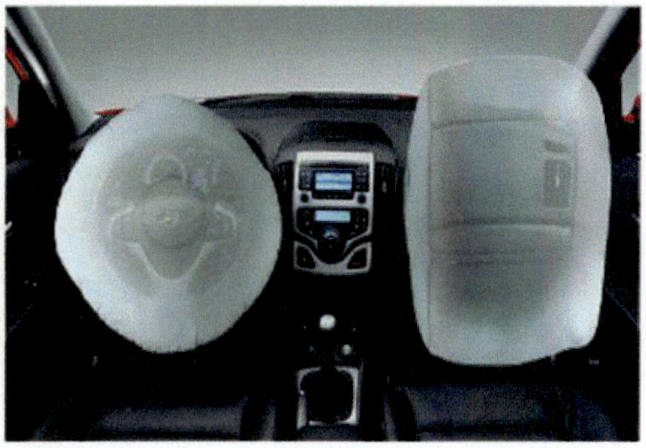

[그림 10.12] 어드밴스 에어백

CHAPTER 11

Body 전장 시스템

11.1 개요

스마트 정션 박스(SJB)는 차량의 각종 전기 부하를 지능형 반도체로 구동하여 부하 구동상태를 제어하고, CAN 통신 네트워크로 진단 및 제어 정보를 송·수신하는 시스템이다.

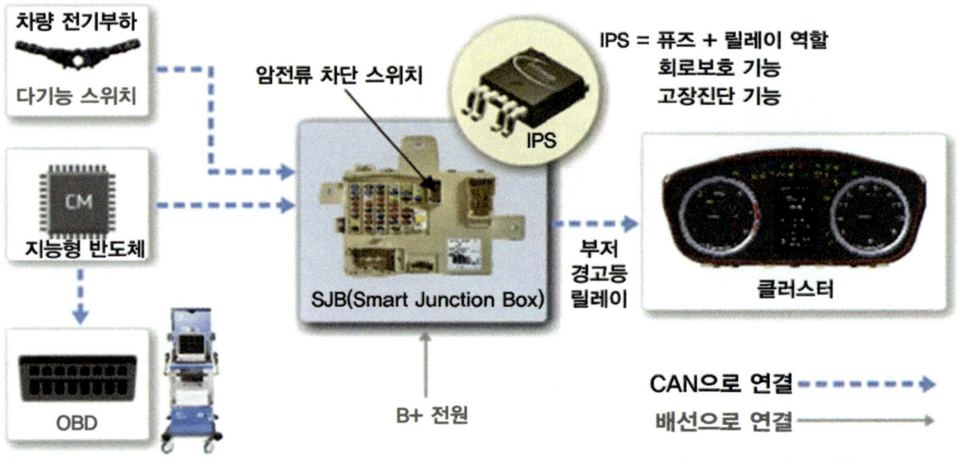

[그림 11.1] 스마트 정션 박스

기존의 정션 박스가 각종 릴레이와 퓨즈만을 모아 놓고 다른 모듈의 출력신호로 릴레이가 구동되는 방식이었다면, 스마트 정션 박스는 정션 박스 기능을 기본으로 하고 컨트롤 모듈로서 CAN 통신, 전조등, 안개등, 방향지시등 제어 등 각종 신호를 입력받아 릴레이, 버저, 경고등의 출력을 내보내는 기능을 한다. 또한 진단장비와 통신하여 스마트 정션 박스가 가지고 있는 고장코드나 제어 정보를 확인할 수 있다.

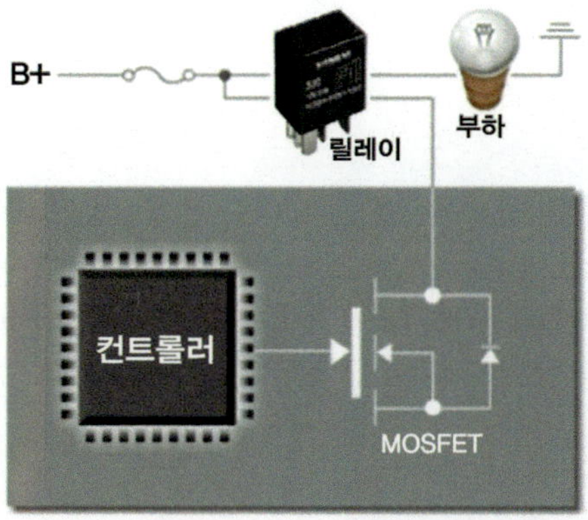

[그림 11.2] 기존 정션 박스

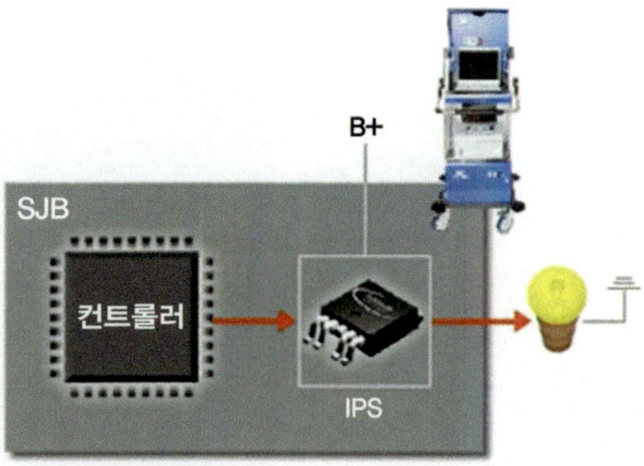

[그림 11.3] 스마트 정션 박스

스마트 정션 박스 기능은 외장램프류 정전압 제어는 IPS(Intelligent Power Switch) 소자를 이용해 PWM(Pulse Width Modulation) 방식으로 제어한다.

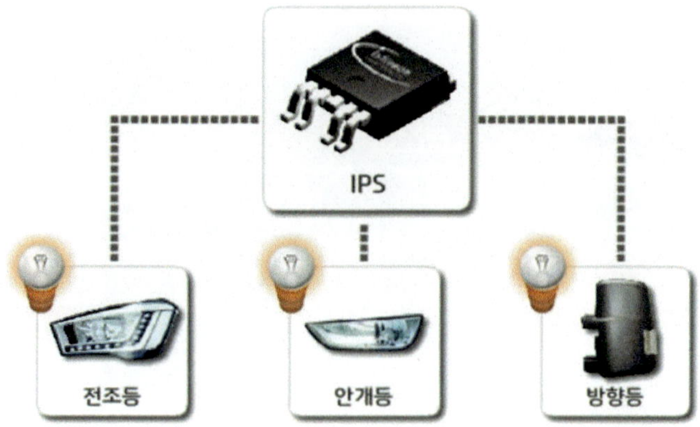

[그림 11.4] IPS PWM 제어

IPS 소자는 기존의 릴레이의 역할과 더불어 퓨즈의 역할도 수행하므로 회로보호 기능을 수행함과 동시에 램프 단선 시 모니터링 기능으로 고장진단 기능 등을 제어한다.

과전류 차단 기능은 과전류가 발생하면 과전류는 IPS로 인지되고 이때 과전류를 감지하여 스마트 정션 박스는 램프 제어를 금지하고 고장코드를 기록한다.

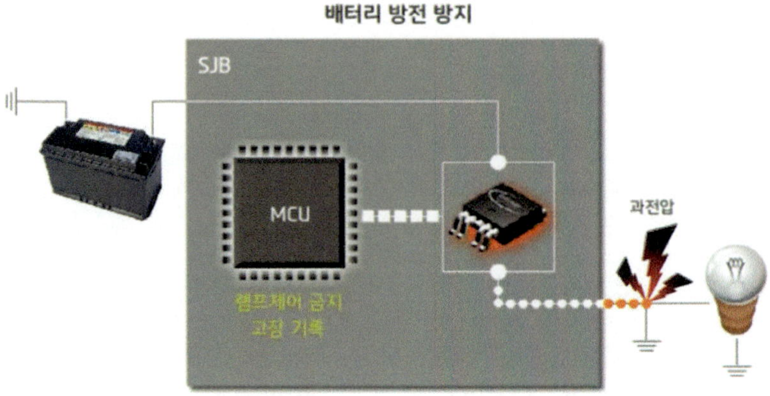

[그림 11.5] 과전류 차단 기능

단선 감지 기능은 단선이 발생하면 전류 정보를 IPS에 전달하고 이때 기준 전류 이하 시 고장 코드를 기록한다. 방향지시등의 경우 단선 발생 시 정상적인 램프보다 2배속으로 작동한다.

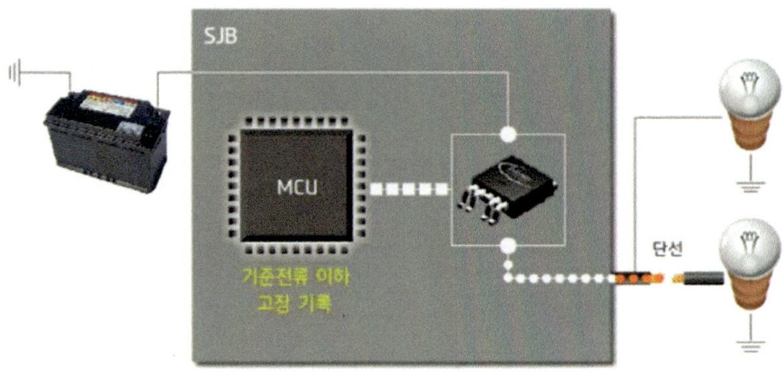

[그림 11.6] 단선 감지 기능

암전류 차단 기능은 고객에게 차량을 인도하기 전이나 선적 및 출고를 대기한 상태에서 장시간 누설 전류에 의한 배터리 방전을 차단하고, 고객에게 인도한 후에는 고객의 부주의로 인한 배터리 방전을 방지하는 기능이다.

[표 11.1]은 스마트 정션 박스(SBJ) 기능을 표로 정리한 것이다.

[표 11.1] 스마트 정션 박스(SJB)의 기능

항 목		주 요 기 능
기능	스위치 입력	스위치 입력을 받아 스위치 상태를 CAN 메시지로 각 모듈에 상태 전달
	램프류 제어(IPS)	BCM에서 CAN 메시지로 명령을 받아 램프류를 IPS로 제어
	외부 릴레이 제어	BCM에서 CAN 메시지로 명령을 받아 SJB 외부에 있는 릴레이 제어
	내부 릴레이 제어	BCM에서 CAN 메시지로 명령을 받아 SJB 내부에 있는 릴레이 제어
	Door Zone Architecture	DDM에서 CAN 메시지로 명령을 받아 SJB 외부에 있는 보조석 O/S Mirror 및 Power Window 제어
	암전류 차단 시스템	선적 및 장기주차 등 차량의 작동상태에 따라 불필요한 암전류의 소모를 절감하기 위하여 부하에 공급되는 전원을 자동 차단하는 기능을 실행하는 시스템. 암전류 차단 스위치 OFF 시 ① 리모컨(RKE) 동작 불능(BCM 전원 차단) ② 오디오 전원 차단(오디오 주파수 초기화) ③ 시계 전원 차단 ④ 에어컨 컨트롤러 전원 차단 ⑤ 기타 편의 장치 전원 차단 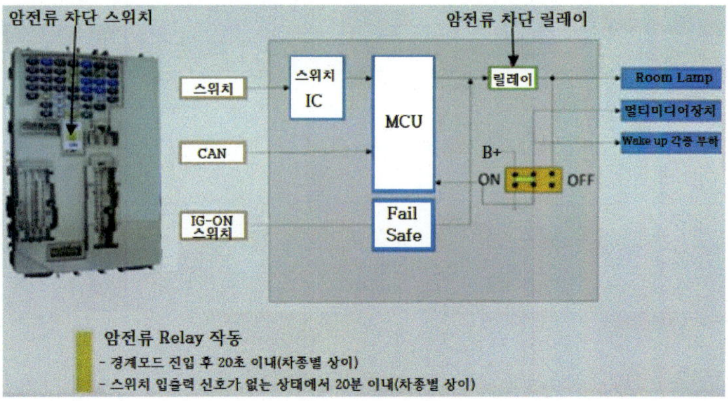
	고장 진단	IPS로 제어하는 부하에 대한 상태 진단

※ SJB은 Logic에 대한 판단은 하지 않으며, 타 모듈의 CAN 명령에 의해서만 동작한다.

11.2 IGPM

BCM(바디 전장제어 모듈)을 SJB(스마트 정션 박스)에 결합한 지능형 통합플랫폼 모듈 정션 박스와 CGW(Central Gateway module : 중앙 게이트웨이 : 통신 기지국) 등을 결합한 것이 바로 IGPM(Integrated Gateway Power control Module) 시스템이다. 즉, BCM + SJB+ G-way = IGPM(일체형 통합제어)이다.

[표 11.2] IGPM의 구성

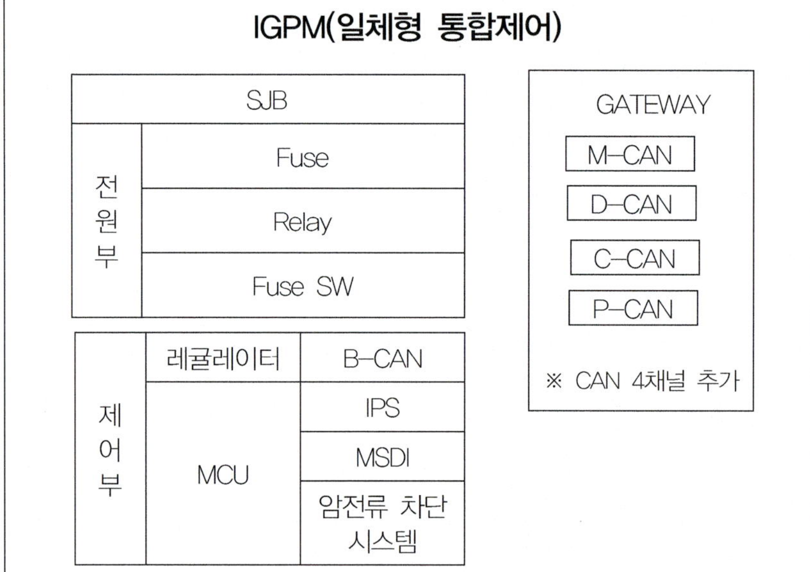

‖ MSDI : 멀티스위치 감지 인터베이스

‖ B-CAN : Body CAN

‖ M-CAN : Multimedia CAN

‖ D-CAN : Diagnosis CAN

‖ C-CAN : Chassis CAN

‖ P-CAN : Powertrain CAN

‖ H-CAN : Hybrid CAN

[그림 11.7] IGPM 장착위치

내연기관 차량에서는 중앙 게이트웨이(CGW)에서 바로 진단기로 진단했지만, EV 차량에서는 CGW에서 D-CAN으로 통신하고 다시 OBD II 그리고 진단기로 진단하는 시스템이다.

부연 설명을 하면, CGW(기지국)에서 D-CAN을 거친 후 P/C/B-CAN과 통신하고 다시 진단기와 피드백(Feed-Back)하는 중계기가 하나 더 있다. 전기자동차나 하이브리드 차량에서는 IGPM 이외에 별도의 고전압 정션 박스가 적용되고 있다.

11.3 BCM

종합경보 장치(Total Warning System)는 ETACS로 명칭이 시작되어 지금은 BCM(Body Control Module : 바디 전장제어 모듈)로 변경되면서 몇 가지의 기능이 추가되었다.

BCM은 자동차 운전의 편리성과 안전운전을 도모하기 위하여 각종 경보와 조작 장치들을 하나의 컨트롤 유닛(컴퓨터)을 통하여 종합 제어하는 시스템을 말한다. [표 11.3]은 BCM 시스템의 예이다.

[표 11.3] BCM 입출력 구성도

입력 ⇩	제어 ⇩	Actuator(출력) ⇩
발전기 'L' 단자 전압	컨 트 롤 유 닛	• 와이퍼 릴레이 INT 와이퍼 릴레이 와셔연동 와이퍼 제어 차속감응 와이퍼 제어
와이퍼 INT 스위치		• 열선 릴레이 뒷유리 열선 제어 사이드미러 열선 제어
간헐와이퍼 볼륨 스위치		• 시트벨트 경고등
와셔 스위치		• 도난방지 릴레이 • 비상경고등 릴레이 • 룸 램프 시간제어
열선 스위치		• 파워윈도우 릴레이 파워윈도우 타이머
시트벨트 스위치		• 도어록 / 언록 릴레이 중앙집중잠금 제어 키 레스엔트리 제어 오토 도어록 제어 키 리마인드 제어 키 탈거 시 도어언록제어
도어 / 후드 / 트렁크 스위치		• 미등 릴레이 미등자동 OFF
파워윈도 스위치		점화키 조명
도어록 / 언록 스위치		차임벨
조향휠 록 스위치		충돌감지 도어 언록 제어
차속 센서		
점화키 스위치		
도어 키 스위치		
미등 스위치		
충돌감지 센서		

(입력 ⇨ 제어 ⇨ 출력)

11.3.1 와셔연동 윈드 실드와이퍼 제어

[그림 11.8]의 타임차트에서 와셔연동 윈드 실드와이퍼 제어회로는 와셔 스위치를 작동시켰을 때 0.6초 후에 와이퍼 릴레이에 출력을 보내어 2회 작동시킨다. 또 와셔 스위치가 off되면 2.5 ~ 3.8초 동안 윈드 실드와이퍼를 작동시킨다.

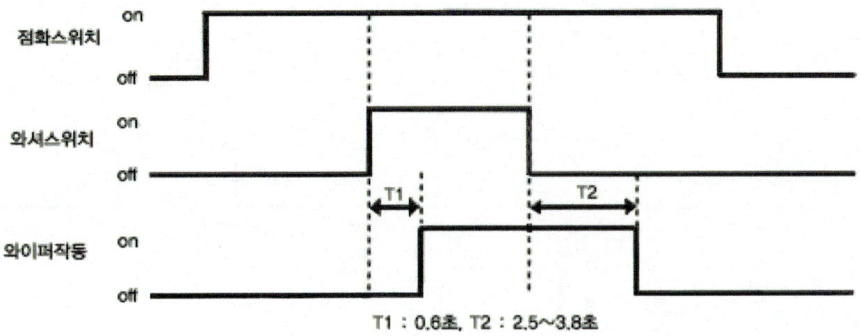

[그림 11.8] 와셔연동 와이퍼 제어 타임차트

[그림 11.9]에서 와셔스위치가 on되면 ETACS의 CPU는 일정한 기간 동안만 TR을 on하여 릴레이를 구동함으로써 와이퍼 모터를 작동하게 한다.

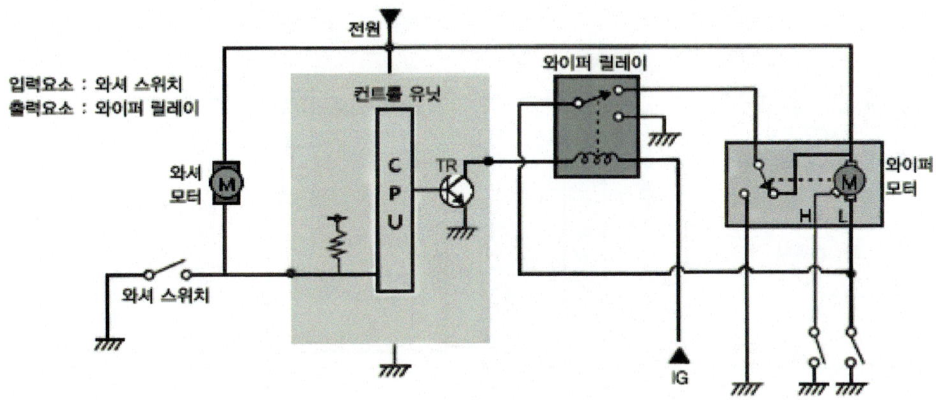

[그림 11.9] 와셔연동 와이퍼 제어 회로도

11.3.2 간헐와이퍼 제어

[그림 11.10] 타임차트에서 ① 점화스위치 on 시 INT 스위치를 작동시키면 T1 후에 와이퍼 릴레이를 on한다. ② 간헐와이퍼 작동 중 와이퍼가 재동작하는 주기는 INT 볼륨(volume) 설정에 따라 T3시간만큼 차이가 발생한다.

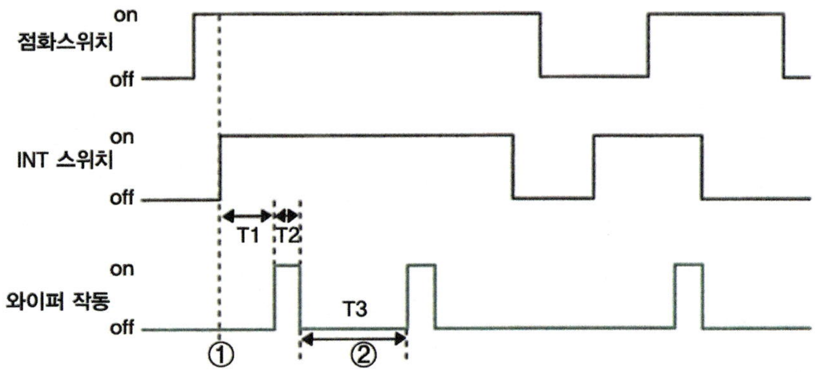

[그림 11.10] 간헐와이퍼 제어 타임차트

[그림 11.11]에서 INT 스위치가 on되면 CPU는 볼륨 스위치의 위치(운전자 의지)에 상응하는 시간마다 TR을 on/off함으로써 와이퍼 릴레이는 일정 시간마다 작동된다.

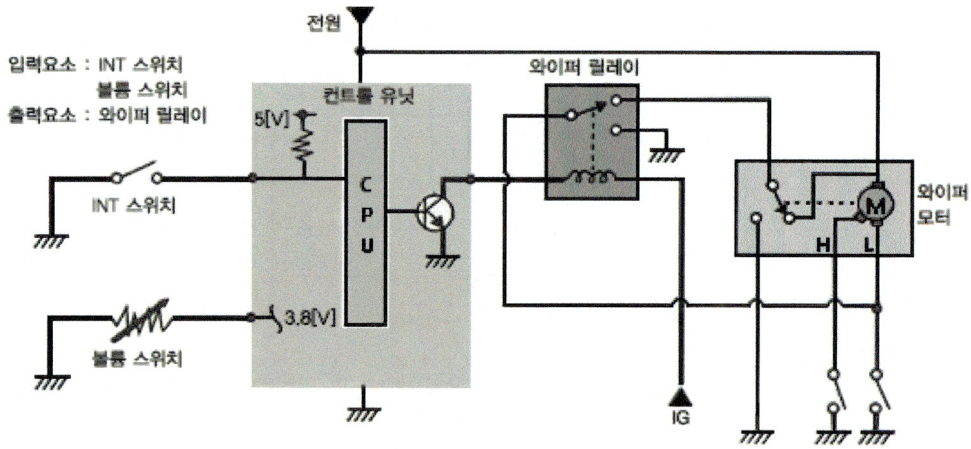

[그림 11.11] 간헐와이퍼 제어 작동회로도

11.3.3 안전벨트 경고등 타이머 제어

[그림 11.12]의 타임차트에서 시트벨트 경고제어(seat belt warning control)는 점화스위치를 on으로 하면 CPU는 안전벨트 착용 여부와 관계없이 경고 램프를 0.6초 주기로 6초간 점멸하는 제어를 수행한다. 차임벨은 0.9초 주기로 듀티율 50 [%]로 6초 동안 경고등을 작동한다.

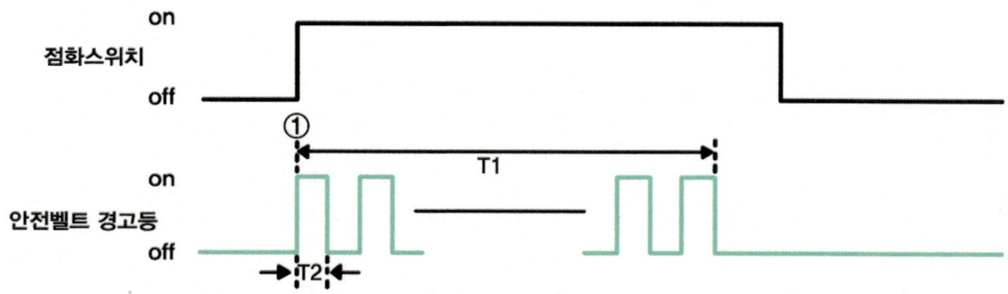

[그림 11.12] 안전벨트 경고등 타이머 제어 타임차트

[그림 11.13]에서 점화스위치가 on되면 컨트롤 유닛은 안전벨트 착용 여부와 관계없이 TR을 on/off하여 경고등을 제어한다. 차임벨 제어차량에서는 제어 중 안전벨트 착용 시 차임벨 경보를 중지한다.

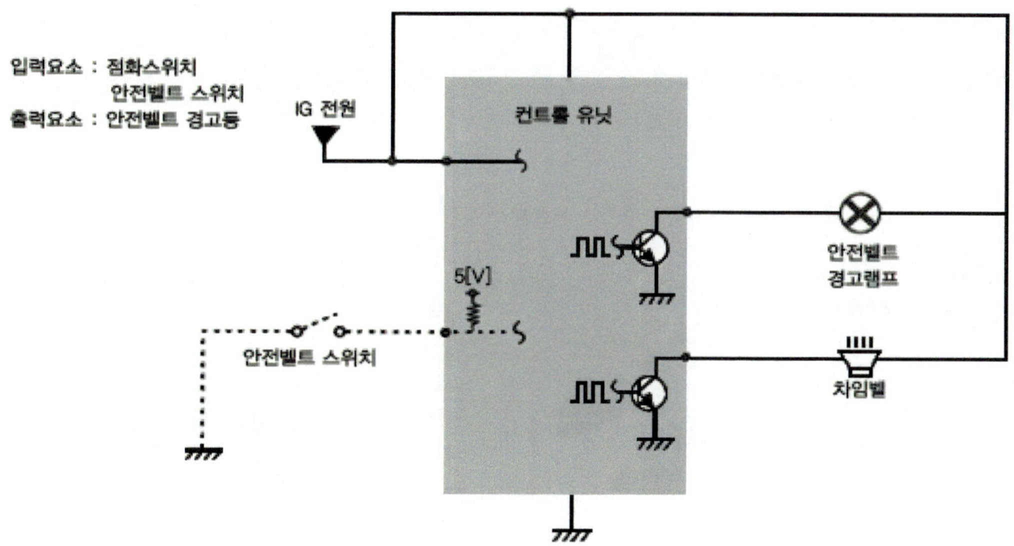

[그림 11.13] 안전벨트 경고등 타이머 제어 작동 회로도

11.3.4 파워윈도우 타이머 제어

컨트롤 유닛은 점화스위치 on 시 파워윈도우 릴레이를 구동하여 전원을 공급하는 제어와 점화스위치 off 시 일정시간 동안 윈도우가 작동될 수 있도록 릴레이 출력을 유지하는 타이머 제어를 수행한다.

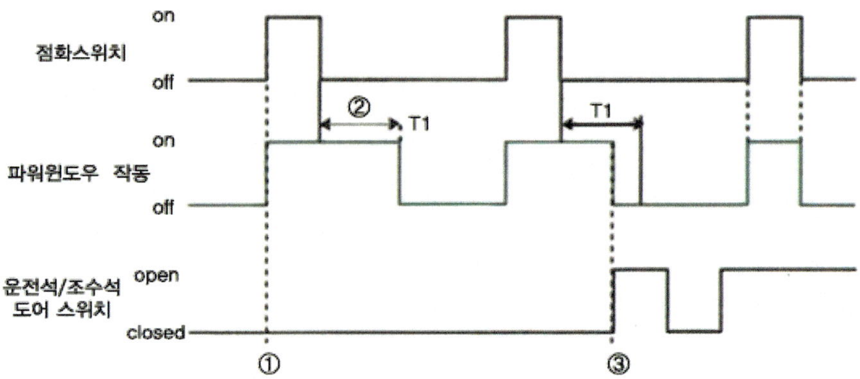

[그림 11.14] 파워윈도우 타이머 제어 타임차트

[그림 11.14]의 타임차트에서 ① 점화스위치를 on으로 하면 파워윈도우 릴레이를 즉시 on시켜 파워윈도우 계통에 전원을 공급한다. ② 점화스위치를 off하면 파워윈도우 릴레이 출력을 30초 동안 유지하여 점화스위치를 빼낸 후에도 파워윈도우를 작동시킬 수 있다. ③ 작동 중 운전석 또는 조수석 도어가 열리면 출력은 즉시 off되나 차종에 따라 30초간 무조건 작동되는 차량과 30초 연장되는 차량도 있다.

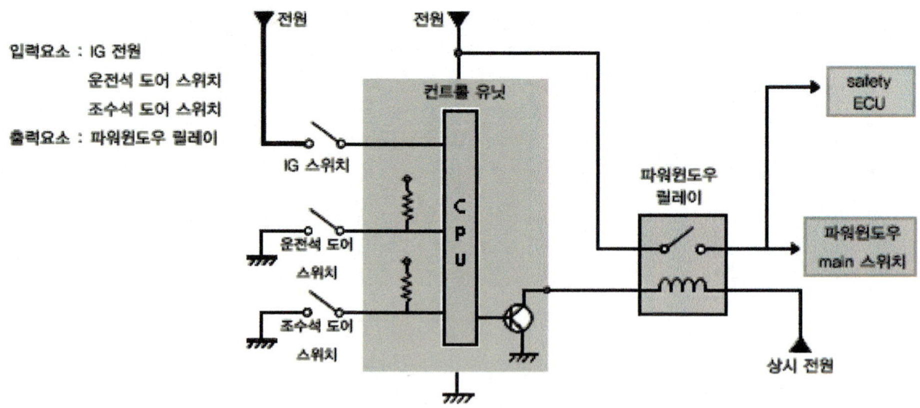

[그림 11.15] 파워윈도우 타이머 제어 작동회로도

11.3.5 감광식 룸램프 제어

감광식 룸램프 제어는 도어를 열고 닫을 때 실내등이 즉시 소등되지 않고 서서히 소등될 수 있도록 함으로써 시동 및 출발 준비를 할 수 있도록 편의를 제공하는 기능이다.

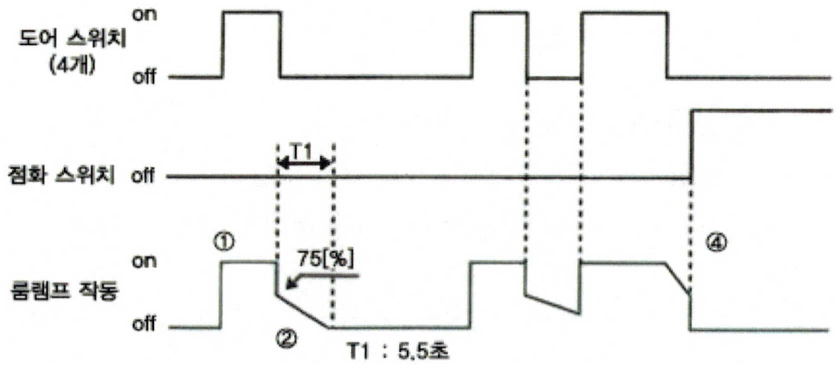

[그림 11.16] 감광식 룸램프 제어 타임차트

[그림 11.16]의 타임차트에서 ① 도어 열림 시 룸램프는 점등한다. ② 도어 닫힘 시 즉시 75[%] 감광 후 서서히 감광하여 5~6초 후에 완전히 소등한다. ③ 도어 스위치 on 시간이 0.1초 이하인 경우에는 감광 동작을 하지 않는다. ④ 감광 동작 중 점화스위치 on시 즉시 감광 동작은 정지된다.1)

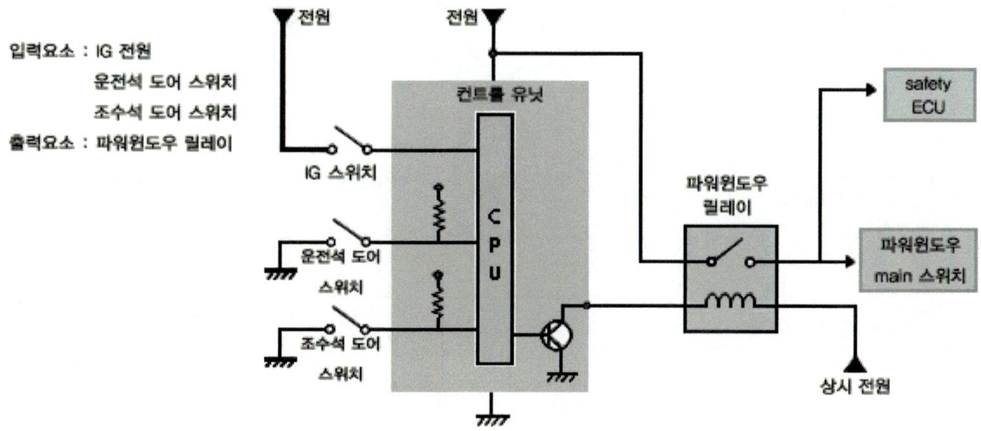

[그림 11.17] 감광식 룸램프 제어 회로도

1) [주] 감광식 룸램프는 룸램프 스위치가 'door' 위치로 설정한 상태에서만 작동한다.

11.3.6 점화스위치 키 홀 조명

① 점화스위치를 off한 상태에서 운전석 도어를 열면 키 홀에 조명등이 점등된다.
② 점화스위치 키 홀 조명이 작동된 상태에서 운전석 도어를 닫으면 10초간 키 홀 조명 후 소등된다.
③ 위 ①, ② 작동 중 점화스위치를 on하면 즉시 키 홀 조명을 off시킨다.

11.3.7 키 리마인더(reminder) 제어

① 점화스위치를 키 홀에 삽입한 상태에서 운전석 도어를 열고 lock할 경우 5초 동안 unlock 출력시켜 도어 lock이 불가능하게 하여 점화스위치가 꽂힌 상태에서 도어 lock을 작동시키는 것을 방지한다.
② 작동 해제는 점화스위치를 빼거나 운전석 도어를 닫으면 출력은 정지한다.

11.3.8 미등 자동소등 제어

운전자가 미등을 점등시킨 상태에서 점화스위치를 off한 후 운전석 도어가 열리면 미등을 자동으로 소등시켜 축전지가 방전되는 것을 방지하는 기능이다.

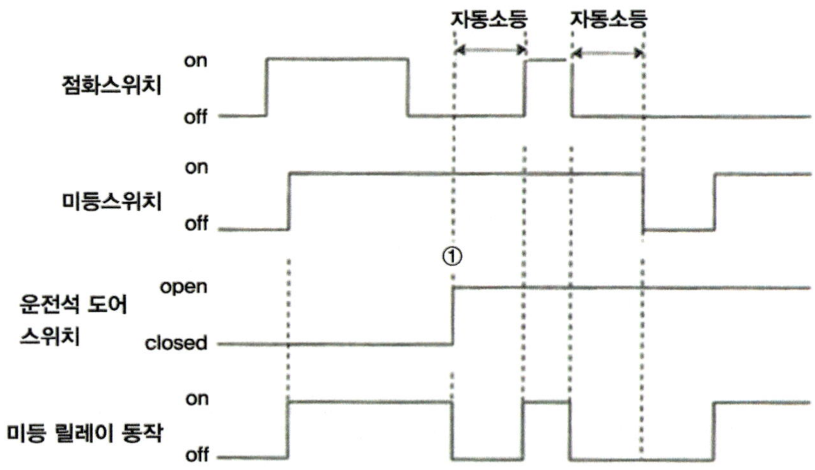

[그림 11.18] 미등 자동소등 제어 타임차트

[그림 11.8]에서 ① 조향휠 lock 스위치 on 후 미등 스위치를 on한 경우, 조향휠 lock 스위치를 off하고 운전석 도어를 열었을 경우에 미등은 자동으로 소등된다. 차종에 따라 조향휠 lock 스위치 대신에 점화스위치 on/off 신호에 의해 제어하기도 한다. ② 조향휠 lock 스위치가 on된 상태에서 운전석 도어를 연 후에 조향휠 lock 스위치를 off한 경우에도 미등을 자동으로 소등하고 미등 스위치를 off한 후 on한 경우 미등은 점등된다.

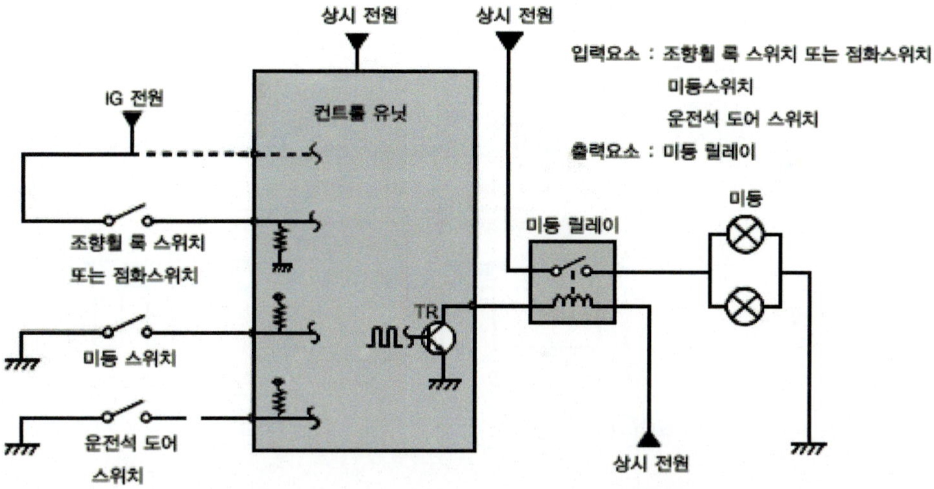

[그림 11.19] 미등 자동소등 제어 작동 회로도

11.3.9 자동 도어록 제어

자동 도어록 제어는 차속이 40 [km/h] 이상이 되면 자동으로 모든 도어가 lock(잠김)으로써 주행 중 도어 열림으로 인해 발생할 수 있는 안전사고를 미연에 방지하는 데 목적이 있다.

[그림 11.20]에서

① 점화스위치 on에서 주행속도 40 [km/h] 이상의 상태를 2 ~ 3초 이상 계속 유지하고 모든 도어 중 하나라도 unlock(해제) 상태일 경우 모든 도어를 lock시킨다.

② 40 [km/h] 이상으로 주행 중 unlock을 조작하여도 2 ~ 3초 후 다시 도어를 lock시킨다.

③ 만약 계속해서 unlock이 감지되면 0.5초 on/off 주기로 3회 동안 도어록 릴레이를 on하며 3회 작동 중 lock 신호가 감지되면 즉시 출력을 멈춘다.

④ 3회 작동 후에도 lock 신호가 감지되지 않으면 아무런 변화가 없다가 차속이 0 [km/h]에서 40 [km/h]가 되면 lock 신호를 3회 더 출력한다.

⑤ 3회 추가 작동 후 처음 문제가 발생된 도어 외의 다른 도어의 unlock 감지 시에는 다시 3회 추가 출력한다.

⑥ 본 기능은 점화키 리마인드 기능보다 우선하며 충돌감지 센서 신호 입력 시에는 수행하지 않는다.

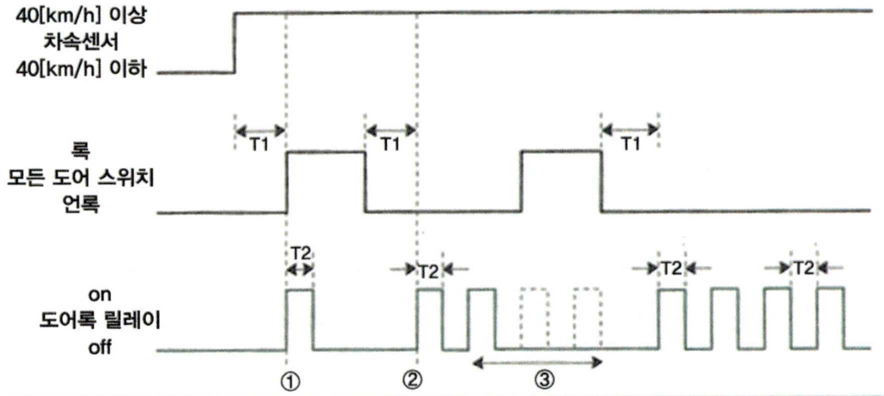

[그림 11.20] 자동 도어록 제어 타임차트

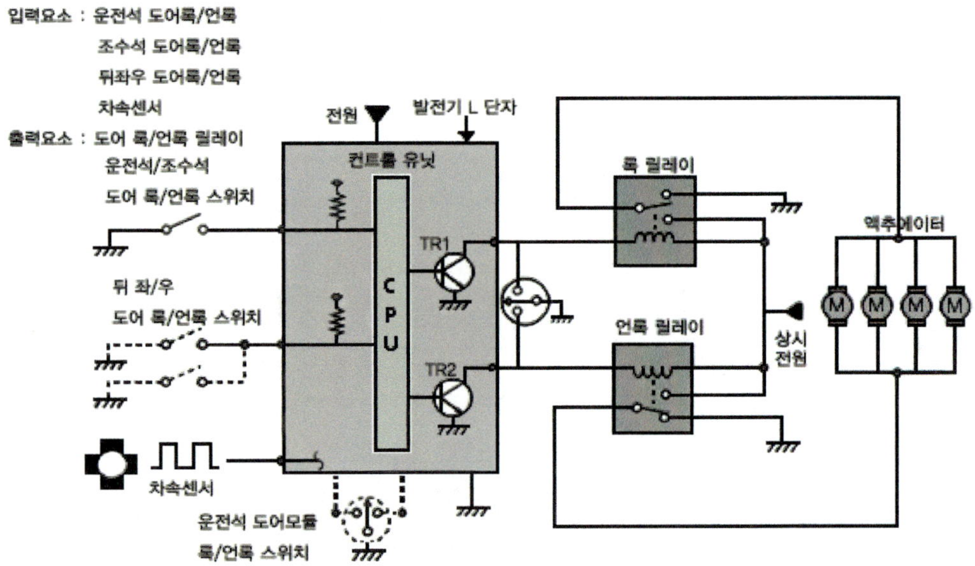

[그림 11.21] 자동 도어록 제어 회로도

11.3.10 충돌감지 언록 제어

이 시스템은 자동차 주행 중에 충돌 사고가 발생하면 차체의 충격을 감지하여 자동으로 모든 도어를 언록(unlock)함으로써 운전자 및 승객이 쉽게 탈출하도록 제어하는 기능이다.

[그림 11.22]에서

① 자동차가 주행 중 충돌하였을 때 에어백 ECU에서 에어백 전개신호를 입력 받아 즉시 모든 도어의 언록 출력을 실행한다.

② 충돌감지 언록 기능은 모든 도어록 조건에 우선 처리한다.

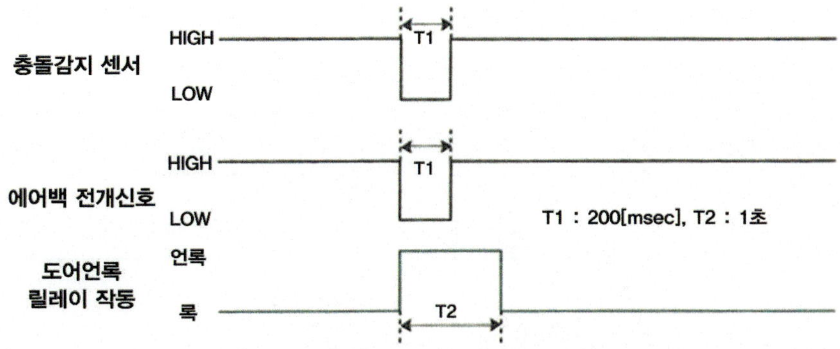

[그림 11.22] 충돌감지 언록 제어 타임차트

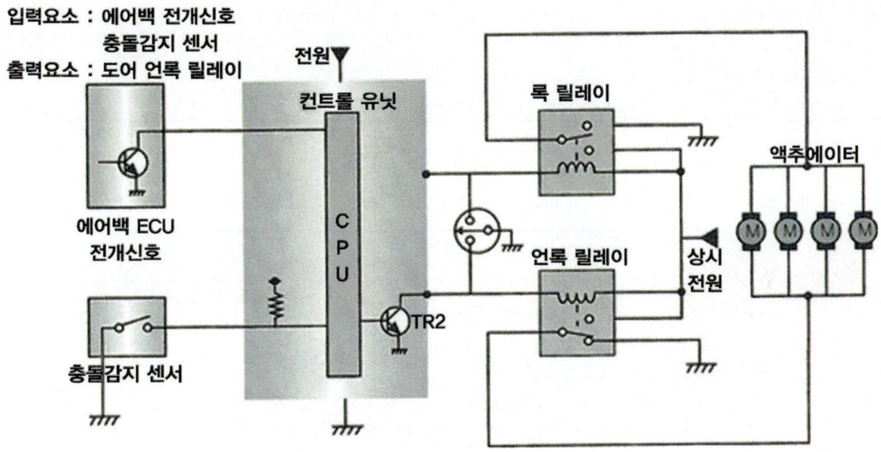

[그림 11.23] 충돌감지 언록 제어 작동 회로도

11.4 키레스 엔트리 기능

키레스 엔트리(keyless entry) 잠금제어는 점화스위치를 사용하지 않고 리모컨으로 도어 록/언록시키는 기능이다.

11.4.1 구성요소

(1) remote control(리모컨)

리모컨은 록/언록 스위치 정보를 무선으로 수신기로 송출한다.

① 도어 잠금 및 도난경계모드 설정

리모컨 조작	lock 버튼을 0.5초 누름
리모컨 상태	버튼 조작 시 LED(표시부)가 점멸
차량상태	도어 잠김
	비상등 1회 정도 작동
	도어 잠김 및 도난경계모드로 진입

② 도어 열림 및 도난경계모드 해제

리모컨 조작	unlock 버튼을 0.5초 누름
리모컨 상태	버튼 조작 시 LED(표시부)가 점멸
차량 상태	도어 잠김 해제
	비상등 2회 정도 점멸
	도어 잠김 해제 및 도난경계모드 해제

③ 도난경보 모드

조작	차량의 도어, 후드, 트렁크가 강제적으로 열린 경우
차량 상태	비상등이 연속적으로 점멸 및 사이렌 연속작동
	시동이 걸리지 않도록 시동회로 차단
경보모드 해제	리모컨의 lock 또는 unlock 버튼 누름

④ PANIC 기능

panic 기능은 차량의 위치 확인 또는 차량 주변에 위험 상황이 있을 경우에 작동하여 위험(도난, 강도 등)에서 벗어날 수 있도록 하는 기능이다.

리모컨 조작	panic 버튼을 0.5초 이상 누름
차량 상태	사이렌이 연속적으로 30초간 울림
패닉모드 해제	panic 버튼 다시 누름

(2) receiver(수신기)

리모컨에서 입력받은 신호가 사전에 등록된 코드와 일치하는지 비교한다. 일치하면 잠금(lock) 시 50 [ms] 동안 트랜지스터를 ON(0 [V])하고, 잠금 해제(unlock) 시 100 [ms] 동안 ON(0 [V])한다.

(3) control unit(제어기)

수신기 TR의 ON/OFF에 따른 전압 및 시간의 변화 및 각종 입력정보를 종합적으로 판단하여 도어 lock 또는 unlock을 실행한다.

(4) actuator(출력)

도난 경계 상태로 진입, 경보, 해제 시 작동되는 요소들이다. 즉 lock, unlock, 비상등 점멸, 사이렌 연속작용을 행한다.

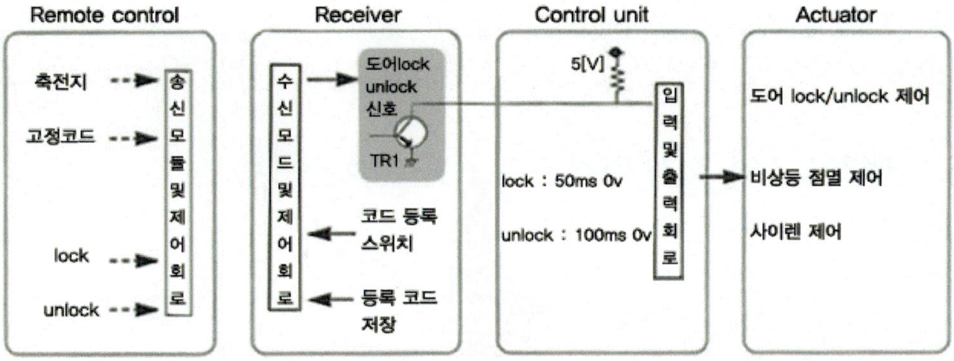

[그림 11.24] 키레스 엔트리 시스템 작동도

11.4.2 작동 회로도

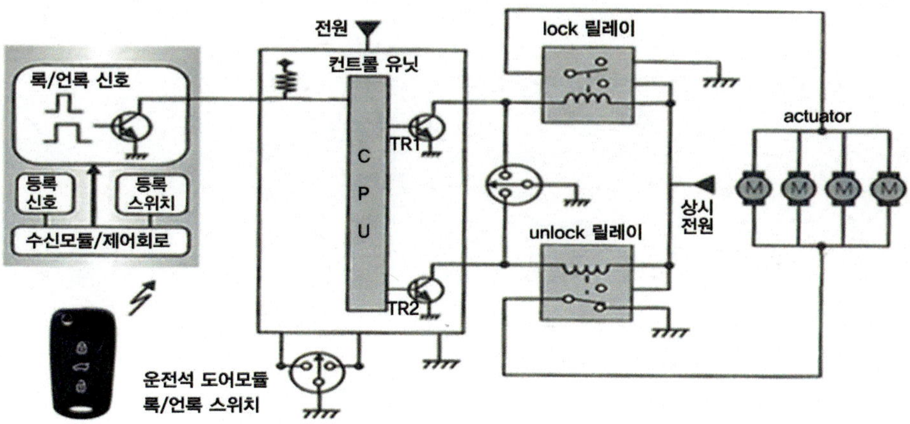

[그림 11.25] 키레스 엔트리 작동 회로도

11.5 통합 운전석 기억장치

통합 운전석 기억장치(IMS : Integrated Memory System)는 운전자가 두 사람 이상인 경우 각각의 운전자에게 맞는 최적의 시트 위치 및 아웃사이드 미러(outside mirror) 위치, 조향 휠 각도(틸트 up/down 위치), 룸 미러 위치, HUD(Head Up Display), 계기판 조명 밝기 등을 간단한 버튼 조작만으로도 기억된 위치로 자동 재생하는 편의장치이다. 또한 차량 후진 시 차량 뒤편의 낮은 장애물을 확인하기 위해 후진기어 선택 시 아웃사이드 미러의 각도가 자동 5° 하향된다(단, 아웃사이드 미러 'L' 또는 'R' 위치에서만 작동되고, 아웃사이드 수동 스위치 중립에 위치하면 아무런 변화 없다).

재생동작이란 운전자 자신이 설정한 운전석 시트 및 미러, 틸트 UP/DOWN 위치가 변해도 IMS 컨트롤 스위치 및 키레스로 운전자가 설정한 위치로 복귀되는 것이다.

11.5.1 메모리 기억 허가 조건

① 점화스위치 ON일 때

② 차속이 3 [km/h] 이하일 때

③ 변속레버의 위치가 'P' 위치일 때

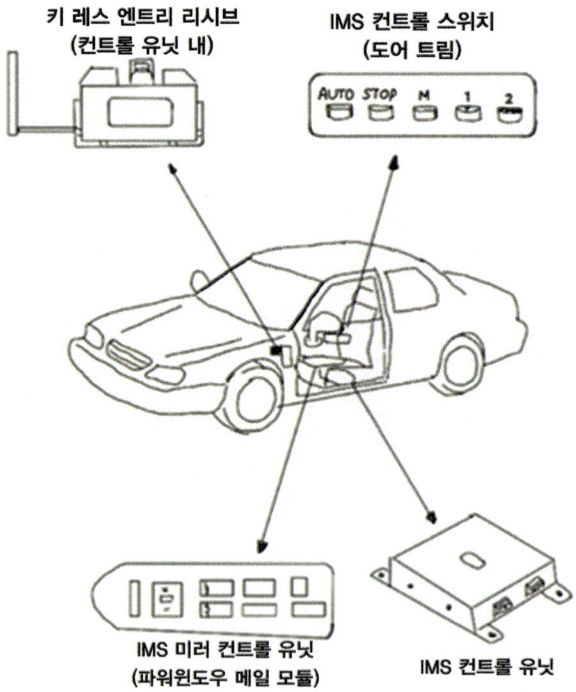

[그림 11.26] IMS 구성요소

11.5.2 IMS 재생금지 조건

① 점화스위치 OFF에 있을 때
② AUTO 스위치가 OFF되어 있을 때
③ 변속레버가 'P' 이외의 위치에 있을 때
④ 파킹 브레이크가 해제(OFF)된 상태일 때
⑤ 재생 동작 중 스톱 스위치 ON인 경우일 때
⑥ 차속이 일정 속도(3 [km/h] 이상)일 때
⑦ 수동 스위치의 조작이 있을 때

11.6 전 · 후방 경보 시스템

전 · 후방(코너) 경보 장치란 주차 시 혹은 저속 주행 시, 차량의 코너 및 전 · 후방 시야 사각지대에 장애물 존재 시 해당 위치의 초음파 센서(앞뒤 각각 4개)가 초음파 [40kHz]를 발사하여 장애물에 부딪혀 되돌아오는 초음파를 수신한 후 컨트롤 유닛에서 차량과 장애물과의 수평거리와 수직거리 및 시간을 계산하여 버저의 경보음을 장애물과의 거리에 따라 1차, 2차, 3차 경보를 울리거나 해당 AV 모니터에 세그먼트(segment : 활 모양의 토막 수준)를 통하여 운전자에게 알려주는 운전 보조 장치이다.

초음파 전송속도(V) = 331.5+(0.6 × 대기온도)로 계산된다.

[그림 11.27] 전 · 후방 경보 장치 입출력 관계

[그림 11.27]에서 IG 스위치 ON 상태, 전후방 경보스위치 ON 상태에서 차속이 전방 10 [km/h] 이하(변속레버 'P' 이외의 위치, 주차브레이크 OFF 상태), 후방 15 [km/h] 이하일 때(변속레버 'R' 위치) 전 · 후방 초음파 센서에 물체가 감지되면 컨트롤 유닛은 센서 신호를 분석하고 장애물의 거리를 판단하여 그 거리에 따라 1차, 2차, 3차로 순차적으로 내부 CPU가 출력단에 연결된 버저 TR을 구동하여 버저를 출력하고 연결된 AV측 LIN통신 라인을 통하여 인디케이터(AV 모니터)를 출력한다.

11.7 도난방지 시스템

최근의 자동차에는 각종 도난을 방지하기 위한 시스템이 대부분 적용되는 추세이며 또한 강화되고 있다. 자동차 도난방지 장치는 도난상황 발생 시 단순한 경보 수준의 시스템부터 이모빌라이저(immobilizer) 시스템까지 다양하게 적용되고 있다. 여기서는 일반적 도난경보와 이모빌라이저 장치를 개략적으로 설명한다.

11.7.1 도난경보 장치

[그림 11.28]에서 보면 도난경보 장치는 대부분 종합경보 장치의 일부 기능으로 적용되며 차량의 도난상황 발생 시 사이렌으로 경보한다. 또한 시동회로를 차단하여 시동이 걸리지 않도록 함으로써 도난을 방지한다.

도난경보 장치는 차량에 등록된 리모컨에 의해 작동된다. 도난 경계모드 진입은 다음과 같다.

① 각 도어 스위치가 모두 닫혀있을 것
② 각 도어 lock 스위치가 lock되어 있을 것
③ 후드 스위치가 닫혀있을 것
④ 트렁크 스위치가 닫혀있을 것

11.7.2 도난경보 장치 회로

경계모드 해제는 도난 경계모드 상태에서 리모컨으로 도어 unlock 신호가 입력되면 경계상태를 해제한다. 또 경보모드 해제는 경보 중 리모컨으로 도어를 unlock하면 unlock 출력을 0.5초 ON하고 비상등 점멸 및 사이렌 구동을 정지하고 도난방지 릴레이를 OFF하여 경계해제 상태로 된다.

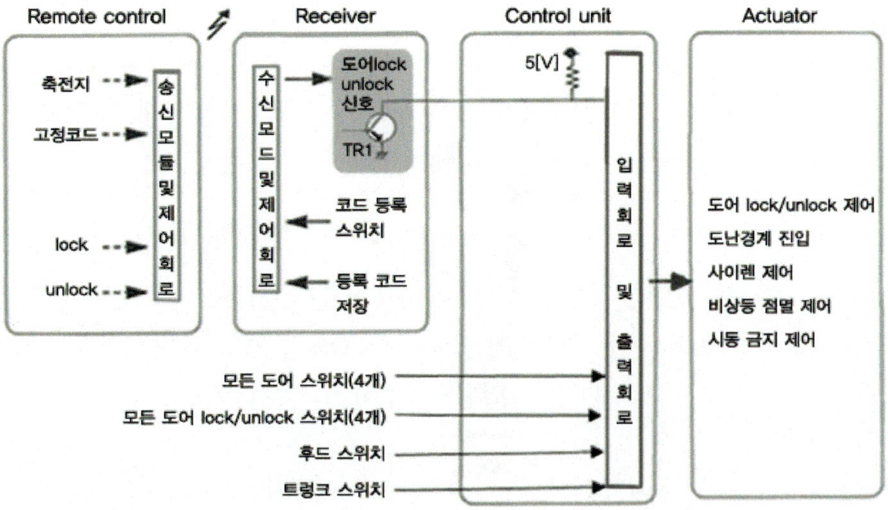

[그림 11.28] 도난경보 장치의 개략도

11.8 이모빌라이저 장치

이모빌라이저 장치(immobilizer system)는 무선통신 방식으로 키의 기계적인 일치뿐만 아니라 무선으로 통신하는 암호코드가 키와 차량이 일치하는 경우에만 시동이 걸리도록 한 도난 방지장치이다.

트랜스폰더, 코일 안테나, 스마트라, ECU로 구성되어 있다. 또한 시스템 장애 시 암호를 이용하여 시동을 걸 수 있도록 한 림프-홈 제어도 실행한다.

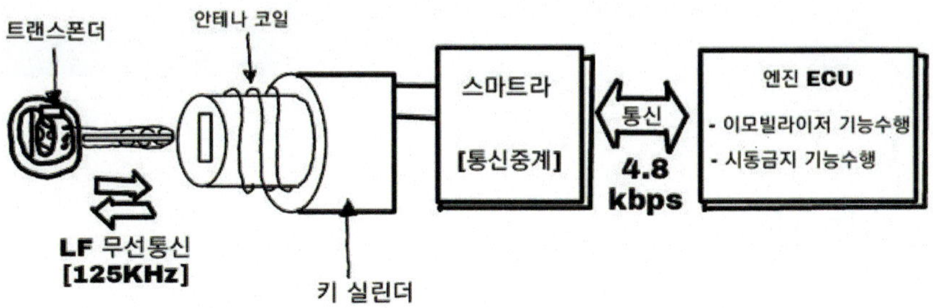

[그림 11.29] 이모빌라이저 시스템

11.8.1 트랜스폰더의 기능

트랜스폰더(transponder)는 IG key의 손잡이 부분에 있는 반도체 부품으로서, 안테나 코일에 흐르는 전류에 의해 무선으로 에너지를 공급 받아 작동하므로 건전지를 사용하지 않아서 반영구적으로 사용 가능하다.

키 정보 및 인증 데이터를 코일 안테나→스마트라를 경유하여 엔진 ECU로 전송한다. 트랜스폰더 등록에는 PIN CODE를 반드시 요구한다. PIN 코드란 차대번호 끝자리로 생성된 6자리 숫자의 암호로 암호화된 프로그램 장비에 의해 자동 생성되는 코드로서 키 등록 시와 ECU 초기화 시 꼭 필요하다.

트랜스폰더 등록 순서는 다음과 같다.

마스터1 IG ON 후(진단 장비를 연결하고 해당 차종의 이모빌라이저 시스템을 선택)→PIN CODE 8자리 입력 후 3초 유지, 탈거→마스터2 IG ON 후 3초 유지, 탈거→마스터3 IG ON 후 3초 유지, 탈거→마스터4 IG ON 후 3초 유지, 탈거→등록 완료

그리고 키 등록을 선택하면 PIN 코드를 입력하라는 메시지가 출력되는데 이후부터는 진단장비(스캐너)가 지시하는 대로 수행하면 된다. 키는 4개까지 입력 가능하다.

11.8.2 코일 안테나의 기능

코일 안테나(coil antenna)은 IG ON 시 스마트라에서 전원을 공급받아 트랜스폰더에 에너지를 공급하는, 즉 트랜스폰더를 충전하는 역할을 한다. 그리고 스마트라와 트랜스폰더 간의 정보 전달을 하는 단순한 신호전달매체로서의 역할을 한다.

[그림 11.30] 코일 안테나 장착위치

[그림 11.31] 스마트라 외형

11.8.3 스마트라의 기능

스마트라(smatra)는 트랜스폰더에서 수신된 키 정보 요구 신호 데이터를 엔진 ECU에 전송하고, IG ON 신호 입력 시 코일 안테나에 전기 에너지를 공급한다. 일종의 통신 중계기 역할을 하며, 어떠한 정보도 저장되지 않는다.

11.8.4 엔진 ECU의 기능

엔진 ECU는 IG ON 시 트랜스폰더에 키 정보 및 인증 데이터를 전송하고, 암호화된 데이터를 해독하여 시동 가능 또는 불가를 판정하여 시동 불가 판정 시 점화 및 연료를 차단한다.

11.9 스마트 키 및 버튼 시동 시스템

아반떼 하이브리드 차량은 차량 보안 시스템으로 이모빌라이저(암호화 스마트라 방식)가 기본 사양으로 장착되며, 스마트 키 및 버튼 시동 시스템이 옵션 사양으로 장착된다.

아반떼 HEV 차량의 스마트 키 및 버튼 시동 시스템은 기존 차량에 이미 적용된 시스템과 비교했을 때 일부 소프트웨어적인 제어 로직에 일부 변경사항이 있을 뿐 부품 구성이나 기능적인 면에서는 큰 차이가 없다. 따라서 아반떼 하이브리드에 장착되어 있는 스마트 키 및 버튼 시동 시스템에 대해 학습해 보도록 하겠다.

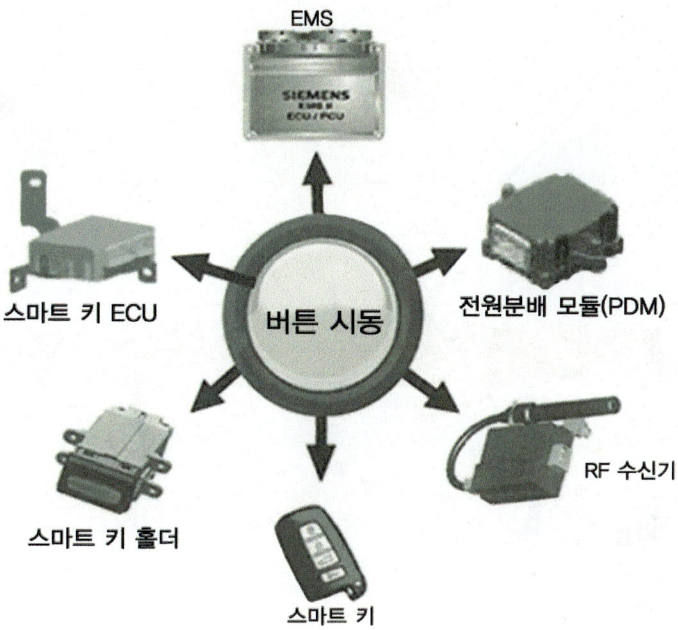

[그림 11.32] 버튼 시동 주요 구성 요소

11.9.1 스마트 키 & 버튼 시동 시스템 구성 및 특징

(1) 시스템 구성

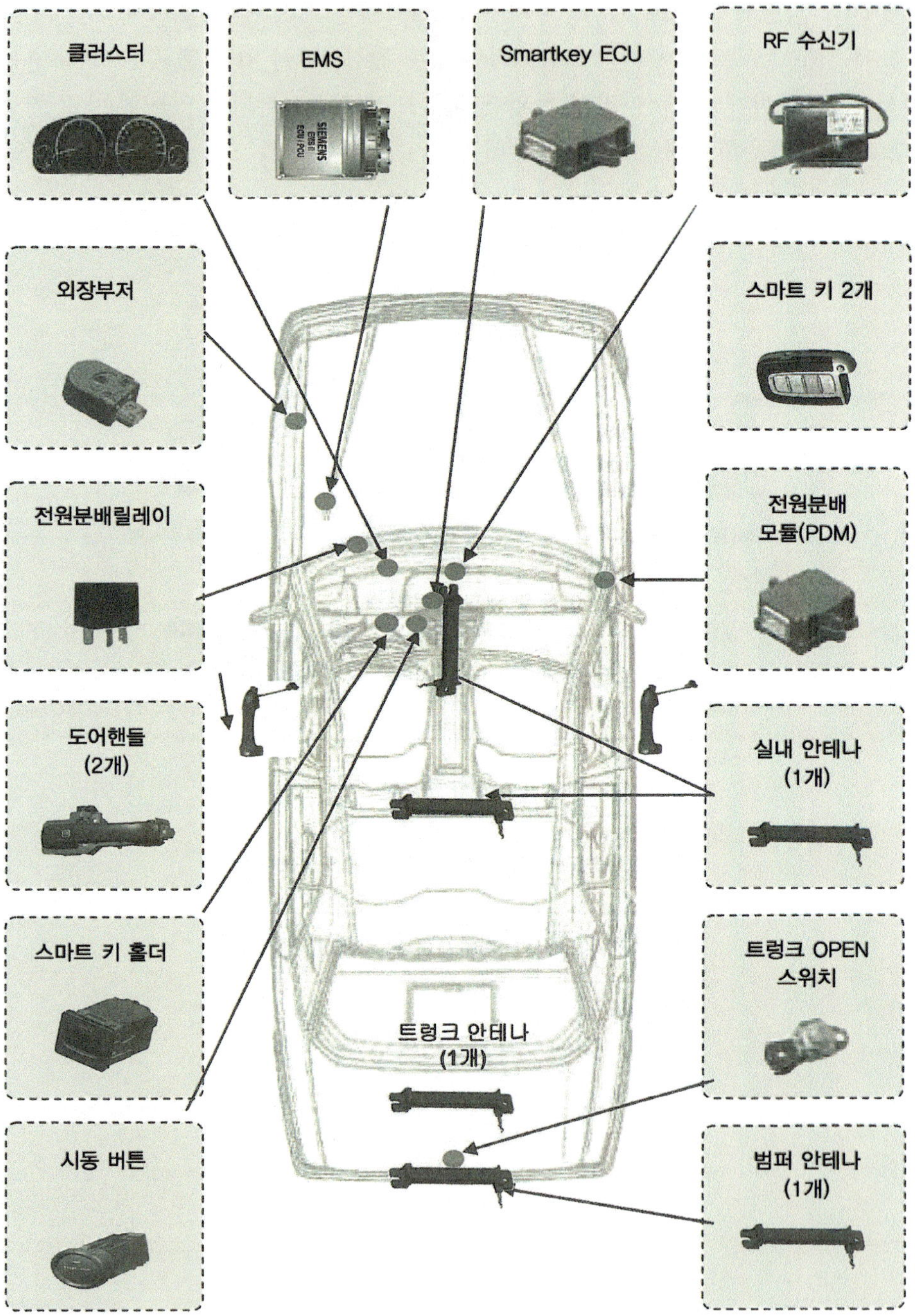

[그림 11.33] 시스템 구성

11.9.2 구성부품 기능 요약

(1) 스마트 키(SMK) ECU

① 보디 CAN 통신을 통해 전원 이동 명령 전송(→ PDM)

② 보디 CAN 통신을 통해 패시브 lock/unlock 명령 전송(→ BCM)

③ 시리얼 통신을 통해 인증 정보 송·수신(↔ 엔진 ECU)

④ 안테나 구동 및 스마트 키 인증

⑤ 유선으로 SSB의 SW2 신호 수신

⑥ CAN으로 SSB SW2 신호를 PDM으로 보냄

⑦ K-라인 통신을 통해 고장진단 지원(↔ 진단장비)

(2) 도어 아웃사이드 핸들(2개)

① 도어 외부 영역의 스마트 키 감지(LF 안테나 내장)

② 패시브 unlock/lock : 버튼 타입 또는 터치 센서

(3) 범퍼 안테나

트렁크 외부 영역의 스마트 키 감지(LF 안테나 내장)

(4) 클러스터 모듈(CLUM)

① 보디 CAN ↔ 파워 트레인 CAN의 정보를 중계하는 게이트 역할

② 하이브리드 & 버튼 시동 관련 경고등 및 경고 메시지 표시

(5) 실내 안테나(2개)

스마트 영역의 스마트 키 감지

(6) 외부 수신기

스마트 키 신호 & 리모컨 신호 수신기

(7) 시동 버튼(SSB)

전원 이동 및 엔진 시동을 걸기 위한 버튼

(8) 스마트 키 홀더

① 스마트 키 인증 불가 시 림폼 시동을 위한 스마트 키 삽입 홀더

② 이모빌라이저 통신 수행 : 이모빌라이저 디모듈레이터 내장

(9) 전원 분배 모듈(PDM)

① 스마트 키 ECU의 신호를 수신 받아 ACC / IGN1 / IGN2 / Start 전원 공급 릴레이 제어
② 이모빌라이저 통신 데이터 확인 및 인증
③ 속도 정보 모니터링(BCM 속도 정보와 TCU 속도 중복 점검)

(10) 전원 분배 릴레이

PDM의 전원 분배 제어용 릴레이(ACC / IGN1 / IGN2 / Start 릴레이)

(11) 스마트 키

외부 수신기(리시버)로 고유 ID 무선 송신 및 리모컨 신호 송신

(12) 트렁크 리드 스위치

패시브 테일 게이트 open 제어를 위한 스위치 신호 입력(→ BCM)

(13) 외부 버저

패시브 도어 lock / unlock 시 확인 음 및 각종 경보 음 발생

(14) 엔진 ECU

① 엔진 상태 정보(시동 off / 크랭킹 / 시동 on 상태 등)를 CAN으로 전송
② 스마트 키 ECU와 시동 허가 관련 정보 송 · 수신(↔ 시리얼 통신)

11.9.3 시스템 제어 입·출력 블록 다이어그램

(1) 입·출력 블록 다이어그램

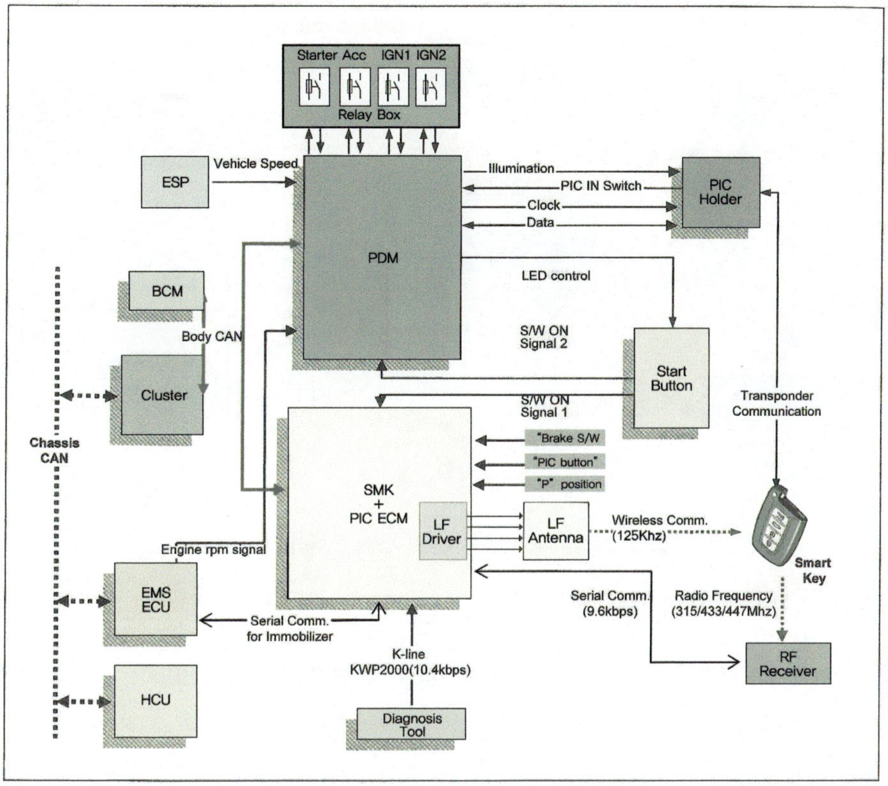

[그림 11.34] 입 · 출력 블록 다이어그램

① 엔진 상태 정보 입력 : HCU는 엔진 상태정보(엔진 크랭킹, 시동 ON 및 LPI 램프 점등상태)를 EMS에서 CAN 통신라인을 통해 받고, 받은 정보를 CAN 라인을 통해 클러스터로 보낸다. SMK ECU와 엔진 ECU 간의 시리얼 통신라인으로는 시동 인증에 필요한 정보(스마트 키 인증 정보 요구 및 응답)만 주고받는다(클러스터 모듈이 파워트레인 CAN과 보디전장 CAN의 중계 역할을 수행함).

② 냉간 시동성 향상을 위해 PDM이 스타팅 출력을 내기 전에 LPI 램프 소등되기까지 기다리는 최대 시간이 7초로 변경되었다.

③ 최대 스타팅 출력 제어시간 : PDM이 스타팅 출력을 낸 후 엔진 ECU로부터 시동 ON 정보가 입력되지 않을 경우(디젤, LPI 최대 25초, 가솔린 15초) 동안 스타팅 출력을 유지한다(엔진 냉각수온에 따라 변동됨).

(2) 버튼 시동 기능 개요(원터치 시동)

(가) 사용자가 FOB 소지 후 SSB 버튼을 누르면 자동 시동 걸림

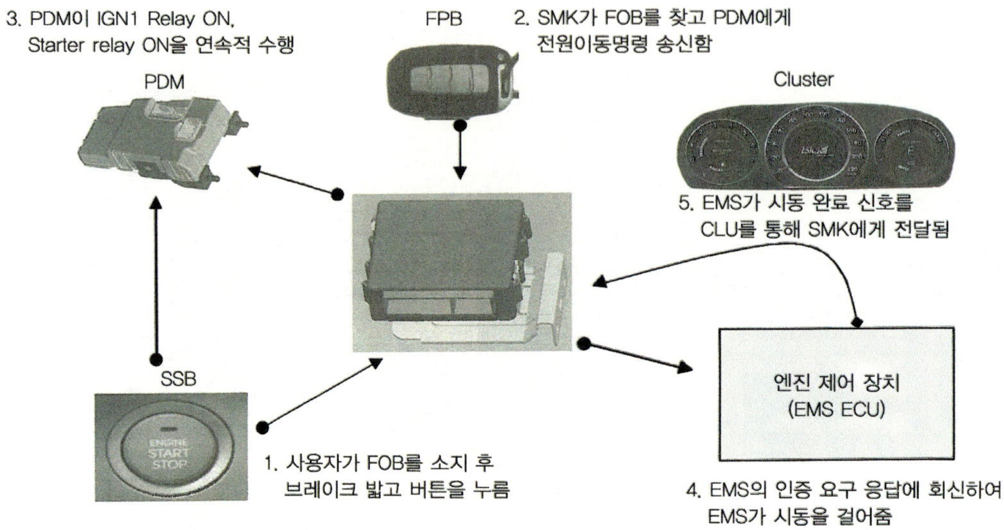

[그림 11.35] 버튼 시동 사이클

(나) 버튼에 의한 엔진 시동

① 스마트 키(FOB) 또는 리모컨 키 기능에 의해 자동차 도어 열림

② 도어 핸들의 푸시 버튼에 의한 구동

③ SMK ECU는 LF 드라이버를 작동→LF 안테나는 FOB 키에 응답 요구

④ FOB는 RF 리시브에 응답→RF 리시버는 SMK ECU에 신호 전송

⑤ SMK는 BCM에 도어 열림 명령을 CAN으로 전송→도어 열림

⑥ 운전자는 'P' 포지션에서 브레이크를 밟고 SSB 버튼을 누름

⑦ PDM은 SMK 요구에 따라 차량 전원 상태 변경(ACC / IG1 / IG2 / OFF)

⑧ PDM은 시동 릴레이(start motor relay)를 작동시킴

⑨ 시동 모터는 엔진과 크랭크 회전→최종 엔진 시동

⑩ 만약 운전자가 엔진을 정지하기 원하면 SSB 버튼을 누름

⑪ 엔진 정지→PDM은 차량 전원 상태 변경(ACC / IG1 / IG2 / OFF) 엔진 시동이 걸릴 때까지 브레이크가 ON상태 유지되어야 함

⑫ 주행 중 신호 대기 등을 위해 정차 시 브레이크 ON 시 idle stop 상태 진입 : 버튼시동 스마트 키는 IGN-HEV 상태 유지

⑬ idle stop 상태 진입 후 주행을 위해 브레이크 OFF하면 엔진 시동 ON되며, 버튼시동 스마트 키는 엔진 running 상태로 이동

11.9.4 버튼 엔진 시동 관련 주요동작 조건

(1) 전원 ON / 시동 ON 조건

스마트 키를 가지고 차량 실내에서 브레이크를 밟지 않고 또는 브레이크를 밟고 버튼을 누르는 것에 따라 OFF → ACC → IGN → OFF로 전원이 바뀐다(단, P단이 아닌 경우 ACC → IGN을 반복, OFF로 전환 불가). 스마트 키를 가지고 P/N단 위치에서 브레이크를 밟고 버튼을 누르면 시동이 가능하다.

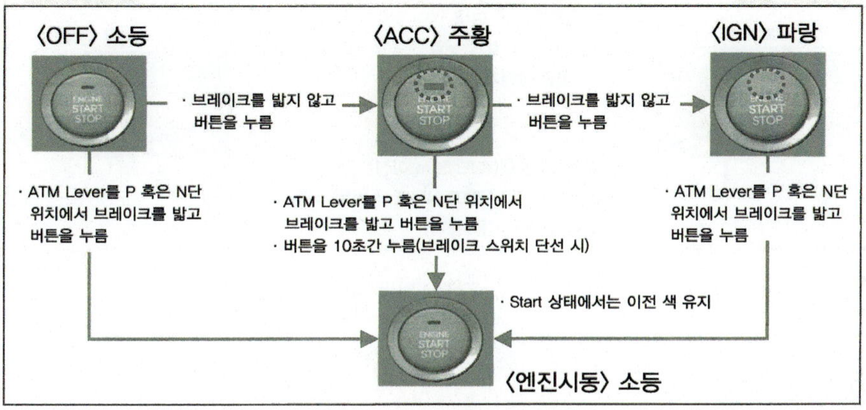

[그림 11.36] 시동 ON 조건

(2) 전원 OFF/시동 OFF 조건

차량 정지 상태에서만 시동 OFF 가능하다(시동 OFF는 ATM lever 위치 무관하게 가능). N단 주차를 위해서는 P단에서 전원 OFF 후, ATM Lever shift release 버튼을 누르고 lever를 이동해야 한다(기존 PIC 스마트 키와 동일).

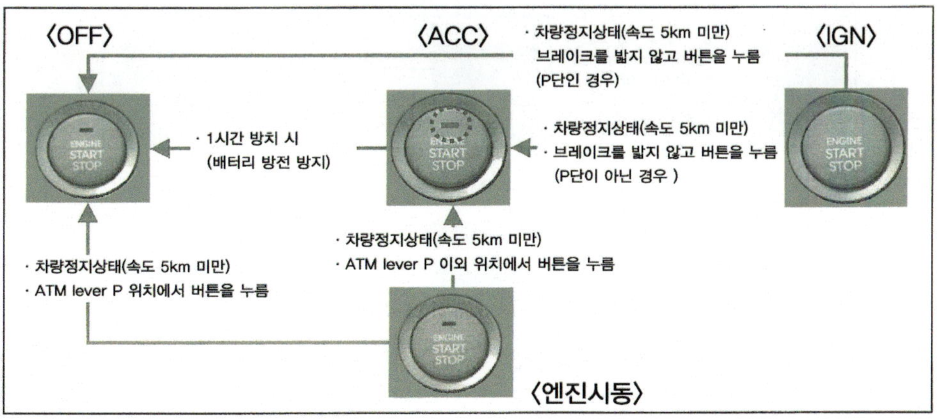

[그림 11.37] 시동 OFF 조건

(3) 주행 중 강제 시동 끄는 방법 및 재시동

차량 전복 시 및 비상 시(예 : 악셀 페달 리턴 불량) 강제로 시동을 끄는 방법은 주행 중에는 버튼을 2초 동안 길게 누르거나 버튼을 연속 3번 이상 누르면 되며, ACC 상태가 된다. 이후 30초간은 실내 스마트 키 유무와 상관없이 재시동이 가능하며, 속도가 있는 상태에서는 브레이크를 밟지 않고 N단에서 버튼만 눌러도 시동이 가능하다(단, D/R단에서는 시동 불가).

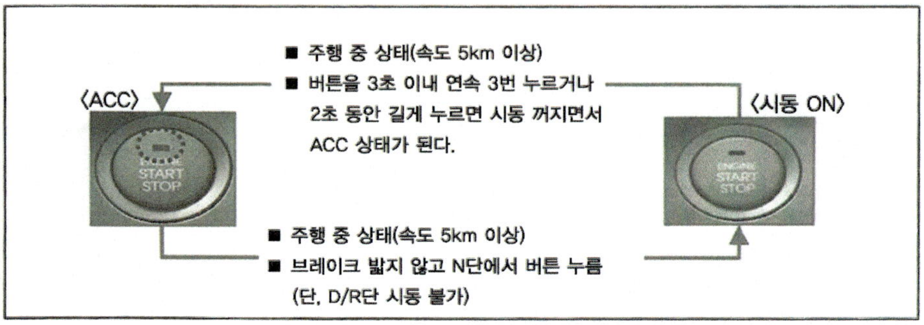

[그림 11.38] 주행 중 강제 시동 끄는 방법 및 재시동

(4) Auto Stop 시

주행 중 차량 정차로 인해 Auto Stop 진입 시에는 IGN HEV Start에 진입하며, 기존 IGN 상태 진입과 동일하게 동작한다.

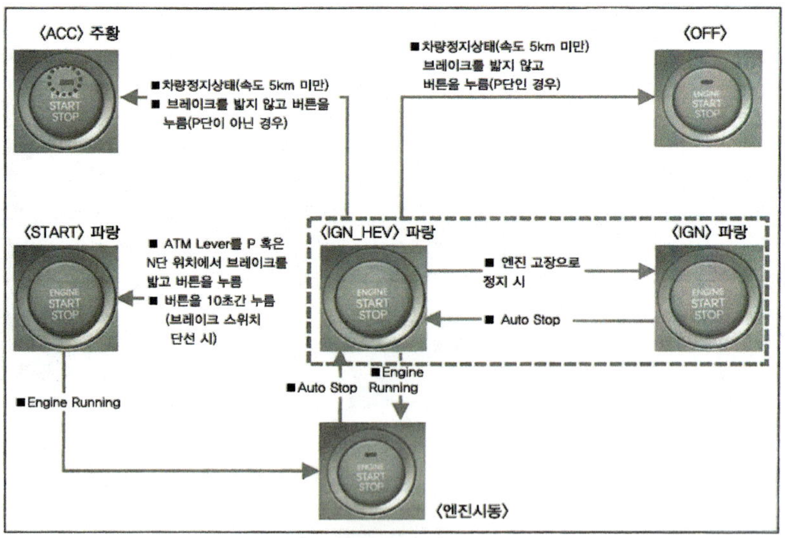

[그림 11.39] Auto Stop 시

11.9.5 인증 및 immo indicator(IND) 동작

(1) 인증

인증(authentication)은 사전 인증과 일반 인증 두 가지로 구분된다.

(가) 사전 인증

성공 또는 실패에 상관없이 클러스터(계기판)에 이모빌라이저 IND OFF 유지한다.

(나) 일반 인증

인증 성공 시 이모빌라이저 IND ON, 실패 시 점멸, 스마트 키 홀더 LED 점멸된다.

(다) 사전 인증이 이루어지는 조건

① IGN OFF 상태 및 실내에 스마트 키가 있는 상태에서 운전석 도어가 열림(30초간 실내에서 3초 주기로 스마트 키를 찾는다).

② OFF 상태 및 실내에 스마트 키가 있는 상태에서 운전석 도어를 닫을 경우

③ 스마트 키를 스마트 키 홀더에 삽입하는 경우

④ 실내에 스마트 키 있는 상태에서 브레이크 페달을 밟는 경우

(라) 일반 인증이 이루어지는 조건

실내에 스마트 키가 있는 상태에서 SSB를 누를 경우이다.

인증 실패 경보 문구 1

인증 실패 경보 문구 동작 없을 때
인증이 최초 실패한 경우(10초)

인증 실패 경보 문구 2

인증 실패 경보 문구 1 or 2 동작중
인증이 다시 실패한 경우(10초)

[그림 11.40] 인증 실패 문구

(2) 보급형 스마트 키 시스템과 비교 테이블

버튼 엔진 시동 시스템과 보급형 스마트 키 시스템에서 주행 중 엔진 정지 또는 시동 꺼짐에 대비하여 FOB 키가 없을 경우에도 시동을 허용하기 위한 인증 타이머는 [표 11.4]와 같다.

[표 11.4] 인증 타이머

구 분	버튼 스타트 시스템	보급형 스마트 키 시스템
일반인증 성공	30초 ON	10초 ON
일반인증 실패	10초 점멸	5초 점멸

11.9.6 ID out warning

(1) 제어 기능 설명

IGN ON 또는 ACC 이상에서 사용자가 스마트 키를 소지하고 차량을 이탈할 경우 버저로 경고한다.

(2) 입·출력

작동조건 (모든 조건 만족 시 진입)	• ACC 이상 • 실내에 스마트 키 없음 • 하나의 도어라도 열림
입력	• 모든 도어 닫힘
출력	• 실내 안테나 • 외장 및 내장 음영 발생(5초)

(3) 실내 스마트 키가 없는 경우의 작동순서

① 사용자가 ACC 또는 IGN 상태에서 스마트 키를 가지고 차량을 떠나는 것을 방지하기 위한 기능 중 하나이며, 모든 문이 닫히는 순간 시작된다.

② 스마트 키-in이 아닌 경우만 스마트 키를 찾는다.

③ 실내 스마트 키가 없음을 확인한다.

④ SMK은 모든 인증 정보를 취소하면(단, 엔진 시동 상태 제외), 외장 버저를 5초간 구동하고 BCM이 클러스터 모듈에 내장 버저 5초간 구동 명령을 송신한다.

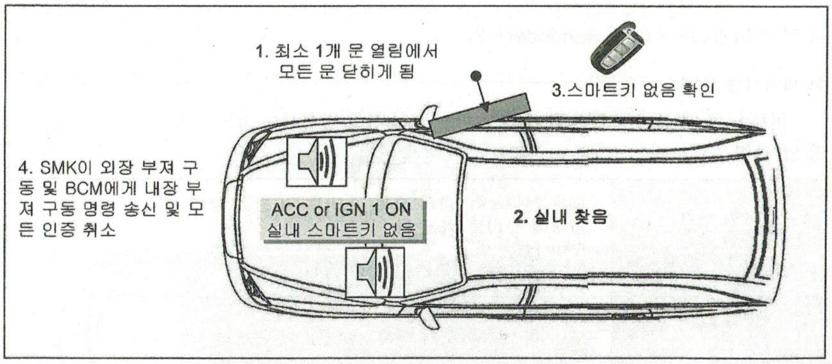

[그림 11.41] 스마트 키가 없는 경우 순서

(4) 실내 스마트 키가 있는 경우 작동순서

① 사용자가 ACC 또는 IGN 상태에서 차량을 떠나는 것을 방지하기 위한 기능 중 하나이며 모든 문이 닫히는 순간 시작된다.

② 스마트 키-in이 아닌 경우만 FOB를 찾는다.

③ 스마트 키가 있는 것을 확인한 경우 ID out 경보 중이면 관련 정보를 중지한다.

④ 엔진 시동 상태가 아닌 경우 일반 인증을 위해 다시 한 번 스마트 키를 찾는다. 엔진 시동 상태인 경우 기능이 종료된다.

⑤ 스마트 키를 찾는 경우 30초간 인증을 유지한다.

11.9.7 키 리마인더 1

(1) 제어기능 설명

key reminder-1은 실내에 스마트 키가 존재한 상태로 도어를 열고 하나의 도어라도 록을 실행하면, 실내 스마트 키 감지 후 전 도어 unlock을 실행한다.

(2) 입·출력

작동조건 (모든 조건 만족 시 진입)	• 실내 스마트 키 존재 • 도어 열림 • 도어 lock 실행
입력	• 도어 스위치 • 도어 lock 액추에이터 정보(BCM → SMK)
출력	• 실내 안테나-1,2 • 도어 unlock 명령(SMK → BCM)

(3) 작동 순서

① 실내에 스마트 키가 존재하는 상태로 도어를 연다(1개 이상).

② 하나 이상의 도어 lock을 실행한다.

③ 실내 안테나를 구동하여 스마트 키가 응답하면 SMK은 BCM으로 도어 unlock 제어신호를 보낸다.

11.9.8 키 리마인더 2

(1) 제어기능 설명

도어를 닫을 때 래칫 불량에 의한 원치 않는 도어 lock을 방지하는 기능이다.

(2) 입·출력

구분	내용
작동 조건 (모든 조건 만족 시 진입)	• 모든 전원 OFF, 경계 해제, 스마트 키 탈거 상태 • 실내에 스마트 키 존재 • 도어 닫힘 • 0.5초 이내에 액추에이터 lock 감지
입력	• 도어 스위치 • 도어 lock 액추에이터 상태정보(BCM→SMK)
출력	• 실내 안테나-1,2 • 도어 unlock 제어신호(SMK→BCM) • 외장 버저(3초)

(3) 작동 순서

① 실내에 스마트 키가 존재하는 상태로 도어를 닫는다(모든 도어).

② 0.5초 이내에 도어 lock이 발생된다(외적요인, 문을 닫는 순간 힘에 의해 닫힘).

③ 실내 안테나를 구동하여 스마트 키가 응답하면 SMK는 BCM으로 도어 unlock 제어신호를 보내고 외장 버저를 5초 동안 구동하여 경고한다.

11.9.9 도어 lock 경고 1

(1) 제어기능 설명

door lock warning-1은 ACC 상태에서 스마트 키 lock을 실행하기 위해 도어 핸들의 lock 버튼을 누르면 버저를 작동하여 경고한다.

(2) 입·출력

작동 조건 (모든 조건 만족 시 진입)	• ACC 이상 • 도어 닫힘 • 스마트 키 도어 lock 실행
입력	• 도어 스위치 • 도어 핸들 내 lock/unlock 스위치
출력	• 도어 핸들 안테나 • 외장 버저(3초)

(3) 작동 순서

① ACC 이상 전원이 인가되어 있는 상태로 도어를 닫는다.

② 아웃사이드 핸들의 도어 lock/unlock 버튼을 누른다.

③ 해당 도어 핸들 안테나를 구동하여 스마트 키가 감지되면 도어 lock을 수행하지 않고 외장 버저를 3초간 구동하여 경고한다.

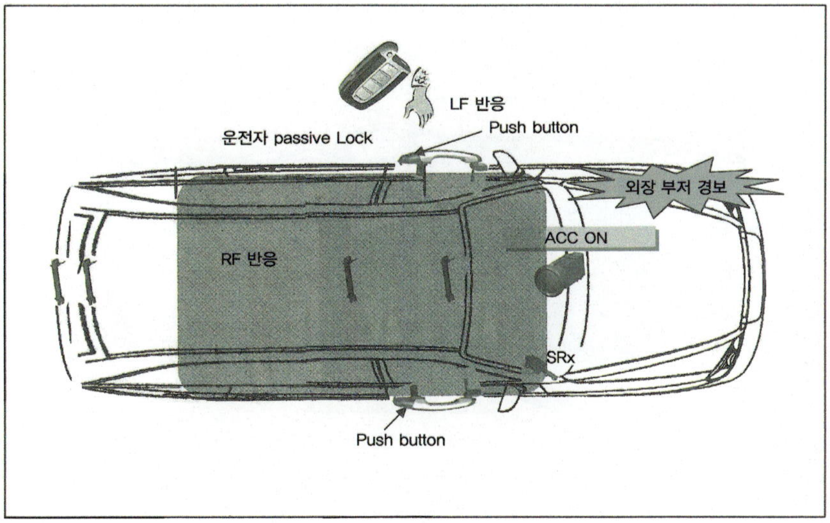

[그림 11.42] 도어 록 경고 1

11.9.10 도어 lock 경고 2

(1) 제어기능 설명

door lock warning-2는 경계진입 가능조건에서 도어가 열린 상태로 스마트 키 lock을 실행하면 외장 버저를 구동하여 경고한다.

(2) 입·출력

작동 조건 (모든 조건 만족 시 진입)	• 경계진입 가능 조건 • 도어 열린 상태 • 스마트 키 도어 lock 실행
입력	• 도어 스위치 • 도어핸들 내 lock/unlock 스위치
출력	• 도어핸들 안테나 • 외장 버저(3초)

(3) 작동 순서

① 도어가 열린 상태이다.

② 아웃사이드 핸들의 도어 lock/unlock 버튼을 누른다.

③ 해당 도어핸들 안테나를 구동하여 스마트 키가 감지되면 도어 lock을 수행하지 않고 외장 버저를 3초간 구동하여 경고한다.

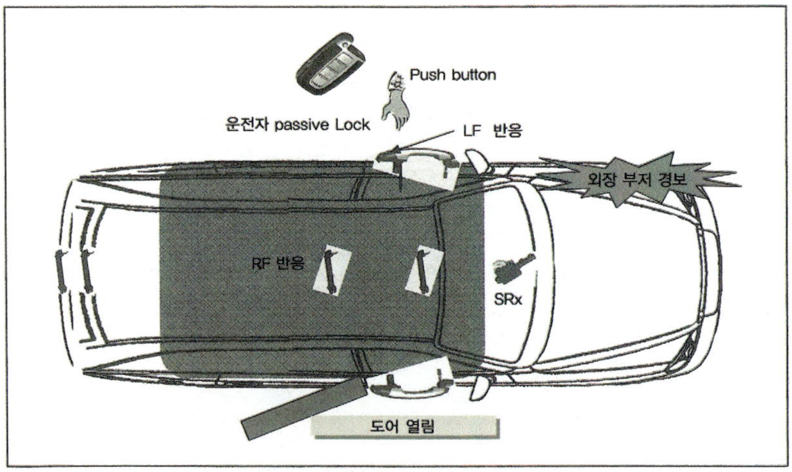

[그림 11.43] 도어 록 경고 2

11.9.11 도어 lock 경고 3

(1) 제어기능 설명

door lock warning-3는 경계진입 기능 조건에서 실내에 스마트 키가 존재할 경우 스마트 키 lock을 실행하면 도어가 잠기지 않으며 외장 버저를 구동하여 경고한다.

(2) 입·출력

작동 조건 (모든 조건 만족 시 진입)	• 경계진입 가능조건 • 실내에 스마트 키 존재
입력	• 도어 핸들 내 lock/unlock 스위치
출력	• 실내 안테나-1,2 • 외장 버저(3초)

(3) 작동 순서

① 경계진입이 가능한 조건에서 실내에 스마트 키가 존재한다.

② 도어핸들에 장착된 lock/unlock 버튼을 눌러 스마트 키 lock을 실행한다.

③ 실내 안테나를 구동하여 스마트 키가 감지되면 도어 lock을 실행하지 않고 외장 버저를 3초간 구동하여 경고한다(리모컨 lock 버튼을 누를 경우 기능에 관계없이 도어 lock 가능).

11.9.12 스마트 키 없음 경고

(1) 제어기능 설명

① key out lamp warning은 ACC ON 또는 IGN ON 상태에서 차량이 정지 상태이고, 문이 열려 있는 상태에서는 3초에 한 번씩 실내를 찾고 스마트 키가 없으면 램프 워닝을 한다.

② 모든 문이 닫혀 있는 상태에서는 스마트 키를 한 번 찾으면 경보가 OFF되고 다시 찾지 않는다.

(2) 입·출력

작동 조건 (모든 조건 만족 시 진입)	• ACC 이상 전원인가 시 • 실내에 스마트 키 존재
입력	• 도어 스위치
출력	• 실내 안테나-1,2 • key out 인디케이터 점멸

(3) 작동 순서

① ACC 이상 전원인가 상태에서 도어를 연다(OFF, Start를 제외한 나머지 상태).

② SMK은 3초 주기로 실내의 스마트 키를 감지한다.

③ 만일 스마트 키 응답이 없으면 key out 인디케이터를 점멸하여 경고하고 모든 인증을 취소한다(단, 엔진 시동 상태인 경우 인증을 취소하지 않는다).

④ 도어가 닫힌 후 실내에 스마트 키가 발견되면 도어가 열리기 전까지 찾지 않는다(ID out warning과 달리 재인증을 하지 않는다).

스마트 키가 없는 경우 도어의 상태에 관계없이 스마트 키를 찾을 때까지 3초마다 스마트 키를 찾는다(단, 차량 속도가 3 [km/h] 이상이거나 전압이 9 [V] 이하인 경우 스마트 키 찾기를 종료하고 경보도 종료한다).

11.10 자동차에 이용되는 통신 종류

11.10.1 CAN 통신

CAN(Controller Area Network) 통신이란 컴퓨터와 컴퓨터 사이(파워 트레인)에서 병렬로 신호를 주고받는 자동차 전용 프로토콜(protocol)이다. 독일의 로버트 보쉬사가 국제특허를 취득한 컴퓨터 통신방식이며, 전장 회로의 이상 상태를 컴퓨터로 점검할 수 있음과 동시에 배선 수가 현저하게 줄어든다.

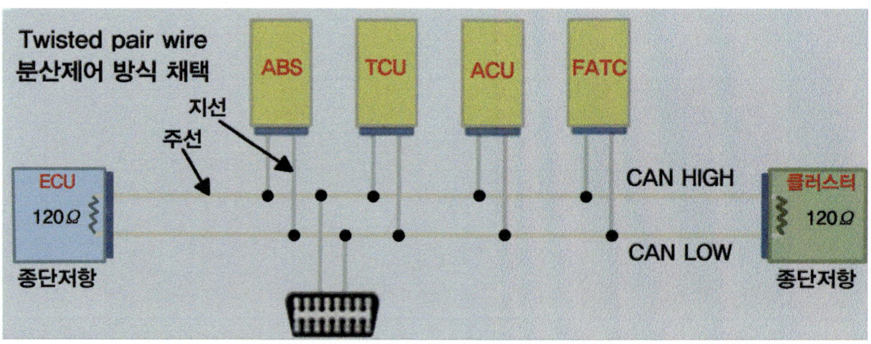

[그림 11.44] CAN 통신 시스템

주) ① 종단(termination)저항은 반사파 신호 없이 일정하게 전압을 흘려보내기 위해 설치.

② 1선에 고장이 발생되어도 또 다른 선에 의해 정상적인 통신이 가능하도록 됨.

(1) CAN 통신 점검

자동차에 가장 많이 이용되는 통신은 CAN 통신이다. 이 CAN 통신에는 C-CAN, B-CAN, M-CAN, …, GATE WAY 등 다양한 통신들이 있다. 본 교재에서는 C-CAN 중심으로 점검하는 방법을 알아본다. [그림 11.45]와 같이 HIGH선이 단선되었을 때의 저항값과 정상상태에서의 저항값 등을 비교하여 [표 11.5]에 나타냈다.

(가) 저항측정

엔진 룸 퓨즈 박스 내에 설치되어 있는 다기능 체크 커넥터 또는 실내 퓨즈 박스 부근에 있는 자기진단 점검단자(DLC)에 멀티 테스트기를 설치하여 저항을 점검한다. 이때는 반드시 점화 스위치를 OFF한다.

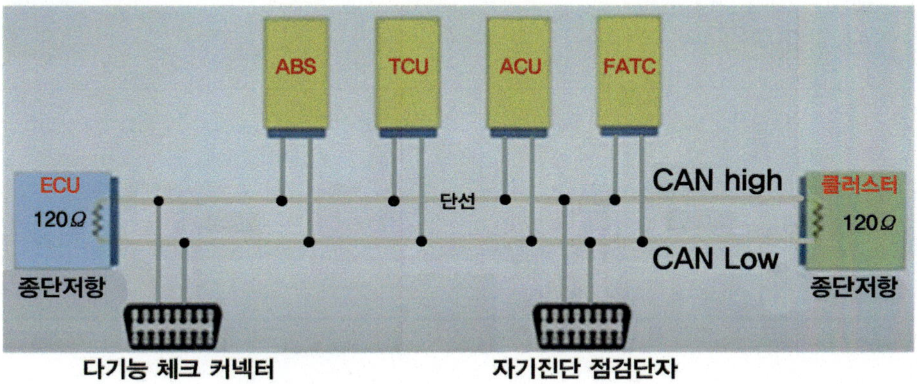

[그림 11.45] CAN HIGH 단선회로(예)

[표 11.5] 각 위치에서의 저항값

저항 측정 위치	측정값	설명
다기능 체크 커넥터 HIGH–LOW	120 [Ω]	정상적인 회로 구성이라면 60 [Ω]이 측정된다. 이는 단선이 발생되었음을 알 수 있다.
자기진단 점검단자 HIGH–LOW	120 [Ω]	정상적인 회로 구성이라면 60 [Ω]이 측정된다. HIGH나 LOW 배선 중 어느 한 곳 이상에서 단선되었다.
다기능 체크 커넥터 HIGH와 자기진단 점검단자 HIGH	240 [Ω]	정상적인 회로 구성이라면 0 [Ω]이 측정된다. 이는 회로가 병렬에서 직렬로 전환되었음을 알 수 있다.
다기능 체크 커넥터 HIGH와 자기진단 점검단자 LOW	120 [Ω]	정상적인 회로 구성이라면 60 [Ω]이 측정된다. HIGH나 LOW 배선 중 어느 한 곳 이상에서 단선되었다.
다기능 체크 커넥터 LOW와 자기진단 점검단자 LOW	0 [Ω]	정상적인 회로 측정 시와 동일하다. 즉 CAN LOW 배선은 정상임을 알 수 있다.

※ ① 정상회로에서 HIGH와 LOW 단락 시 : 0 [Ω]
② 정상회로에서 HIGH 또는 LOW 차체(접지) 간의 저항은 60 [Ω]
③ 정상회로에서 HIGH와 LOW 두 선 모두 단선 시 저항은 120 [Ω]

(나) 스캐너로 통신 가부 확인

스캐너(자기진단 장비)로 엔진 룸 퓨즈 박스 내에 설치되어 있는 다기능 체크 커넥터 또는 실내 퓨즈 박스 부근에 있는 자기진단 점검단자(DLC)에 스캐너를 설치하여 각 모듈 통신 여부를 확인하는 방법을 알아본다([표 11.6] 참조).

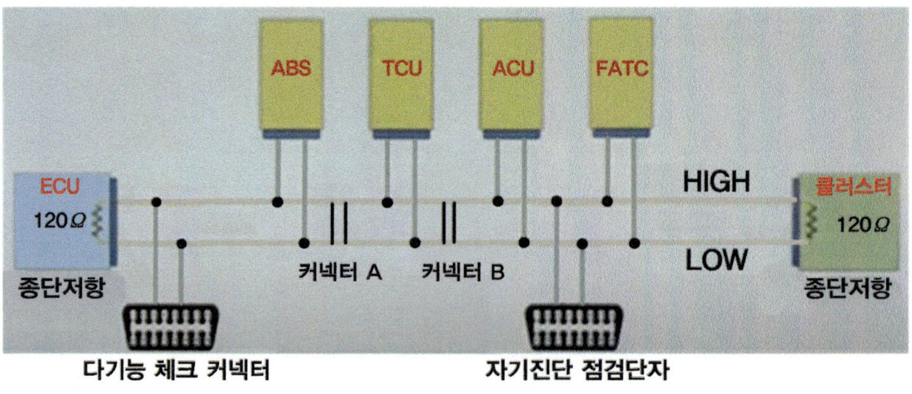

[그림 11.46] C–CAN 회로(예)

[표 11.6] 각각의 커넥터 탈거 후 통신 가부

상 태	측정 부위	통신 가부	고장코드(DTC)
커넥터 A 탈거	다기능 체크 커넥터	통신 가능 : ECU, ABS	CAN TIME OUT
		통신 불가 : TCU, ACU, FATC, 계기판	CAN BUS OUT
	자기진단 점검단자	통신 가능 : TCU, ACU, FATC, 계기판	CAN TIME OUT
		통신 불가 : ABS, ECU	CAN BUS OUT
커넥터 B 탈거	다기능 체크 커넥터	통신 가능 : ECU, ABS, TCU	CAN TIME OUT
		통신 불가 : ACU, FATC, 계기판	CAN BUS OUT
	자기진단 점검단자	통신 가능 : ACU, FATC, 계기판	CAN TIME OUT
		통신 불가 : TCU, ABS, ECU	CAN BUS OUT

※ 고장코드가 CAN Message Error일 때 : ① 정보를 보내는 ECU가 이상하다고 판단될 경우
② 정보 범위가 정상을 벗어난 경우
③ Check sum 후 판단이 필요할 경우

※ 병렬회로에서 어느 한 선이 차체와 단락되면 전위차가 없어져 전체 모듈에 통신 불가

11.10.2 LAN(다중 통신장치)의 특징

LAN(Local Area Network)은 사무 자동화, 공장 자동화 등을 위해 한정된 지역 내의 여러 정보 기기들을 효과적으로 연결시켜 모든 정보 기기들이 자유롭게 정보를 교환할 수 있게 해주는 통신 네트워크(network)의 일종이다. 그 특징은 다음과 같다.

① 다양한 통신장치와 연결이 가능하고 확장 및 재배치가 가능하다.
② 사용 커넥터 및 접속점을 감소시킬 수 있어 통신장치의 신뢰성을 확보한다.
③ 기능 업그레이드를 소프트웨어로 처리하므로 설계 변경의 대응이 쉽다.
④ LAN 통신을 함으로써 자동차용 배선이 가벼워진다.

11.10.3 MOST 통신

MOST(Media Oriented System Transport) 통신은 광케이블을 이용하여 오디오, 비디오 등에 제어 정보를 전송하는 신 시스템이다. MOST는 다양한 기능과 향상된 성능의 멀티미디어 기술로서 자동차 내에서 적용될 수 있는 다양한 분야의 멀티미디어 시스템(AV, 내비게이션, 오디오, phone, TV, DVD 등)을 위한 통신 매체로 적용하는 추세이며, 통신방식 중 데이터 송수신이 가장 빠르다. 특징은 loop system(순환 구조)으로 제어된다는 점이다.

11.10.4 플렉스레이(flexray) 통신

데이터 전송은 2개의 채널에서 각각 2개의 배선(플러스와 마이너스)을 이용한다. CAN 통신보다 20배 정도 빠르고 신뢰성이 높지만 고가이다. 이 버스는 주로 데이터의 전송속도가 높으면서도 안전도를 필요로 하는 제동장치, 전동식 조향장치, 전자제어 현가장치 등에 사용된다.

11.10.5 LIN 통신

LIN(Local Interconnect Network)은 주로 모듈과 센서 및 액추에이터(선루프, 사이드 미러, 운전석 시트 자동 복귀 장치, 조향 휠 틸트 각도, 후방주차 보조 장치 등) 간의 데이터 전송에 사용된다.

LIN 통신의 특징은 다음과 같다.

① 데이터 전송 최대속도는 19.2kBd(bps)이다(가장 느리다).
② 데이터는 1개의 배선(단선)을 통해서 전송된다.
③ 주소를 기반(address based)으로 하는 데이터 전송이다.
④ 자동차 바디전장 통신에 주로 이용된다.

11.10.6 KWP2000(K-라인) 통신

운전석 패널 하단에 있는 자기진단 점검단자 DLC(Data Link Connector) 커넥터를 통해 진단기와 ECU 간에 통신하는 방식이다. 통신 프로토콜은 보통 ISO9141-2를 사용하거나 KWP(Key Word Protocol)-2000을 많이 사용한다. 최근 차량은 CAN 통신을 통한 진단을 실행하기도 한다.

11.10.7 각종 통신장치의 특징

정보를 주고받는 모든 행위를 통신이라고 한다. 통신 중 PWM(Pulse Width Modulation), MUX(Multiplex)는 단방향 통신이 일부 적용되고, 그 외 자동차에서는 양방향 통신이 이용된다. 자동차에 이용되는 각종 통신장치를 [표 11.7]과 같이 간단하게 정리하였다.

[표 11.7] 자동차에 이용되는 통신장치의 특징

구 분	K-line	KWP 2000	Lin 통신	저속 CAN	고속 CAN	MOST	Flexray
표 준	ISO9141	ISO14230	Lin 협회	ISO11898-1 ISO11898-3	ISO11898-2 ISO11898-5	협회	ISO1745 8-1
통신 주체	Master Slave	Master Slave	Master Slave	Multi masta	Multi masta	순환 구조	Multi masta
통신 속도	4.8kbps	10.4kbps	19.2kbps	100kbps	500kbps	25Mbps	5Mbps
통신 라인	1선	1선	1선 (back up 라인 보유)	2선	2선	광 케이블	2선 /4선
bit time	208μ s	96μ s	50μ s	10μ s	2μ s	44ns	
적 용	이모빌라이저 인증	스캐너 통신	바디전장 on/off 장치	바디전장	파워 트레인	멀티 미디어	고성능 파워 트레인
특 징	데이터 요구 후 응답 진단장비가 마스터		싱글마스터 멀티플 슬레이브	1선 가능	통신 고장 민감	외부 잡음 강함	통신 고장 민감
기준 전압	12V	12V	12V	5V	2.5V		2.5V

주) ① Multi master 방식 : 모든 CAN 구성 모듈은 정보 메시지 전송에 자유 권한이 있음

② CAN 통신 방식 : 비동기식 직렬 고속통신을 택함

③ Low Speed CAN : 125Kbps 이하. 바디전장 또는 진단기에 응용

④ High speed CAN : 125Kbps 이상. 실시간(real time) 제어에 응용

* bps(bit per second) : 1초 동안에 전송할 수 있는 비트 수(0.1)

⑤ 기준 전압 : 시스템이 작동하지 않을 시 전압

⑥ 고성능 파워 트레인 : 제동장치(ABS), 전동식 조향장치(MDPS), 전자제어 현가장치(ECS) 등

CHAPTER 12

최신 전기전자 기술 및 자율주행 시스템

12.1 ADAS의 개요

ADAS(Advanced Driver Assistance Systems : 첨단 운전자 보조 시스템)는 특정한 기능을 말하는 것이 아니고 여러 가지 기능이 복합적으로 운전자가 안전하고 편리하게 주행할 수 있도록 도와주는, 즉 최첨단 주행 지원 기술을 통해 사전에 사고발생을 감지하고 막아주는 기술의 집약체로서, 운전자의 운전주행을 도와주는 첨단 운전자 보조시스템(ADAS)이다.

12.1.1 ADAS가 제공하는 기술

① 차선 이탈 방지 보조(LKA)
② 전방 충돌 방지 보조 시스템(FCA)
③ 후측방 충돌 방지 보조(BCA)
④ 안전 하차 보조(SEA)
⑤ 지능형 속도 제한 보조(ISLA)
⑥ 운전자 주의 경고(DAV)
⑦ 후측방 모니터 기능(BVM)
⑧ 스마트 크루즈 컨트롤(SCC)
⑨ 차로 유지 보조(CLFN)
⑩ 고속도로 주행 보조(HDA)
⑪ 서라운드 뷰 모니터(SVM)
⑫ 후방 교차 충돌 방지 보조(RCCA)
⑬ 후방 주차 충돌 방지 보조(PCA)
⑭ 원격 스마트 주차 보조(RSPA)
⑮ 자동 조향 및 자동 브레이크 조작(AEB)

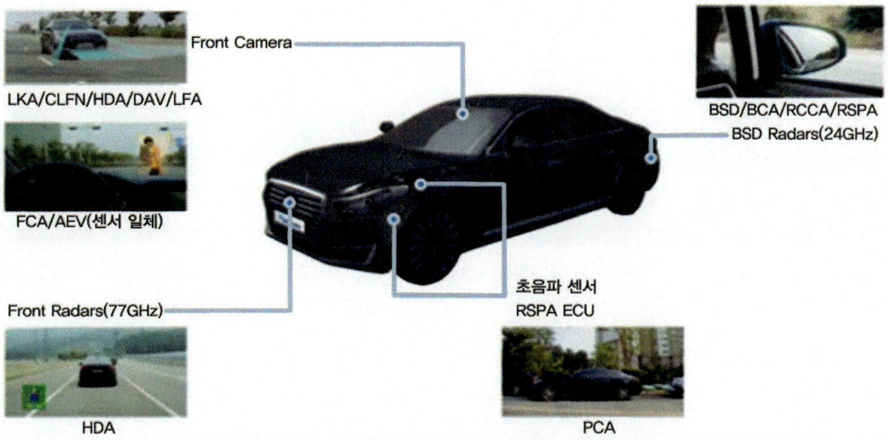

[그림 12.1] ADAS가 제공하는 기술들

능동적인 ADAS는 자동차 움직임을 부분적으로 제어함으로써 사고를 방지하도록 설계된다. 이러한 자동 안전 시스템은 미래의 완전 자율주행 자동차를 위한 기반을 구축한다.

> **✍ Handy hint**
>
> ① 카메라(camera) : 렌즈를 통해 신호등 색깔, 차선, 차량, 보행자 등을 분별
> ② 레이더(radar) : 전파를 전송하는 데 걸리는 시간을 측정해 주변 사물과의 거리, 속도 등을 읽어내는 장치

12.2 차선 이탈 방지 보조(LKA)

12.2.1 개요

LKA(Lane Keeping Assist)는 부주의 또는 졸음운전 등으로 운전자가 방향지시등을 켜지 않고 차선을 이탈 시 차선 및 도로 이탈을 방지하기 위하여 운전자에게 주의를 주는 장치이다.

의도하지 않게 차선을 벗어날 경우 차량이 요철띠 위를 운전하는 것과 같은 소리를 내거나 운전대를 진동시키는 방법으로 운전자에게 경고한다.

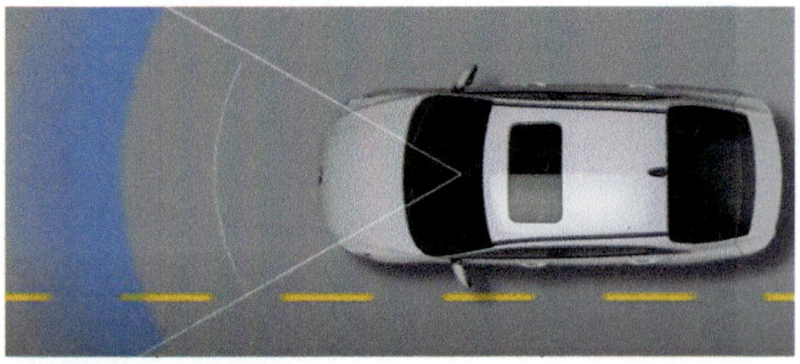

[그림 12.2] 차선 이탈 방지 보조 스위치의 장착 위치

12.2.2 적용 장치

① 광각 카메라

② 전파레이더

③ 버저(buzzer)

④ ECU 모듈

12.2.3 차선 인식

카메라가 전방 연상을 촬영하면 모듈 내부에 장착된 센서 모듈이 색상에 따른 차선을 인식하고, 이를 바탕으로 주요 요소인 차량 중심, 도로 폭, 진행각도, 도로곡률반경을 계산한다.

12.2.4 차선 감지 조건 및 경보 금지 조건

(1) 차선 감지 조건

- 황색, 청색, 백색 중 두 차선이 있는 직선도로일 것
- 차선의 끊어진 부분이 10 [m] 이하일 것
- 차속이 60 [km/h] 이상일 것

(2) 경보 금지 조건

- 방향지시등을 작동시킨 후 차선 변경 시
- 와이퍼 high 구동 시

12.3 전방 충돌 방지 보조(FCA)

FCA(Forward collision-Avoidance Assist)는 정체 시, 앞 차가 급정거 시 등 앞서가던 차량과 충돌이 예상되면 작동한다.

전방 카메라, 전방 레이더 그리고 전측방 레이더로 감지해 기존보다 빠른 시점에 제동을

해서 사고 가능성을 획기적으로 줄여주는 기능이다. 또 자전거를 탄 사람이나 보행자를 인식해서 작동하기도 한다. FCA의 추가 기능으로는

① 교차로 대향차 대응 기능 : 전방 카메라와 전방 레이더

② 교차로 교차차량 대응 기능 : 전방 카메라, 전방 레이더, 전측방 레이더

③ 추월 시 대향차 대응 기능

④ 측방 접근차 대응 기능 : 전방 카메라, 전방 레이더, 전측방 레이더, 후측방 레이더
단, 2차 사고 위험이 있을 경우에는 자동 조향을 하지 않고 경보만 운전자에게 위험 상황을 알려준다.

⑤ FCA w ESA(Evasive Steering Assist) : 전방에 있는 차량, 보행자, 자전거 탑승자와 충돌 경고 상황이 발생했을 때 운전자는 사고 회피를 위해 스티어링 휠을 조작하게 되는데 이때 같은 방향으로 조향의 힘을 더해주어 사고를 회피할 수 있도록 도와주는 기능

12.4 후측방 충돌 방지 보조(BCA)

BCA(Blind-Spot Collision-Avoidance Assist)는 주행 시 차로 변경을 위해 방향지시등을 켰을 때 후측방에 차량이 있으면 경고를 한다. 또 경고 후에 충돌 위험성이 높아지면 클러스터에 경고를 표시하고 자동으로 차량을 제어해 충돌 회피를 도와주는 기능이다. 추가로, 평행 주차상태에서 전진 출차 중 후방차량과 충돌 위험이 감지되면 자동으로 제동을 도와준다.

[그림 12.3] 후측방 차량 감지

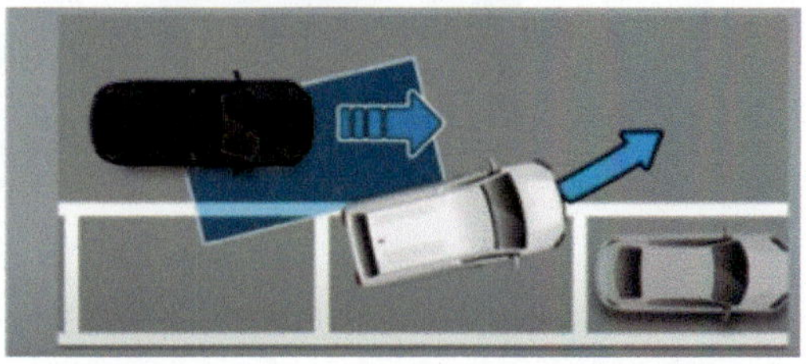

[그림 12.4] 평행주차 후방 감지

12.5 안전 하차 보조(SEA)

SEA(Safety Exit Assist)는 차량을 주차한 뒤에 차에서 내리려고 할 때 후측방에서 다가오는 차와 충돌 위험이 있는 상황에서 전자식 차일드 락 또는 파워 슬라이딩 도어 버튼을 누르면 뒷좌석 문을 잠금 상태로 그대로 유지하고 경고하는 기능이다.

이 기능은 뒷좌석에 아이들이 탑승하는 패밀리카에서 특히 도움이 된다. 이미 도어가 열린 이후에도 후측방 차량과 충돌 위험이 있으면 경고를 해 준다.

[그림 12.5] 차일드 락 버튼

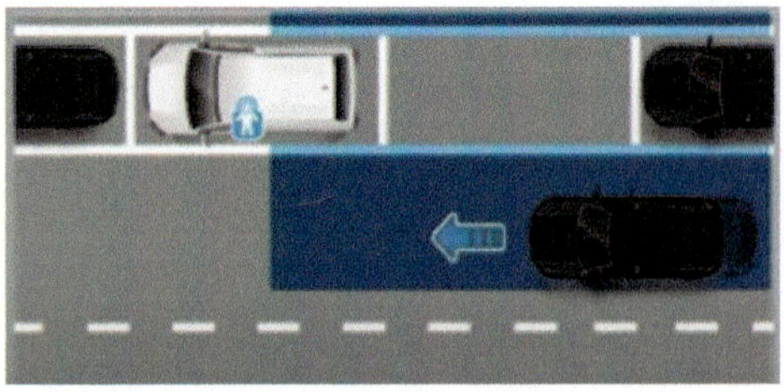

[그림 12.6] 어린이 안전 하차 보조

12.6 지능형 속도 제한 보조(ISLA)

ISLA(Intelligent Speed Limit Assist)는 주행 시 도로의 제한속도를 초과하지 않도록 도와주는 기능이다.

제한속도를 초과하여 주행 시 경고를 하며 수동속도 제한 보조(MSLA) 또는 스마트 크루즈 컨트롤(SCC)을 작동하고 있는 경우에 +/- 스위치를 조작해서 제한속도에 맞추어 설정속도를 변경할 수 있다.

[그림 12.7] ISLA

✍ Handy hint

▣ 크루즈 컨트롤 시스템(Cruise Control System)

크루즈 컨트롤 시스템은 정상 주행 조건에서 설정된 속도를 유지하는 속도 조절 시스템이다. 즉 정속 주행을 할 수 있고, 스위치의 작동을 통해 설정 속도를 올리거나 내릴 수 있다. 또 브레이크 페달을 밟거나 변속 레버를 변속하면 이 시스템이 해제되고, 스로틀은 아이들 위치로 변경된다.

최저속도 40 [km/h] 아래에서는 시스템 동작을 방지하는 최저속도 한계치를 가지고 있고, 조향 휠 오른쪽에 있는 ON/OFF 메인 스위치에 의해 작동 대기 상태가 된다.

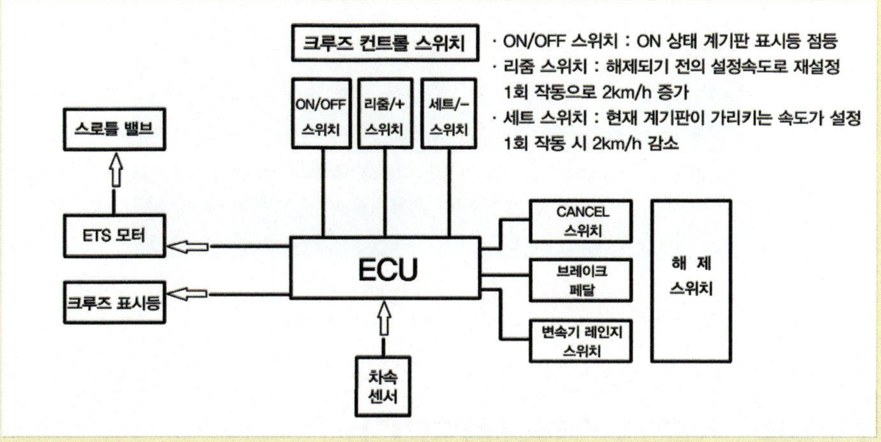

12.7 운전자 주의 경고(DAW)

DAW(Drive Attention Warning)는 운전자의 패턴을 분석하여 운전자의 주의 운전 상태를 분석하고 필요 시 경고해 주는 기능이다.

차로를 따라가는 능력이 떨어지거나 갑작스럽게 조향하는 경우 또는 조향력이 약한 경우 등의 상황을 분석해 운전자의 주의력이 저하되었다고 판단되면 휴식을 권유해 준다. 그리고 정차 시 앞차가 출발하면 운전자에게 알려주는 기능도 포함하고 있다.

[그림 12.8] 운전자 주의 경고

[그림 12.9] 앞차 출발 알림

12.8 후측방 모니터 기능(BVM)

BVM(Blind-spot View Monitor)은 사이드 미러에서 보이지 않는 사각지대까지 클러스터 화면에 보여주는 기능이다. 운전자가 차로를 변경하기 위해서 방향지시등을 작동하면 광각카메라를 이용해 실시간으로 후측방 영상을 클러스터에 보여준다. BVM은 사이드 미러 대비 2배 이상 넓은 후측방 시야각을 제공해 사각지대를 없애는 장점이 있다.

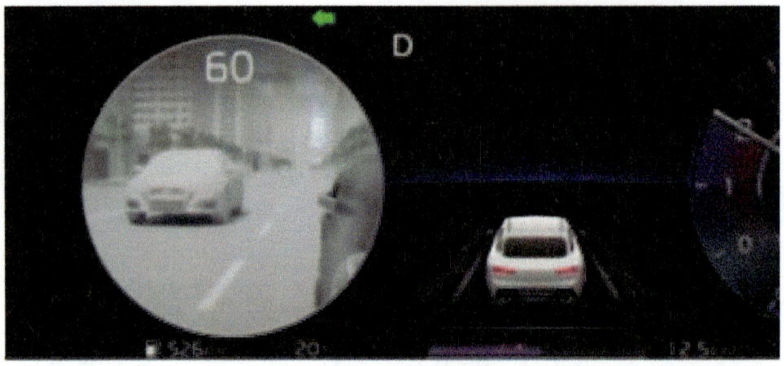

[그림 12.10] BVM 기능

12.9 스마트 크루즈 컨트롤(SCC)

SCC(Smart Cruise Control)은 앞차와 거리를 유지하며 운전자가 설정한 속도로 주행하도록 도와준다. 앞차가 멈출 경우 자동으로 멈추고, 짧은 시간 안에 앞차가 출발할 경우 자동으로 출발한다. 일정 시간이 지난 경우에는 가속 페달을 밟거나 스위치를 조작하여 출발한다.

운전 스타일 연동이 적용된 차량은 평소 운전자의 주행 성향을 학습하여 차간거리, 가속강도, 반응속도를 제한해 준다.

내비게이션 기반 스마트 크루즈 컨트롤(NSCC)은 고속도로 또는 자동차 전용도로 주행 시 도로 상황에 적절한 속도로 주행할 수 있도록 도와준다.

고속도로 안전속도 구간, 곡선구간, 램프구간에 들어가기 전에 속도를 자동으로 줄여준다. 이후 제어구간을 벗어나면 원래 설정한 속도로 다시 돌아간다.

[그림 12.11] NSCC 기능

12.10 차로 유지 보조(LFA)

LFA(Lane Following Assist)는 주행 시 차로 중앙을 유지하며 주행하도록 도와주는 주행 편의 기능이다. 저속주행에서 작동하고 150 [km/h] 이상에서는 작동하지 않는다.

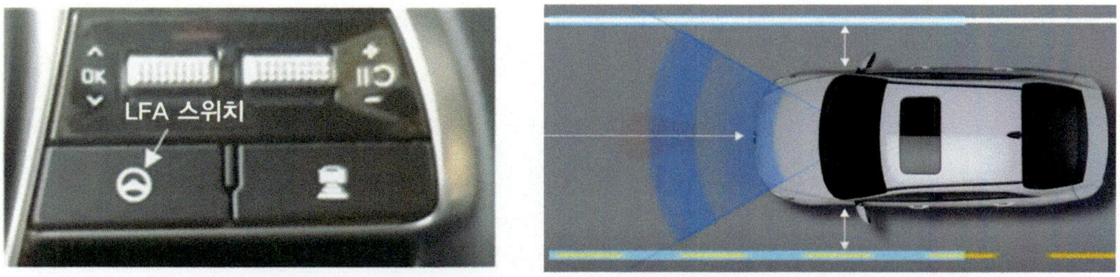

[그림 12.12] 차로 유지 보조 기능

12.11 고속도로 주행 보조(HDA)

HDA(Highway Driving Assist)는 고속도로 및 자동차전용도로 주행 시 앞차와 거리를 유지하며 운전자가 설정한 속도로 차로 중앙을 유지하며 주행하도록 도와주는 기능이다.

HAD2에서는 주행 중 옆 차량과 가까워지는 경우 위험하지 않도록 차로 내 편향 주행을 한다.

일정 속도 이상으로 주행 시에는 스티어링 휠을 잡고 방향지시등 스위치를 변경하고자 하는 차로 방향으로 움직이면 자동으로 차로를 변경한다.

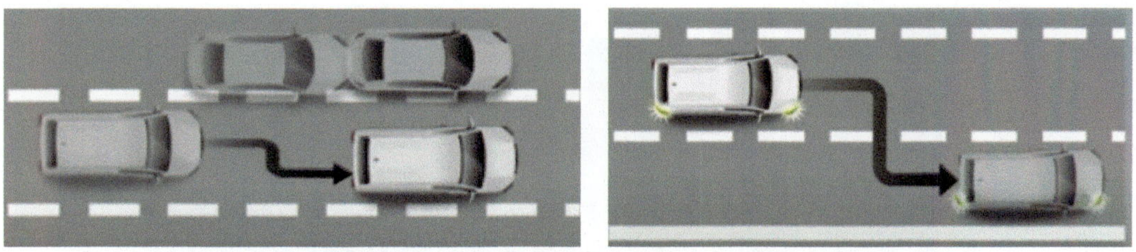

[그림 12.13] 고속도로 주행 보조 기능

12.12 서라운드 뷰 모니터(SVM)

SVM(Surround View Monitor)는 주행 및 주차 시 전방, 측방, 후방에 장착된 4개의 광각 카메라에서 입력된 주변 상황을 영상으로 보여주는 주차 안전 기능이다. 4개의 광각 카메라로 입력된 영상을 합성하여 다양한 뷰로 차량 주변 상황을 보여준다. 작동조건은

① 스위치 ON 상태 : 20 [km/h] 이하에서 작동

② 스위치 OFF 상태 : R상태 〉 D단으로 자동 On되어 동작할 경우 10 [km/h] 이하에서 작동

③ 외부에 장착된 카메라로 차량의 주변 360° 상황을 표시하는 주차지원 시스템이다.

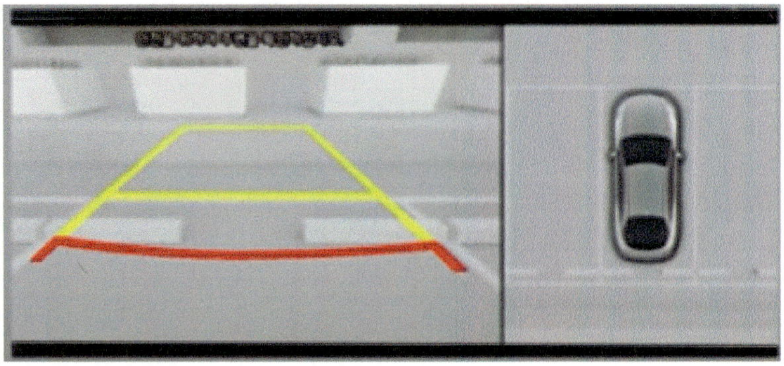

[그림 12.14] SVM 영상

12.13 후방 교차 충돌 방지 보조(RCCA)

RCCA(Rear Cross-Traffic Collision-Avoidance Assist)는 주차 상태에서 후진으로 출차할 경우 뒷범퍼 좌우의 후측방 레이더를 통해 좌우에서 다가오는 차량을 인식한다.

다가오는 차량과 충돌 위험을 감지하면 경고음을 울린다. 경고 후에도 충돌 위험이 높아지면 자동으로 제동을 도와준다.

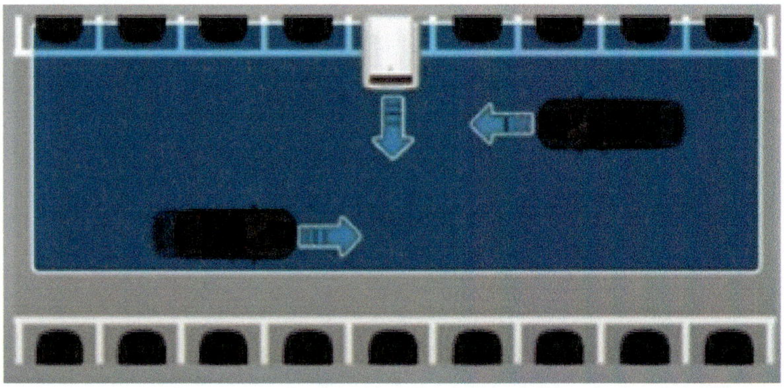

[그림 12.15] RCCA 기능

12.14 후방 주차 충돌 방지 보조(PCA)

PCA(Parking Collision-Avoidance Assist)는 주차 상태에서 후진으로 출차할 경우 광각-후방 카메라와 후방 초음파센서를 통해 차량 후방의 보행자 또는 장애물을 인식한다.

후방 물체와 충돌 위험을 감지하면 경고음을 울리고 클러스터에 경고를 해준다. 경고 후에도 충돌 위험이 높아지면 자동으로 제동을 도와준다.

[그림 12.16] PCA 기능

12.15 원격 스마트 주차 보조(RSPA)

RSPA(Remote Smart Parking Assist)는 좁은 주차장 때문에 타고 내리기가 힘든 경우 유용한 기능이다. 차에서 내려 스마트 키를 이용해 원격으로 전진, 후진 및 후진 주차를 할 수 있다. 차량 안에서는 주차/뷰 버튼을 눌러 스마트 주차 또는 평행 전진 출차를 할 수 있다.

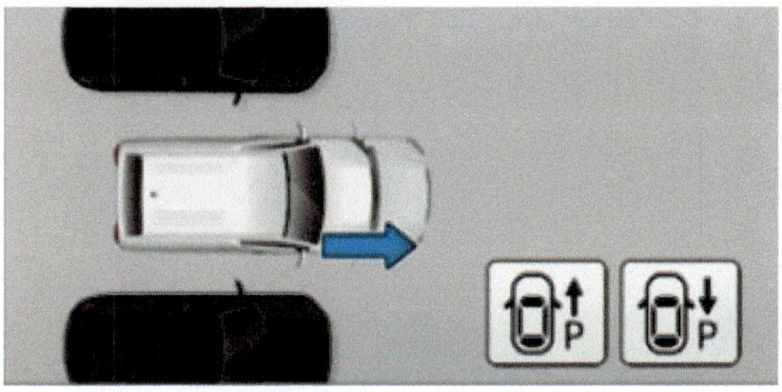

[그림 12.17] RSPA 기능

[그림 12.18] 주차/뷰 스위치

12.16 자동 긴급제동 시스템(AEB)

12.16.1 개요

AEB(Autonomous Emergency Braking)는 첨단 주행보조 장치의 일종으로, 이름에서 볼 수 있듯이 전방충돌상황이 감지되는 상황에서 운전자가 부주의하거나 반응을 못해서 브레이크를 잡지 않았을 때도 차량이 경고를 울리며 직접 감속하거나 브레이크를 잡아주는 장치이다.

Handy hint

▣ Brake by Wire

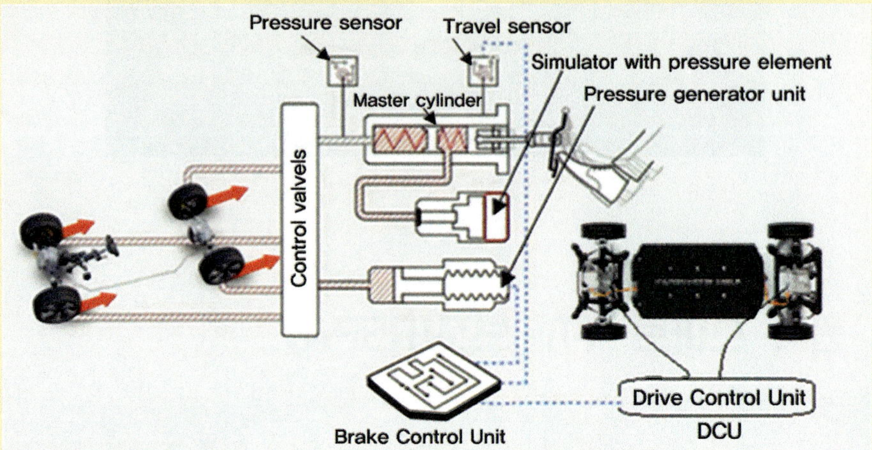

12.16.2 작동방식

AEB는 차량 전방의 장애물을 감지한 후 제동하는 식으로 작동하며 전방 차량을 인식하는 방식에 따라 크게 4가지 종류로 분류한다.

① 레이더 + 카메라 방식
② 카메라 방식
③ 레이더 방식
④ 라이더 방식

12.17 응급상황 비상정지 시스템(AESS)

AESS(Aid Emergency Stop System)는 스마트 워치(smart watch)와 같은 IT 기기와의 융합으로 심박수 등 운전자의 건강에 이상이 발견되면 차가 알아서 갓길로 이동하는 기능이다.

12.18 경사로 저속주행 장치(DBC)

DBC(Downhill Brake Control)는 비포장 길 또는 급커브 길 등의 경사가 심한 곳을 내려올 때 브레이크 페달 작동 없이 자동으로 일정 속도 약 10 [km/h] 이하로 감속시켜 운전자가 조향핸들 조작에 집중할 수 있도록 도와주는 기능이다.

12.19 차량 통합제어 시스템(AVSM)

AVSM(Advanced Vehicles Safety Management)은 충돌 위험을 줄여주기 위한 장치이다. 차량거리 감지 센서로 선행 차량과의 거리를 미리 인식하여 충돌 위험 단계에 따라 경고문 표시, 경고음, 안전벨트 떨림 등으로 충돌 위험을 운전자에게 알려주고, 브레이크 제어력을 향상하며 안전벨트를 자동으로 당김으로써 승객을 보호한다.

12.20 앞좌석 프리액티브 시트 벨트(PSB)

PSB(Preactive Seat Belt)는 긴급 브레이크, 미끄러짐 등의 위험상황 감지 시 시트 벨트를 당겨 탑승자를 보호하고, 급제동 시에도 시트 벨트를 되감아 운전자의 쏠림 현상을 예방하는 기능을 한다.

12.21 헤드업 디스플레이(HUD)

12.21.1 개요

HUD(Head Up Display)는 운전자의 가시영역인 차량 전면 유리창에 운전에 필요한 정보를 화상으로 나타내어 보여주는 전방 표시 장치이다.

차량에 설치된 장치들에 따라 보이는 내용은 정속 주행, 능동 정속 주행, 내비게이션, 주행 속도, 체크 컨트롤 메시지 등이며 운전자가 필요로 하는 정보들을 직접 선택할 수 있다.

[그림 12.19] 전면 유리 HUD 표시

12.21.2 장점

① 운전자의 가시영역 내에 제공되므로 1차적으로 도로교통상황에만 정신을 집중할 수 있다.
② 운전자가 계기판과 도로를 번갈아가며 주시할 필요가 훨씬 줄어든다.
③ 운전자의 피로경감 및 주행안전에 기여한다.

12.22 자동배광 가변형 전조등 시스템(AFLS)

12.22.1 개요

AFLS(Adaptive Front Lighting System)는 주행 시 핸들의 움직임, 차량 속도, 차량 기울기 등에 따라 전조등 각도를 상·하, 좌·우로 조절하여 운전자의 시야를 확보함으로써 안전운행을 가능하게 하는 장치이다.

12.22.2 기능

① 시동이 걸린 상태에서 조명 스위치를 AUTO(자동점등) 위치로 하면 전조등 점등 시 어댑티브 헤드램프 기능이 동시에 작동된다.

② 조명 스위치를 AUTO(자동점등) 위치에서 다른 위치로 돌리면 기능을 해제시킬 수 있다. 기능이 해제되어도 상·하 각도 조절 기능의 전조등 각도 조절 장치는 계속 작동된다.

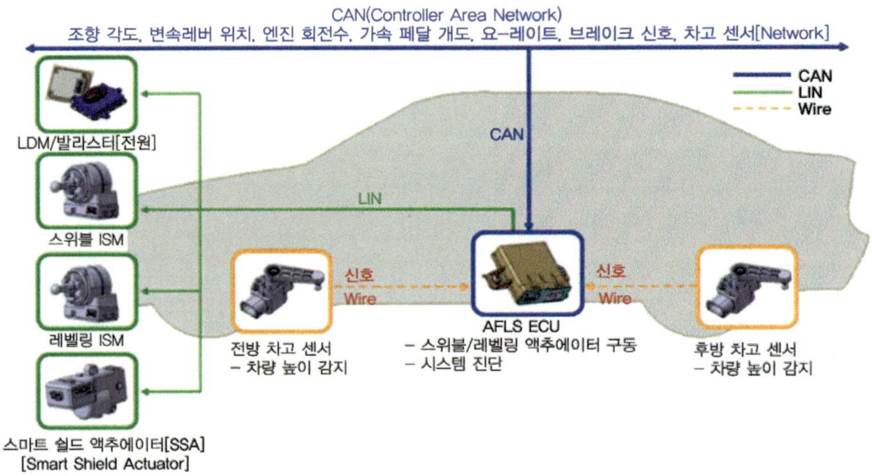

[그림 12.20] AFLS 제어 시스템

AFLS는 각각의 센서에서 받은 정보를 AFLS ECU에서 판단하여 헤드램프에 달려있는 LDM(전원), 스위블 스텝핑 모터, 레벨링 스텝핑 모터, 액추에이터를 조절하여 램프의 각도와 밝기를 조절한다.

일반 모터가 아닌 스텝핑 모터를 사용하여 제어하기 때문에 램프의 각도를 세밀하게 조절할 수 있다.

③ Dynamic Bending : 곡선 도로에서 차량진행 방향에 최적의 조명 제공

④ Auto Leveling : 차량의 기울기 조건에 대한 헤드램프 로우 빔 보상

⑤ 페일 세이프 : 시스템 고장 및 오작동 감지 시에 안전모드 동작

12.23 하이 빔 어시스트(HBA)

HBA(High Beam Assist)는 다기능 스위치 AUTO & 상향등 시 마주 오는 차량의 불빛을 감지한 후 상향등의 ON/OFF를 제어하고, 전방의 밝기와 색을 감지해 하이 빔을 자동으로 조정하는 기능이다. 한적하고 어두운 길에서는 하이 빔을 작동시키고, 반대편에 차량이 감지되거나 주변이 밝아지면 하이 빔을 끈다.

12.24 스마트 하이 빔 어시스트(HBA)

HBA(High Beam Assist)는 마주 오는 차량 또는 선행 차량의 광원을 인식하여 상향등을 자동으로 점등 또는 소등하는 시스템이다. 단순히 상향등을 끄는 것이 아니라, 하향등으로 전환 점등을 실행해 운전자가 시야를 잃지 않도록 해준다.

이 기능은 차량이 시속 35 [km] 이하로 감속했을 때나 주변이 갑자기 밝아질 경우에도 스스로 작동하여 안전한 전방시야 확보를 도와서 안전주행 및 편의성을 높여준다.

12.25 승객 구분 시스템(OCS)

12.25.1 개요

OCS(Occupant Classification System)는 동승자가 올바른 자세로 차량에 탑승한 경우, 이를 감지하여 동승석 에어백을 정상적으로 작동시켜 필요한 경우에 팽창시킨다.

12.25.2 승객 구분 시스템의 주요 구성

① 동승석 시트 쿠션에 장착되어 있는 승객 구분 센서

② 동승석 에어백 시스템의 작동 여부를 결정하는 에어백 제어 장치

③ 동승석 에어백 작동 여부를 나타내는 PASS airbag 'OFF' 표시 등 동승석 시트에 장착된 승객 구분 센서는 동승석 승객을 어린이 보호용 장치(보조 좌석)와 성인으로 구분하여 에어백 제어 장치(ACU : Airbag Control Unit)에 승객 정보를 보내는데, 동승석의 승객 정보와 충돌 신호를 이용하여 동승석 에어백 전개 여부를 결정한다.

그래서 어린이 보호용 장치(보조 좌석)가 동승석에 설치된 경우 이를 감지하고 동승석 에어백이 작동하지 않는다. 그러나 체구가 작은 성인이 올바르지 않은 자세로 앉아 있거나 순정 제품 외의 커버로 씌워져 있는 경우에는 동승석 에어백이 작동하지 않을 수 있다.

12.26 CPD 시스템

CPD(Child Presence Detection)는 차량 뒷좌석의 사람이 방치되는 것을 방지하는 시스템이다. 자동차 도어 개폐기록을 근거로 하여 뒷좌석의 상황을 경고음으로 알리는 기존의 도어로직 방식을 차용하고 있는 것과 달리, 초음파 센서로 정차 후에 차내에서 움직임이 감지될 경우 스마트폰이나 앱으로 이를 운전자에게 실시간으로 통보하는 시스템이다.

12.27 차량관리 시스템

12.27.1 개요

오토케어(autocare) 시스템은 블루투스 원거리 통신으로 차량 고장 진단, 경제운전 분석, 각종 소모품 교환 시기 등의 서비스를 무상 제공하는 시스템이다. 또한 차량 정비소 또는 주유소 입고 시 인적사항 확인, 보증기간 확인, 고장부분 확인 및 안내 등의 서비스를 제공받을 수 있다. 오토케어는 차량 관리 시스템의 총칭을 의미하며, 이 서비스를 구현하기 위해서는 CUbiS(Car Ubiquitous System)라는 모듈이 장착되어 있어야 한다.

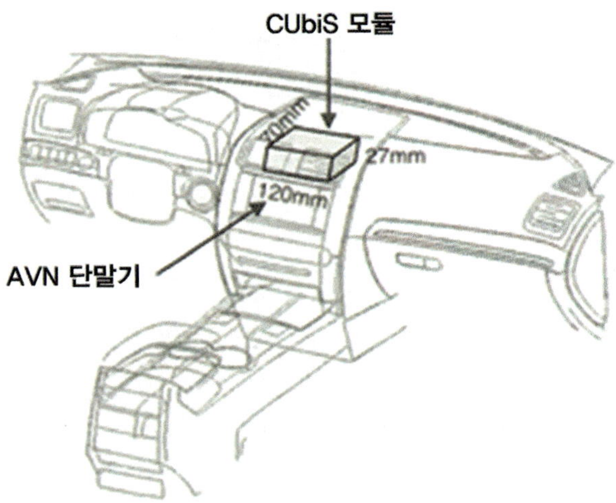

[그림 12.21] 차량관리 시스템

12.27.2 오토케어 관련 용어 설명

(1) 오토케어 - CUbiS(Car Ubiquitous System)

차량 내부의 다양한 네트워크와 연결하여 차량정보를 실시간 수집하고 기록하며 원격지 서버로 무선 통신을 통해 전송하여 고객이 원하는 기능을 필요한 시점에 제공하는 시스템이다.

(2) 서비스 존 - AP(Access Pointer)

CUbiS에서는 블루투스 무선통신을 통하여 차량과 원격지 서버를 연결한다.

(3) 오토케어 통신 - 블루투스(Bluetooth) 무선 통신

통상 100 ~ 200 [m] 이내에서 2개의 장치를 무선으로 연결해주는 통신 매체로서, 기능은 CUbiS는 블루투스 통신을 통하여 AP와 무선 통신을 수행한다.

(4) VRM(Vehicle Relationship Management) 서버

차량 정보를 수집, 분석하고 운전자에게 관련 콘텐츠를 제공하는 서버 시스템이다. 고장정보 수집, 고장 설명문 데이터베이스 내장, 차량 관리(소모품, 운행이력, 안전 및 경제운전 분석) 기능을 수행한다.

12.28 회로보호 장치(IPS)

12.28.1 개요

IPM모듈은 IPS(Intelligent Power Switching device)라는 반도체 집적회로(IC)를 이용해 많은 전기 부하의 작동을 제어하고 있다. IPS는 전기장치를 제어하는 데 있어 릴레이 및 퓨즈를 삭제할 수 있는 점과 출력 단에 대한 고장 모니터링이 가능한 장점 덕분에 차량 등의 전기장치 제어에 광범위하게 적용되고 있다.

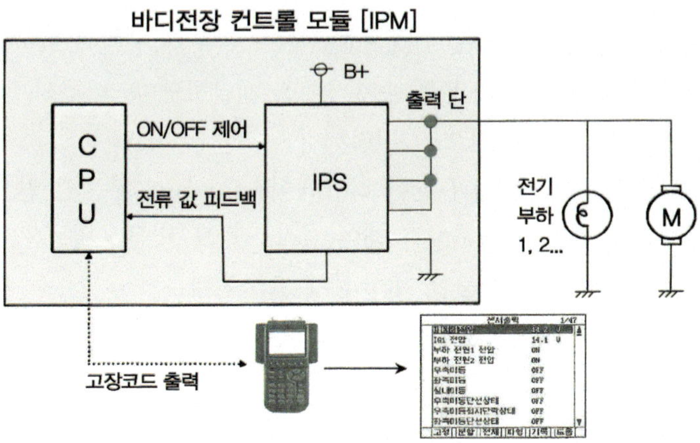

[그림 12.22] 회로보호 장치

12.28.2 IPS

반도체 소자(IC)를 이용한 부하 전원 컨트롤 장치를 말한다.

12.28.3 특징

① 퓨즈 또는 릴레이를 대체할 수 있는 반도체 소자(IPS가 제어하는 전기 부하는 퓨즈 및 릴레이 미적용)

② 회로 보호 능력 있음 : 단선, 단락, 과부하 등에 따른 전류 값 부족 또는 과대를 감지하여 회로 차단

③ 자기진단 및 고장내용 지원 : 부하전원 출력 단의 단선 및 단락 발생 시 고장을 감지하여 단장비로 고장정보 전송

④ 빠른 스위칭 제어 기능 : ON/OFF 또는 PWM(Pulse Width Modulation) 출력 제어 가능

⑤ 소형 또는 다 채널 제어가 가능하여 많은 전기부하를 동시 제어가 가능하며, 제어기능 추가 시 업그레이드가 용이함

12.29 자율주행 자동차

12.29.1 개요

자율주행차(autonomous driving vehicle)의 상용화가 멀지 않았다. Automotive 업계에서는 완전 자율주행차 시대가 되면 지금까지의 경쟁구도와는 다른 새로운 생태계가 형성될 것으로 보고 있다. 즉 Player들은 다시 새로운 출발선에서 경쟁을 시작하게 된다는 것이다.

주요 자동차 OEM(Original Equipment Manufacture : 주문자 상표에 의한 제품생산 기업)사들은 2021년부터 자율주행 레벨3 차량을 순차적으로 개발하였다. 이로써 앞으로 Automotive 시장은 새로운 전환기를 맞이할 것으로 전망된다.

자율주행을 위해서는 [그림 12.23]과 같이 하드웨어(hardware) 부분인 인식(detection), 소프트웨어(software) 부분인 판단(decision)과 제어(control), 또 빗물 · 열 · 온도 · 진동 · 충격 등 다양한 환경에도 견딜 수 있는 충분한 내구성이 요구된다.

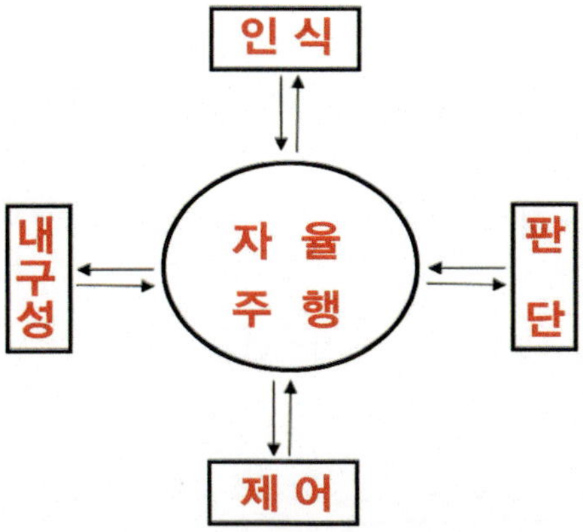

[그림 12.23] 자율주행의 개요

ADAS(첨단 운전자 보조장치)를 적용하기 위해서는 라이다의 대중화가 진행되어야 한다. 현재 차량에서는 라이다(lidar), 레이더(radar), 카메라(camera), 초음파 센서(ultrasonic sensor), 차속센서(wheel speed sensor), 인공지능(AI) 등 다양한 센서들이 부착되어 시험 중이다. 현재 개발되어 있는 초음파 센서, 카메라 같은 것들은 향후 기능이 다양해지고 라이다와 viewing camera, thermal camera 온도 측정까지 특수한 용도의 센서(sensor)들이 추가로 개발되어 자율주행 기능을 향상시킬 것으로 예상된다.

12.29.2 자율주행 단계별 분류

국제자동차공학회(SAE : Society of Automotive Engineers)가 기술 수준에 따라 6단계로 분류하고 있다([표 12.1 참조]). 자율주행은 지금 어디까지 왔을까? 현재는 모빌아이 레벨4 수준까지 왔으며 완전 자율주행 가능한 '로보택시'가 시험 운행되었고, 2024년도에는 4단계 '로보택시'가 상용화된다고 한다. 국내에서는 현대자동차의 Genesis G90가 레벨3 단계에서 최고속도 80 [km/h]로 2022년도 12월에 세계 최초로 시험 운행되었다.

[표 12.1] 자율주행 자동차 단계별 분류

단 계	내 용
level 0	전통적 주행. 차선 이탈 시 운전자에게 경고만 하는 단계
level 1	운전자 보조(조향 및 가 · 감속 중 하나만 자동제어. 앞차와 간격을 유지하면서 주행)
level 2	부분 자동제어(조향, 가 · 감속 모두 자동제어)
level 3	조건부 자동제어[고속도로 자율주행, 돌발 상황(시스템 요청) 시 운전자 개입]
level 4	고도의 자율주행(특정 지역 완전 자율주행. 운전자 개입 불필요)
level 5	모든 지역 완전 자율주행(운전석, 스티어링 휠, 브레이크 페달 불필요)

12.29.3 자율주행 인프라 산업

센서 퓨전(Sensor Fusion)은 레이더, 라이다, 카메라, 인지, 제어, 위치 추적, 통신, 안전 및 보안 등과 같은 여러 개의 다양한 센서들을 입력하여 차량 주변 환경의 단일 모델(Single Model) 및 이미지(Image)를 형성하는 기술이다. 서로 다른 센서들의 장점을 이용하여 결과 모델은 더 정확해진다.

센서 퓨전을 통해서 차량 내 전기전자 시스템은 제공된 정보를 사용하여 보다 지능적인 작업을 수행할 수 있게 된다.

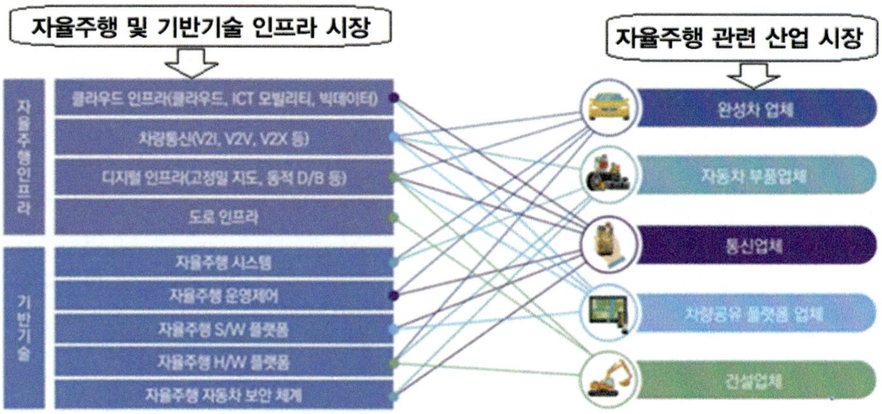

[그림 12.24] 자율주행 인프라 산업의 새로운 기회와 패권 전쟁

12.29.4 자율주행 주요 구성요소

자율주행 자동차의 3가지 필수요소는 주변 상황 정보를 수집하는 센서, 센서가 수집한 정보를 처리하는 소프트웨어, 정보 수집에 도움을 주는 도로 인프라이며, 이들은 자율주행에서 없어서 안 될 만큼 중요하다.

센서에는 초음파를 발사하여 거리나 두께, 움직임 등을 검출하는 초음파 센서(ultrasonic sensor), 파장 길이가 긴 전자기파를 발사하여 원거리 감지에 유용한 레이더 센서(radar sensor), 단파 적외선 레이저(laser)를 이용한 라이다 센서(lidar sensor) 등이 있는데, 특히 라이다 센서는 직진성이 강한 고출력 레이저를 360°로 발사한다. 또 주변 범위를 3D로 구성하여 레이더보다 더 정확한 정보를 수집한다.

카메라 센서(camera sensor)는 이미지를 수집하여 물체 형상이 어떤지 무슨 색인지 파악하여 신호등 색깔을 볼 수 없는 다른 센서들을 보완한다. [그림 12.25]를 보면 라이다 센서는 가격 문제와 기술적 문제로 적용되지 않았음을 알 수 있다.

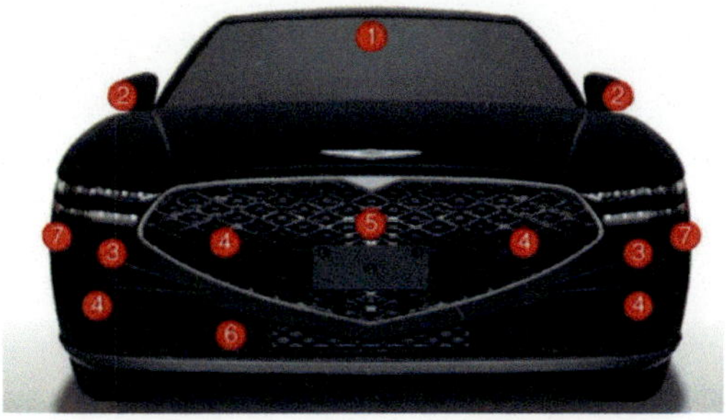

① 전방 카메라	⑤ 전방 카메라(SVM)
② 전방 카메라(SVM)	⑥ 전방 레이더
③ 전측방 레이더	⑦ 전측방 초음파 센서
④ 전방 초음파 센서	

[그림 12.25] Genesis G90 센서위치

두뇌 역할을 하는 딥러닝 소프트웨어는 수집된 주변 정보를 분석·학습하여 학습할수록 더 정확하고 안전하게 운전하게 한다. 소프트웨어를 탑재한 초소형 컴퓨터와 이를 서비스할 수 있는 차량 개발도 필수적이다.

내비게이션(navigation) 역할을 하는 도로 인프라(infrastructure)도 중요하다. 폭설에 가려진 차선, 악천후, 센서의 오작동 등과 같은 상황에서는 센서만으로 정확한 정보를 얻기가 불가능하다. 이 부족한 정보를 채워주는 것이 바로 도로 인프라이다. 즉, 정밀도로지도, 차선 개수, 신호등 위치, 도로 전반에 대한 정보, 양방향 지능형 교통정보 공유 시스템(C-ITS) 등을 제공하여 도로에서 더 신속하고 능동적으로 대응할 수 있게 하고, 정확하게 도로주변 상황을 파악하여 교통상황에 맞춰 사람이 운전하는 것보다 더 안전하게 주행할 수 있어야 된다.

Handy hint

① SVM(Surround View Monitor) : 차의 앞뒤와 옆면에 부착된 카메라를 통해 차 주위 공간을 차내에서 볼 수 있는 모니터로 주차를 편하게 하기 위해 개발된 장치
② 딥러닝(DL : Deep Learning) : 딥러닝은 머신러닝(ML : Machine Learning)보다 더 진화된 버전이며 컴퓨터가 스스로 외부 데이터를 조합, 분석하여 학습하는 기술을 뜻한다. 딥러닝의 고안으로 인공지능(AI : Artificial Intelligence)이 획기적으로 도약하게 되었다.

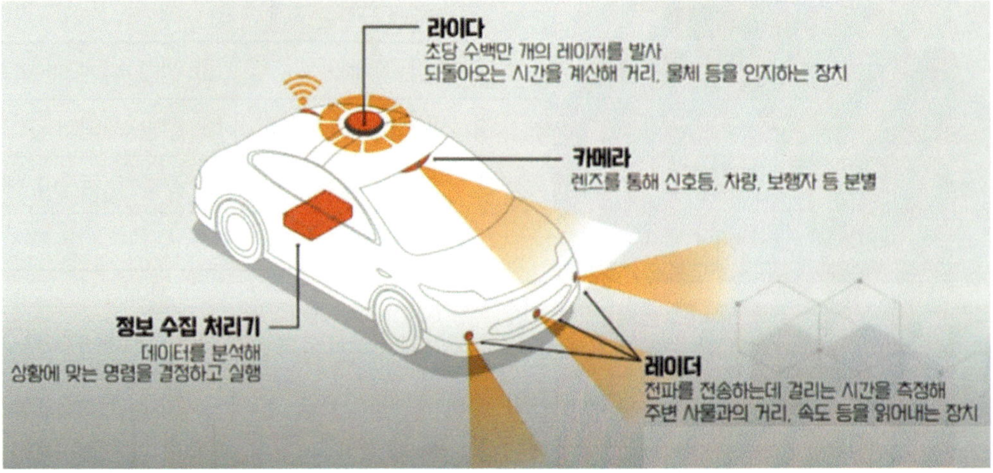

[그림 12.26] 자율주행 자동차의 주요 구성요소

(1) 라이다 센서(lidar sensor)

라이다(lidar = light + radar) 센서는 단파장 레이저로 3차원 공간을 인식하는 센서로서, 1930년대 아일랜드의 물리학자 에드워드 허친슨 신지(Edward Hutchinson Synge)가 고안한 개념이다. 라이다는 자율주행 시스템에서 사람의 눈에 해당하는 중요한 센서 중 하나로, 주행 경로의 장애물 감지, 차선 인식, 주변 환경 모델링 등에 사용된다.

라이다 센서는 레이저를 사용하여 주변 환경의 거리와 위치를 정밀하게 측정하는데, 회전하는 레이저 빔을 방출하고 해당 빔이 물체에 반사되어 돌아오는 시간을 측정함으로써 거리를 계산한다. 이러한 과정을 반복하여 차량 주위의 물체들이 있는 위치와 거리가 담긴 고해상 3D 지도를 만들어 낸다.

초기 라이다는 강력한 서치라이트를 이용해 대기를 조사하는 방식을 구상했다. 1971년 아폴로 15호가 라이다 센서를 활용해 달 표면을 지도화하는 모습이 소개되면서 대중에게 알려지기 시작했다.

[그림 12.27] 라이다로 달 표면을 촬영하는 모습

이후 라이다는 물리학과 천문학, 농업, 지질학, 보안, 안전 등 사회전반에 폭넓게 이용되었고, 그러던 중 주행 중인 차량 간격을 유지시켜 속도를 조절하는 크루즈 컨트롤 시스템에 접목되면서 차량용으로도 크게 주목받았다.

1,300~1,550 [nm]의 강력한 직진성 적외선 단파장을 사용하여 반듯하게 뻗어나가는 레이저의 특성상 레이저가 반사되어 돌아올 때에도 왜곡이 발생하는 문제가 생기지 않는다. 그러나 비 또는 눈이 내리거나 안개가 끼는 등 악천후에서는 인식률이 저하될 수도 있다. 따라서 최근에는 고감도 센서와 태양광 잡음을 제거하는 알고리즘을 넣은 고감도 라이다 센서가 개발되고 있다.

또한, 라이다의 가장 중요한 성능지표 중에 '최대 검출거리'라는 것이 있는데, 300 [m] 이상 나오는 고성능 제품을 개발할 필요가 있다. 그리고 빗물, 온도, 진동 등 다양한 환경에도 정상적으로 작동하는 내구성을 확보하는 것도 필요하다.

(a) 레이저 빛　(b) 실제 도로

(c) 라이다에서 검출된 도로

[그림 12.28] 실제 도로와 라이다의 비교

(가) 라이다 센서의 구조

라이다 센서(lidar sensor)는 [그림 12.29]와 같이 회전하는 모터와 가이드 빔 45°로 기울어져 있는 미러 센서에 빛을 모이게 하는 렌즈와 최종적으로 빛을 모으는 디텍터로 구성되어 있다.

이 라이더는 360°로 회전하면서 동작한다. 현재의 라이더는 소형화하면서 차량 윗부분에 표시가 안 되는 방식으로 향후 만들어질 것이다.

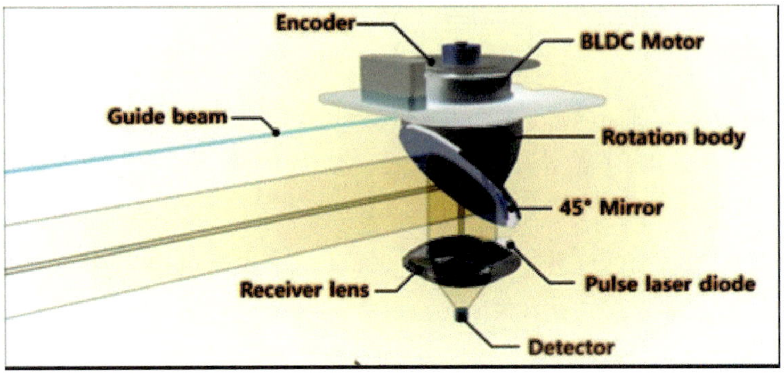

[그림 12.29] 회전식 라이다의 구조

(나) 라이다 센서의 재질

현재는 '인듐갈륨알센하이드'라는 고가의 화합물 반도체를 사용하고 있다. 그래서 가격을 낮추기 위해서 [그림 12.30]과 같이 초박막 '실리콘(Si) 반도체'를 라이다에 적용하였다. 이로써 1,300 ~ 1,550 [nm]의 적외선 단파장의 빛을 흡수할 수 있게 되어 기존의 라이더 센서보다 크기와 가격을 낮출 수 있을 것으로 예상된다.

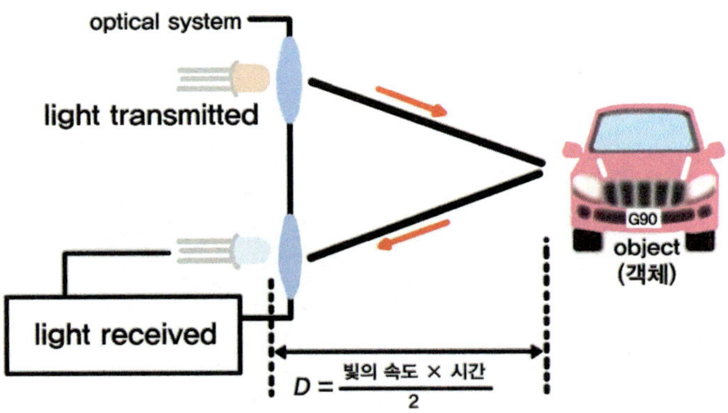

[그림 12.30] 실리콘 라이다의 원리

(다) 라이다 센서의 거리(D) 계산

$$D = \frac{\text{빛의 속도} \times \text{시간}}{2}\,[\text{m}] \quad \therefore \text{The velocity of light} = 299{,}792{,}458\ [\text{m/sec}]$$

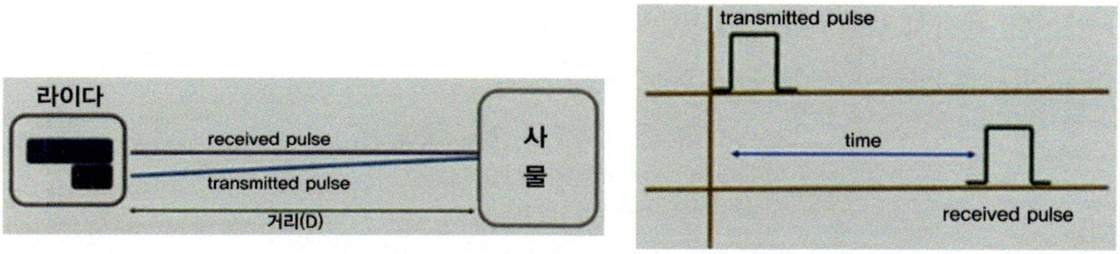

[그림 12.31] 라이다의 거리계산 방법

앞차와의 위치와 속도를 예측하는 방법은 베이즈 정리(Bayes' theorem)라는 확률을 사용한다. 베이즈 정리란 생각하는 직관과 실제로 관측했던 관측치를 모두 다 종합해서 추론하는 과정이다. 이는 동전 던지기를 상상해보면 이해가 될 것이다.

또한 목표차간거리란 안전거리를 유지하게 대응할 수 있게 하는 최소거리이다. 보통 속력에 대한 함수로 표현한다. 만약 30 [km/h]로 주행하는 자동차가 있다면 계산 방식은

$$\text{목표차간거리} = \text{실제 관측한 값} \times \text{속력} \times \text{최소유지거리}$$

$$\therefore \ \text{목표차간거리} = 1.2 \times 8.3[\text{m/s}] \times 4 \fallingdotseq 14[\text{m}]$$

가 된다.

(라) 라이다 센서의 소프트웨어

학습되지 않는 비정형 객체까지 라이다가 인지하여 자율주행 시 예상하지 못한 돌발 장애물에 빠른 판단을 내리는 것이 매우 중요하다.

라이다 인지 소프트웨어의 원리는 하드웨어가 수집해준 데이터 적용하면 기존의 모든 장애물과 도로정보를 먼저 검출한 뒤 이를 차량, 차선, 보행자 등으로 분류하는 것이다. 이러한 과정으로 인지능력을 기른 소프트웨어는 낯선 길 위에서도 차량이 주행 전략을 짤 수 있게 해준다.

기존의 엔드 투 엔드(end-to-end) 딥러닝 기반의 인지 소프트웨어 같은 경우에는 학습된 전형 객체만 검출하기 때문에 돌발 상황에 대응하는 비정형 객체 대응에 쉽지 않다는 단점을 가지고 있었다.

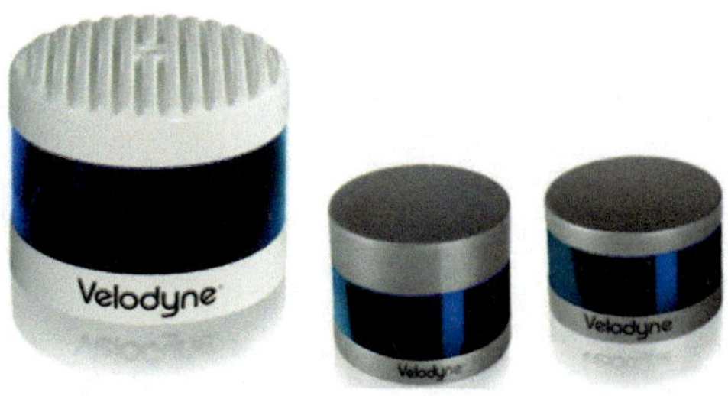

[그림 12.32] Velodyne LiDAR Sensor

(마) 라이다 센서의 대중화를 가로막는 장벽

① 가격 절감을 위한 혁신

② 소프트웨어의 기술

③ 사람의 눈을 해치지 않고 고해상도의 세밀한 이미징에 강한 단파 적외선이라는 긴 적외선 개발

(2) 레이더 센서

레이더(Radar)는 전자파(76 ~ 77 [GHz])를 전송하는 데 걸리는 시간을 측정하여 주변 사물과의 거리, 속도, 방향 등을 탐지하고 추적할 수 있는 가장 대표적인 전자파 센서이다. 최근 레이더 관련 전자파 기술이 급속하게 발전하면서 항공, 선박, 자동차, 우주, 국방, 교통, 민수, 과학기술 전 분야에 걸쳐 기술파급효과와 활용분야가 날로 증가하고 있다.

자동차에 사용되는 레이더 센서는 무선 전자기파를 발사하고, 해당 파장이 물체에 반사되어 돌아오는 시간을 측정하여 거리를 계산하여 주변 환경의 물체 감지, 차량 간 거리 유지, 충돌 회피 등의 기능에 활용된다. 그러나 인식 방식 특성상 사물의 형체를 명확하게 식별하지는 못한다는 단점이 있다.

레이더는 다양한 날씨 조건에서도 정확한 거리 및 속도 측정이 가능하므로 자율주행 시스템에서 중요한 센서이다.

[그림 12.33] Continental–Long Ranger Radar(LRR)

(가) 레이더 전자기파(electromagnetic pulse)

레이더 센서는 수십 년 동안 자동차에 탑재되어 왔다. 레이더 센서는 단거리 레이더(SRR) 0.2 ~ 30 [m], 중거리 레이더(MRR) 30 ~ 80 [m], 장거리 레이더(LRR) 80 ~ 200 [m] 이상의 범위를 가진다.

장거리 레이더(LRR)가 어댑티브 크루즈 컨트롤 시스템(ACC), 고속도로 자동 비상 브레이크 시스템(AEBS)을 위해 주로 사용된다.

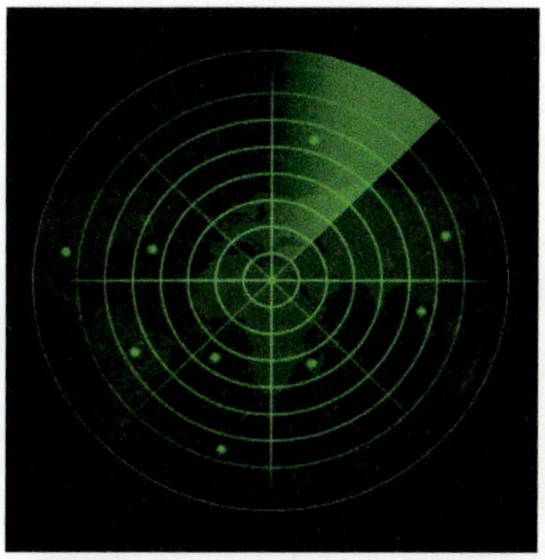

[그림 12.34] 레이더 전자기파

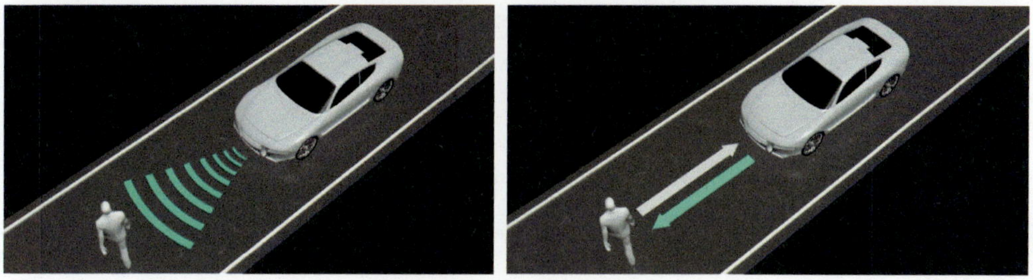

[그림 12.35] 레이더 반사

(나) 3차원 입체도(three-dimensional diagram) 비교

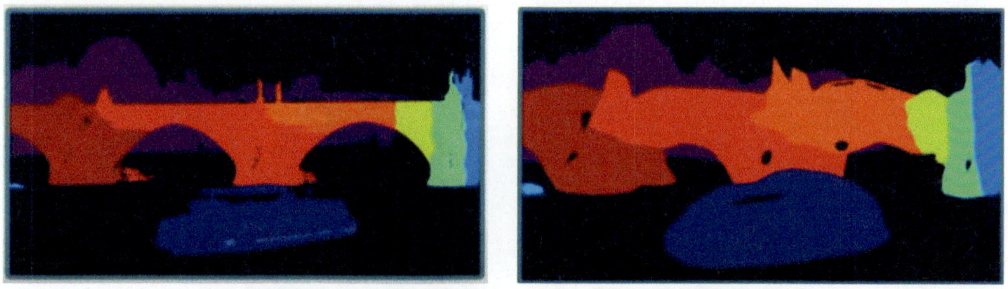

(a) 라이다 (b) 레이더

[그림 12.36] 3D 비교

(3) 초음파 센서

초음파 센서(Ultrasonic sensor)는 사람의 귀에 들리지 않을 정도로 높은 주파수(약 20 [kHz] 이상과 속도 340 [m/s]) 소리인 초음파가 가지고 있는 특성을 이용하여 거리나 두께, 움직임 등을 검출하는 센서이다.

초음파는 공기나 액체, 고체에 사용할 수 있고, 주파수가 높고 파장이 짧기 때문에 높은 분해력을 계측할 수 있는 특징이 있다. 초음파 센서는 초음파의 발신소자와 수신소자가 동일하며, 센서 재료로는 자기 변형재료(페라이트 등)나 전압, 전기 변형재료(로셸염, 티탄산 바륨 등)가 이용되고 있다.

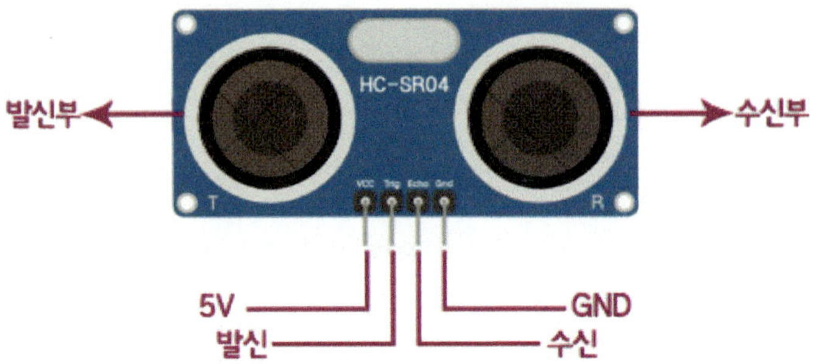

[그림 12.37] 초음파 센서 구조

(4) 광각 카메라 센서

자율주행 시스템에 사용되는 광각 카메라 센서(camera sensor)는 딥러닝 알고리즘과 컴퓨터 비전 기술을 활용하여 카메라에서 얻은 이미지를 인식하고 분석하여 시각적 정보를 처리하는 역할을 한다.

카메라 센서는 광각렌즈로 주변 환경 이미지를 촬영해 주행 경로 감지, 차량 및 보행자 인식, 차선 유지, 신호등 및 교통 표지판 인식, 물체 형상의 색 파악 등의 기능을 하여 traffic signals color를 볼 수 없는 다른 센서(sensor)들을 보완하고, 카메라로 얻은 영상 정보는 인지 및 판단 시스템에서 활용되어 안전한 주행을 지원한다.

[그림 12.38] Kyocera-Surround View and Sensing Camera

(가) 카메라의 초점거리 및 광각

카메라에는 렌즈의 초점으로 분류된다. [mm]는 초점거리를 말하고, 초점거리가 작으면 작을수록 광각 효과가 크게 나타나며 광각 효과가 크게 나타날수록 상이 많이 왜곡되어 표현된다.

카메라 렌즈는 표준렌즈, 광각렌즈, 단렌즈, 어안렌즈, 접시렌즈 등이 있다. 일반적으로 사용되는 광각렌즈(wide angle lens)의 경우 초점거리가 28 ~ 35 [mm]인데, 이보다 더 작은 경우를 초광각 렌즈나 어안렌즈라고 말한다.

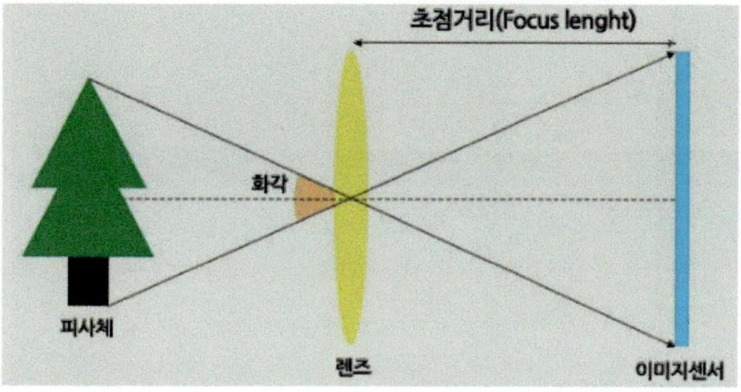

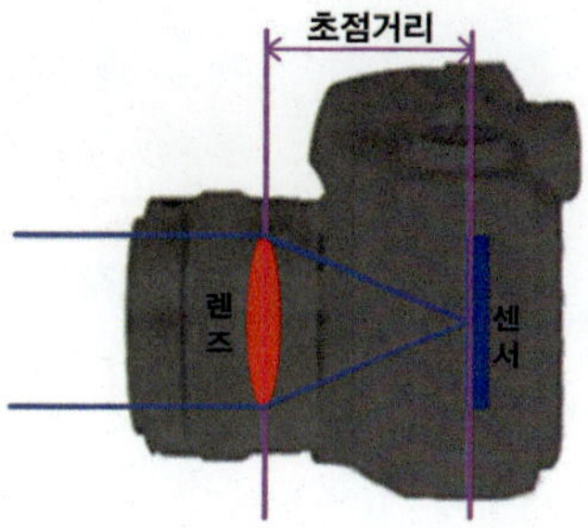

[그림 12.39] 초점거리

(나) 렌즈의 종류

① 어안렌즈 : 초점거리는 7~15 [mm] 이하, 광각이 180 [°] 이상

② 광각렌즈 : 초점거리는 50 [mm] 이하이고, 광각이 40~80 [°], 초점거리가 짧은 렌즈로 넓은 범위의 사진과 뚜렷한 사진을 담아낸다. 왜곡현상이 나타나고, 원근감이 강조된다.

③ 표준렌즈 : 초점거리 24~35 [mm], 광각이 40~60 [°]으로 준 망원까지 커버할 수 있는 줌 렌즈를 말하며, 풍경이나 인물사진 등 다양하게 사용된다.

④ 망원렌즈 : 초점거리가 60 [mm] 이상의 렌즈를 가리키며 광각이 40 [°] 이하, 화각이 좁아지고 멀리 있는 피사체를 가볍게 촬영할 수 있다.

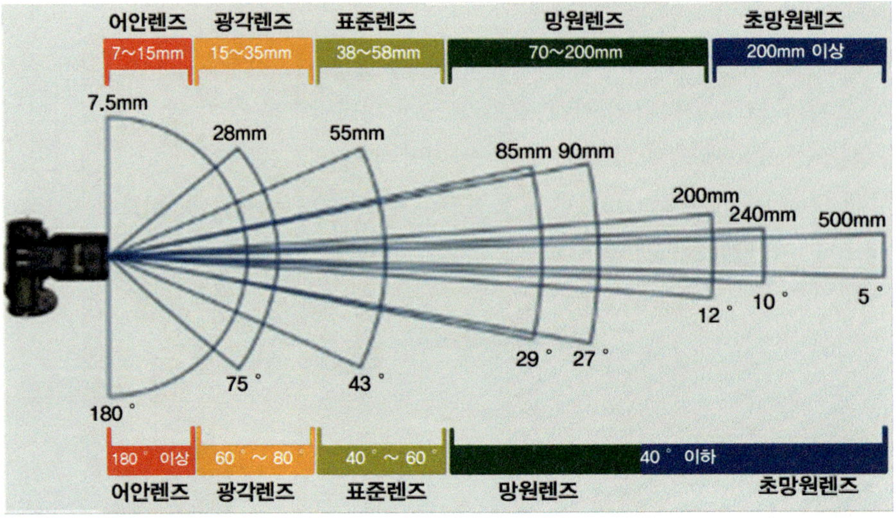

[그림 12.40] 렌즈의 초점거리 및 광각

(다) The speed of camera

필름이 카메라의 노출 장치를 통과하여 촬영되는 속도이다. 대개 초당 프레임 수를 뜻하는 fps(frame per second)로 표시한다. 카메라 속도에 따른 영상 효과는 다음과 같다([영화사전 자료 인용]).

① 싱글 프레임 : 한 번에 1프레임만 촬영하는 것으로 가장 느린 카메라 속도이다. 전용 모터를 이용하여 1시간에 1프레임 혹은 하루에 1프레임씩 촬영할 수 있다. 꽃이 피는 장면, 건물이 지어지는 장면 등에서 시간을 압축하여 오랜 시간이 걸리는 현상을 빠르게 기록할 수 있다.

② 2 ~ 3 [fps] : 매우 느린 저속 촬영으로 자동차, 비행기, 사람 등과 같은 일상적인 물체들의 빠른 동작을 만들어낸다.

③ 4 ~ 7 [fps] : 2 ~ 3 [fps]와 유사하나 덜 뚜렷하다.

④ 8 ~ 16 [fps] : 마치 무성 영화의 액션과 같은 효과가 만들어진다. 코믹한 효과를 위해 사용한다.

⑤ 20 ~ 24 [fps] : 사람들이 속도가 약간 빠르다고 인식하는 수준. 짧은 쇼트나 동작이 빠른 액션 장면에 이용한다.

⑥ 24 [fps] : 모든 동작이 정상인 속도. 현실을 그대로 복제하는 속도이며 동시 녹음을 위해 사용한다.

⑦ 24 ~ 30 [fps] : 약간 느린 동작을 만든다. 액션에 따라서 눈치 채지 못할 수도 있다.

⑧ 30 ~ 48 [fps] : 운동 경기와 같은 격렬한 액션을 촬영할 때 느리면서도 기품 있는 동작을 만들어낸다.

⑨ 48 ~ 64 [fps] : 정상보다 2 ~ 3배 정도 느린 동작이 만들어진다. 미니어처나 동작 분석 등에 사용한다.

⑩ 64 ~ 96[fps] : 우아하고 환영(phantom) 같은 슬로 모션을 만든다.

⑪ 150 [fps] 이상 : 폭발, 스턴트, 자동차 경주, 비행기와 같이 빠른 물체를 촬영할 때 사용하는 속도이다. 새의 날갯짓, 유리의 흔들림, 로켓 발사 등 빠른 동작의 촬영에 적합하다.

12.29.5 카메라, 레이더, 라이다 특성 비교

자율주행은 센서, 인지, 제어, 위치 추적, 통신, 안전 및 보안, 윤리적인 문제 등 다양한 센서 융합(Sensor Fusion)에 의해서 실현된다. 이러한 기술들은 차량이 주변 환경을 인식하고 판단하여 스스로 주행 결정을 내리는 능력을 갖출 수 있도록 한다. 특히 라이다, 레이더 및 카메라는 자율주행 시스템에서 주변 환경을 감지하고 분석하는 핵심 센서이다.

라이다는 레이저를 사용하여 정밀한 거리와 위치 정보를 제공하며, 레이더는 전자파를 이용하여 거리와 속도를 감지한다.

카메라는 시각적 정보를 제공하여 객체인식 및 환경인식에 활용된다. 특히 카메라는 신호등 color/교통 표지판을 검출하는 데 없어서는 안 될 중요한 센서이다. 이러한 센서들의 효과적인 조합과 데이터 통합은 자율주행 차량이 정확하고 안전한 주행을 실현하는 데 필수적이다. [표 10.2]에서는 각각의 센서들의 특징을 정리하였다.

[표 12.2] 카메라 / 레이더 / 라이다 특징 비교

기술적 특징 (Technical features)	Camera	Radar	Lidar	Fusion
탐지거리 (range detection)	short	long	300[m]	O
해상도 (resolution)	양호	중간	양호	O
속도 측정 (speed detection)	×	가능	가능	O
3차원 탐지 (3d detection / ego location)	×	나쁨	양호	O
물체 해석(object interpretation) (signs, traffic signals)	양호	나쁨	나쁨	O
외부 요인 (External factors)				
저조도 (low light / darkness)	중간	가능	양호	O
매우 밝은 빛 (very bright light)	중간	양호	나쁨 (개선 필요)	O

날씨(안개, 비, 눈) weather(fog, rain, snow)	나쁨	양호	중간	O
먼지 / 오염 (dust/dirt)	나쁨	양호	나쁨	O
전파 방해 (interference)	없음	중간	없음	O
승인 / 인수 (Acceptance)				
성숙한 해결 (solution maturity)	양호	양호	△	
걸어온 길 (footprint)	사용 중	사용 중	2022년 차량용 개발 완료	
가격 (price)	저렴함	저렴함	△	

12.29.6 결론

Autonomous driving vehicle의 원리는 사람이 운전하는 원리와 같다. 먼저 최종 목적지를 입력하고 경로를 결정한다. 이후 차량에 장착된 레이더(radar), 라이다(lidar), 카메라(camera), 초음파 센서(ultrasonic sensor), 차속센서(wheel speed sensor), 위성위치확인시스템(GPS : global positioning system) 등에서 주행 환경에 대한 정보를 수집하고 인식(detection)한다. 그 다음부터는 정밀 위치를 계산하고 선택적으로 사람을 대신해 조향 및 가·감속을 판단하여 차량 스스로 경로를 따라 운행하게 된다. 어떻게 보면 원리는 간단하지만, 그 원리에 상응하는 기술들은 절대 간단하지만은 않다. 인식-판단-제어의 알고리즘(algorithm)이 모두 함께 진행되어야 하기 때문이다.

주행 환경 인식 기술은 대부분 sensor를 통한 sensing으로 진행된다. 주로 레이더(radar), GPS, 카메라(camera), 라이다(lidar), 초음파 센서(ultrasonic sensor), 차속센서 등을 이용해 운전 중 나타나는 보행자와 교통신호(traffic signals), 다른 차량 주행속도 등을 파악한다.

그러나 주행 환경 인식 기술에는 한계가 존재한다. 이는 센싱(sensing)이 불가능한 사각지대(폭설에 가려진 차선, 악천후, 센서 오작동 등)가 존재하기 때문이다. 이에 따라서 무선 측위 시스템 및 map matching technology으로 한계 극복에 나섰다. 즉, 정밀도로지도, 차선 개수, 신호등 위치, 도로 전반에 대한 정보, 양방향 지능형 교통정보 공유 시스템(C-ITS) 등을 제공하는 GPS 기술이다. GPS로 위치를 알고 있는 출발점에서 현재 위치까지의 진행 방향 및 거리를 계산하면서 현재의 위치를 추적하는 기술이 이에 해당한다.

다음은 차량 주행전략 및 제어 기술이다. 이전에는 운전자가 직접 했던 구동, 제동, 조향,

돌발 상황 대응 등을 ADAS(첨단 지능형 운전자 보조 시스템)로 실제 구동장치를 제어하여 사람이 운전하는 것보다는 1,000배 이상 안전한 운전이 가능해진다. 또한 차량의 각 바퀴 내에 구동, 제동, 조향, 현가 등의 시스템을 통합하여 각각의 바퀴가 독립적으로 360° 회전하여 복잡한 도로에서 쉽게 자율주행이 가능하게 할 필요가 있다.

마지막으로 자율주행으로 이동할 때 사람은 차내에서 무엇을 해야 할까? 목적기반 모빌리티(PBV)를 이용하여 실내에서 교육, 레저, 휴식, 영화, 쇼핑, 헬스케어, 엔터테인먼트 등 다양한 여가 서비스를 제공받게 된다.

"이렇게 멋지고 편안한 '완전자율주행 시대'는 언제쯤 오느냐?"며 필자에게 질문하는 사람들이 많다. 공공재 개념의 자동차, 즉 제한지역(청소차, 순찰차, 택시 등) 내에서 저속자율운행 자동차는 곧 양산되리라고 본다. 하지만 100 [km/h] 이상의 자율주행 자동차는 센서 인지거리가 200 [m] 이상 되어야만 충분한 제동거리가 나오므로 스스로 인지 · 판단 · 제어할 반도체 기술이 개발되어야 하고, 또 주행 중 사고가 발생되었을 때 인간지능에 필적한 일반인공지능기술이 필요하다. 또한 보안, 보험, 운행제도, 도덕적 딜레마 등 사회적 합의가 필요하다. 이러한 이유들 때문에 필자의 생각으로는 조심스럽지만 운전석이 없는 완전자율주행은 30 ~ 50년 후에나 실현 가능하리라고 본다.

참·고·문·헌

- TOM DENTON. IMI ELECTRIC AND HYBRID VEHICLES
- 기아자동차. 쏘울 전기자동차 정비교육교재
- 기아자동차. 쏘울 전기자동차 정비지침서
- 현대자동차. 아이오닉 정비지침서
- 현대자동차. 코나 전기자동차 정비지침서
- 현대자동차. 아이오닉5 정비교육교재
- 현대자동차. 아이오닉 하이브리드 정비지침서
- 현대자동차. 아반떼 하이브리드 정비교육교재
- 현대자동차. IG 하이브리드 정비지침서
- 기아자동차. K5 하이브리드 정비지침서
- 기아자동차. K7 하이브리드 정비지침서
- 현대자동차. LF 쏘나타 하이브리드 정비지침서
- 현대자동차. YF 쏘나타 하이브리드 정비지침서
- 기아자동차. EV Essential 코스

저|자|소|개

이찬수 / 前 부산자동차정비학원 원장
/ 現 YG모터스 공장장
오용석 / 現 한국폴리텍대학 인천캠퍼스 스마트전기자동차학과장
이전섭 / 現 한국폴리텍대학 전북캠퍼스 스마트전기자동차학과장

저자와의
협의에 의해
인지 생략

전기자동차 하이브리드 이론과 실무

1판 2쇄	2024년 3월 4일
저 자	이찬수 / 오용석 / 이전섭
발행인	송광헌
발행처	복두출판사
주 소	서울특별시 영등포구 경인로82길 3-4 센터플러스 807호 (우) 07371
전 화	02-2164-2580
FAX	02-2164-2584
등 록	1993. 11. 22. 제 10-902 호

정가 : 32,000원
ISBN : 979-11-6675-428-9 93550

한국과학기술출판협회 회원사